冶金专业教材和工具书经典传承国际传播工程
Project of the Inheritance and International Dissemination
of Classical Metallurgical Textbooks & Reference Books

职 业 本 科 "十 四 五" 规 划 教 材

冶金工业出版社

烧结工艺与技术

主 编 刘燕霞 冯二莲 陈 敏
副主编 曹国宝 张占春 韩立浩 赵秀娟

U0342375

全书数字资源

北 京
冶 金 工 业 出 版 社
2025

内 容 提 要

本书为职业院校冶金类职业本科专门教材，将丰富的烧结生产实践经验和系统的专业理论知识有机融合。全书共分11部分，内容包括概述，烧结原料，配料、混料、布料、点火、烧结等工序的理论与操作，烧结成品矿处理，烧结新工艺新技术，烧结主要技术经济指标，烧结矿质量对高炉冶炼的影响，烧结烟气污染物。本书在系统介绍烧结理论知识基础上，关注企业生产关键技术操作难点，对烧结原料和成品烧结矿指标进行评价、计算与检测，对改善烧结技术经济指标、提升质量、降低能耗等措施进行了阐述总结。书中附有课程思政、微课视频、现场工艺操作视频、模拟动画、习题自测等数字资源，大范围扩展图书内容。

本书具有较强理论性、实操性和专业性，可作为职业院校教学用书，也可供企业技术培训使用。

图书在版编目(CIP)数据

烧结工艺与技术 / 刘燕霞，冯二莲，陈敏主编.
北京：冶金工业出版社，2025.3. -- （职业本科"十四五"规划教材）.--ISBN 978-7-5240-0089-1

Ⅰ. TF046.4

中国国家版本馆 CIP 数据核字第 2025HG3341 号

烧结工艺与技术

出版发行	冶金工业出版社	电　话	(010)64027926
地　址	北京市东城区嵩祝院北巷 39 号	邮　编	100009
网　址	www.mip1953.com	电子信箱	service@ mip1953.com

责任编辑　卢　敏　张佳丽　美术编辑　吕欣童　版式设计　郑小利
责任校对　梅雨晴　责任印制　窦　唯
三河市双峰印刷装订有限公司印刷
2025 年 3 月第 1 版，2025 年 3 月第 1 次印刷
787mm×1092mm　1/16；20.25 印张；418 千字；305 页
定价 49.00 元

投稿电话　(010)64027932　投稿信箱　tougao@cnmip.com.cn
营销中心电话　(010)64044283
冶金工业出版社天猫旗舰店　yjgycbs.tmall.com
（本书如有印装质量问题，本社营销中心负责退换）

冶金专业教材和工具书
经典传承国际传播工程
总　序

　　钢铁工业是国民经济的重要基础产业，为我国经济的持续快速增长和国防现代化建设提供了重要支撑，做出了卓越贡献。当前，新一轮科技革命和产业变革深入发展，中国经济已进入高质量发展新时代，中国钢铁工业也进入了高质量发展的新时代。

　　高质量发展关键在科技创新，科技创新离不开高素质人才。党的二十大报告指出："教育、科技、人才是全面建设社会主义现代化国家的基础性、战略性支撑。必须坚持科技是第一生产力、人才是第一资源、创新是第一动力，深入实施科教兴国战略、人才强国战略、创新驱动发展战略，开辟发展新领域新赛道，不断塑造发展新动能新优势。"加强人才队伍建设，培养和造就一大批高素质、高水平人才是钢铁行业未来发展的一项重要任务。

　　随着社会的发展和时代的进步，钢铁技术创新和产业变革的步伐也一直在加速，不断推出的新产品、新技术、新流程、新业态已经彻底改变了钢铁业的面貌。钢铁行业必须加强对科技进步、教育发展及人才成长的趋势研判、规律认识和需求把握，深化人才培养体制机制改革，进一步完善相应的条件支撑，持续增强"第一资源"的保障能力。中国钢铁工业协会《"十四五"钢铁行业人力资源规划指导意见》提出，要重视创新型、复合型人才培养，重视企业家培养，重视钢铁上下游复合型人才培养。同时要科学管理，丰富绩效体系，进一步优化人才成长环境，造就一支能够支撑未来钢铁行业高质量发展的人才队伍。

高素质人才来源于高水平的教育和培训，并在丰富多彩的创新实践中历练成长。以科技创新为第一动力的发展模式，需要科技人才保持知识的更新频率，站在钢铁发展新前沿去思考未来，系统性地将基础理论学习和应用实践学习体系相结合。要深入推进职普融通、产教融合、科教融汇，建立高等教育+职业教育+继续教育和培训一体化行业人才培养体制机制，及时把钢铁科技创新成果转化为钢铁从业人员的知识和技能。

一流的专业教材是高水平教育培训的基础，做好专业知识的传承传播是当代中国钢铁人的使命。20世纪80年代，冶金工业出版社在原冶金工业部的领导支持下，组织出版了一批优秀的专业教材和工具书，代表了当时冶金科技的水平，形成了比较完备的知识体系，成为一个时代的经典。但是由于多方面的原因，这些专业教材和工具书没能及时修订，导致内容陈旧，跟不上新时代的要求。反映钢铁科技最新进展和教育教学最新要求的新经典教材的缺失，已经成为当前钢铁专业人才培养最明显的短板和痛点。

为总结、提炼、传播最新冶金科技成果，完成行业知识传承传播的历史任务，推动钢铁强国、教育强国、人才强国建设，中国钢铁工业协会、中国金属学会、冶金工业出版社于2022年7月发起了"冶金专业教材和工具书经典传承国际传播工程"（简称"经典工程"），组织相关高校、钢铁企业、科研单位参加，计划用5年左右时间，分批次完成约300种教材和工具书的修订再版和新编，以及部分教材和工具书的对外翻译出版工作。2022年11月15日在东北大学召开了工程启动会，率先启动了高等教育和职业教育教材部分工作。

"经典工程"得到了东北大学、北京科技大学、河北工业职业技术大学、山东工业职业学院等高校，中国宝武钢铁集团有限公司、鞍钢集团有限公司、首钢集团有限公司、河钢集团有限公司、江苏沙钢集团有限公司、中信泰富特钢集团股份有限公司、湖南钢铁集团有限公司、包头钢铁（集团）有限责任公司、安阳钢铁集团有限责任公司、中国五矿集团公司、北京建龙重工集团有限公司、福建省三钢（集团）有限责任公司、陕西钢铁集团有限公司、酒泉钢铁（集团）有限责任公司、中冶赛迪集团有限公司、连平县昕隆实业有限公司等单位的大力支持和资助。在各冶金院校和相关钢铁企业积极参与支持下，工程相关工作正在稳步推进。

征程万里，重任千钧。做好专业科技图书的传承传播，正是钢铁行业落实习近平总书记给北京科技大学老教授回信的重要指示精神，培养更多钢筋铁骨高素质人才，铸就科技强国、制造强国钢铁脊梁的一项重要举措，既是我国钢铁产业国际化发展的内在要求，也有助于我国国际传播能力建设、打造文化软实力。

让我们以党的二十大精神为指引，以党的二十大精神为强大动力，善始善终，慎终如始，做好工程相关工作，完成行业知识传承传播的使命任务，支撑中国钢铁工业高质量发展，为世界钢铁工业发展做出应有的贡献。

中国钢铁工业协会党委书记、执行会长

2023 年 11 月

前　　言

随着钢铁工业的迅速发展和市场竞争日趋激烈，高炉精料技术和低成本战略愈显重要。烧结生产的任务不仅是满足高炉产量和质量的基本要求，同时，合理配矿、降低成本、环保达标等要求，赋予了现代烧结生产更艰巨、更深层次的重任，需要每一位烧结学者和工作者高度重视。实现铁前效益最大化和钢铁企业持续和谐发展，是编著本书的缘由和意图。

近期教育部大力提倡职业性本科教育，重视高层次技术技能人才培养。在此背景下，联合企业优秀实践专家，校企合作共同编写本书，以满足企业高层次技术技能型人才培养的需求。

本书具有以下方面的特点：

1. 适应国家职业教育要求。本书面对国家职业教育的新要求与时代特色，为了推动职业教育高质量发展，提高劳动者素质和技术技能水平，坚持立德树人、德技并修，体现岗位技能为目标的特点，突出产教融合和校企融合，联合企业实践专家共同编写。本书入选由中国钢铁工业协会、中国金属学会和冶金工业出版社组织的"冶金专业教材和工具书经典传承国际传播工程"第一批立项教材。

2. 校企融合，突出专业性和实用性。本书从烧结原料、配料、混料、烧结到烟气污染物治理共分 11 部分进行介绍，其特点是"专业性"和"实用性"强，校企融合编著，在烧结基础理论中融入高质量低成本战略目标下的现代烧结理论，归纳总结丰富的生产实践经验，汇编从原料到产品指标的评价、计算与检测、措施与改善等烧结知识，贴近生产实际。

3. 强调前沿性与创新性。为了满足烧结生产及技术发展的需求，紧跟行业发展新动态，本书内容深入探讨了烧结生产中的节能减排、循环经济技术以及智能化生产等前沿话题，旨在引导学生树立绿色、智能发展理念，确保学生所学知识与行业最新发展动态相匹配，同时，引入大量工艺计算实例和生产案例，突出创新意识和技术应用能力的培养。

4. 内容系统，形式多样，突出职业素养培养。本书在内容结构上进行了精心设计，从原料准备到成品处理按照生产工序进行内容编排，全书共分为 11 个章节，每个章节内容都围绕工序关键岗位理论与技术操作要点展开，各章节之间既相互独立又相互联系，形成了一个完整的知识体系。

本书每个章节包含知识重点、章节思政、章节思考题、自测题库等模块，书中还穿插诸多工艺、设备结构图和实物图，并对工艺计算列举实例。本书还附有微课视频、现场工艺操作视频、模拟动画等丰富的数字资源，帮助学生对知识的理解与掌握。

教材注重将岗位操作能力、产品质量控制、安全生产、创新精神等职业素养教育融入内容中，培养学生的职业道德、职业态度、职业意识等，使学生在掌握专业技能的同时，具备良好的职业素养和职业发展潜力。

本书由刘燕霞、冯二莲（乌海包钢万腾钢铁有限责任公司）、陈敏（河北工业职业技术大学）主要编写，副主编有曹国宝（江苏龙腾特钢集团）、张占春（宁夏建龙特钢有限公司）、韩立浩、赵秀娟（河北工业职业技术大学），参与编写的有杨晓彩、王杨、种雪颖、孟娜、董中奇、齐素慈、黄伟青、石永亮、李跃华（河北工业职业技术大学）、席海潮（邯郸工程高级技工学校），本书由河钢集团钢研总院张志旺、建龙钢铁控股有限公司裴元东进行审核并提出宝贵意见，编著过程中参阅并引用同行业专家教授文献资料和企业院校研究结果，在此一并谨致感谢。

因编者水平有限，书中不妥之处恳请专家和广大读者给予指正。

编　者

2024 年 11 月

目　　录

1 概　述

📖 **本章知识重点**

（1）岩石、矿物、矿石、脉石基本概念。
（2）选矿基本方法与原理。
（3）贫矿、富矿、精矿粉的含义与区别。
（4）造块方法。
（5）烧结生产的意义。
（6）烧结法和球团法的区别。

1.1 岩石、矿物、矿石、脉石

地壳由岩石构成，岩石由矿物构成，矿物由一种或多种化学元素组成，可从中提取有用矿物的岩石为矿石，矿石中无用的矿物为脉石。

1.1.1 岩石的概念

岩石是地壳中一种或多种矿物组成的具有一定结构构造的集合体，化学成分不定，通常无结晶结构。没有一定外形的液体（如石油）、气体（如天然气）以及松散的沙、泥等都不是岩石。不同岩石含铁品位差别很大。并非所有的岩石都是矿石。

1.1.2 矿物的含义

矿物是地壳化学元素受物理作用、化学作用和生物作用形成的自然元素或自然化合物。矿物极少数以自然元素形态存在，如自然金（Au）、自然铜（Cu）等，大多以自然化合物形态存在，如赤铁矿（Fe_2O_3）、黄铁矿（FeS_2）等，多呈固态存在，少数呈胶体、液态［自然汞（Hg）常温为液态］和气态存在。矿物具有较均一的内部结晶构造和化学成分，其物理化学性质主要取决于其结晶构造和化学成分。

矿物是组成岩石的基础，矿物必须是无机物，煤和石油不属于矿物。

1.1.3 矿石的含义

地壳中的各种矿物中，通过开采、选矿和冶炼等技术可从中提取金属、化合物或其他有用矿物的岩石，称为矿石。

矿石按其所含矿物种类分为单一矿石和复合矿石。含一种有用矿物的矿石，称为单一矿石，如铜矿石。含两种或两种以上有用矿物或金属的矿石，称为复合矿石，如铅锌矿石、四川攀西地区钒钛磁铁矿、辽宁丹东地区硼镁铁矿石。随着工艺技术的不断进步，含少量其他矿物的单一矿石也可能变成复合矿石。

矿石按其属性分为金属矿石和非金属矿石。

1.1.3.1　金属矿石

金属矿石已探明储量的有 54 余种，根据元素性质和用途分为黑色金属矿和有色金属矿。

（1）黑色金属矿。

黑色金属矿为工业上能提取铁、锰、铬、钛、钒等黑色金属元素的矿物资源。铁元素在地壳中约占 5%，常见含铁矿物储量大的有磁铁矿（Fe_3O_4）、赤铁矿（Fe_2O_3）、褐铁矿（$mFe_2O_3 \cdot nH_2O$）、菱铁矿（$FeCO_3$）、黄铁矿（FeS_2）。用于烧结球团和高炉炼铁的金属矿石主要有磁铁矿、赤铁矿、褐铁矿、锰矿、钛矿等。

（2）有色金属矿。

有色金属矿为除黑色金属矿以外的所有金属矿，包括铜、铅、锌、镍、钴、钨、锡、铋、钼、锑、汞等重金属矿，铝、镁等轻金属矿，金、银、铂等贵金属矿，铀、钍等放射性金属矿，锂、铌等稀有金属矿，钪等稀土金属矿和分散金属矿等。

1.1.3.2　非金属矿石

非金属矿石已探明储量的有 90 余种，主要品种有金刚石、石墨、自然硫、硫铁矿、菱镁矿、方解石、萤石、宝石、玉石、白云岩、石英岩、硅藻土、高岭土、陶瓷土、耐火黏土、膨润土、花岗岩、钾盐、镁盐、碘、溴、砷、硼矿、磷矿等。

用于烧结球团和高炉炼铁的非金属矿石主要有硫铁矿、菱镁矿、方解石（石灰石）、萤石、白云岩（白云石）、石英岩（硅石）、膨润土等。

1.1.4　脉石的含义

矿体主要由矿石构成，矿石由有用矿物和脉石组成。

（1）有用矿物。

铁矿石中能提取金属或金属化合物，可被利用的矿物，称为有用矿物，如铜矿石中的黄铜矿和斑铜矿，石棉矿石中的石棉，铁矿石中的磁铁矿、赤铁矿、褐铁矿、菱铁矿等。

（2）脉石。

铁矿石中对于主矿而言目前还不能被利用的矿物，称为脉石，又称无用矿物，如铜矿石中的少量方铅矿、闪锌矿，石棉矿石中的蛇纹石、白云石等。

矿石中的有用矿物和脉石的划分是相对的，随着人类对新矿物原料的不断需求和工艺技术条件的不断改进，现尚无利用价值的脉石将来可能成为有用矿物。

铁矿石主要由一种或几种有用矿物和脉石所组成，绝大多数脉石呈酸性，酸性脉石成分主要是 SiO_2，碱性脉石成分主要是 CaO 和 MgO，中性脉石为 Al_2O_3。

1.2 采矿、选矿

1.2.1 采矿的概念

具有可开采价值的岩石为矿石，岩石通过采矿成为矿石。

采矿是对岩矿初步分离的过程，根据自然矿产资源在地壳中的埋藏状况，分别选择露天或地下开采方式，通过凿岩、爆破、破碎等工序将矿石开采出来的工艺，称为采矿。

1.2.2 选矿的基本原理和方法

选矿是将铁矿石经过破碎并磨细，使有用矿物与脉石矿物单体分离，将有用矿物富集而抛弃脉石矿物的过程。

1.2.2.1 选矿基本原理

将铁矿石破碎和磨细到矿物单体分离的程度，利用有用矿物和脉石矿物的密度、导磁性、亲水性等物化性质的差异，采用适当的方法使有用矿物和脉石矿物分离集聚，收集精矿而废弃尾矿，同时脱除铁矿石中的部分有害杂质（如脱除黄铁矿 FeS_2 中的 S），充分经济合理利用矿产资源，获得高品位精矿粉，达到大幅度提高铁矿石品位的目的。

1.2.2.2 选矿方法

常用选矿方法有重力选矿、磁力选矿、浮游选矿、电力选矿 4 种方法，大多精矿粉同时采用多种选矿方法，以达到进一步提高品位的目的。

（1）重力选矿法（简称重选）。

重选是利用被选矿物颗粒间密度、粒度、形状差异及其在介质中的运动速率和方向的不同，使之彼此分离的选矿方法。

重选的基本原理是置于分选设备内的散体矿石层（称作床层）在流体浮力、动力或其他机械力的推动下松散，使不同密度或粒度的颗粒发生分层转移，分层后的矿石在机械力作用下分别排出而实现分选。

重选的实质是松散—分层—分离，松散是条件，分层是目的，分离是结果。

（2）磁力选矿法（简称磁选）。

磁选是利用各种矿物磁性的差别，在不均匀磁场中实现分选的方法。

磁选的基本原理是将矿物细磨达到单体分离，矿粒群通过非均匀磁场时，磁性矿物被磁选机的磁极吸引，非磁性脉石被磁极排斥，从而达到选分的目的。

我国磁铁矿储量较多，所以广泛大规模采用磁选法来提高磁铁矿的品位。

（3）浮游选矿法（简称浮选）。

浮选是利用不同矿物表面亲水性不同进行分选的方法，广泛采用泡沫浮选法。

浮选分为选细粒和极细粒矿物，是应用最广、效果最好的一种选矿方法。

浮选的基本原理是将矿物稀释成一定浓度的矿浆，在矿浆中加入大量泡沫剂，疏水性强的矿粒附着在泡沫上而上浮，携带到矿浆表面形成泡沫层，亲水性强的矿粒被水润湿留在矿浆中，实现不同矿物彼此分离的目的。

根据浮选出的成分不同，分为正浮选法和反浮选法。

1）正浮选法是将有用矿物浮入泡沫产品中，脉石矿物留在矿浆中的浮选方法。

2）反浮选法是将脉石矿物浮入泡沫产品中，有用矿物留在矿浆中的浮选方法。

（4）电力选矿法（简称电选）。

电选是在高压电场作用下，配合其他力场作用，利用矿物电性质的不同进行干选的方法。

电选的基本原理是根据矿石中各种矿物颗粒导电率的不同，在高压电场的作用下，使导电性强的矿物富集而分选出导电性弱的矿物，如常见矿物中磁铁矿、钛铁矿的导电性较好，石英、方解石、硅酸盐类矿物的导电性很差。电选包括电分级、摩擦带电分选、高梯度分选、介电分选、电除尘等内容。

电选之所以一直为人们所重视，是因为其具有以下优点：耗电少，生产费用低，选别效果好，精矿品位高，回收率高；电选机本身结构简单，要求加工精度不高；易操作和维修，且安全可靠，仅供电系统较为复杂；电选机占地面积小，为干式选矿方法，利于缺水和严寒地区采用；使用范围广，除能分选有色金属、稀有金属和非金属外，对黑色金属及放射性矿物的分选也开始在生产上得到应用。

1.2.3 选矿目的

选矿主要目的是提高铁矿石的品位，去除部分有害杂质。

复合铁矿石经选矿可回收其中有用矿物成分，充分经济合理利用矿产资源。

1.3 贫矿、富矿、精矿粉

根据开采铁矿石（原矿）的铁含量高低，可将铁矿石划分为贫矿和富矿。

1.3.1 贫矿的定义

通常把铁含量低于其理论铁含量70%的铁矿石定义为贫矿。

贫矿铁含量低，直接用于烧结和高炉冶炼很不经济，需经过选矿工艺成为精矿粉，再经过烧结、球团、压团等造块工艺处理后入高炉冶炼。

1.3.2 富矿的定义

富矿是铁含量高于其理论铁含量70%，经过破碎和筛分处理后用于烧结和高炉冶炼的原生铁矿石。

（1）富块矿。经过破碎和筛分处理后+10 mm 大粒级的富块矿，可直接入高炉冶炼。

（2）富矿粉。经过破碎和筛分处理后−10 mm 小粒级的富矿粉，用于烧结造块。

1.3.3 精矿粉及其与富矿粉的区别

贫矿经过破碎磨细、选矿等加工处理，富集出高品位的铁矿粉，称为精矿粉。

1.3.3.1 精矿粉分类

根据铁氧化物存在形态不同，分为磁铁精矿粉、赤铁精矿粉、磁赤或磁赤褐铁精矿粉等。

1.3.3.2 精矿粉和富矿粉的区别

精矿粉和富矿粉明显的外观区别是粒度粗细不同，精矿粉的粒度很细，一般−0.074 mm（−200 目）粒级达 40% 以上；富矿粉粒度较粗，一般为−10 mm 粒级分布。

与富矿粉比较，因精矿粉经过选矿处理，所以一般精矿粉水分较高，铁品位较高。

1.3.3.3 判断精矿粉品位

用手指反复搓捏精矿粉，靠手感判断粒度粗细。经同种铁矿石选矿而得的精矿粉，粒度越细，则品位越高。

靠眼睛观察精矿粉的颜色，磁铁精矿粉为黑色，赤铁精矿粉为红色，褐铁精矿粉为黄色或褐色，一般颜色越纯，则品位越高。

1.4 铁矿粉造块

1.4.1 铁矿粉造块工艺的意义

冶金工业为国民经济发展和国家基础设施建设提供了有力支撑，涉及交通、建筑、国防、能源等领域，是衡量国家综合国力的一个重要标准。现代炼铁工艺中，以铁矿石（天然富块矿、烧结矿、球团矿）、熔剂、焦炭、煤粉、鼓风为原料在高炉内连续生产液态生铁的方法称为高炉炼铁，与熔融还原法、直接还原法、等离子法等其他冶炼方法比较，高炉炼铁技术成熟，具有能耗低、产量大等优点，完全满足冶金行业的要求，因此高炉炼铁长期以来在我国炼铁工艺中占主导地位。

随着冶金工业的迅速发展，铁矿石开采量与日俱增，随之铁矿粉生产量越来越多，且需要综合利用低品位贫矿资源。为了处理富矿粉和贫矿经过选矿后的精矿粉，处理冶金工业和化工副产品，产生了铁矿粉造块工艺。

1.4.2 铁矿粉造块法

钢铁行业有4种铁矿粉造块法，分别是烧结法、球团法、压团法、复合造块法，其中烧结法和球团法应用广泛、发展规模大、产能大，铁矿粉造块所得的产品统称为人造块矿或人造富矿。

1.4.2.1 烧结法

烧结法是将铁矿粉（富矿粉和精矿粉）、熔剂、固体燃料、冶金工业和化工副产品按一定质量比例配料，经过加水润湿和混匀制粒形成烧结料后布于烧结机上，通过点火和强制抽风，烧结料层内固体碳自上而下燃烧放热，烧结料在高温作用下进行一系列物理化学变化，生成部分低熔点物质，并软化熔融产生一定数量的液相，在不完全熔化的条件下黏结成块的方法，所得产品称为烧结矿。

1.4.2.2 球团法

球团法是将精矿粉和黏结剂按一定质量比例配料，经过加水润湿、圆盘或圆筒造球机造球形成生球，通过高温焙烧固结成球的方法，所得产品称为球团矿。

根据工艺装备不同分为竖炉、链箅机回转窑、带式焙烧机球团法。

1.4.2.3 压团法

压团法是粉状物料在一定外部压力作用下，在模型内受压形成形状大小一定团块的方法，所得产品称为压团矿。

1.4.2.4 复合造块法

图 1-1 所示为铁矿粉复合造块工艺流程，将难处理的细粒精矿粉、含铁尘泥和黏结剂（膨润土或生石灰）进行配料、混匀、圆盘造球机造球，形成直径为 8~

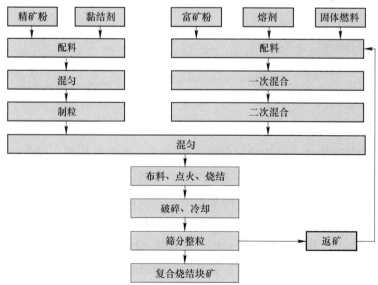

图 1-1　铁矿粉复合造块工艺流程

16 mm 的生球，再与粗粒富矿粉、熔剂、固体燃料（焦粉或无烟煤粉）、返矿、其他含铁辅料进行配料、一次混合、二次混合处理后，布于烧结机上进行点火、烧结焙烧，形成由酸性球团嵌入高碱度烧结矿基体的复合炼铁炉料，供高炉冶炼。

A 复合造块工艺产生的背景

随着钢铁工业的迅速发展，对炼铁原料的数量和质量要求越来越高，高炉炼铁原料中的熟料率（高碱度烧结矿和酸性球团矿）也在增加，且烧结矿和球团矿的安息角差异大，在高炉布料过程中产生较大的偏析，影响高炉气流分布和煤气利用率。随着高炉精料方针的发展，烧结需要高碱度、厚料层、低配碳、低 FeO 生产才能满足高炉冶炼的要求，而厚料层烧结不适宜大规模处理细粒精矿粉；酸性球团矿生产工艺对原料粒度和水分的要求苛刻，将面临原料资源紧缺的问题；同时建设球团厂受到原料资源、高温设备投资大、建设项目难审批等条件的限制，使得从根本上解决酸性球团矿短缺的问题具有一定的困难。

B 复合造块工艺的优势

（1）充分利用资源，降低铁前配矿成本。将细粒精矿粉作为酸性球团矿的基本原料，粗粒富矿粉作为高碱度烧结矿的基本原料，在一台烧结机上同时生产出由高碱度烧结矿和酸性球团矿组成的复合烧结块矿，使不同类型的铁矿粉原料资源得到更加合理的利用。

实现中低碱度（$R = 1.2 \sim 1.5$）造块，减少熔剂量，提高入炉品位，有助于难造块含铁资源（如镜铁矿）及细粒级含铁粉尘的充分利用，降低铁前配矿成本。

（2）解决了细粒精矿粉烧结料层透气性差、用量受限的弊端。将细粒精矿粉和黏结剂经过配料、混匀后制成 8~16 mm 的生球，可大大改善烧结料层透气性，显著提高垂直烧结速度和利用系数，克服了烧结工艺中精矿粉制粒效果差导致烧结料层透气性差的缺点。

（3）克服了高炉同时使用烧结矿和球团矿时炉料布料偏析大的缺点。使酸性球团矿"嵌入"高碱度烧结矿基体中形成一个整体，从根本上解决了两者运动状态不同出现的布料偏析，改进高炉操作。

（4）降低烧结能耗。容易实现厚料层烧结，充分利用厚料层的自动蓄热作用，大幅度提高烧结生产率，降低烧结能耗尤其是固体燃耗。

（5）节约新建球团厂投资。将烧结与球团有机统一，在烧结机上同时生产高碱度烧结矿和酸性球团矿，对无条件另建球团厂的钢铁企业可大大节省建设投资，省去了新建球团厂的投资和生产成本。

1.5 烧结生产工艺

1.5.1 烧结法分类

表 1-1 列举了烧结法的分类。

表 1-1　烧结法分类

烧　结　法	按照烧结设备和供风方式分类			
鼓风烧结	烧结锅烧结、平地吹烧结、土法烧结			
抽风烧结	连续式	带式烧结机		
		环式烧结机		
	间歇式	固定式烧结机	盘式	
			箱式	
		移动式烧结机	步进式	
在烟气中烧结	回转窑烧结、悬浮烧结			

目前世界上 90%以上烧结生产采用连续带式烧结机抽风烧结，具有生产率高、原料适应性强、机械化程度高、劳动条件好、便于大型化自动化等优点。

1.5.2　烧结发展历史

烧结生产已经有 150 多年的历史，起源于 1870 年前后，资本主义发展较早的英国、瑞典和德国开始烧结锅生产工艺，用来处理矿山、冶金、化工等行业的废弃物。1911 年世界第一台连续带式抽风烧结机（亦称 DL 型烧结机，有效烧结面积 8.325 m^2，长 7.78 m，宽 1.07 m）在美国建成投产，标志着烧结工艺的重大变革。当今世界主流烧结法为连续带式烧结机抽风烧结，日本是世界烧结技术发展最快的国家，尤其在节能减排、多污染物治理方面走在前列，在保护环境、安全技术和工业卫生方面率先主动，在世界烧结行业起到技术引领作用。

我国首台 21.8 m^2 连续带式抽风烧结机于 1926 年在鞍钢建成投产。1949 年以前全国共有烧结机 10 台，总面积 330 m^2，1943 年烧结矿产量最高达 24.7 万吨，主要生产酸性烧结矿。新中国成立后，钢铁工业发展较快，以设备规格、产品特性和工艺技术可将我国烧结工业的发展分为 4 个阶段。

（1）第一阶段（1953—1970 年）为新中国烧结技术起步期。

引进和借鉴国外 75 m^2 烧结机，先后在鞍钢、本钢、武钢、包钢、太钢等企业建成 40 余台 75 m^2、90 m^2 烧结机，生产碱度 1.0~1.3 自熔性烧结矿，料层厚度低于 200 mm，烧结工艺很不完善，无自动配料、烧结矿整粒、铺底料工艺，大部分无烧结矿冷却设施，设备装备和技术水平非常落后，烧结技术经济指标非常落后，劳动条件极差。

（2）第二阶段（1970—1985 年）为烧结发展探索期。

我国自行设计和制造的 130 m^2 烧结机及其配套设备应用于攀钢、梅钢、酒钢、本钢等，烧结机进入中型化，逐步完善烧结工艺，采用质量自动配料，实施烧结矿冷却技术，增设整粒和铺底料工艺，烧结矿碱度提高到 1.5，品位 52%，利用系数 1.34 t/($m^2 \cdot h$)，设备装备和技术水平有较大进步，但依然存在料层薄、固体燃耗高、环保和作业条件差等问题，1985 年料层厚度平均 350 mm，工序能耗（标煤）85 kg/t。

（3）第三阶段（1985—2000 年）为烧结转折性发展期。

宝钢引进日本 450 m^2 大型烧结机，烧结设备实现大型化、机械化和自动化，计算机全面用于烧结生产管理和操作控制，实施 650 mm 较厚料层烧结，技术经济指标处于国际先进国内领先水平，而且环保有很大改观。在消化吸收日本烧结技术的基础上，1991 年冶金部长沙黑色冶金矿山设计研究院（2003 年改制设立中冶长天国际工程有限责任公司，简称中冶长天）自主设计的 450 m^2 大型烧结机在宝钢建成投产，主体设备国产化率达 78%，工艺技术和装备达到现代大型烧结机水平，我国烧结技术实现大飞跃和历史性转折。2000 年前后武钢、太钢相继投产 450 m^2 烧结机，我国具有自主设计和制造 265 m^2、360 m^2、450 m^2、500 m^2 不同规格烧结机及其配套主体设备的能力，一批大中型企业建成原料中和混匀工艺，研究和应用实施强化制粒、小球团烧结、厚料层燃料分加技术、低温烧结、热风保温烧结等新技术，采用双斜带式点火保温炉，烧结过程实现自动操作、监视、控制及管理，高碱度烧结矿生产更加广泛，较好治理了烧结机及抽风系统漏风问题，烧结生产技术长足发展。

（4）第四阶段（2000—2013 年）为烧结发展达到鼎盛时期。

由中冶长天设计的国内最大 660 m^2 烧结机在太钢建成并顺利达产，设备大型化方面赶上世界先进国家发展的步伐，自主研制特大型烧结机取得突破性进展，自动控制方面采用烧结终点自动控制技术、烧结过程模糊控制技术、烧结专家系统等，1.8~2.2 高碱度烧结矿得到普遍发展，超高料层烧结、全精粉烧结等科研成果通过产、学、研紧密结合取得显著成效，进一步推动漏风治理、节能减排循环经济、余热回收利用技术、烟气脱硫脱硝技术等在大多钢铁企业推广应用，烧结工序能耗不断降低，2013 年全国烧结矿产量达 10.6 亿吨，烧结处于高速发展阶段。

2013 年之后，随着供给侧改革的深入推进，烧结转型发展缓解钢铁产能严重过剩的矛盾，烧结矿产量降低 5%~6%，同时烧结行业治污力度越来越大，钢铁冶炼过程中近 30% 的粉尘颗粒物、50% 的 NO_x、60% 的 SO_2、90% 的二噁英产生于烧结工序，烧结成为主要污染源，已经成为钢铁企业特别关注的工序和治污的重点领域。今后长期时期内烧结必须把减污治污放到关系企业可持续发展的重要高度来重视，科研院所和钢铁企业联合相继开发出治污减排新技术，如选择性烧结烟气循环技术、活性炭法一体化技术、半干法脱硫耦合中温选择性催化还原（Selective Catalytic Reduction，SCR）脱硝技术等，为实现多污染物超低排放起到积极的推动作用。

铁矿粉烧结是钢铁工业规模最大的造块工艺，烧结物料处理量仅次于炼铁工艺，能耗占钢铁工业的 10%~15%，仅次于炼铁和轧钢，成为现代钢铁企业重要的生产工序。现代烧结生产的发展，不仅成为发展高炉精料方针的关键工序，而且面临着集中释放污染和治理污染物的挑战，担负着合理利用矿产资源、降低吨钢成本、提高企业综合竞争力、保护生态平衡和谐发展的重任，研究和发展烧结生产技术具有现实意义和深远的历史意义。

1.5.3　烧结法和球团法比较

钢铁企业两大主要造块法是烧结法和球团法，其过程均为高温氧化性气氛。烧结法与球团法比较见表1-2。

表 1-2　烧结法和球团法比较

方　法	过程气氛	主要热源	黏结造块	产品外形	主要铁料
烧结法	氧化性气氛	碳与空气经燃烧放热提供热源	主要靠液相黏结，扩散黏结起次要作用	不规则多孔状，大气孔，粒度较均匀	富矿粉、精矿粉
球团法	氧化性气氛	煤粉经燃烧的气体提供热源	主要靠固相黏结，液相黏结相很少	规则球形，微气孔，粒度均匀	精矿粉

（1）烧结法和球团法根本目的是使矿粉固结成块矿，适应高炉冶炼的需求。

（2）与球团生产比较，烧结对原料的适应性更强，不仅可以使用精矿粉，还可以使用富矿粉，同时还可以利用钢铁企业和化工副产品。

（3）球团矿为规则球形，自然堆角小，在高炉内布料易产生偏析。

（4）球团矿冷态强度高，运输、装卸、储存过程中产生粉末少，适合外销。

（5）球团矿生产过程为强氧化性气氛，矿物主要成分是 Fe_2O_3，其 FeO 含量低，约1%，且孔隙率高，还原性优于烧结矿。

（6）酸性氧化球团矿软熔性能较差，但仍比富块矿好，酸性球团矿与高碱度烧结矿搭配是合适的高炉炉料结构。

（7）球团矿具有还原膨胀的缺点，炼铁还原过程中因晶形发生变化而膨胀15%左右，在 K_2O、Na_2O、Zn、V 等催化作用下异常膨胀。

（8）烧结矿和球团矿的成矿机理不同。烧结矿主要靠液相黏结，扩散黏结起次要作用。为保证烧结矿转鼓强度，要求烧结过程必须产生一定数量的液相，烧结料中必须配加一定数量的固体燃料，通过点火使固定碳燃烧放热为烧结过程提供热源。球团矿主要靠固相黏结，使矿粉颗粒高温再结晶固结，液相黏结相很少，混合料中不配加固体燃料，由焙烧炉内的燃料燃烧提供热源。

1.5.4　烧结的目的和意义

充分合理利用铁矿石资源，满足钢铁工业发展的需求，将富矿粉和精矿粉造块制成具有一定高温强度的烧结矿，满足高炉冶炼的要求。

通过烧结，为高炉提供品位高、碱度适宜、化学成分稳定、有害杂质少、粒度组成均匀、粉率低、转鼓强度高、冶金性能良好的炼铁炉料，为高炉高产、优质、低耗、长寿提供优质原料条件。

通过烧结，铁矿粉与熔剂反应使难还原或还原时易粉化或体积膨胀的矿石可以转变成性能稳定和易还原或易造渣的矿物成分；烧结高温造块处理，脱除矿石中的结晶水、CO_2 气体、部分有害或无用成分，富集有用成分，改善矿石还原性能；烧结矿的多孔结构具有良好还原性和造渣性能；通过烧结可以脱除原料中的部分硫（S）、氟（F）、砷（As）、钾（K）、钠（Na）等有害杂质。这些都使烧结矿具有比天然铁矿石更好的冶金性能。

通过烧结，可以有效综合利用冶金工业和化工副产品，降低原料成本，减少污染物外排，保护环境，增加经济效益和社会效益。

1.5.5 人造富矿（熟料）和生料

人造富矿指富矿粉和精矿粉经过烧结、球团、压团、复合造块工艺，制成满足高炉冶炼要求的块矿，也称人造块矿或熟料。

烧结矿、球团矿、压团矿、复合块矿统称为人造富矿。

相对而言，高炉炼铁所用的铁矿石中，人造富矿为熟料，富块矿为生料。

烧结矿和球团矿是高炉炼铁精料的两大熟料。烧结矿是高炉炼铁的主要原料，我国烧结入炉比达 70% 以上。

（1）高炉冶炼熟料优于生料。

相比于天然富块矿，烧结矿和球团矿具有品位高、转鼓强度高、冶金性能良好、粒度组成适宜且均匀、粉末少、有害杂质少、化学成分稳定等优点。

与天然铁矿石比较，烧结矿造渣性能良好，烧结料中配加一定量熔剂所生产的不同碱度烧结矿，可使高炉冶炼少加或不加熔剂，降低高炉冶炼热消耗，改善高炉技术经济指标。烧结过程不同程度地脱除原料中部分有害杂质，明显减轻高炉冶炼脱硫任务，大大降低有害元素对高炉炉衬和钢性能的影响，提高生铁质量。

（2）高炉冶炼提高熟料率。

由于熟料在造块过程中先行完成造渣，在高炉冶炼过程中只进行金属氧化物的还原和分离，大大降低吨铁燃耗和电耗，降低生铁成本，提高炼铁生产率，特别是大型高炉冶炼尤为显著，所以提高冶炼熟料率是炼铁精料的主要目标。《高炉炼铁工程设计规范》（GB 50427—2015）提出炉容 $1000\sim5000\ m^3$ 级的高炉熟料率不小于 85%。

? 课后思考题

1. 岩石、矿物、矿石、脉石的区别。
2. 贫矿、富矿、精矿粉的区别。

3. 钢铁冶金行业的4种铁矿粉造块法，我国生产规模大、产能大的是哪两种造块法，我国正在发展的压团法处理哪些特殊物料。

4. 烧结法与球团法的原料、热源、过程黏结成矿机理、成品质量等区别。

课程思政

数字资源

习题自测

2 烧结原料

📖 **本章知识重点**

（1）铁矿粉的物化性质。
（2）熔剂的烧结特性和作用。
（3）固体燃料的种类及烧结性能。
（4）烧结可利用的冶金和化工副产品。
（5）烧结原料的准备处理工作。

烧结所用的原料包括铁矿粉、熔剂、固体燃料、冶金工业和化工副产品等。原料是烧结的基础，原料的种类性质和质量直接影响烧结的产量和质量。

2.1 铁矿粉

烧结生产所用的铁矿粉，按照铁氧化物的存在形态不同，分为磁铁矿、赤铁矿、褐铁矿、菱铁矿，即自然界的四大类铁矿石；以硫化物形态存在的铁矿粉有黄铁矿和磁黄铁矿；根据铁矿粉加工处理工艺流程不同，分为富矿粉和精矿粉。

2.1.1 磁铁矿的物化性质

磁铁矿的主要存在形态是四氧化三铁，化学分子式为 Fe_3O_4；化学组成中 Fe_2O_3 占 68.97%，FeO 占 31.03%；理论氧化度 88.89%，理论铁含量 72.4%（在四大类铁矿石中最高）；主要脉石有石英、硅酸盐和碳酸盐，含少量黏土、黄铁矿、磷灰石、黄铜矿、闪锌矿等，S、P 杂质含量较高。

磁铁矿外表呈钢灰色或黑灰色，黑色条痕，又称"黑矿"，有金属光泽，显著物理特性是具有磁性，易用磁选法分选有用成分。我国磁铁矿储量较多，广泛应用磁选法提高品位得到磁铁精矿粉用于烧结。

磁铁矿结构致密坚硬，密度 4.6~5.2 t/m^3，硬度 5.5~6.0，还原性差，不直接入高炉冶炼，需经选矿和烧结球团造块后再用于高炉冶炼。

磁铁矿虽熔点高达 1597 ℃，但因其在烧结过程中氧化放热，且易与脉石成分生成低熔点化合物，故造块节能且结块强度高，可烧性良好，是烧结生产主要铁矿粉之一，烧损小，出矿率高；磁铁矿孔隙率小，不易被水润湿，黏结性差，湿容量小，亲水性和成球性差。

自然界磁铁矿分布很广，储量丰富，但地壳表层很少见纯磁铁矿，因磁铁矿是铁的非高价氧化物，受地表氧化作用，使部分磁铁矿氧化成赤铁矿，成为既含 Fe_3O_4 又含 Fe_2O_3 的矿石，但仍保持原磁铁矿的结晶形态，这种现象称为假象化，称该类矿石为假象赤铁矿和半假象赤铁矿。通常以全铁（TFe）与氧化亚铁（FeO）的比值（即磁性率）来衡量磁铁矿的氧化程度，一般 FeO 含量越高，则磁性率越大，该矿石被氧化程度越低，这种划分只适用于由单一磁铁矿和赤铁矿组成的铁矿床，如果铁矿石中含有硅酸铁（$FeO \cdot SiO_2$）、硫化亚铁（FeS）和碳酸铁（$FeCO_3$）等，由于其中的 FeO 不具有磁性，以上划分则不适用。

当磁铁矿中 $w(TFe)/w(FeO) = 2.33$ 时为纯磁铁矿；

当磁铁矿中 $w(TFe)/w(FeO) < 3.5$ 时为磁铁矿；

当磁铁矿中 $w(TFe)/w(FeO) = 3.5 \sim 7.0$ 时为半假象赤铁矿；

当磁铁矿中 $w(TFe)/w(FeO) > 7.0$ 时为假象赤铁矿。

2.1.2 赤铁矿的物化性质

赤铁矿的主要存在形态是不含结晶水的三氧化二铁，化学分子式 Fe_2O_3，Fe 呈最高价+3 价；理论铁含量70%，理论氧化度100%，还原性好；S、P 杂质含量较磁铁矿低。赤铁矿与磁铁矿化学成分的根本区别是磁铁矿 FeO 含量高，纯赤铁矿不含 FeO。

赤铁矿外表常呈铁红色或土红色，红色条痕，又称红矿，无磁性，亲水性较差，组织结构多种多样，包括非常致密的结晶体和很松软分散的粉体，硬度也不一，结晶赤铁矿硬度高，为 5.5~6.5，其他形态的硬度较低，密度 4.8~5.3 t/m^3。

外表呈片状且表面具有金属光泽明亮如镜的，叫镜铁矿。

外表呈云母片状且泽度较明亮的，叫云母状赤铁矿。

质地松软无光泽，含黏土杂质的红色土状赤铁矿，又称铁赭石。

赤铁矿熔点 1565 ℃，因其软化温度和熔化温度高，故其可烧性差，烧结造块过程中固体燃耗较磁铁矿高。高碱度下赤铁矿 Fe_2O_3 与 CaO 发生固相反应促进生成铁酸一钙黏结相，有利于提高烧结矿还原性和转鼓强度。

自然界赤铁矿储量丰富，但纯净的赤铁矿较少，常与磁铁矿、褐铁矿等共生，是烧结生产和高炉炼铁的主要铁矿石，是氧化烧结的主晶相。

2.1.3 褐铁矿的物化性质

褐铁矿不是矿物的名称，它是针铁矿（$Fe_2O_3 \cdot H_2O$）、水针铁矿（$2Fe_2O_3 \cdot H_2O$）等不同结晶水含量的铁氧化物和黏土质矿物的混合物统称，因为这些矿物颗粒细小，难以区分，故统称为褐铁矿。褐铁矿石中的矿物种类有 26 种之多，但主要是褐铁矿和石英，其他含量甚微。

褐铁矿主要存在形态是含结晶水的三氧化二铁，化学分子式 $mFe_2O_3 \cdot nH_2O$

（$m=1\sim3$，$n=1\sim4$），自然界褐铁矿大部分以 $2Fe_2O_3 \cdot 3H_2O$ 形态存在；理论铁含量 59.8%，理论结晶水含量 14.44%；脉石成分主要为黏土质（成球性好）、石英，S、P 杂质含量较高。褐铁矿与赤铁矿化学成分的根本区别是褐铁矿含结晶水，即褐铁矿水化程度高，结晶水含量小于 3% 为低水化程度，3%～6% 为中水化程度，大于 6% 为高水化程度。

褐铁矿是氧化条件下极为普遍的次生物质，由其他矿石风化而成，密度小（2.7～4.3 t/m^3），组织结构松软，孔隙率大，亲水性强，无磁性，通常呈黄褐色或深褐色，黄褐色条痕，无磁性，常呈块状、土状、钟乳状或葡萄状、疏松多孔状或粉末状，也常呈结核状或黄铁矿晶形的假象出现，硬度视其成分和形态而异，富含硅的致密块状褐铁矿，硬度可达 5.5，而富含泥质的土状褐铁矿，硬度为 1。

褐铁矿在自然界中分布广泛，因其组织结构疏松，且高温焙烧过程中脱除结晶水后产生新的气孔，故还原性较磁铁矿和赤铁矿高，但因褐铁矿品位低且含结晶水，分解发生热裂，故不能作为高炉原料，需经造块后用于高炉冶炼。褐铁矿烧结性能中等，价格相对低，随着对褐铁矿烧结基础特性的深入研究和合理配矿优劣互补，并在生产操作中采取有效技术措施，褐铁矿成为降低烧结原料成本的主要铁矿粉。

2.1.4　菱铁矿的物化性质

菱铁矿的主要存在形态是碳酸铁，化学分子式 $FeCO_3$；理论铁含量 48.2%（在四大类铁矿石中最低），理论 FeO 含量高达 62.1%，理论烧损 37.93%；常夹杂有镁、钙、锰等碳酸盐，硫以黄铁矿（FeS_2）形态存在，S、P 杂质含量少。受热分解释放出 CO_2 后，不仅提高铁含量，而且变成多孔状结构，还原性很好，因此尽管铁含量较低，仍具有较高的冶炼价值。

原生菱铁矿不稳定，易受空气氧化和水解作用而风化共生一定数量的褐铁矿覆盖在其表层。自然界中常见坚硬致密的菱铁矿，硬度 3.5～4.5，密度 3.8 t/m^3，次于磁铁矿和赤铁矿，而比褐铁矿高，经破碎后呈砂性，亲水性较好，外表呈灰色或黄白色，风化后变成褐色或深褐色，具有灰色或黄色条痕，有玻璃光泽，无磁性。

因菱铁矿的储量少、具有开采价值的矿山少、铁含量低、烧损大、可烧性差等原因，烧结生产很少使用菱铁矿。

2.1.5　黄铁矿的物化性质

黄铁矿是以硫化物形态存在的铁矿石，是地壳中分布最广的硫化物，化学分子式 FeS_2；理论铁含量 46.67%，理论 S 含量 53.33%；常存在微量钴、镍、铜、金、硒等元素。黄铁矿属于高硫铁矿，烧结过程中发生分解和氧化放热反应，脱硫率高。

黄铁矿呈浅黄铜色，表面常具有黄褐色、锖色，绿黑色条痕，具有金属光泽，性脆，硬度 6.0～6.5，密度 4.9～5.2 t/m^3。

黄铁矿的化学性质如下：

（1）蚀变。

黄铁矿在潮湿环境下成为硫酸亚铁（$FeSO_4$）（水绿矾），主要化学反应方程式为 $2FeS_2+7O_2+2H_2O \stackrel{}{=\!=\!=} 2FeSO_4+2H_2SO_4$。

（2）风化。

天然黄铁矿在地表条件下容易被风化成褐铁矿。

（3）热分解。

黄铁矿在焙烧过程中从 400 ℃ 左右开始发生热分解，每摩尔 FeS_2 大约放出 1 摩尔单质硫，游离的单质硫立即与空气中的氧反应变成二氧化硫气体。

（4）焙烧氧化。

黄铁矿在焙烧过程中被氧化成 Fe_2O_3、Fe_3O_4、$FeSO_4$ 等。

2.1.6 磁黄铁矿的物化性质

磁黄铁矿是一种铁的硫化矿物，化学分子式表示为 $Fe_{(1-x)}S(x=0\sim0.17)$；S 含量可达 39%~40%；混入物以 Ni 和 Co 最为常见，因此可以用来制作硫酸。而当其中的 Ni 含量很高时，便可从中提炼 Ni。与磁黄铁矿共生的矿物有黄铜矿、黄铁矿、磁铁矿、毒砂等，在氧化条件下极易分解转变为褐铁矿。

磁黄铁矿呈暗青铜黄色，表面常呈褐锈色，亮灰黑色条痕，金属光泽，性脆，硬度 3.5~4.5，密度 4.6~4.7 t/m^3，具有磁性（仅次于磁铁矿）和导电性。

2.1.7 烧结对铁矿粉的质量要求

烧结要求铁矿粉品位高，化学成分稳定，脉石成分适于造渣，有害杂质少，粒度和水分适宜，由铁矿粉配合而成的混匀矿综合烧结特性良好。

（1）铁矿粉的品位 TFe。

铁矿粉品位指铁矿粉中所有铁氧化物的铁含量之和，铁矿粉品位是衡量其质量的主要指标之一，品位越高，则生产出的烧结矿品位越高，铁矿粉的经济价值越高。

（2）铁矿粉的粒度组成。

精矿粉粒度与晶粒大小、磨矿选矿生产工艺有关，精矿粉粒度用网目表示，一般烧结对精矿粉粒度不做要求。

烧结要求富矿粉粒度适宜，力求+8 mm 粒级小于 10%，−3 mm 粒级小于 45%。当生产高碱度烧结矿和使用高硫铁矿粉时，为有利于生成铁酸钙系液相和提高脱硫率，富矿粉和高硫铁矿粉的粒度不宜大于 6 mm。

富矿粉粒度过大的不利影响：1）因为铁矿粉与熔剂的矿化反应是从黏附层由外而内进行的，大颗粒物料的矿化反应不充分，易产生烧不透现象，在相同料层厚度下，降低烧结温度，烧结成型条件差，烧结矿中有大量残留未熔固结的颗粒生料，降低烧结矿转鼓强度，增加返矿率；2）烧结机布料时，大颗粒富矿粉易偏析落到台车边部和料层下部，加重边部效应，加大料层上部和下部烧结矿组织结构及化学成分不均匀，熔剂矿化不充分；3）烧结过程料层透气性过剩，降低总管负压，增加废气带走的热量，热利用率低，降低烧结矿产量且质量变差。

富矿粉粒度过小时，烧结过程均匀性好，加快铁矿粉和熔剂的固相反应速度，有害杂质脱除率高，但烧结料层透气性变差，垂直烧结速度减慢，降低烧结矿产量。

（3）铁矿粉的水分。

水分以不影响带料和混匀为宜，精矿粉水分小于10%，富矿粉水分小于8%。

（4）混匀矿综合烧结特性。

混匀矿由几种铁矿粉配合而成，铁矿粉有各自的烧结特性且差异很大，研究各种铁矿粉烧结基础特性的目的是通过性能优劣互补合理配矿，使混匀矿的同化性和液相流动性适中，铁酸钙生成能力强，黏结相强度高，达到混匀矿综合烧结特性良好。

2.2 熔剂

2.2.1 熔剂分类及其烧结特性和作用

熔剂按其性质分为碱性熔剂、中性熔剂、酸性熔剂3种，见表2-1。

表2-1　熔剂分类及其作用特点

分　类	中文名称	化学分子式	作　用	特　点
碱性熔剂	生石灰（冶金石灰 白灰）	CaO	提供 CaO	CaO 高，遇水消化放热
	石灰石（方解石）	$CaCO_3$	提供 CaO	CaO 较高，需吸热分解
	消石灰（熟石灰）	$Ca(OH)_2$	提供 CaO	CaO 较高，微溶于水放热 580 ℃脱水成 CaO，与 CO_2 反应生成 $CaCO_3$
	白云石	$CaMg(CO_3)_2$	提供 CaO、MgO	CaO 低，MgO 低，含 CaO 和 MgO 碱性氧化物需吸热分解
	菱镁石	$MgCO_3$	提供 MgO	MgO 高，需吸热分解
酸性熔剂	蛇纹石	$3MgO \cdot 2SiO_2 \cdot 2H_2O$	提供 SiO_2、MgO	SiO_2 较高，MgO 较高，含有酸碱两种氧化物，首先吸热分解结晶水，然后再结晶产生放热效应
	橄榄石	$(Mg \cdot Fe)_2SiO_4$	提供 SiO_2、MgO	SiO_2 低，MgO 较低，含有酸碱两种氧化物，不易发生分解和吸热反应
	石英石（硅石）	SiO_2	提供 SiO_2	SiO_2 高，无需分解
中性熔剂	三氧化二铝	Al_2O_3	提供 Al_2O_3	唯一中性熔剂

2.2.1.1　烧结常用熔剂

烧结常用碱性熔剂和酸性熔剂，不使用中性熔剂。现代高炉炼铁原料结构为

"高碱度烧结矿+酸性球团矿+富块矿"，因铁矿石的脉石成分主要是酸性氧化物 SiO_2，所以烧结普遍使用碱性熔剂，只有当铁矿粉的 SiO_2 含量较低导致烧结矿 SiO_2 含量过低，烧结过程液相生成量较少，烧结矿转鼓强度不能满足高炉要求时，才配加酸性熔剂。

烧结常用的碱性熔剂有生石灰、石灰石、白云石、菱镁石，常用酸性熔剂有蛇纹石，蛇纹石虽然含有酸碱两种氧化物，但属于酸性熔剂，因为配加蛇纹石的目的是提高烧结矿 SiO_2 含量。

2.2.1.2 石灰石、生石灰的烧结特性和作用

石灰石和生石灰的特性不同，但作用都是为烧结矿提供 CaO 含量，通过调整其配比使烧结矿碱度满足高炉需求。

石灰石是以方解石为主要成分的碳酸钙岩，主要化学成分 $CaCO_3$；理论 CaO 含量56%，理论烧损44%；熔点825℃，几乎不溶于水，呈块状集合体，硬度3，性质较脆易破碎，密度 2.65~2.80 t/m³（体积密度取决于气孔率），白云石质石灰石密度 2.70~2.90 t/m³；白色条痕，通常呈白色、灰白色或青黑色，亲水性差，烧结使用石灰石水分一般在2%左右。

石灰石在烧结过程中吸热发生分解反应 $CaCO_3 = CaO + CO_2$，生成的 CaO 与其他矿粉发生矿化反应形成新的矿相，CO_2 气体进入烧结烟气经脱硫脱硝后由烟囱排入大气。1~3 mm 石灰石分解出的 CaO 活性大，改善铁酸钙生成条件，产生的 CO_2 是氧化物，提高烧结过程氧化度，减弱还原性气氛，有利于生成铁酸钙液相，降低烧结矿 FeO 含量。

生石灰是石灰石经高温煅烧后的产品，主要化学成分是 CaO，高温煅烧化学反应方程式为 $CaCO_3 = CaO + CO_2$，理论 $CaCO_3$ 分解温度为900℃，实际生产中为了加快 $CaCO_3$ 分解，将煅烧温度提高到 1000~1100℃，因石灰石粒度不均和煅烧温度分布不均等原因，产品生石灰中常有生烧和过烧现象。

A 生石灰的生烧、过烧、灼减

（1）生石灰的生烧。

生石灰的生烧指未分解的石灰石，难溶于水，与水不发生化学反应，当有 CO_2 存在时，发生化合反应 $CaCO_3 + CO_2 + H_2O = Ca(HCO_3)_2$。

生烧率指未分解的石灰石质量 $G_{石灰石}$ 占生石灰总质量 $G_{生石灰}$ 的百分数。

（2）生石灰的灼减。

灼减指生石灰被加热到1000℃左右完全灼烧后失去的质量占生石灰总质量的百分数。生石灰灼减一是因存在残余未分解的 $CaCO_3$，二是因生石灰吸收了大气中的水分和 CO_2。因烧结用的生石灰存储在料仓内且用密封罐车输送，压缩空气或氮气打入烧结配料仓，吸收大气中的水分和 CO_2 极少可忽略不计，所以生石灰灼减几乎是残余未分解 $CaCO_3$ 灼烧后放出的 CO_2 量 G_{CO_2} 占生石灰总质量 $G_{生石灰}$ 的百分数。生石灰灼减高则生烧率高，表明有较多 $CaCO_3$ 未完全煅烧分解生成 CaO，黏结力差。

由生烧率 $K = (G_{石灰石}/G_{生石灰}) \times 100\%$，灼减 $\eta = (G_{CO_2}/G_{生石灰}) \times 100\%$ 推导出：

$$K = (G_{石灰石}/G_{CO_2})\eta$$
$$= (100/44)\eta$$
$$= 2.273\eta \qquad (2\text{-}1)$$

式中　K——生石灰的生烧率，%；

　　　η——生石灰的灼减，%。

通过化验得知生石灰的灼减后，则可计算出生石灰的生烧率。

【例 2-1】生石灰的灼减为 3.46%，计算生石灰的生烧率。计算结果保留小数点后两位小数。

解：生石灰生烧率 $= 2.273 \times 3.46\% = 7.86\%$

（3）生石灰的过烧。

生石灰的过烧指石灰石煅烧过程中由于局部温度过高，与硅酸盐互相熔融生成的硬块和消化很慢的石灰，短时间内不能被水化。

过烧石灰结构致密气孔率低，表面常包覆一层熔融物，活性度差，水化很慢。

生石灰生烧率和过烧率之和小于 15%，能充分发挥提高料温、强化制粒作用。

B　生石灰的活性度

（1）生石灰活性体积。

生石灰水化反应方程式：$CaO + H_2O = Ca(OH)_2$

水化产物与盐酸中和反应方程式：$Ca(OH)_2 + 2HCl = CaCl_2 + 2H_2O$

1）称取 1~5 mm 生石灰试样 50 g，放入干燥器中备用。

2）量取（40±1）℃ 水 2000 mL 倒入 3000 mL 烧杯中，开启搅拌器，用温度计测水温。

3）烧杯中加酚酞指示剂 8~10 滴，生石灰试样一次倒入水中消化并开始计时。

4）消化开始呈红色时用 4 mol/L 的 HCl 滴定直到红色消失，又出现红色时继续滴入 4 mol/L 的 HCl，直到混合液中红色再消失，如此往复操作，记录 10 min 内消耗 4 mol/L 的 HCl 总毫升数，即为生石灰活性体积。

（2）生石灰活性度。

$$S = 0.112V/(GC) \qquad (2\text{-}2)$$

式中　S——生石灰活性度，mL/g；

　0.112——换算系数（56 g CaO—2 mol/L 的 HCl；4 mol/L 的 HCl—112 g CaO）；

　　　V——生石灰活性体积，mL；

　　　G——生石灰试样质量，g；

　　　C——生石灰 CaO 含量，%。

生石灰活性度表征一定质量（50 g）的生石灰中 CaO 水化反应后生成 $Ca(OH)_2$，在 10 min 内用 4 mol/L 的 HCl 中和 $Ca(OH)_2$ 所消耗的毫升数，反映生石灰水化反应性能。

C　目测判断生石灰 CaO 含量

(1) 观察生石灰的颜色,颜色越白,CaO 含量越高。

(2) 称量生石灰质量,相同体积生石灰质量越轻,CaO 含量越高。

(3) 水洗生石灰,水洗后残留量越少,生烧率和过烧率越低,CaO 含量越高。

(4) 生石灰水化反应越强烈,水温升高越多,生石灰 CaO 含量越高。

D　生石灰强化烧结过程(生石灰代替石灰石的优点)

(1) 亲水胶体作用和凝聚作用,增强料球强度和密度。

生石灰遇水消化成粒度极细的消石灰胶体颗粒,比表面积达 30 m²/g,比消化前增大近 100 倍,消石灰胶体颗粒不仅具有极强亲水胶体作用,而且具有凝聚作用,在烧结料中分布均匀,易进行化学反应促进生成液相,提高烧结矿产质量。

单纯物料加水润湿制成的料球靠毛细力维持,一旦失去水分很易碎散,而含消石灰胶体颗粒的料球,在受热干燥过程中收缩,由于凝聚作用使其周围固体颗粒进一步靠近,产生更大的分子吸引力,增强混合料凝聚力,提高料球强度和密度,强化制粒效果,提高烧结矿产量,是生石灰优于其他熔剂所特有的强化作用。

(2) 增加湿容量,减少料球破坏。

由于消石灰胶体颗粒具有较大的比表面积,所以含有 $Ca(OH)_2$ 的混合料小球可以吸附和持有大量水分而不失去物料的疏散性和透气性,增大混合料的最大湿容量,减小冷凝水破坏料球和堵塞料球间的气孔,保持烧结料层良好的透气性。

(3) 热稳定性好,保护料球不被破坏。

由于胶体颗粒持有水分能力强,受热时水分蒸发没有单纯物料那样猛烈,烧结过程热稳定性好,抵抗干燥过程对料球的破坏作用,料球不易炸裂,增强抵抗过湿的能力,是生石灰改善料层透气性的主要原因。

(4) 生石灰遇水消化放热,提高混合料温度,减小烧结过程料层阻力。

生石灰代替石灰石,减少碳酸钙分解所消耗的热量,利于降低固体燃耗,提高混合料温度,能更快更均匀矿化,促进固相反应和液相生成,更易生成熔点低、流动性好、易凝结的液相,加快烧结速度,且防止游离 CaO "白点" 残存于烧结矿中而粉化,提高烧结矿产量和质量。

(5) 生石灰消化成消石灰产生 H^+ 和 OH^- 是碳素燃烧催化剂,促进烧结料中碳顺利而迅速地燃烧,加快烧结速度,提高烧结生产率。

综上所述,生石灰是铁矿粉烧结必不可少的碱性熔剂,活性度高的生石灰是强化烧结过程的有效途径之一,对提高烧结产量和质量有显著的正面影响。

E　使用生石灰注意事项

(1) 生石灰配比适宜。

生石灰是强化制粒和强化烧结过程的重要手段,但并非生石灰配比越高越好,需根据原料性质适量配加。1) 生石灰单价比石灰石高,用量过多则增加熔剂成本;

2）生石灰密度小，用量过多则烧结料过分疏松堆密度低，加快垂直烧结速度，烧结矿脆性增大，降低转鼓强度，增加返矿率；3）生石灰消化后比表面积剧增且激烈放出消化热，可能引起水分激烈蒸发，料球体积膨胀而破碎，恶化料层透气性；4）生石灰配比加到一定程度后，烧结生产率增长幅度平缓甚至减小。

以赤铁矿和褐铁矿为主料的烧结条件下，因富矿粉本身含有大量颗粒料，若配加大量生石灰则料层透气性过剩，固体燃料燃烧产生的高温热量过多被烧结废气带走，浪费固体燃料且不利于烧结矿固结，同时生石灰密度小，烧结料堆密度小，烧结矿收缩大，形成大孔薄壁烧结矿，转鼓强度低且成品率低，所以赤铁矿和褐铁矿配比高时烧结湿容量大，烧结过程中过湿带的影响程度明显减弱，不需配加过高的生石灰，若使用制粒性能较差的镜铁矿粉或以细粒精矿粉为主料烧结条件下，生石灰配比可适当高些，以改善混合料制粒效果。

（2）生石灰在特定工艺段内完成消化。

生石灰与水或湿料接触时便开始消化反应，需在配料室和一次混合机内完成消化。生石灰在配料室消化有两种办法：1）设置双螺旋消化器消化。2）在生石灰落料点处的皮带机上打水消化。双螺旋消化器可以使生石灰完全消化，在皮带机上打水，根据加水方式和搅拌程度不同而消化程度不同，采用雾化喷头多点打水和滚轮耙子搅拌则消化效果较好。为了充分利用生石灰消化放热来提高混合料料温，有的厂采取双螺旋部分消化或冬季使用消化器而夏季停用消化器。生石灰在配料室消化必须配套湿法除尘或喷淋除尘，否则配料室环境非常恶劣，不达环保要求。一次混合机内加入足够的高压雾化水并加强混合料的混匀效果和生石灰的离散分布，可改善生石灰的消化，最终生石灰消化效果通过一次混合料中"白点"判断（排除因石灰石、白云石、菱镁石粒度大而产生的"白点"），取一定量的一次混合料放置一定时间后，如果观察"白点"越少则生石灰消化越好。

生石灰消化的最佳温度为 50 ℃以上，粒度为 0.5~3 mm，所以配料皮带上打热水和一次混合机内加热水，减少生石灰中−0.5 mm 粉末量和+5 mm 大粒级，有助于生石灰消化。

（3）适宜的生石灰活性体积。

实验室研究和生产实践表明，生石灰活性体积高，则加快水化反应速率；活性体积较低，不利于生成铝硅铁酸钙（$CaO \cdot Fe_2O_3 \cdot SiO_2 \cdot Al_2O_3$，简称 SFCA），但活性体积也并非越高越好，活性体积大于 380 mL 后生成 SFCA 的比例反而有所降低。

（4）生石灰在储存运输过程中避免受潮，防止失去 CaO 作用和提前消化产生夹带粉尘的水汽污染环境。

F 有关生石灰计算

【例 2-2】石灰石 CaO 含量 49.6%，MgO 含量 3.2%，SiO_2 含量 1.6%，烧损43.2%，石灰石焙烧过程损耗忽略不计，计算石灰石完全焙烧后生成生石灰 CaO 和

MgO 的含量。计算结果保留小数点后两位小数。

解：生石灰 CaO 含量 $=49.6\% \div (1-43.2\%) = 87.32\%$

生石灰 MgO 含量 $=3.2\% \div (1-43.2\%) = 5.63\%$

【例 2-3】石灰石 CaO 含量 49.6%，MgO 含量 3.2%，烧损 43.2%，石灰石焙烧过程 CaO 损耗 5%，计算石灰石完全焙烧生成生石灰 CaO 含量。计算结果保留小数点后两位小数。

解：生石灰 CaO 含量 $=49.6\% \div (1-43.2\%) \times (1-5\%) = 82.96\%$

【例 2-4】焙烧生石灰需热值：$CaCO_3 = CaO + CO_2 - 5.33$ MJ/kg CaO，焙烧燃料为煤粉和转炉煤气混烧，煤粉热值 27 MJ/kg，每吨氧化钙煤粉单耗 160 kg，转炉煤气热值 5.434 MJ/m³，计算生石灰产量 25 t/h 所需转炉煤气流量（m³/h）。计算结果保留小数点后两位小数。

解：生石灰产量 25 t/h 所需总热值 $=5.33 \times 1000 \times 25 = 133250$（MJ/h）

煤粉提供热值 $=160 \times 25 \times 27 = 108000$（MJ/h）

需转炉煤气提供热值 $=133250 - 108000 = 25250$（MJ/h）

需转炉煤气流量 $=25250 \div 5.434 = 4646.67$（m³/h）

2.2.1.3 白云石、菱镁石的烧结特性和作用

白云石和菱镁石的烧结特性不同，但作用都是作为 MgO 源，为烧结矿提供 MgO 含量，通过调整其配比使烧结矿 MgO 含量满足高炉炉渣镁铝比的需求。

A 白云石、菱镁石的物化特性

白云石属碳酸盐类矿物，主要成分是碳酸钙镁，化学分子式 $CaMg(CO_3)_2$，理论 CaO 含量 30.43%，理论 MgO 含量 21.74%，理论烧损 47.83%，含有 SiO_2、Al_2O_3、Fe_2O_3、Mn、Pb、Zn 等杂质，成分中的 Mg 可被 Fe、Mn、Co、Zn 替代，Ca 可被 Pb、Na 替代，其中 Fe 能完全代换 Mg，当 Fe 含量大于 Mg 含量时称铁白云石；Fe 与 Mn 的替代有限，富 Mn 时称锰白云石；富 Pb、Co、Zn 时分别称铅白云石、钴白云石、锌白云石。一般白云石熔点 1339 ℃ 左右，熔点受杂质、水分、结晶度及压力等因素的影响会略有降低。白云石几乎不溶于水，呈块状、粒状集合体，硬度 3.5~4.5，较硬难破碎，密度 2.85~2.95 t/m³，白云岩既含大量碳酸钙，又含相当数量的碳酸镁，由于受海水侵蚀（海水中有大量镁离子），镁离子和碳酸钙中的钙离子部分交换，白云岩的裂缝比碳酸钙的岩层多，因此白云石的渗透性好于石灰石。白云石为白色条痕，纯白云石为白色，因含其他元素和杂质多为乳白、灰白或浅黄、暗粉红色等，透明到半透明，具有玻璃光泽，在自然界中的分布没有石灰石普遍，具有不可再生性，因此白云石矿开发利用应遵循绿色科学的发展道路。白云石在烧结过程中吸热分解，分解生成的 CaO 和 MgO 与其他矿粉发生矿化反应形成新的矿相，CO_2 气体进入烧结烟气经脱硫脱硝后由烟囱排入大气。

菱镁石属碳酸镁矿物，主要成分碳酸镁，化学分子式 $MgCO_3$，理论 MgO 含量

47.62%，理论烧损 52.38%，常含有铁，白色条痕，因含其他元素和杂质常呈白色或浅黄白、灰白色，含铁的菱镁石呈黄至褐棕色，玻璃光泽，硬度 4~4.5，性脆，密度 2.9~3.1 t/m³。菱镁石在烧结过程中进行吸热分解反应 $MgCO_3 \!=\!\! MgO+CO_2$ 生成的 MgO 与其他矿粉矿化形成新的矿相，CO_2 气体进入烧结烟气经脱硫脱硝后由烟囱排入大气。

B 白云石的烧结特性

不同产地、不同成因白云石分解特性不同。大部分产地白云石热分解分两阶段完成，低温分解出 $CaCO_3$ 和 MgO 固熔体，高温 $CaCO_3$ 继续吸热分解出 CaO 和 CO_2。

$$CaMg(CO_3)_2 \!=\!\! MgO+CaCO_3+CO_2 \qquad 720~765\ ℃$$
$$CaCO_3 \!=\!\! CaO+CO_2 \qquad 910~940\ ℃$$

部分产地白云石在 700~900 ℃ 一步分解为 MgO、CaO、CO_2 的混合物，MgO 的生成速率略高于 CaO。

烧结过程中，白云石首先吸热分解，随着白云石配比的提高，分解所需要的热耗提高，需相应增加固体燃耗，其次白云石分解产生的 MgO 矿化生成镁橄榄石（$2MgO \cdot SiO_2$）、钙镁橄榄石（$CaO \cdot MgO \cdot SiO_2$）、铁酸镁（$MgO \cdot Fe_2O_3$）等高熔点化合物，烧结温度下这些高熔点化合物不易生成液相而降低固结强度，同时生成的镁橄榄石和钙镁橄榄石一般以玻璃质的物相存在，玻璃相数量增加且其中微细裂纹有损烧结矿转鼓强度，黏结相中铁酸钙系矿物也有所降低。生产实践表明随着白云石配比的增加，烧结矿 MgO 含量逐渐提高，固体燃耗逐渐升高，利用系数和转鼓强度呈降低趋势。

烧结过程中，MgO 起难熔相的作用，液相线温度上升，由于生成含镁高熔点物质，MgO 矿化需较高烧结温度和较长高温保持时间，需适当降低垂直烧结速度。如果白云石配比增加而固体燃耗不增加，垂直烧结速度不降低，烧结料层内热量不足，白云石分解和矿化不充分，部分 MgO 残骸保留在烧结矿中，不能和其他矿物反应或矿物结晶程度低，晶粒粗大晶型不完整，影响烧结矿粒度组成、转鼓强度、还原性变差。如果增加配碳量，同样转鼓强度和还原性变差，同时降低烧结生产率，因为白云石高温条件下形成高熔点含镁矿物，如镁橄榄石（$2MgO \cdot SiO_2$）的熔点为 1890 ℃、钙镁橄榄石（$CaO \cdot MgO \cdot SiO_2$）的熔点为 1490 ℃ 等，这些矿物的强度和还原性都不及铁酸钙系矿物，而且随着白云石配比的增加，液相量减少，液相黏度增大，气孔率增大，物相变得复杂且各种物相结晶膨胀系数差异大，在冷凝过程中形成大气孔且形状不规则、应力集中的烧结矿结构组织，降低转鼓强度。

C 白云石和菱镁石的作用

白云石和菱镁石是 MgO 源，烧结配加白云石和菱镁石主要是调整烧结矿 MgO 含量。

（1）通过调整烧结矿 MgO 含量，满足高炉炉渣 MgO/Al_2O_3 的要求，有效改善炉渣物化性能，降低炉渣黏度，改善炉渣流动性，抑制碱金属在高炉内的循环，减少富集，提高炉渣脱硫能力。

（2）MgO 提高烧结矿软熔温度，改善烧结矿软熔性能。

（3）适当的 MgO 含量改善烧结矿低温还原粉化率 $RDI_{+3.15\,mm}$，但当 MgO 含量过高时，又会起反作用降低 $RDI_{+3.15\,mm}$ 指标。

（4）烧结料中 MgO 含量高，则需要增加固体燃耗才能生成镁橄榄石、钙镁橄榄石等含镁高熔点矿物，这些矿物具有较好的强度，但烧结矿 MgO 含量在 2.5% 以上时显著降低烧结生产率。

（5）MgO 对烧结矿转鼓强度和还原性有正负双重影响。

基于以上原因，烧结矿 MgO 含量小于 1.8% 为宜，且白云石、菱镁石的粒度不宜过大。

2.2.1.4　蛇纹石、橄榄石烧结特性和作用

蛇纹石、橄榄石的烧结特性不同，但作用都是 SiO_2 源，为烧结矿提供 SiO_2 含量，通过调整其配比使 SiO_2 含量满足烧结所需。

A　蛇纹石、橄榄石的物化性能

蛇纹石属于低品位的橄榄石，是一种层状高镁高硅的矿物，它的化学分子式为 $3MgO \cdot 2SiO_2 \cdot 2H_2O$；理论 MgO 含量 43.64%，理论 SiO_2 含量 43.36%，理论结晶水含量 13.04%；主要杂质为 Al_2O_3 和 Fe_2O_3，并含有 Ni、Mn、Cr 等氧化物。蛇纹石因其外表分化呈灰白、石红色网纹似蛇皮而得名，颜色随所含杂质成分不同而呈现程度不同的绿色，常具蜡状光泽或玻璃光泽，硬度 2.5～4.0，密度 2.5～2.8 t/m^3，因蛇纹石是橄榄石风化变质后的矿物，亲水性较好，利于混合料制粒。

橄榄石因常呈橄榄绿色而得名，是由铁橄榄石（$2FeO \cdot SiO_2$）和镁橄榄石（$2MgO \cdot SiO_2$）组成的固熔体，属于镁铁硅酸盐矿物，它的化学分子式为 $(Mg \cdot Fe)_2SiO_4$；理论 SiO_2 含量 23.81%，理论 MgO 含量 31.75%；同时含有 Al、Mn、Ni、Co 等元素，变质可形成蛇纹石或菱镁石，具有脆性，韧性较差，极易出现裂纹，玻璃光泽，透明至半透明，硬度 6.5～7，密度 3.27～3.48 t/m^3，不溶于水，烧结很少使用。

B　蛇纹石的烧结特性

（1）蛇纹石的热化学性质。

$$3MgO \cdot 2SiO_2 \cdot 2H_2O \xrightarrow{吸热} 2MgO \cdot SiO_2 + SiO_2 + 2H_2O \xrightarrow{放热} 2MgO \cdot SiO_2 + MgO \cdot SiO_2$$

蛇纹石 300 ℃ 吸热分解出结晶水，685 ℃ 生成镁橄榄石（$2MgO \cdot SiO_2$）和无定性的游离 SiO_2，813 ℃ 镁橄榄石（$2MgO \cdot SiO_2$）再结晶成为烧结矿中的低熔点黏结相并产生放热效应，且游离 SiO_2 与部分镁橄榄石结合形成 $MgO \cdot SiO_2$，有利于 MgO 的矿化，增加烧结液相量，改善结晶状态和烧结矿转鼓强度。

（2）蛇纹石的 MgO 形态。

蛇纹石中的 MgO 属化合态物相，能与 Fe_2O_3 和 Fe_3O_4 构成铁矿物黏结相而不破

坏烧结矿转鼓强度，镁橄榄石（$2MgO \cdot SiO_2$）即使不与其他矿物反应也能起黏结相作用，无需经过固液相反应，固体燃耗较白云石低，如果蛇纹石粒度细，提高转鼓强度和降低燃耗的效果更明显。

（3）蛇纹石的黏结相强度。

某院校将不同镁质熔剂与-0.15 mm混匀矿混合制成 ϕ8 mm 高 5 mm 小饼试样，在 R2.0、SiO_2 含量 5%、MgO 含量 2% 条件下进行微型烧结试验，测试黏结相抗压强度见表 2-2。

表 2-2　蛇纹石和白云石黏结相抗压强度比较

试　　样	R2.0、SiO_2 含量 5%、MgO 含量 2.0%，黏结相抗压强度/N		
	1240 ℃	1280 ℃	1320 ℃
蛇纹石	400	625	510
轻烧白云石	410	510	380
白云石	396	500	300

1240 ℃ 较低温度时，3 种镁质熔剂试样的黏结相强度相差不大，都在 400 mol/L 左右，1280 ℃ 和 1320 ℃ 较高温度时，蛇纹石的黏结相强度高，这是蛇纹石优于白云石的根本原因，蛇纹石粒度细（小于 2 mm）能更好发挥其烧结特性。

蛇纹石再结晶后的镁橄榄石（$2MgO \cdot SiO_2$）在烧结温度下难以熔化，起骨架的作用，有利于提高转鼓强度、利用系数和成品率。

（4）蛇纹石改善烧结矿还原性。

蛇纹石中结晶水分解，促进蛇纹石均匀矿化，固体燃料用量一定情况下烧结料层氧位提高，随着蛇纹石配比的提高，烧结矿 FeO 含量降低，还原性好。

蛇纹石中的镁橄榄石（$2MgO \cdot SiO_2$）晶体不但提高转鼓强度和软化温度，同时改善还原性，因为还原过程中镁橄榄石受热产生异轴膨胀，有利于还原气体的扩散。而配加白云石，烧结矿黏结相中玻璃质和 MgO 均属均质体和等轴晶系，受热后产生等向膨胀，造成的间隙不大或没有，不利于还原。

（5）选用蛇纹石而不选用硅石。

酸性熔剂选用蛇纹石而不选用硅石，因为硅石焙烧时转化迟钝且膨胀性大，硅石纯度高（SiO_2>98%），在同等 SiO_2 补充量下硅石配比约是蛇纹石配比的 1/3，很小的配比会降低配料电子秤的称量精度，且硅石在混合料中混不均匀直接导致烧结矿中 SiO_2 分布不均匀，液相生成量不均匀。配加蛇纹石同时带入 SiO_2 和 MgO 两种造渣成分，有助于改善烧结矿低温还原粉化率 $RDI_{+3.15\,mm}$，对烧结矿质量和烧结工艺均有利。

（6）磁铁精矿粉破坏蛇纹石性质。

在蛇纹石配比一定的情况下，增加磁铁精矿粉配比，因为 Fe_3O_4 氧化放热效应（300 ℃ 开始氧化，700~900 ℃ 仍有放热反应）使固熔温度升高，蛇纹石结晶水分解后生成的镁橄榄石（$2MgO \cdot SiO_2$）固熔铁的现象加重，黏度增大，促使镁橄榄石（2MgO·SiO₂）向玻璃相转化，破坏蛇纹石的性质，影响转鼓强度和还原性，所以增加磁铁精矿粉配比应降低固体燃耗。

赤铁矿粉烧结配加蛇纹石，无论蛇纹石与赤铁矿反应或不反应、构成或不构成铁矿物黏结相，都不破坏蛇纹石性质，蛇纹石结晶水分解后生成镁橄榄石是烧结矿中较理想的黏结相，有利于提高转鼓强度，提高烧结矿软化温度和改善还原性，因为 Fe_2O_3 需在 1383 ℃下吸热发生分解反应 $6Fe_2O_3 = 4Fe_3O_4 + O_2$，而在 813 ℃镁橄榄石（2MgO·SiO₂）已完成再结晶过程，所以赤铁矿对蛇纹石的性质基本无影响。

生产实践表明，随着蛇纹石配比的提高，烧结矿 MgO 含量逐渐提高，固体燃耗降低，转鼓强度和利用系数呈升高趋势，烧结矿粒度组成趋于合理，改善烧结矿还原性 RI 和低温还原粉化率 $RDI_{+3.15mm}$。因为蛇纹石使烧结过程矿化均匀，烧结料层中氧位提高并改善热态透气性，促进铁酸钙生成，但蛇纹石配比较大（大于2.5%，因烧结矿碱度和铁矿粉种类不同而不同）时，烧结矿中柱状和片状结构铁酸钙增多，转鼓强度不再提高甚至有降低趋势，还原性也降低，断裂韧性较差，尽管矿物组成变化不大，但结构上 Fe_3O_4 减少，再生 Fe_2O_3 赋存在交织熔蚀结构中，再生 Fe_2O_3 还原促进裂纹产生，恶化低温还原粉化性能。烧结配加蛇纹石，同时带入 SiO_2 和 MgO，使烧结矿品位降低，从这点来看蛇纹石配比也不宜过高，以满足烧结矿 SiO_2 含量水平即可。

2.2.2 烧结使用熔剂的目的

（1）满足高炉造渣成分，使烧结矿 CaO、SiO_2、MgO 含量达到高炉冶炼要求值。

（2）使烧结矿熔剂化，强化烧结过程和提高烧结产质量指标。根据高炉炉料结构生产酸性、自熔性、熔剂性烧结矿，达到适宜炉渣碱度，满足高炉冶炼少加或不加碱性/酸性熔剂，强化高炉冶炼，减少渣量，高炉增铁节焦。

（3）选择适宜熔剂品种并合理使用，已经成为强化烧结过程和改善烧结矿冶金性能必不可少的手段。

（4）碱性熔剂及其作用。

1）调整烧结矿碱度和 MgO 含量，以满足高炉要求。

2）碱性氧化物 CaO 和 MgO 能与 Fe_2O_3、Fe_3O_4、SiO_2、Al_2O_3 发生矿化作用生成低熔点物质，在固体燃耗较低的情况下获得足够的液相，改善烧结矿的物化性能和冶金性能。

（5）酸性熔剂及其作用。

1）调整 SiO_2 含量满足烧结要求。

2）增加烧结过程液相生成量，提高转鼓强度满足质量要求。

2.2.3 烧结对熔剂的质量要求

烧结要求熔剂化学成分稳定，有效成分高，有害杂质少，水分和粒度适宜。

（1）有效成分。

生石灰、石灰石的有效成分是 CaO，白云石的有效成分是 CaO 和 MgO，菱镁石的有效成分是 MgO，蛇纹石和橄榄石的有效成分是 SiO_2 和 MgO，硅石的有效成分是 SiO_2。

（2）有害杂质。

有害杂质包括 S、P、K_2O、Na_2O、Pb、Zn 等，熔剂中的 S、P 含量较低，一般 S 含量为 0.01% ~ 0.08%，P 含量为 0.01% ~ 0.03%，生石灰、石灰石、白云石中的（$K_2O + Na_2O$）含量不容忽视，其含量大多在 0.25% ~ 0.3%，熔剂除尘灰的（$K_2O + Na_2O$）含量高达 1.0%以上。

（3）水分和粒度。

要防止生石灰受潮消化，生石灰和消石灰的水分为 0，其他熔剂的亲水性差，水分以小于 2%为宜，既不影响熔剂破碎筛分和皮带机、料嘴溜槽带料粘料，不影响熔剂在混合料中的均匀分布，又起到熔剂在输送和破碎筛分过程中抑尘的作用，有利于熔剂提前充分润湿、制粒造球和烧结过程中传热、矿化反应。

从有利于熔剂充分分解和完全矿化考虑，熔剂粒度越细越好，若熔剂粒度较粗，则分解和矿化反应速度慢，生成的化合物分布不均匀，甚至残留未反应的 CaO 和 MgO "白点"对烧结矿转鼓强度和粒度组成有影响，尤其是游离 CaO 受潮遇水后体积膨胀，使烧结矿产生减粒和粉化，但是熔剂粒度过细不仅增加破碎加工成本，增加配料除尘灰量，而且使烧结料层透气性变差，从改善厚料层烧结化学成分的均匀性出发，控制熔剂-3 mm 粒级 85%左右为宜。

2.3 固体燃料

2.3.1 固体燃料的种类

（1）无烟煤。

挥发分低于 10%的煤，称之为无烟煤。不同煤种的挥发分见表 2-3。

表 2-3　不同煤种挥发分比较

煤种	无烟煤	贫煤	烟煤	褐煤	泥煤
挥发分/%	<10	10~20	20~40	>40	>70

无烟煤俗称白煤或红煤，有金属光泽，与其他煤种相比具有埋藏年代久远、炭化程度高、挥发分低、结构致密、机械强度大、坚硬不易破碎、着火点高、不易点燃、燃烧火焰短而少烟、不结焦等特性，热值 25.12 ~ 32.65 MJ/kg。在所有煤种中，尽管无烟煤的发热量较低，但固定碳含量最高，杂质含量最少。无烟煤最突出的特点是挥发分低，为 4% ~ 10%。

（2）焦粉。

焦炭是炼焦煤在隔绝空气的条件下高温干馏的产品。焦粉是焦化厂焦炭中

-10 mm 的筛下物或高炉用焦炭中-10 mm 的筛下物，它具有固定碳高、挥发分和灰分以及硫含量低的优点，焦粉的挥发分一般小于 2.5%，低于任何煤种的挥发分。

（3）烧结固体燃料的种类必须是焦粉和无烟煤。

烧结工艺要求固体燃料的挥发分必须小于 10%，因为烧结过程中，固体燃料中的部分挥发分在预热带挥发进入烧结废气中，不能参与燃烧化学反应。固体燃料的挥发分高，不仅影响燃烧效率，且一部分挥发分在料层温度较低处凝结，恶化料层透气性，另一部分被抽入抽风系统，被废气带走，冷凝后黏附在机头电除尘器阳极板和黏在主抽风机转子叶片上挂泥结垢，降低除尘效率，且影响主抽风机转子失去平稳发生振动，危及主抽风机正常生产，甚至造成设备事故。无烟煤的挥发分低于 10%，其他煤种的挥发分大于 10%，焦粉的挥发分小于 2.5%，因此烧结固体燃料必须使用焦粉和无烟煤，不能使用其他煤种。

2.3.2 固体燃料的质量评定

固体燃料的质量用工业分析和化学性质评定。

（1）固体燃料的工业分析项目。

工业分析项目有固定碳、灰分、挥发分、硫、水分，主要组成部分是固定碳和灰分，二者互为消长，固定碳高则灰分低。固体燃料灰分分析 SiO_2、Al_2O_3、CaO、MgO，灰分主要由 SiO_2 和 Al_2O_3 组成，二者之和占 75%~85%。灰分低，灰分带入 SiO_2 和 Al_2O_3 低，可减少碱性熔剂用量。固体燃料烧结后，灰分的主要成分是 SiO_2。

（2）固体燃料的化学性质。

固体燃料的化学性质主要指其燃烧性和反应性。

燃烧性指一定温度下，固体燃料中 C 与 O_2 的反应速度。

反应性指一定温度下，固体燃料中 C 与 CO_2 的反应速度。

燃烧性和反应性取决于固体燃料的种类、化学成分、粒度等，一般固体燃料的反应性与燃烧性成正比。

燃烧性预示烧结过程固定碳是否完全燃烧，直接影响固体燃耗。完全燃烧指燃烧产物为 CO_2 和 H_2O 等不能再进行燃烧的稳定物质，不完全燃烧指燃烧产物为 CO 还可继续燃烧的不稳定物质。烧结料水分中 H^+ 与 OH^- 有利于促进固体燃料的燃烧反应。

2.3.3 固体燃料的着火特性

气体、液体和固体等可燃物与空气或氧气共存，按一定升温速度加热到一定温度时，可燃物与火源接触即自行燃烧，火源移走后，可燃物仍能连续燃烧的最低温度，称为该物质的着火温度或燃点。

煤的着火温度与煤化程度有关，一般规律是挥发分越高，则着火温度越低。所有煤种中，无烟煤的着火温度最高，为 550～700 ℃，烟煤的着火温度为 400～550 ℃，褐煤的着火温度为 300～400 ℃。煤的着火温度同时与煤中无机矿物质含量有关，一般矿物质含量越高，则着火温度越高。烧结用的无烟煤经过氧化后，着火温度明显降低到 360～420 ℃。

焦粉在空气中的着火温度为 450～650 ℃。焦粉的化学活性越高，其着火温度越低。焦粉着火温度主要取决于原料煤的煤化度、炼焦终温和助燃气体中氧的浓度。随着原料煤的煤化度和炼焦终温的提高，焦粉的着火温度也提高。采用富氧烧结可降低焦粉着火温度，据试验烧结烟气中氧浓度每增加 1%，焦粉着火温度可降低 6.5～8.5 ℃。

烧结生产中，焦粉着火温度一般高于无烟煤 150～200 ℃，使用焦粉时适当提高点火温度，以防点火后料层上部热量不足，下部焦粉燃烧不充分。某厂固体燃料的燃烧特性参数见表 2-4。

表 2-4 某厂固体燃料的燃烧特性参数

名　　称	着火温度/℃	燃尽时间/min	900 ℃燃烧率/%
高炉返焦	558	28.3	81.13
外购焦粉	534	29.4	79.52

2.3.4 烧结对固体燃料的质量要求

烧结要求固体燃料的固定碳高、灰分低、挥发分低、硫含量低、水分和粒度组成适宜、燃烧性和反应性好。

固体燃料的燃烧放热是烧结的主要热源，为烧结过程提供 75% 左右的热源，固体燃料的固定碳高、灰分低、挥发分低，则发热值高，固体燃耗低。

固体燃料的灰分低，则意味着 SiO_2 和 Al_2O_3 含量低，在烧结矿碱度一定情况下减少碱性熔剂的用量，有利于提高烧结矿品位。

固体燃料的硫含量低，则带入烧结料中的硫含量也低，可以降低烧结硫负荷，另外固体燃料中硫被氧化成 SO_2 挥发，腐蚀设备和污染环境。

固体燃料的适宜水分为 8%～12%，不超 15%，以不扬尘、不糊堵筛网、不粘辊皮为宜。

一般入厂固体燃料粒度为 -10 mm，要求其中 -0.5 mm 粒级小于 30% 甚至小于 25%，控制破碎后 -3 mm 粒级在 72%～78% 为宜，固体燃料适宜粒度为 0.5～3 mm，反应性好的无烟煤粒度上限可适当放宽到 4～4.5 mm。

固体燃料粒级过大有以下不利影响：（1）燃烧带变宽，烧结料层透气性变差；（2）固体燃料在料层中分布不均，大颗粒燃料周围过熔，燃料较远处（无燃料区）空气得不到利用，降低烧结速度，烧结矿固结差；（3）烧结机布料过程中固体燃料产生粒度偏析，大颗粒燃料集中到料层下部，而烧结工艺要求料层下部燃料量要比上部少，这就使得烧结料层内温差大，上下部烧结矿品质差异大，即上层烧结矿强度差，下部烧结矿过熔 FeO 含量高。

固体燃料粒级过小有以下不利影响：（1）固体燃料燃烧速度过快，烧结温度降低，烧结矿固结强度下降；（2）烧结料层透气性变差，有可能气流带走细粒燃料，固体燃耗升高。

2.3.5 焦粉和无烟煤烧结性能比较

传统的烧结固体燃料为焦粉，焦粉的价格比无烟煤高，为降低固体燃料成本，烧结使用无烟煤代替部分焦粉。

焦粉和无烟煤在烧结过程中的作用相同，但其烧结性能存在差异，具体比较见表 2-5。

表 2-5　焦粉和无烟煤烧结性能比较

种 类	质 量 评 定					
	固定碳/%	灰分/%	挥发分/%	硫含量	硬度	燃烧速度和反应速度
焦粉	55~97	4~20	<2.5	高	大	慢，接近烧结传热速度
无烟煤	40~95	5~25	<10	低	小	快，快于烧结传热速度

（1）焦粉烧结性能。

焦粉孔隙率大，硬度大，难破碎。焦粉具有固定碳高、挥发分低、有害杂质少、燃尽时间长的特点。焦粉能够燃尽烧透，且灰成分不会影响烧结过程料层透气性和液相黏结性，能够与矿物质黏结而不影响烧结矿转鼓强度。

烧结过程中，焦粉燃烧速度和反应速度比无烟煤慢，接近空气传热速度，碳燃烧化学热和空气传热物理热接近同步向下传递叠加而产生较高烧结温度和较薄的燃烧带，改善烧结固结强度，提高成品率，降低固体燃耗。

（2）无烟煤烧结性能。

无烟煤硬度小，易破碎，孔隙率比焦粉小得多，相同配加量下在烧结料中所占体积小，亲水性比焦粉差，烧结料层透气性变差。

无烟煤挥发分比焦粉高，挥发气化过程中形成氮氧化物 NO_x，配加无烟煤势必影响烟气中 NO_x 浓度升高，对 SO_2 和颗粒物浓度无明显变化。

烧结过程中，无烟煤燃烧速度比焦粉快，比空气传热速度快，碳燃烧化学热和空气传热物理热不同步传递，碳燃烧产生热量不能被烧结料层充分吸收，高温保持时间短，易产生夹生料，所以使用无烟煤时要适当加大固体燃耗。

通过调整固体燃料破碎机的辊间隙，适当控制无烟煤破碎粒度比焦粉粗些，以降低其燃烧速度，提高烧结料层热利用率。

因无烟煤和焦粉的硬度、固定碳含量和热值不同，所以二者采用单独破碎、单独分仓配加的使用方式。

固体燃料中 30% 以下的无烟煤代替焦粉生产基本可行，烧结过程控制参数无明显变化，受固体燃耗、固体燃料粒度、布料点火等诸多因素的干扰，不同企业用无烟煤代替部分焦粉对烧结矿产质量的影响情况不同。

2.4 冶金和化工副产品

烧结可利用的冶金工业和化工副产品有高炉炉尘、氧气转炉炉尘、炼钢污泥、钢渣和磁选粉、轧钢皮、硫酸渣等，要求副产品化学成分稳定，有益成分含量高，有害成分满足高炉炼铁界限，粒度控制在 8 mm 或 5 mm 以下。

2.4.1 高炉炉尘

高炉炉尘是随高速上升的煤气带离高炉的细粒炉料，分重力除尘灰、旋风除尘灰、布袋除尘灰，是入炉铁矿石和燃料（焦炭、煤粉）的混合物，含有铁、碳和碱性氧化物，因布袋除尘灰中 K_2O、Na_2O、Zn 有害成分高而外排不用。

烧结利用高炉重力/旋风除尘灰回收其中的铁和碳含量，代替部分铁料和固体燃料；回收其中的 CaO 和 MgO 代替部分碱性熔剂，利于降低烧结原料成本和固体燃耗。

高炉重力/旋风除尘灰粒度细，亲水性差，一定程度上影响烧结混合料水分、混匀制粒效果、料层透气性等。

2.4.2 氧气转炉炉尘

氧气转炉炉尘是炼钢过程吹出炉气经除尘器回收的含铁粉料，是铁水在吹炼时部分金属铁被氧化成 Fe_2O_3 的炉尘，铁含量较高，可作为烧结铁料辅助，粒度极细，亲水性差，一定程度上影响烧结混合料水分、混匀制粒效果、料层透气性等。

2.4.3 炼钢污泥

炼钢污泥是氧气顶吹转炉湿法除尘的副产品，简称 OG 泥，吨钢产生 15~30 kg 的尘泥，是钢铁企业中产生量较大的副产品。炼钢污泥一般铁含量 50% 以上，主要杂质为 CaO，组成简单，杂质较少，有利于综合回收利用，但因转炉工况和除尘回收系统变化，炼钢污泥成分不稳定波动大，且存在水分大、黏度大、粒度细（-0.074 mm 占 95% 以上）、干燥后易扬尘等特点，循环利用难度大。

炼钢污泥浓缩脱水后通过磨选、烘干制成铁粉，不失为经济环保的处理利用方法，但处理流程复杂，技术要求高，周转时间长，占地面积大且投资大，适合大规模生产。

大多钢铁企业将炼钢污泥作为烧结辅料，普遍存在炼钢污泥中的 S、P、Pb、Zn 有害杂质含量较高，在烧结和炼铁过程中存在循环富集的问题。将炼钢污泥脱硫脱磷、脱锌、浓缩脱水深度压滤后制成污泥饼，或制成碱性污泥球，由转炉炼钢自身循环利用，是很好的炼钢造渣剂和冷却剂，从铁的回收率、成本消耗指标、工艺适应性等方面考虑是较好的资源循环再利用模式，但其利用量只是炼钢污泥产生总量的很小一部分。

炼钢污泥作为烧结原料的使用方式有以下几种：

（1）直接与高返、除尘灰等预先混合后参与烧结配料，存在炼钢污泥成大块泥团极不易离散的弊端（将水分控制在 15% 以下，可改善其离散性和混匀效果），易使混合料混匀效果差和烧结矿成分偏析波动大，且布料时大泥团落到烧结机底部与炉条接触，极易引起炉条间隙堵塞，恶化料层透气性，降低烧结生产率，同时污泥存放占用大量场地，污泥晾晒和运输过程中会污染环境。

（2）在原料场晾晒后作为混匀矿的底料平铺使用，存在炼钢污泥露天存放晾晒时间过长、脱水不明显的问题，混匀矿成分波动，且占地面积大，不利于生产组织。

（3）将炼钢污泥稀释成泥浆喷入混合机中使用，设置炼钢污泥预处理水池并设压缩气体搅拌装置和蒸汽加热装置，将污泥稀释成浓度 15% 的泥浆，通过污泥喷嘴将泥浆均匀喷入烧结混合机中，可以改善污泥成分均匀性和污泥颗粒松散度，同时有效利用污泥黏度大的特点，增强混合料成球能力和制粒小球强度。此方法易出现的问题及注意事项：

1）泥浆加入量不宜过大，需通过生产实践确定适宜配加量，以混合料中不出现大粒径污泥团块为宜。

2）易出现泥浆管道堵塞的问题，需注意保持污泥池水位和泥浆浓度稳定，尤其泥浆浓度不宜过高；加强系统污泥流量和压力检测，提高系统自动控制水平，便于及时判断管路状况；污泥池出口增加过滤网；选用旋流性能好且孔径适宜的污泥喷嘴；尽量减少泥浆管道的阀门弯头数量；使用立式污泥泵故障率低。

3）易出现混合机筒体粘料结圈的问题，需注意混合机筒体内泥浆管道的安装位置，让泥浆喷射到混合料上扬运动的部位，不得喷射到筒体底部；泥浆管不采用钢丝绳吊挂形式，在混合机外设置支撑架固定泥浆管。

2.4.4 钢渣和磁选粉

转炉钢渣是氧气转炉产生的炉渣，因转炉炉型、钢种、每炉钢冶炼阶段不同，钢渣成分有一定差异，钢渣含有一定量的铁和较多碱性氧化物 CaO、MgO，还含有 S、P 等杂质，其矿物组成中有低熔点物质，用于烧结回收其中的铁代替部分铁矿粉，同时代替部分碱性熔剂，具有降低烧结温度、提高转鼓强度、降低原料成本的效果，但转炉钢渣中磷（P_2O_5）含量较高，烧结不宜过高比例配加，且控制粒度小于 5 mm 为宜。

转炉钢渣矿物组成主要是硅酸钙和硅酸铁，烧结过程中提供 CaO 但没有活性，铁含量较低，化学成分和粒度组成波动大，通过破碎磁选成为铁含量较高、化学成分稳定、粒度小于 5 mm 的磁选粉，是一种很好利用转炉钢渣的处理方法。

2.4.5 轧钢皮

轧钢皮是轧钢过程加工钢锭钢材表层氧化剥裂的脱落物，因呈鳞片状且铁含量高也叫铁鳞或氧化铁皮，主要以 Fe_3O_4 形态存在，也有少量金属铁，SiO_2 和 Al_2O_3 含量很少且有害杂质少，密度大。烧结利用其中 FeO 在烧结过程中氧化放热，所以轧钢皮用于烧结以提高烧结矿品位，有利于降低固体燃耗。要求从轧钢系统源头控制轧钢皮中的杂物和利器，以防输送过程中堵塞料嘴和划伤皮带机，并控制轧钢皮粒度小于 5 mm。

2.4.6 硫酸渣

硫酸渣是用黄铁矿制造硫酸或亚硫酸过程中产生的废渣，又称黄铁矿烘渣或烧渣，主要化学成分是 Fe_2O_3 和 SiO_2，S、P、As、Pb、Zn 有害杂质含量较高，含有一定量的 Cu、Co，其化学成分不同利用途径也不同。

硫酸渣综合利用的方法很多，我国绝大部分硫酸渣采用"分选铁精矿，余渣制砖"的方法，投资见效快，技术难度小，分选出的铁含量在 50% 以上、S 含量小于 1% 的高铁硫酸渣可作为烧结辅料。现代烧结原料条件和技术条件下，因高铁硫酸渣具有微孔多、粒度较细（-0.25 mm 粒级 90% 以上）、吸水性强而成球性差的散砂特性，对烧结矿产质量影响大，烧结生产中不超 3% 小配比使用硫酸渣，控制烧结烟气中 SO_2 和 As_2O_3 排放浓度达标，控制 S、P、As、Pb、Zn 满足高炉界限要求。

2.4.7 电石渣、消石灰

2.4.7.1 电石渣

电石渣是生产乙炔过程的产生物：

$$CaC_2（电石）+H_2O \longrightarrow Ca(OH)_2（电石渣）+C_2H_2（乙炔）$$

主要成分是 $Ca(OH)_2$，水分高（18%~30%），烧结生产中将其与低水物料（如高炉返矿、白云石等）按比例混合配加，可以代替石灰石，有利于提高烧结产量和质量，并实现降耗，也可部分代替生石灰发挥降低原料成本的作用。电石渣和石灰石分解吸热比较见表 2-6。

表 2-6 电石渣和石灰石分解吸热比较

名　称	分解反应式	分解温度/℃	分解吸热/kJ·kg⁻¹
电石渣	$Ca(OH)_2 = CaO+H_2O$	360~600	1012.16
石灰石	$CaCO_3 = CaO+CO_2$	600~900	1787.52

2.4.7.2 电石渣制备消石灰

近几年校企合作充分利用电石渣资源，通过精选、净化、复合等工序，生产符合《工业氢氧化钙》（HG/T 4120—2009）标准的消石灰（见表2-7），用于代替石灰石和生石灰，降低熔剂成本。

表 2-7   《工业氢氧化钙》（HG/T 4120—2009）标准的消石灰成分

成分	$Ca(OH)_2$	活性 CaO	SiO_2	MgO	Al_2O_3	水分
值/%	≥90	≥68	2.0~3.0	0.2	0.9	<1.0

一般生石灰-3 mm 粒级 85%~98%，消石灰粒级比生石灰细（平均粒径小于 0.15 mm），随着消石灰配比的增加，烧结矿中铁酸钙黏结相枝晶越来越细且交织结构更加致密化。

消石灰的优势：（1）消石灰为完全消解的 $Ca(OH)_2$，在混匀制粒方面更优秀，有利于提高烧结利用系数，降低返矿率；（2）消石灰含碳，为烧结过程提供热量，有利于降低燃耗，提高烧结矿转鼓强度；（3）利用电石渣资源，降低烧结原料成本；（4）代替生石灰，减少生石灰遇水消解过程的环保污染。

由于消石灰粒级极细，流动性好，分散性好，所以采用微粉熔剂"星型给料机+转子秤"的配料给料计量方式，满足密封性好、计量准确、下料均匀的配料要求。

2.5   原料准备与处理

烧结原料数量大品种繁多，物化性能差异大，为获得优质烧结矿，精心备料环节十分重要。精心备料指从原料验收、原料接受和按料条堆存、铁料中和混匀、熔剂固体燃料加工处理（破碎和筛分）一直到配料、混匀制粒形成烧结料布于烧结机上的整个作业过程。烧结主要工艺流程为：原料准备及加工→铁料中和混匀→配料→混匀制粒→布料点火烧结→破碎冷却筛分整粒→成品输出，如图2-1所示。

2.5.1   原料的验收

烧结原料无论采用何种接收方式，都应严格遵守入厂原料的验收制度，验收是烧结原料进厂的第一关口，对烧结产量、质量、成本以及经济效益有着重要的作用，验收人员必须掌握验收标准，严格执行标准化验收作业程序。

原料验收主要是对进厂原料的质量和数量进行验收，现场验收人员负责外观质量和数量的验收，人工或自动取样机取样后送往质检化验部门，化验人员负责原料化学成分的检验，发现原料质量和数量不符，应立即向有关部门汇报，对质量存疑的原料进行复检核验，杜绝不合格原料进厂。

2.5.2   原料的接收

由于烧结所处地理位置、生产规模及原料来源不同，原料的运输和接收方式也不相同。一般沿海地区、离江河较近的烧结主要采用船运方式，有专门的原料码头

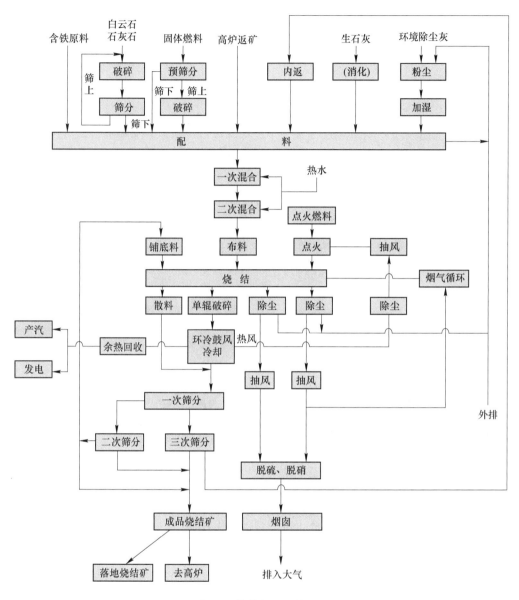

图 2-1 烧结主要工艺流程

和大型高效的卸料机，卸下的原料由皮带机运至原料场；不具备船运条件的烧结则以陆运方式为主，大中型烧结陆运含铁原料主要以火车运输为主，大多采用翻车机进行翻卸，再由皮带机输送至仓库或原料场，也有少数采用抓斗吊车或其他卸车设备将车皮内的原料卸至仓库或受料槽，小规模烧结或用量较小的原料品种一般以汽车运输为主，采用自卸车将原料卸至受料槽、仓库或原料场。

2.5.3 单品种原料堆取作业

综合原料场分为一次料场和二次料场（混匀料场），主要设备有堆料机、取料机、堆取料机。一次料场的任务是接收和储存原料，保证烧结和高炉炼铁安全储量，将各种单品种原料定置料条堆存，并取料到混匀料场的预配料室参与混匀矿配料。混匀料场的任务是进行混匀矿配料，完成烧结铁料的中和混匀并输出混匀矿到烧结工序。一次料场和混匀料场采用 PLC 控制系统，具有手动和自动堆取料两种功能。

2.5.3.1　单品种原料堆料

单品种原料堆料方法主要有"人"字形往复走行堆料法和菱形堆料法两种。

"人"字形往复走行堆料法是将堆料点设定在矩形料堆的纵向中心线上，堆料机沿着堆场纵向在两端连续往复走行，使横截面为等腰三角形的料堆呈规律性地放大，如图 2-2 所示，由于每层物料的横截面都呈"人"字形，所以称为"人"字形堆料，适用于流动性较差的物料堆积，物料容易产生粒度偏析。

菱形堆料法是第一层先将物料堆成并排的、横截面为等腰三角形的形状，第二层是在第一层每相邻两个料堆的中间开始堆料，直至堆料形成"菱形"形状，第三层又在第二层每相邻两个料堆的中间开始堆料，再形成"菱形"形状，依次类推在最后仅剩两个料堆的中间堆料完成整个料条的堆料，如图 2-3 所示，堆料过程本身具有混匀的功能，适用于流动性较好的物料堆积，可减小物料的粒度偏析和因此而造成的化学成分偏析。

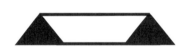　　　　

图 2-2　"人"字形往复走行堆料法　　　　图 2-3　菱形堆料法

2.5.3.2　单品种原料堆取作业

一般采用摇臂堆料机和斗轮取料机进行堆取料作业。

A　摇臂堆料机

摇臂堆料机由悬臂皮带机、变幅机构、回转机构、行走机构、尾车等组成，其特点是设备重量轻，操作灵活，易于实现自动化控制。

堆料机有定点堆料和回转堆料两种作业方式，定点堆料是将臂架根据需要固定在某一高度和某一角度堆料，待物料达到要求高度后，将臂架回转另一角度下堆料；回转堆料是臂架根据需要固定在某一高度在回转过程中堆料。定点堆料能耗低，操作简单，司机劳动强度低，一般多用定点堆料。

堆料机如图 2-4 所示，堆料机的功能是将散料堆放在原料场形成料堆，地面皮带机系统通过尾车与堆料机相连，散料沿着尾车爬升，到达一定高度后抛落到悬臂皮带机，随着悬臂皮带机运转，从卸料臂向地面堆场抛料形成料堆。

B　斗轮取料机

斗轮取料机如图 2-5 所示，取料机功能是对料场堆存的原料进行取料，取料机的悬臂长度决定了取料范围，取料机悬臂长，则取料范围广，但同时也意味着整机设备重量增加，制造成本高，取料机悬臂短，则设备重量轻，但取料范围窄。

斗轮取料机分为单斗轮和双斗轮，由斗轮机构、悬臂皮带机、回转机构、变幅机构、行走机构等组成。

图 2-4　堆料机　　　　　　　　　　图 2-5　斗轮取料机

斗轮取料机有旋转分层取料和连续行走取料两种方式，旋转分层取料又可分为分段取料和不分段取料，分段取料是根据要求将原料场料堆分成几段取完，不分段取料也称全层取料法，是将分段取料工艺中的给定取料长度变成整个料堆长度，臂架旋转将整个料堆每层全部取完后再转向下一层，不分段取料法适用于较低较短的料堆。连续行走取料是斗轮取料机在行走过程中进行取料，作业效果较好，取料量稳定，但连续行走功率消耗大，一般不采用，只适用于清理正常取料范围外的小料堆。

2.5.4　铁料中和混匀

2.5.4.1　铁料中和混匀的含义

铁料中和混匀是根据高炉和烧结生产要求，充分考虑原料场储存原料品种和数量的差异，将各种铁料（包括铁矿粉和各种循环副产品）按设定质量配比进行配料，堆料机将含铁原料均匀往复走行平铺成混匀料堆，取料机沿料堆横截面均匀垂直切取，得到化学成分和粒度组成稳定的混匀矿，输送到烧结工序参与配料的过程。

2.5.4.2　评价铁料中和混匀的效果

用混匀矿 TFe 和 SiO_2 的稳定性评价铁料中和混匀效果，常用极差（最大值和最小值的差）、图像法、标准偏差法，最常用的是标准偏差法。

$$\delta = \left[\sum (X - X_{\text{平}})^2 / (n-1) \right]^{1/2} \tag{2-3}$$

式中　δ——混匀矿 TFe 或 SiO_2 的标准偏差；

　　　X——混匀矿批样 TFe 或 SiO_2 的含量，%；

　　$X_{\mathrm{\overline{Y}}}$——混匀矿 n 批样 TFe 或 SiO_2 含量的算术平均值，%；

　　n——混匀矿总分析批次。

控制混匀矿标准偏差 $\delta_{\mathrm{TFe}}<0.4$，$\delta_{\mathrm{SiO_2}}<0.25$，有利于烧结提产降耗。

2.5.4.3　铁料中和混匀的原则

铁料中和混匀的原则是平铺直取。平铺是将成分不一的铁料分成若干重叠的料层，平铺形成混匀矿堆。直取是将成分不一的混匀矿堆沿料层高度方向全断面垂直切取，形成混匀矿后输出到烧结工序参与配料。

混匀矿堆越高，堆积层数越多，则混匀效果越好。平铺料层越薄，每层成分越均匀，则混匀效果越好。直取布点越多，取料粒度和成分越均匀，则混匀效果越好。

2.5.4.4　提高铁料中和混匀效果的主要措施

（1）有完善的中和混匀系统和科学的管理方法并严格执行。

（2）原料有足够的安全储量，保证混匀矿连续稳定生产。

（3）稳定原料成分，来料按品种和成分分别堆放，标识定置管理不得混堆。

（4）严控入厂原料水分和粒度，不得因水分过大而影响混匀效果，大粒料需经破碎筛分处理后再混匀，避免铺料过程中产生粒度偏析。

（5）对于来量少、配比小、成分波动大的多品种循环物料，预先通过质量配料和混匀工艺形成综合粉后再参与混匀矿造堆。

（6）混匀矿造大堆，一堆一取交替进行，铺料要匀、薄、层数多，取料要全断面多点垂直切取，避免不均匀取料。

（7）设计完善的混匀矿端部料处理工艺，将端部料返回一次料场循环使用。如果没有端部料处理工艺，采取改变布料起点和终点位置的多段布料方式，力求减少端部料量及其成分波动。

（8）根据物料品种、水分、粒度、成分不同，合理调整不同原料在混匀矿配料仓的布置位置，减小沿混匀矿堆横截面方向上粒度和成分的波动，例如，TFe 或 SiO_2 含量相差很大的几种物料靠近布置；水分大、粒度粗的物料不宜最后入堆；辅料杂料、炉尘等配比小的物料应堆置在料堆横断面的中部等。

（9）选择混匀效率高的取料机，如双斗轮取料机，同时取混匀矿堆的端部和中部料，减小因粒度偏析而造成的化学成分偏析。

2.5.4.5　铁料中和混匀设备

铁料中和混匀设备是堆取合一的斗轮堆取料机，按照结构分为臂架式、门式和桥式。

（1）臂架式斗轮堆取料机。

图 2-6 所示为臂架式斗轮堆取料机，有堆料和取料两种作业方式，堆料由皮带机运来的原料经尾车卸至臂架皮带机，从臂架前端抛卸到原料场，通过整机的运行，

臂架的回转、俯仰可形成断面整齐的梯形状。取料是通过臂架回转和斗轮旋转，原料经卸料板卸至反向运行的臂架皮带机上，再经中心处下面的漏斗卸至原料场皮带机运走，通过整机的运行，臂架的回转、俯仰可将料堆的原料取尽。

（2）门式斗轮堆取料机。

图2-7所示为门式斗轮堆取料机，由门形金属结构架和可升降桥架组成，门架横梁上有一条固定的和一条可移动且可双向运行的堆料皮带机，在门架一侧的原料场皮带机线上设有随门架运行的尾车，斗轮通过圆形滚道、支承轮、挡轮套装在可沿升降桥架运行的小车上，桥架内装有皮带机。堆料时，原料经原料场皮带机、尾车转至堆料皮带机上，最后抛卸至原料场。通过门架的移动及其堆料皮带机的运行形成一定形状的料堆。取料时，由横向运行的小车及其旋转的斗轮连续取料，原料在卸料区卸到桥架皮带机上，最后转卸到原料场皮带机运走。通过桥架的升降和门架的运行，可将料堆取尽。

图2-6　臂架式斗轮堆取料机　　　　　图2-7　门式斗轮堆取料机

2.5.5　熔剂和固体燃料破碎筛分

2.5.5.1　开路破碎

破碎前后不经过筛分，为开路破碎。根据破碎次数分为：

（1）一段开路破碎，即经过一次破碎。

（2）两段开路破碎，即经过两次破碎。

2.5.5.2　闭路破碎

破碎前或破碎后经过筛分，为闭路破碎，如图2-8所示。根据筛分和破碎顺序分为：

（1）闭路预先筛分，即先筛分后破碎。

（2）闭路检查筛分，即先破碎后筛分，筛上物再返回破碎。

2.5.5.3　熔剂破碎筛分

熔剂加工采用闭路检查筛分一段破碎工艺流程，将熔剂破碎到3 mm以下。

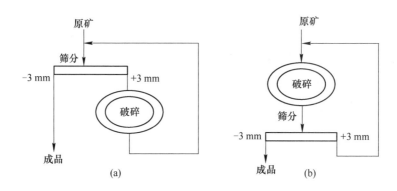

图 2-8 闭路破碎流程

(a) 闭路预先筛分；(b) 闭路检查筛分

熔剂破碎常用设备为可逆锤式破碎机，原料首先受到高速回转的锤头冲击而破碎，破碎后的物料从锤头处获得动能，以高速向机壳内壁破碎板和算条冲击，受到二次破碎，小于算条缝隙的原料从缝隙中漏下，从底部排料口排出，较大颗粒原料在破碎板和算条上再次受到锤头的冲击或研磨而破碎，破碎过程中也有原料之间的冲击破碎。

锤式破碎机按转子旋转方向分为可逆和不可逆两种形式，可逆锤式破碎机作业率高，锤头倒向使用寿命长，且能保证较好的破碎效率，烧结熔剂破碎普遍使用可逆锤式破碎机。

熔剂筛分设备有惯性振动筛、自定中心振动筛、棒条振动筛、复频振动筛、负压振动筛等。

自定中心振动筛的优点是电机的稳定方面有很大的改善，所以筛子的振幅可以比惯性振动筛稍大一些，筛分效率较高，一般可以达到80%以上，可以根据生产要求调节振幅的大小。但是在操作中筛子的振幅受给料量影响而变化，当筛子的给料量过大时，它的振幅变小，不能使筛网上的物料全部抖动起来，因而降低筛分效率；反之当筛子给料量过小时，物料在筛面上筛分时间过短，也导致筛分效率下降，因此给料量不宜波动太大，适用于中、细粒物料的筛分，是选矿厂广泛采用的筛子之一。

负压振动筛由筛箱、筛网、振动器、重锤等组成，振动器通过电机驱动产生振动力，使筛体产生振动，重锤起缓冲作用，使振动更加稳定。物料从上方进料口进入负压振动筛上部，随着振动筛的振动，小粒物料通过筛网被筛析出来落入下方的物料仓中，大粒物料被拦截在筛网上并通过回转装置滚落到出料口排出。

负压振动筛是基于机械振动产生振动力和筛网负压效应的原理，将物料进行筛分和分级。振动力指通过电机驱动振动器产生的振动力，使得筛体产生振动，振动力可使物料在筛孔上产生更大的冲击力和分离力，从而提高筛分效率和筛分精度，同时振动力还可防止物料在筛面上积聚，保持筛面的清洁度，提高筛分质量。负压效应指筛分过程中，由于物料的自重作用，会产生一个向下的压力，使得筛孔被物料堵塞，而通过负压作用，可将筛孔内的气体抽出，使筛孔内部形成微负压环境，防止物料堵塞筛孔，提高筛分效率。

与传统振动筛比较，负压振动筛具有以下优点：（1）采用负压风机排风，无粉尘外泄，符合环保要求；（2）筛网由多层不同网孔组成，可对不同颗粒物料进行有效筛分，筛分效果好；（3）可根据需要选择不同筛分时间，降低能耗，提高工作效率；（4）设备运行稳定，使用寿命长。总之负压振动筛具有筛分效率高、筛分精度高、筛分质量好、工作稳定等优点，广泛应用于烧结熔剂筛分中。

2.5.5.4 固体燃料破碎筛分

入厂固体燃料粒度小于 20 mm 而大于 10 mm 时，采用两段开路破碎流程，先经过双辊破碎机一次粗破到-10 mm 粒级，再经过四辊破碎机二次细破到-3 mm 粒级。

入厂固体燃料粒度小于 10 mm 时，采用一段开路破碎流程，经过四辊破碎机一次细破到 3 mm 以下。

入厂固体燃料水分大于 15% 时，极易堵塞筛孔，筛分效率低且影响正常生产，采用一段或两段开路破碎流程，不宜采用闭路预先筛分流程。

固体燃料水分小于 15% 且粒度小（-10 mm，其中-3 mm 粒级占 40% 以上）时，采用闭路预先筛分一段破碎工艺流程，筛下物直接进配料室燃料仓参与配料，筛上物进四辊破碎机细破，既降低加工成本，又减少固体燃料过粉碎现象，降低燃耗，同时有利于提高烧结矿产量和质量。固体燃料破碎筛分流程如图 2-9 所示。

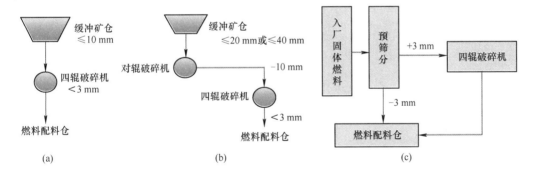

图 2-9 固体燃料破碎筛分流程

（a）一段开路破碎；（b）两段开路破碎；（c）闭路预先筛分一段破碎

固体燃料破碎设备有反击破碎机和辊式破碎机，反击破碎机是利用板锤的高速冲击和反击板的回弹作用，使物料受到反复冲击而破碎的机械。板锤固定在高速旋转的转子上，并沿着破碎腔按不同角度布置若干块反击板，物料进入板锤的作用区时先受到板锤的第一次冲击而初次破碎，并同时获得动能，高速冲向反击板，物料与反击板碰撞再次破碎后，被弹回到板锤的作用区，重新受到板锤的冲击，如此反复进行，直到将物料破碎成所需的粒度而排出机外。与锤式破碎机相比，反击破碎机的破碎比更大，并能充分利用整个转子的高速冲击能量，但由于板锤极易磨损，在破碎硬度大的物料上受到限制，通常用来粗破、中破或细破煤、石灰石、白云石等中等硬度以下的脆性物料。

烧结固体燃料常用辊式破碎机，它是利用辊面的摩擦力将物料咬入破碎区，使之承受挤压或劈裂而破碎的机械。当用于粗破或需要增大破碎比时，常在辊面上做牙齿或沟槽以增大破碎作用。辊式破碎机按辊子数量分为单辊、双辊和多辊破碎机，20世纪90年代前旧烧结工艺固体燃料采用双辊粗破和四辊细破两段开路破碎，90年代后新建烧结工艺固体燃料采用四辊细破一段开路破碎，破碎系统简单，操作维护方便，缺点是破碎比小（3~4），产量较低，辊皮磨损不均匀，生产能力受给料粒度和水分影响较大，粒度越大水分越大则破碎量越低。

2.5.5.5　固体燃料预筛分设备

棒条筛预筛分固体燃料筛孔易堵，筛分效率低。

滚筒筛预筛分固体燃料投资少，易维护，运行成本低，但筛网部件更换频繁，筛分效率低。

河南某公司引进欧洲技术，研发出新型产品复频筛-C如图2-10所示，预筛分固体燃料效果良好。复频筛-C筛箱和机架不参与振动，多段筛芯独立振动，全部静态环保密封，采用高分子聚氨酯筛网（见图2-11），通过筛芯上两排剪切弹簧的作用，主振框和浮动框交替做张紧和松弛运动，筛孔不断产生变形，周期性的弹性挠曲运动使物料产生弹跳前进运动，有效克服黏附筛网和卡堵筛孔现象，可根据物料不同的工况条件，通过调节复频筛-C激振器抱箍来调整筛面角度，也可实现各个筛芯高频低幅、低频高幅的自由调节，改变传统筛分设备同振源、同振幅、同振频的振动方式，用户可根据需求选择单层分节筛分、双层或多层分段筛分，复频筛-C具有筛分效率高、动负荷小、功耗低、环保密封等优点。

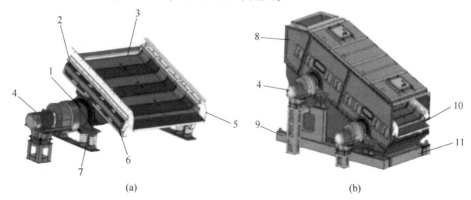

图2-10　复频筛-C结构图

（a）内部结构图；（b）外部结构图

1—激振器；2—剪切弹簧；3—高弹性聚氨酯筛板；4—驱动部分；5—主振框；
6—浮动框；7—减振弹簧；8—外筛箱；9—电机支架；10—筛芯；11—底托总成

图 2-11　高分子聚氨酯筛网

2.6 物料的物化基础知识

2.6.1 物理性质

物料的物理性质包括物理水分、粒度组成、密度、比表面积、静自然堆角或安息角、动自然堆角、流动性等性质。

（1）物理水分。

物理水分指物料的物理水质量占物料总质量的百分数，单位为%。

例：3 kg 烧结混合料中物理水量为 0.225 kg，则混合料水分为 7.5%。

（2）粒度组成。

不同物料粒度筛析规范见表 2-8。

表 2-8　不同物料粒度筛析规范

物　料	物料粒度筛析规范
块状物料 （如烧结矿、焦炭）	选用筛孔为 40 mm、25 mm、16 mm、10 mm、5 mm 的方孔套筛进行人工或机械筛分
粗粒物料 （如烧结混合料）	选用筛孔为 10 mm、8 mm、5 mm、3 mm、1 mm、0.5 mm、0.25 mm 的方孔套筛进行人工或机械筛分
细粒物料 （如精矿粉）	选用 0.147 mm、0.074 mm、0.045 mm 等方孔筛进行人工筛分
特细物料	采用沉析法，据颗粒在液体介质中的沉降速度测定物料颗粒大小

粒度组成指物料各粒级质量占总质量的百分数，单位%。

例：2 kg 烧结混合料中 8~5 mm 粒级质量为 0.18 kg，则 8~5 mm 粒级含量为 9%。

（3）密度。

密度指单位体积物料的质量，又称堆密度，国际单位为 kg/m³，液体密度单位用 g/L 或 g/mL 表示。

密度单位换算：$1\ t/m^3 = 1\ g/cm^3 = 10^3\ kg/m^3$；$1\ kg/m^3 = 1\ g/L = 10^{-3}\ g/mL$。

（4）比表面积。

比表面积指有孔和多孔的固体物料单位质量所具有的总面积（分外表面积和内表面积），国际单位 m^2/g。

理想的非孔性物料只具有外表面积，如硅酸盐水泥、一些黏土矿物粉粒等。有孔和多孔的固体物料具有外表面积和内表面积，但外表面积相对内表面积而言很小，基本可以忽略不计，因此比表面积通常指内表面积。

不同固体物料比表面积差别很大，通常用作吸附剂、脱水剂和催化剂的固体物料比表面积较大，如活性炭比表面积可达 $1000\ m^2/g$ 以上。

比表面积是评价吸附剂、催化剂及其他多孔物料的重要指标之一，一般比表面积大、活性大的多孔物料吸附能力强。

（5）静自然堆角（或安息角）、动自然堆角。

常见物料堆密度和自然堆角见表 2-9。

表 2-9　常见物料堆密度和自然堆角

物料名称	堆密度 /t·m⁻³	自然堆角/(°)		物料名称	堆密度 /t·m⁻³	自然堆角/(°)	
		$\gamma_{动}$	$\gamma_{静}$			$\gamma_{动}$	$\gamma_{静}$
铁矿粉	2.1~2.5	30~35	43~50	烧结返矿	1.4~1.6	35	50
铁精粉	1.6~2.5	33~35	47~50	焦炭	0.5~0.7	35	50
高炉炉尘	1.4~1.6	25	36	无烟煤	0.6~0.95	27~30	38~43
轧钢皮	2.0~2.5	35	50	石灰石粉	1.2~1.6	30~35	43~50
烧结混合料	1.6~1.7	35~40	50~57	白云石粉	1.2~1.6	30~35	43~50
烧结矿	1.7~2.0	35	50	生石灰粉	0.5~0.65	23~28	32~40

静自然堆角指将散状物料自然堆放在水平面上，散料斜面与水平面的夹角。静自然堆角反映散状物料之间的活动性，不同散状物料其静自然堆角不同。物料流动性好，则静自然堆角小。

动自然堆角指自然堆放散状物料沿垂直方向振动后散料斜面与水平面的夹角。一般动自然堆角是静自然堆角的 0.7 倍。

2.6.2　绝对温度和摄氏温度

绝对温度也称热力学温度和开氏温度，是英国物理学家开尔文 1948 年建立的一种与任何物理性质无关的热力学温标，单位名称为开［尔文］，单位符号 K。物质温度越低，则构成物质分子和原子运动越慢，分子和原子停止运动的温度称为绝对温度，记作 0 K。

摄氏温度的单位名称是摄氏度，单位符号℃，将水开始结冰的温度称为冰点，定为 0 ℃；水开始沸腾温度称为沸点，定为 100 ℃。

绝对温度与摄氏温度的换算公式：0 ℃ = 273 K。

2.6.3 热容和比热容

使某物质温度升高 1 ℃时需要的热量，称为物质的热容。

使单位质量或单位体积的物质升温 1 ℃时需要的热量，称为物质的比热容。

2.6.4 显热、潜热、反应热

一定压力条件下，物质发生温度变化时所吸收或放出的热量，称为显热。

一定压力条件下，物质发生相变时所吸收或放出的热量，称为潜热。汽化热（凝结热）、融化热（凝固热）、升华热（凝聚热）等均属潜热。相变过程中，温度不发生变化。

一定温度压力条件下，物质发生化学反应时所吸收或放出的热量，称为反应热。

2.6.5 热、功、能［量］、功率

（1）热、功、能［量］的国际单位。

热、功、能［量］国际单位名称是焦［耳］，符号为 J，热的另一个计量单位卡路里（简称卡，calorie）是非法定计量单位，但目前在生产和日常工作中仍使用，它与国际计量单位焦（J）的换算关系为 1 cal = 4.1868 J。

热学上定义 1 大气压下，1 g 纯水温度升高 1 ℃所需要的热量，称为 1 cal。

千瓦时俗称度，符号 kW·h，也可表示热值，但不常用，1 kW·h = 3600000 J。

（2）焦耳定义。

1）力学焦耳定义：1 N 力作用于质点上使其沿力方向移动 1 m 所做的功，称为 1 J。

2）电学焦耳定义：1 A 电流在 1 Ω 电阻上，在 1 s 内所消耗的电能，称为 1 J。

（3）热、功、能［量］单位换算。

1 J = 1 N·m。

（4）功率、辐射［能］通量。

功率、辐射［能］通量国际单位名称是瓦［特］，符号为 W。

功率、辐射［能］通量单位换算：1 W = 1 N·m/s；1 kgf·m/s = 9.80665 W。

2.6.6 压强

（1）法定压强单位。

我国法定压强单位名称为帕斯卡，简称帕，符号为 Pa。

（2）非法定压强单位。

因 Pa 太小，工程上常用标准大气压（atm）、工程大气压（kgf/cm^2）、巴

（bar）、毫米汞柱（mmHg）、毫米水柱（mmH$_2$O）等非法定压强单位。

通常把相当于 760 mmHg 的大气压，称为 1 atm。

工程上为计算方便，常以 kgf/cm^2 作为压强单位，kgf 是工程单位制中力的单位，是 1 kg 物质受到的地心引力，约等于 9.8 N，即 1 kgf＝9.8 N。

（3）压强单位换算。

1 Pa＝1 N/m^2；1 bar＝10^5 Pa；

1 atm＝760 mmHg＝1.0336 kgf/cm^2＝101325 Pa≈10^5 Pa＝1.013 bar。

某烧结机总管负压为 13.6 kPa＝0.136 atm。

2.6.7　气体标准状况

气体标准状况指气体在 1 atm 和 0 ℃的状态，标准状况下任何 1 mol 气体体积为 22.4 L，标准状况下 12 g 碳完全燃烧需 22.4 L 的 O$_2$，生成 CO$_2$ 气体放出 12× 34.07 kJ 的热量。

2.6.8　流体的流量

流量指单位时间内流体（气体、液体）流过管道或设备某处断面的数量。

流过的数量按体积计算，称为体积流量 Q，单位有 m^3/h、L/s、m^3/min 等。

流过的数量按质量计算，称为质量流量 G，单位有 kg/h、t/h 等。

体积流量与质量流量的关系式：

$$G = \rho Q \tag{2-4}$$

式中　G——质量流量，kg/h；

　　　ρ——流体的密度，kg/m^3；

　　　Q——体积流量，m^3/h。

由于气体的密度随温度和压力的改变而不同，所以表示气体的体积流量时，必须注明气体的温度和压力。

为了便于比较气体的体积流量，一般将体积流量换算成标准状况下的体积流量，常用单位 m^3/min 或 m^3/h。

2.6.9　静压、动压、全压、真空度

（1）静压 H_j（表压）。

静压指空气分子之间的压力，或气体对容器、管道壁的压力，如大气压力。

静压低于大气压力时为负压，高于大气压力时为正压。

（2）动压 H_d（速压）。

在流动空气中除静压外，还有作用于流动方向横断面上的压力，称为动压或速压，动压永远为正压，空气流速与动压之间的关系式：

$$H_d = v^2 V/(2g) \tag{2-5}$$

式中 H_d——动压，$kg \cdot s/m^3$；

v——空气流速，m/s；

V——空气容量，kg/m^3；

g——重力加速度，m/s^2。

对于 20 ℃、1 atm 下的空气，$V = 1.2\ kg/m^3$，空气流速 $v = 4.04\ H_d^{1/2}$。

（3）全压 H_q。

静压与动压的代数和称为全压，即 $H_q = H_j + H_d$。

（4）真空度。

真空度即真空的程度，指给定空间内气体分子密度比标准状态（1 atm）下气体分子密度少的程度，即气体的稀薄程度，真空度永远为负压。

烧结常用静压和负压表示压力大小，如点火炉内静压为 10 Pa 或 -30 Pa，烧结通过主抽风机强制抽风，在抽风系统形成负压，如烧结总管负压为 -14 kPa。

2.6.10 有关烧结的化学知识

常用化学元素和常见矿物见表 2-10 和表 2-11。

表 2-10 常用化学元素名称、符号、原子量

元素	符号	原子量	元素	符号	原子量	元素	符号	原子量
氢	H	1	硅	Si	28	锰	Mn	55
碳	C	12	磷	P	31	铁	Fe	56
氮	N	14	硫	S	32	镍	Ni	59
氧	O	16	氯	Cl	35	铜	Cu	64
氟	F	19	钾	K	39	锌	Zn	65
钠	Na	23	钙	Ca	40	砷	As	75
镁	Mg	24	钛	Ti	48	锡	Sn	119
铝	Al	27	铬	Cr	52	铅	Pb	207

表 2-11 常见矿物名称和化学分子式

中文名称	化学分子式	中文名称	化学分子式	中文名称	化学分子式
一氧化碳	CO	铝酸钙	$CaO \cdot Al_2O_3$	磁铁矿	Fe_3O_4
二氧化碳	CO_2	蛇纹石	$3MgO \cdot 2SiO_2 \cdot 2H_2O$	赤铁矿	Fe_2O_3
生石灰	CaO	橄榄石	$(Mg \cdot Fe)_2SiO_4$	褐铁矿	$mFe_2O_3 \cdot nH_2O$
方镁石	MgO	镁橄榄石	$2MgO \cdot SiO_2$ 或 Mg_2SiO_4	菱铁矿	$FeCO_3$
方解石 石灰石	$CaCO_3$	钙镁橄榄石	$CaO \cdot MgO \cdot SiO_2$	浮氏体 氧化亚铁	Fe_xO FeO
菱镁石	$MgCO_3$	铁橄榄石	$2FeO \cdot SiO_2$ 或 Fe_2SiO_4	铁酸镁	$MgO \cdot Fe_2O_3$
白云石	$CaMg(CO_3)_2$	钙铁橄榄石	$CaO \cdot FeO \cdot SiO_2$	铁酸一钙	$CaO \cdot Fe_2O_3$（简写 CF）

续表 2-11

中文名称	化学分子式	中文名称	化学分子式		中文名称	化学分子式
石英石 硅石	SiO_2	黄铁矿	FeS_2	硫 主要 存在 形态	铁酸二钙	$2CaO \cdot Fe_2O_3$
					铁酸三钙	$3CaO \cdot Fe_2O_3$
硅酸一钙	$CaO \cdot SiO_2$	黄铜矿	$CuFeS_2$		铝硅铁酸钙 复合铁酸钙 四元铁酸钙	$CaO \cdot Fe_2O_3 \cdot SiO_2 \cdot Al_2O_3$ （简写 SFCA）
硅酸二钙	$2CaO \cdot SiO_2$	闪锌矿	ZnS			
硅酸三钙	$3CaO \cdot SiO_2$	方铅矿	PbS			
三氧化二铝	Al_2O_3	石膏	$CaSO_4 \cdot 2H_2O$		二铁酸钙	$CaO \cdot 2Fe_2O_3$

（1）铁矿粉、烧结矿、球团矿中 TFe、FeO、Fe_2O_3 的关系式。

Fe 原子量 56，O 原子量 16，FeO 分子量 72，Fe_2O_3 分子量 160。铁矿粉、烧结矿、球团矿中 Fe 以 Fe_2O_3 和 FeO 形态存在，Fe_3O_4 视为 Fe_2O_3 和 FeO 的固熔体。

$$w(Fe_2O_3) = [w(TFe) - (56 \div 72) \times w(FeO)] \times (160 \div 112) \qquad (2\text{-}6)$$

式中　$w(TFe)$ —— 铁矿粉、烧结矿、球团矿中 TFe 含量，%，TFe = Fe_2O_3 中的 Fe +FeO 中的 Fe，%；

$w(Fe_2O_3)$ —— 铁矿粉、烧结矿、球团矿中 Fe_2O_3 含量，%，Fe_2O_3 中 Fe% = [2Fe/(2Fe + 3 个氧原子)] $\times w(Fe_2O_3)$ = （112 ÷ 160）$\times w(Fe_2O_3)$；

$w(FeO)$ —— 铁矿粉、烧结矿、球团矿中 FeO 含量，%，FeO 中 Fe% = [Fe/(Fe+1 个氧原子)] $\times w(FeO)$ = （56÷72）$\times w(FeO)$。

【例 2-5】 已知 Fe 原子量 56，O 原子量 16，澳粉 TFe 含量 62.3%，FeO 含量 0.4%，计算澳粉中 Fe_2O_3 含量。计算结果保留小数点后两位小数。

解：澳粉中 $w(Fe_2O_3)$ = [$w(TFe)$ − （56÷72）$\times w(FeO)$] × （160÷112）

= （62.3−0.778×0.4）×1.429

= 61.99×1.429

= 88.58 （%）

【例 2-6】 已知 Fe 原子量 56，O 原子量 16，烧结矿 TFe 含量 56.6%，FeO 含量 7.8%，计算烧结矿中 Fe_2O_3 含量。计算结果保留小数点后两位小数。

解：烧结矿中 $w(Fe_2O_3)$ = [$w(TFe)$ − （56÷72）$\times w(FeO)$] × （160÷112）

= （56.6−0.778×7.8）×1.429

= 50.53×1.429

= 72.21 （%）

（2）计算矿粉中某元素或化合物的理论含量。

已知原子量 H 为 1，C 为 12，O 为 16，Mg 为 24，Si 为 28，Ca 为 40，Fe 为 56。

【例 2-7】 计算磁铁矿理论铁含量。计算结果保留小数点后两位小数。

解：磁铁矿分子式为 Fe_3O_4，Fe_3O_4 分子量 232

磁铁矿理论铁含量 = [（3×56）÷232] ×100% = 72.41%

【例 2-8】 计算赤铁矿理论铁含量。

解：赤铁矿分子式为 Fe_2O_3，Fe_2O_3 分子量 160

赤铁矿理论铁含量 = [（2×56）÷160]×100% = 70%

【例 2-9】 计算褐铁矿 $2Fe_2O_3 \cdot 3H_2O$ 理论铁含量和结晶水含量。计算结果保留小数点后两位小数。

解：褐铁矿 $2Fe_2O_3 \cdot 3H_2O$ 分子量 = 2×（2×56+3×16）+3×（2×1+16）= 374

褐铁矿 $2Fe_2O_3 \cdot 3H_2O$ 理论铁含量 = [（4×56）÷374]×100% = 59.89%

褐铁矿 $2Fe_2O_3 \cdot 3H_2O$ 理论结晶水含量 = [（3×18）÷374]×100% = 14.44%

【例 2-10】 计算石灰石理论 CaO 含量。

解：石灰石分子式 $CaCO_3$，$CaCO_3$ 分子量 100，CaO 分子量 56

石灰石理论 CaO 含量 =（56÷100）×100% = 56%

【例 2-11】 计算白云石理论 MgO 和 CaO 含量。计算结果保留小数点后两位小数。

解：白云石分子式 $Ca \cdot Mg(CO_3)_2$，$Ca \cdot Mg(CO_3)_2$ 分子量 184，MgO 分子量 40，CaO 分子量 56

白云石理论 MgO 含量 =（40÷184）×100% = 21.74%

白云石理论 CaO 含量 =（56÷184）×100% = 30.43%

【例 2-12】 计算蛇纹石 $3MgO \cdot 2SiO_2 \cdot 2H_2O$ 理论 MgO、SiO_2、结晶水含量。计算结果保留小数点后两位小数。

解：蛇纹石分子量 276，MgO 分子量 40，SiO_2 分子量 60，H_2O 分子量 18

蛇纹石理论 MgO 含量 = [（3×40）÷276）]×100% = 43.48%

蛇纹石理论 SiO_2 含量 = [（2×60）÷276）]×100% = 43.48%

蛇纹石理论结晶水含量 = [（2×18）÷276）]×100% = 13.04%

❓ 课后思考题

1. 烧结常用铁矿粉的特性。
2. 烧结常用的熔剂各自的烧结特性和作用。
3. 生石灰强化烧结过程机理。
4. 焦粉和无烟煤烧结性能比较。
5. 固体燃料预筛分的好处和选用的设备。
6. 提高铁料中和混匀效果的主要措施。

课程思政

数字资源

习题自测

3 配料理论与操作

📖 **本章知识重点**

（1）配料的含义和方法。
（2）有关概念和配料计算。
（3）影响配料准确性的主要因素。
（4）配料设备和电子皮带秤的维护。

3.1 配料的含义

配料是将铁矿粉、熔剂、固体燃料、冶金工业和化工副产品（循环辅料）根据烧结和高炉技术经济指标的要求，按一定配比进行准确配加的过程。

随着原料场的建设，铁矿粉和循环辅料在原料场进行中和混匀后形成混匀矿，进入烧结配料室混匀矿仓参与配料。

烧结生产中，配料是关键工序，配料的首要任务是稳定烧结矿化学成分尤其是稳定烧结矿碱度，对稳定高炉炉渣碱度至关重要。

3.2 配料的目的和要求

根据高炉冶炼对烧结矿的要求，获得化学成分稳定、物理性能和冶金性能良好的烧结矿，满足烧结生产对烧结料层透气性的要求，生产优质、高产、低耗的烧结矿。

掌握原料性质，取长补短合理配矿，合理利用资源并开发资源，最大限度降低烧结原料成本，使烧结料具有良好的综合烧结性能，及时准确调整烧结矿物化性能和冶金性能满足高炉需求。

配料的化学成分和给料量稳定，配料精度在允许误差范围内。

3.3 配料方法

3.3.1 容积配料法

容积配料法是基于物料具有一定堆密度，借助给料设备控制物料容积，达到按容积配料的方法。为了提高配料精度，通常辅以质量检查。

该法的优点是设备简单，操作方便，缺点是物料堆密度随粒度和水分等因素变化，靠人工调整配料设备的闸门开度控制给料量，配料精度差，调整时间长，质量检查劳动强度大，难以实现自动配料，目前烧结不采用容积配料法。

3.3.2　质量配料法

质量配料法是按物料的质量，借助皮带电子秤和定量给料自动调整系统，实现自动配料的方法，通常称为连续质量配料法。

与容积配料法比较，质量配料法易于实现自动配料，精度高，国内外烧结普遍采用质量配料法。

3.3.3　成分配料法

成分配料法是采用在线成分检测仪分析原料的化学成分，按原料化学成分配料的方法。成分配料法是最理想的配料法，国外采用成分配料法，我国个别企业仅对混匀矿 SiO_2 含量采用成分配料，烧结料配料尚无企业采用成分配料法。

3.4　配料计算

配料计算分为人工 Excel 配料计算和配料模型计算，人工 Excel 配料计算用于日常下发原料配比和校核调整熔剂配比（烧结矿碱度和 MgO 含量），配料模型计算用于寻优烧结矿质量指标和原料成本的配矿研究。

3.4.1　确定原料配比

确定原料配比首先根据高炉对烧结矿技术指标的要求，如碱度、MgO 含量、有害元素等进行配矿研究，即根据不同矿种粒度组成、化学成分、烧结基础特性等进行配矿设计，扬长避短合理配矿，通过烧结杯试验检测不同配矿方案下烧结生产率、转鼓强度等技术指标，得出最优烧结矿物化性能和冶金性能、成本经济的配矿方案，应用于烧结生产。

质量配料法下，由人工设定原料配比，计算机自动控制给料量，为了稳定给料量，保证物料体积密度恒定，各个配料仓均设称重式料位计。

3.4.2　配料计算原则

烧结过程物料平衡关系式：

混匀矿 = 铁矿粉 + 高炉返矿 + 循环辅料 + 工艺加水量

新原料 = 混匀矿 + 熔剂 + 循环辅料 + 工艺加水量

烧结料 = 新原料 + 固体燃料 + 烧结内返 + 工艺加水量

烧结饼＝烧结料－物理水量－烧损＋铺底料＝成品烧结矿＋烧结内返＋铺底料

（1）因为各种原料的原始水分波动大，烧结矿化学成分以干基化验，所以配料计算以干基为准。

（2）依据烧结原料化学成分和高炉对烧结矿质量指标的要求，通过数学模型计算参与配料的各种原料湿配比，在计算机画面上输入"设定新原料湿配比"，并通过"设定新原料湿配比＝100%"合理性检查，得到"采用湿配比"，系统才能进入自动配料计算（因调整碱度而增减熔剂配比时，计算机系统自动增减混匀矿配比，保持新原料湿配比100%不变）。如果检查"设定新原料湿配比≠100%"，计算机系统发出报警提示，需重新设定湿配比，直至合理性检查通过，确定"采用湿配比"。

（3）需根据生产情况随时调整固体燃料和内返配比，为稳定"设定新原料湿配比＝100%"不变，固体燃料和烧结内返不计入新原料配比中，作为外配原料参与配料计算。

外配固体燃料湿配比＝（湿基固体燃料÷湿基烧结料）×100%

外配烧结内返干配比＝（干基烧结内返÷湿基烧结料）×100%

（4）需在以下情况下重新调整新原料湿配比。

1）因某种原料化学成分大变化、变更烧结矿碱度等原因，需重新调整新原料湿配比。

2）因气候、季节等原因，原料原始水分变化大；因变更原料配比引起变更烧结料目标水分时，需重新调整新原料湿配比。

配料仓给料量设定值的运算处理：

系统根据湿配比计算出给料量设定值。沿物料流程各配料仓启停有先后差异，所以各仓给料量依料仓位置先后顺序按一定时间间隔延迟设定，使配料系统在顺序启停或原料配比发生变化时，各原料给料量在配料皮带机上顺序给料而不缺料，不致发生配料紊乱。

3.4.3 反推算法配料计算

配料计算是在配料与给定烧结矿指标之间进行一系列演算的过程。烧结过程涉及热力学、动力学、传热学、流体力学、结晶矿物学等多学科理论，许多物理化学变化错综复杂，有固体燃料燃烧、热交换、水分蒸发与冷凝、碳酸盐和结晶水的分解、铁氧化物的氧化还原、硫化物的氧化和脱除、固相反应、液相生成和冷凝结晶、烧结矿再氧化等瞬息万变的过程，原料成分和水分随时在波动，精确进行配料计算尤为烦琐，所以配料计算多采用简易计算即反推算法。

反推算法是先假定一个原料配比，根据各种原料化学成分、水分、烧损等原始数据，理论计算出烧结矿化学成分，按此原料配比组织生产，如果实物烧结矿化学成分与理论计算值偏差较大，则修订理论计算值与实物烧结矿化学成分相吻合，下发原料配比作业指导书。

原料配比作业指导书是生产岗位的操作指导方向，规定原料配比和烧结矿碱度中线值，配料通过调整熔剂（碱性熔剂调整 CaO 和 MgO 含量，酸性熔剂调整 SiO_2 含量）、固体燃料（调整烧结矿 FeO 含量）配比，使烧结矿化学成分符合考核要求和满足高炉炉渣 MgO 含量的需求。执行原料配比作业指导书，烧结矿 TFe、Al_2O_3 含量以及 S、P、K_2O、Na_2O、Pb、Zn、As 等有害元素由物质不灭定律和烧结过程有害杂质脱除率决定，配料不能调整其含量，不属于配料调整的范畴。

3.4.4　配料有关概念及其计算

（1）物料化学性能。

化学性能指包括有害元素在内的化学成分，主要有 TFe、FeO、CaO、SiO_2、MgO、Al_2O_3、S、P、F、K_2O、Na_2O、Pb、Zn、As、TiO_2 等，化学成分指某元素或某化合物占该干基物料质量的百分数，单位%。

【例 3-1】1 kg 纽曼粉水分 6.2%，测其 SiO_2 重 0.042 kg，计算其 SiO_2 含量。计算结果保留小数点后两位小数。

解：干基纽曼粉质量 = 1 kg×（1-6.2%）= 0.938 kg

SiO_2 含量 =（0.042÷0.938）×100% = 4.48%

（2）烧结矿全量。

1）全量的定义。

烧结矿的 TFe、FeO、SiO_2、CaO、MgO、Al_2O_3、MnO、TiO_2、P_2O_5、S 等化学成分总和接近一个常数，称为全量。

2）全量计算公式。

全量 $Y = 1.429w(\text{TFe}) - 0.111w(\text{FeO}) + w(\text{SiO}_2) + w(\text{CaO}) + w(\text{MgO}) + w(\text{Al}_2\text{O}_3) + w(\text{MnO}) + w(\text{TiO}_2) + w(\text{P}_2\text{O}_5) + w(\text{P}) + \cdots$

3）全量分析标准。

精确度（100±0.5）%，允许误差包括微量杂质、仪器、化学分析误差等。

烧结矿成分分析中，FeO 含量用化学分析法，C 和 S 用红外碳硫分析仪，其他成分用荧光 X 分析法。

4）全量分析的作用。

通过全量分析统计绘制分析曲线寻找出正常全量值，发现分析超标时及时查清原因复验纠正，确保分析仪器和分析结果精度，避免因化验分析误差而导致操作误调整。

全量分析中任何一项化验成分波动时，影响其他成分化验值，此时要具体分析对比各项化验值与烧结矿正常值，查清原因后再校核成分分析结果。

（3）烧结矿碱度。

碱度指碱性氧化物含量与（酸性氧化物+中性氧化物）含量的比值，碱度分二元碱度和四元碱度，烧结矿用二元碱度表示，高炉炉渣用二元碱度和四元碱度表示。

二元碱度指 CaO 含量与 SiO_2 含量的比值，符号为 R_2。四元碱度指（CaO+MgO）含量与（$SiO_2+Al_2O_3$）含量的比值，符号为 R_4。烧结矿碱度分类见表 3-1。

表 3-1　烧结矿碱度分类及其特征

烧结矿碱度分类		二元碱度 R_2	主要黏结相	主要冶金性能
酸性烧结矿		$R_2 < 1.0$	铁橄榄石 $2FeO \cdot SiO_2$	难还原，软熔温度低
自熔性烧结矿		R_2 为 1.4 左右	钙铁橄榄石 $CaO \cdot FeO \cdot SiO_2$	还原性随碱度提高而提高
熔剂性烧结矿	高碱度	R_2 为 1.85~2.2	铁酸一钙 $CaO \cdot Fe_2O_3$	还原性好，软熔性能好
	超高碱度	$R_2 > 2.2$	铁酸二钙 $2CaO \cdot Fe_2O_3$ 铁酸一钙 $CaO \cdot Fe_2O_3$	还原性和软熔性能降低

注：1. 酸性、自熔性、熔剂性烧结矿铁矿物组成基本相同，但黏结相组成差别较大。
　　2. 熔剂性烧结矿强化烧结过程和提高烧结矿质量，利于高炉冶炼。

【例 3-2】 烧结矿 TFe 为 58.35%，FeO 含量 8.3%，CaO 含量 9.98%，SiO_2 含量 5.12%，MgO 含量 1.64%，Al_2O_3 含量 1.52%，计算烧结矿二元碱度。计算结果保留小数点后两位小数。

解：烧结矿碱度 $R_2 = w(CaO)/w(SiO_2) = 9.98 \div 5.12 = 1.95$

【例 3-3】 高炉炉渣 CaO 含量 38.32%，SiO_2 含量 32.56%，MgO 含量 8.93%，Al_2O_3 含量 14.19%，计算高炉炉渣二元碱度和四元碱度。计算结果保留小数点后两位小数。

解：高炉炉渣二元碱度 $R_2 = 38.32 \div 32.56 = 1.18$

高炉炉渣四元碱度 $R_4 = (38.32+8.93) \div (32.56+14.19) = 1.01$

（4）烧损。

烧损指干物料在高温烧结状态下灼烧后失去质量的百分数，烧损由化学分析而得，物料烧损越小，则烧结过程中体积收缩越小，出矿率越高。

（5）残存（烧结饼）和出矿率。

残存指 100% 湿基烧结料经过高温烧结脱除物理水分和烧损后剩余的残留物料量，也即烧结饼。

出矿率指烧结机机头湿基烧结料经过高温烧结脱除物理水和烧损后，在烧结机机尾所得烧结饼（即残留物料量）的百分数，即出矿率=（烧结饼÷湿基烧结料）×100%。出矿率与烧结料烧损有关，与生产操作好坏关系不大。

一定原料配比下，理论残存为小于 1 的小数，换算成百分数即为出矿率。例如某原料配比下，烧结残存 0.865，则该原料配比下的出矿率为 86.5%。

（6）烧成率、成品率、内返率。

烧结机机尾烧结饼落下后（过程损耗忽略不计），经过破碎筛分整粒分为成品烧结矿和烧结内返量（视铺底料恒定不变），即烧结饼=成品烧结矿量+烧结内返量。

烧成率指干基烧结料灼烧成烧结饼后经破碎筛分整粒产生成品烧结矿的百分数。烧成率与烧结物料的烧损有关，同时与生产操作好坏有很大关系。

成品率指烧结饼经破碎筛分整粒后产生成品烧结矿的百分数。

内返率指烧结饼经破碎筛分整粒后产生内返量的百分数，内返率+成品率=100%。

【例 3-4】 某原料配比下，烧结料水分7.9%，烧结机干基总上料量11215.94 t，过程损耗忽略不计，生产成品烧结矿8139 t，产生内返量2456 t，计算烧成率、成品率、内返率。计算结果保留小数点后两位小数。

解：烧成率=（8139÷11215.94）×100%=72.57%

烧结饼=8139+2456=10595（t）

成品率=（8139÷10595）×100%=76.82%

内返率=（2456÷10595）×100%=23.18%，或内返率=100%-76.82%

=23.18%

【例 3-5】 某厂某月消耗干基含铁原料和循环辅料38303 t，干基熔剂8384 t，干基固体燃料2042 t，内返量6676 t，生产成品烧结矿40946 t，计算烧成率、成品率、内返率。计算结果保留小数点后两位小数。

解：干基烧结料=38303+8384+2042+6676=55405（t）

烧成率=（40946÷55405）×100%=73.90%

成品率=[40946÷（40946+17476）]×100%=70.09%

内返率=100%-70.09%=29.91%

【例 3-6】 已知烧结料水分7%，堆密度1.65 t/m³，烧结机机速2.2 m/min，台车内宽3 m，料层厚度700 mm，出矿率87%，成品率75%，当班日历时间8 h，日历作业率99%，计算该班成品烧结矿产量。计算结果保留小数点后两位小数。

解：湿基烧结料=2.2×60×8×99%×3×0.7×1.65=3622.45（t）

根据"出矿率=（烧结饼÷湿基烧结料）×100%"有：

87%=（烧结饼÷3622.45）×100%

得：烧结饼=87%×3622.45=3151.53（t）

根据"成品率=（成品烧结矿÷烧结饼）×100%"有：

75%=（成品烧结矿÷3151.53）×100%

得：成品烧结矿=75%×3151.53=2363.65（t）

【例 3-7】 某烧结机一天消耗湿基烧结料16125 t，生产成品烧结矿12000 t，出矿率86%，计算产生内返量。

解：根据"出矿率=[（成品烧结矿+内返量）÷湿基烧结料]×100%"有：

86%=[（12000+内返量）÷16125]×100%

得：内返量=86%×16125-12000=1867.5（t）

【例 3-8】 某105 m² 烧结机利用系数1.42 t/(m²·h)，日历作业率100%，成品率65.43%，计算该烧结机日产生内返量。计算结果保留小数点后两位小数。

解：成品烧结矿=1.42×105×24=3578.40（t）

根据"成品率=[成品烧结矿÷（成品烧结矿+内返量）]×100%"有：

$$65.43\% = [3578.40 \div (3578.40 + 内返量)] \times 100\%$$

得：内返量 $= 3578.40 \div 65.43\% - 3578.40 = 1890.65$ （t）

（7）矿耗、单耗。

矿耗指生产 1 t 成品烧结矿所需干基烧结料的吨数或公斤数，单位 t/t 或 kg/t。

单耗指生产 1 t 成品烧结矿所需某干基物料的吨数或公斤数，单位 t/t 或 kg/t。

【例 3-9】 某原料配比下，烧结残存 0.8536，成品率 79%，湿基烧结料配比 100%，干基烧结料配比 94.33%，计算矿耗为多少 kg/t。计算结果保留整数。

解：矿耗 $= [94.33\% \div (0.8536 \times 79\%)] \times 1000 = 1399$ （kg/t）

即生产 1 t 成品烧结矿需干基烧结料 1399 kg

【例 3-10】 某原料配比下，烧结残存 0.8536，成品率 79%，湿基烧结料配比 100%，白云石干配比 4%，计算白云石单耗为 kg/t。计算结果保留小数点后两位小数。

解：白云石单耗 $= [4\% \div (0.8536 \times 79\%)] \times 1000 = 59.32$ （kg/t）

（8）有效熔剂性。

有效熔剂性指碱性熔剂根据烧结矿碱度的要求，扣除碱性熔剂中和本身酸性氧化物后的剩余碱性氧化物含量。

有效熔剂 $= w(CaO+MgO)_{熔剂} - w(SiO_2+Al_2O_3)_{熔剂} \cdot [w(CaO+MgO)/w(SiO_2+Al_2O_3)]_{烧结矿}$

烧结矿二元碱度 R_2 下，碱性熔剂有效熔剂 $= w(CaO)_{熔剂} - w(SiO_2)_{熔剂} \cdot R_{2烧结矿}$

【例 3-11】 已知烧结矿和生石灰成分如表 3-2 所示，计算生石灰有效熔剂。计算结果保留小数点后两位小数。

表 3-2 烧结矿和生石灰成分

项 目	化学成分（质量分数）/%			
	CaO	MgO	SiO₂	Al₂O₃
烧结矿	9.97	2.33	5.12	1.51
生石灰	88.67	1.82	2.03	0.32

解：生石灰有效熔剂 $= (88.67+1.82) - (2.03+0.32) \times [(9.97+2.33) \div (5.12+1.51)]$ （%） $= 86.13\%$

【例 3-12】 某厂生产碱度为 1.8 的烧结矿，生石灰 CaO 含量 84.6%，SiO₂ 含量 2.4%，计算生石灰有效 CaO 含量。计算结果保留小数点后两位小数。

解：有效 $CaO_{生石灰} = 84.6\% - 2.4\% \times 1.8 = 80.28\%$

【例 3-13】 烧结矿 CaO 含量 10.14%，SiO₂ 含量 5.2%，白云石 CaO 含量 32.9%，MgO 含量 18.8%，SiO₂ 含量 2.45%，计算白云石有效 CaO 含量。计算结果保留小数点后两位小数。

解：有效 $CaO_{白云石} = 32.9\% - 2.45\% \times (10.14\% \div 5.2\%) = 28.12\%$

3.5 调整烧结矿碱度

3.5.1 快速调整烧结矿碱度

当烧结矿碱度不合格时，需要调整生石灰或石灰石配比，调整后的新原料经过配料、混匀制粒、布料点火烧结、冷却筛分整粒、取制样检测分析工序，需要较长小时才能报出碱度结果，如果报出碱度结果仍然不合格，则需要重复再次调整生石灰或石灰石配比，可见调整碱度非常滞后。为了及早得知调整碱度结果，通常在布料点火后的烧结机料面上取烧结矿样，往往造成碱度分析不准确，因为多辊布料器和物料自重的偏析作用，使粗粒烧结料和质量重的物料分布在料层下部，细粒烧结料和质量轻的物料分布在料层上部，表层烧结矿碱度偏高。如果在环冷机后取烧结矿，因未进行筛分整粒，也存在取样随意性、不规范、所取烧结矿粒度和碱度波动大的问题。

结合烧结过程分析配料计算过程，烧结料从烧结机机头布料，通过物理水蒸发、结晶水分解、碳酸盐分解、铁氧化物氧化还原、脱硫脱硝等一系列错综复杂的物理化学变化，进行烧结五带演变到烧结机机尾形成烧结饼，那么配料计算过程则是烧结料从烧结机机头投入，经过物理水的蒸发和烧损后到烧结机尾残留烧结饼的物料平衡过程。烧结过程与配料计算过程对照见表3-3。

表 3-3　烧结过程与配料计算过程对照表

烧结机头	物理水分蒸发（成为干基烧结料）结晶水分解、碳酸盐分解、铁氧化物氧化还原、脱硫脱硝等（烧损）		烧 结 机 尾	
湿配比	$\sum$ 湿配比×（1-水分）= $\sum$ 干配比		烧结饼	成品烧结矿+内返
	$\sum$ 干配比×（1-烧损）= 残存			铺底料
物料 CaO	$w(CaO_{烧结料})$ = $\sum$ 物料湿配比×（1-水分）× $w(CaO_{物料})$		$CaO_{烧结矿}$ = $w(CaO_{烧结料})$ ÷ 残存	
物料 SiO_2	$w(SiO_{2烧结料})$ = $\sum$ 物料湿配比×（1-水分）× $w(SiO_{2物料})$		$SiO_{2烧结矿}$ = $w(SiO_{2烧结料})$ ÷ 残存	
⋮	⋮		⋮	
出矿率	出矿率 =（烧结饼÷湿基烧结料量）×100%			
烧成率	烧成率 =（成品烧结矿量÷干基烧结料量）×100%			
成品率内返率	成品率 =（成品烧结矿量÷烧结饼）×100%			
	内返率 =（内返量÷烧结饼）×100%			
	成品率+内返率 = 100%			

由此推导出：

$$R_{烧结矿} = w(CaO_{烧结矿})/w(SiO_{2烧结矿})$$
$$= [w(CaO_{烧结料})/残存]/(w(SiO_{2烧结料})/残存)$$
$$= w(CaO_{烧结料})/w(SiO_{2烧结料})$$
$$= R_{烧结料}$$

"$R_{烧结矿} = R_{烧结料}$" 正是快速调整烧结矿碱度的技术支撑。当烧结矿碱度不合格时，通过调整生石灰或石灰石配比后，在烧结配料室取不包括固体燃料的其他原料给料量，一是校核原料给料量是否在允许误差范围内，二是将各原料取样量混匀分析其碱度就可反映烧结矿碱度是否合格，这样把长流程等待烧结矿碱度转换为快速分析烧结料碱度，大大减少长流程等待所产生的烧结矿碱度废品量。需要注意的是在配料室取料时不得混入固体燃料，因为固体燃料在制样熔样过程中会损坏铂金坩埚，而且化学分析过程中焙烧烧结料温度和氧化还原气氛（烧损和残存程度）与烧结生产实际相差很大，影响碱度分析结果的准确性。

3.5.2 调整烧结矿碱度配料计算

【例3-14】已知烧结原料成分和配比（循环辅料配比忽略不计）如表3-4所示，外配烧结内返和焦粉且返矿平衡，烧结残存0.8512，用石灰石调整碱度，调整石灰石同时混匀矿配比随着变化，新原料干配比100%，要求烧结矿碱度 $R2.2$，简易计算所需石灰石配比和烧结矿 TFe 含量。计算结果保留小数点后两位小数。

表3-4 烧结原料成分和配比

原料名称	化学成分（质量分数）/%				烧损/%	干配比/%
	TFe	SiO$_2$	CaO	MgO		
混匀矿	54.2	5.1	1.4	0.5	8	
石灰石		2.1	49.6	3.7	43	
生石灰		1.6	84.5	1.6	7.2	4.3
白云石		1.7	31.2	18.4	44	2.3
焦粉	7.5	0.7	0.4	83		外配4.2

解：设混匀矿配比为 X（%），石灰石配比为 Y（%）

根据 "$R_{烧结矿} = R_{烧结料} = \sum w(CaO_{原料}) / \sum w(SiO_{2原料})$" 有：

$$\begin{cases} X + Y = 100 - 4.3 - 2.3 & (1) \\ 2.2 = (1.4X + 49.6Y + 84.5 \times 4.3 + 31.2 \times 2.3) \div \\ \quad (5.1X + 2.1Y + 1.6 \times 4.3 + 1.7 \times 2.3) & (2) \end{cases}$$

解方程组（1）和（2）得：混匀矿配比 $X = 84.17\%$ 石灰石配比 $Y = 9.23\%$

烧结料 TFe 含量 = 84.17% × 54.2% = 45.62%

烧结矿 TFe 含量 = 45.62% ÷ 0.8512 = 53.59%

【例3-15】某原料配比下，烧结残存0.86，生石灰 CaO 含量82%，忽略其他因素对烧结矿 CaO 含量的影响，计算生石灰配比增加1个百分点，烧结矿 CaO 含量增加多少个百分点？计算结果保留小数点后两位小数。

解：烧结矿 CaO 含量增加百分点 = 1 × 82% ÷ 0.86 = 0.95

【例3-16】某原料配比下，烧结残存0.86，烧结矿 CaO 含量9.69%，SiO$_2$ 含量

5.1%，生石灰 CaO 含量 78%，SiO_2 含量 2.1%，忽略其他因素对烧结矿碱度的影响，计算生石灰配比从 5% 增加到 7%，烧结矿碱度增加到多少？计算结果保留小数点后两位小数。

解：有效 $CaO_{生石灰}$ 含量＝78%－2.1%×（9.69%÷5.1%）＝74.01%

烧结矿 CaO 含量增加百分点＝（7－5）×74.01%÷0.86＝1.72

烧结矿 CaO 含量从 9.69% 增加到 9.69%+1.72%＝11.41%

烧结矿碱度增加到 11.41%÷5.1%＝2.24

【例 3-17】 某原料配比下，烧结残存 0.85，用白云石调整烧结矿 MgO 含量，未配加白云石时烧结矿 MgO 含量 1.2%，白云石水分 5%，MgO 含量 17.63%，忽略其他因素对烧结矿 MgO 含量的影响，计算将烧结矿 MgO 含量提高到 2.7%，需配加白云石湿配比多少？计算结果保留小数点后两位小数。

解：根据烧结过程（MgO 含量）物料平衡有：

［白云石湿配比×（1－水分）×$MgO_{白云石}$］/残存＝$w(MgO_{烧结矿})$

代入得：［白云石湿配比×（1－5%）×17.63%］÷0.85＝2.7%－1.2%

解得：白云石湿配比＝7.61%

【例 3-18】 当生石灰或石灰石断料时，如何对调生石灰和石灰石配比？

解：增（减）生石灰配比×$w(有效 CaO_{生石灰})$＝减（增）石灰石干配比×$w(有效 CaO_{石灰石})$

$$w(有效 CaO_{生石灰}) = w(CaO_{生石灰}) - w(SiO_{2生石灰}) \times R_{烧结矿}$$

$$w(有效 CaO_{石灰石}) = w(CaO_{石灰石}) - w(SiO_{2石灰石}) \times R_{烧结矿}$$

3.5.3 返矿和搭配烧结内返配料计算

（1）返矿。

烧结用的返矿包括高炉返矿和烧结内返。

高炉返矿是炼铁工序槽下筛分系统对入炉铁矿石进行筛分，得到烧结矿、球团矿和富块矿的混合返矿。生产组织中平衡高炉返矿量，将高炉返矿作为一种循环物料返回烧结参与配料。

烧结内返是烧结矿经环冷机冷却后，进入成品整粒系统进行一次筛、二次筛、三次筛，其中三次筛的筛下物构成烧结内返，由转鼓强度差的筛下小粒烧结矿、未烧透和未烧结的小粒烧结料组成。烧结内返是烧结过程中的循环物料，正常情况下遵循返矿平衡，内返数量和质量（化学成分、粒度组成、温度）稳定。

（2）返矿平衡。

所谓返矿平衡是烧结矿经成品整粒系统筛分所得内返量 R_A 与配加到烧结料中的内返量 R_E 的比值接近 1，即返矿平衡 $B = R_A/R_E = 1 \pm 0.05$。

（3）内返对烧结的影响。

正常情况下烧结返矿平衡，配料计算和生产操作不考虑内返，但在下列情况下必须考虑内返对烧结矿质量和生产操作的影响。

要在发现内返量增长的初期及早小幅度加大内返配比控制仓位不上涨，同时采取措施减少内返产生量，如果内返恶性循环继续上涨，配比增加超过 2 个百分点时，需要考虑内返数量和质量对烧结料水分、配碳、风量、烧结矿化学成分等的影响，必须搭配烧结内返进行配料计算。

当检修和突发事故等原因造成烧结内返量猛增（配比增幅超过 2 个百分点）时，要考虑以下方面：

1）考虑内返对混合料水分的影响。

加大内返加水量或一次混合机内加水量，稳定混合料水分，因为内返为干料且孔隙率大，极易吸水。

2）考虑内返量增多及其+5 mm 粒级含量的影响。

俗话说"烧好返矿则烧好烧结矿"，如果烧好返矿，内返为小粒烧结矿，则内返化学成分与成品烧结矿基本相同，内返基本不会影响烧结矿化学成分；如果未烧好返矿，内返中生料占 15%以上，则内返化学成分与成品烧结矿差别大，内返会影响烧结矿化学成分，此时要化验内返的成分（残碳、CaO、SiO_2、MgO、Al_2O_3 等）并纳入配料计算。

适宜的内返粒级为-5 mm，内返中+5 mm 粒级不能作为制粒核心，更有可能冲刷制粒料破坏制粒效果，且影响烧结料水分波动，要根据情况调整烧结风量等操作参数。

3）考虑内返对固体燃耗和转鼓强度的影响。

与新料比较，内返的黏结性差，随着内返量的增加需增加固体燃耗，保证烧结矿转鼓强度不降低。

（4）搭配烧结内返配料计算。

1）当烧结矿碱度连续（≥3 批次）同向废品时，内返碱度也同向废，应搭配内返进行配料计算，适当调整熔剂配比，保证成品烧结矿碱度合格。

2）当较大幅度变更原料配比，尤其大幅度变更烧结矿碱度时，应考虑仓存旧内返的影响，测算仓存旧内返和新内返切换时间节点，相应调整熔剂配比。

搭配烧结内返配料计算见表 3-5。

表 3-5 搭配烧结内返配料计算及调整措施

序号	考虑烧结内返影响因素	调整措施
1	烧结矿碱度连续同向低废时，搭配内返配料计算，考虑低碱度内返对烧结矿碱度的影响	要增加熔剂配比
2	大幅提高烧结碱度变料时，搭配内返配料计算，考虑低碱度内返对烧结矿碱度的影响	
3	烧结矿碱度连续同向高废时，搭配内返配料计算，考虑高碱度内返对烧结矿碱度的影响	需要减少熔剂配比
4	大幅降低烧结矿碱度变料时，搭配内返配料计算，考虑高碱度内返对烧结矿碱度的影响	
计算	加（减）熔剂配比×熔剂有效 CaO＝内返内配配比×内返有效 CaO	

【例 3-19】 烧结配料室上料量和相关化学成分如表 3-6 所示，熔剂使用白云石和生石灰，当烧结矿碱度中线值由 1.75 提高到 1.9 时，抵消仓存旧内返对烧结矿碱度的影响，应如何调整生石灰配比。计算结果保留小数点后两位小数。

表 3-6 烧结配料室上料量和相关化学成分

项　目	混匀矿、白云石、固体燃料、循环辅料	生石灰	烧结内返
干基上料量/t·h⁻¹	290.58		76.86
$w(CaO)/\%$		83.25	9.25
$w(SiO_2)/\%$		1.80	5.29

解：$w(有效 CaO_{生石灰}) = 83.25\% - 1.9 \times 1.8\% = 79.83\%$

$w(有效 CaO_{内返}) = 5.29\% \times 1.9 - 9.25\% = 0.801\%$

内返内配配比 $= [76.86 \div (76.86 + 290.58)] \times 100\% = 20.92\%$

根据"加（减）生石灰配比 $\times w(有效 CaO_{生石灰}) = $ 内返内配配比 $\times w(有效 CaO_{内返})$"有：

生石灰配比 $\times 79.83\% = 20.92 \times 0.801\%$

$\qquad\qquad = 0.21$（个百分点）

抵消仓存内返对烧结矿碱度的影响，生石灰配比应增加 0.21 个百分点。

3.6 影响配料准确性的主要因素

3.6.1 原料条件

原料条件包括原料化学成分、粒度、水分、原料是否混料等。

（1）原料化学成分。

原料化学成分波动，直接影响烧结矿化学成分波动。监控原料化学成分波动，一是通过化学分析，二是通过目测原料颜色、光泽、致密度和粒度是否发生变化。

（2）原料粒度。

铁矿石经破碎筛分后，粒度大则品位高，脉石含量低。

同一种原料，粒度小则堆密度大，在配料仓开度一定的情况下，则给料量大。

（3）原料水分。

配料计算过程中，原料水分取固定值进行干基计算，如果原料实际水分远远偏离配料计算水分取值，需要调整原料湿配比，保证干配比不变。

原料水分高时，则料仓易崩料悬料，原料给料不均匀，配料准确性差。

（4）原料混料。

原料发生混料，则完全打乱配料准确性，所以杜绝混料。配料岗位工一般通过观察原料颜色和粒度判断是否混料。

3.6.2 配料设备状况

配料设备状况主要包括配料仓衬板完整性、给料机功能精度、电子皮带秤的称量精度及其负荷率、调速电机稳定性、皮带机速度等。

（1）配料仓衬板完整性。

保证配料仓内原料受到稳定的摩擦力而均匀出料。

（2）给料机功能精度。

影响给料机功能精度的主要因素有给料机与配料仓中心线的同心度、配料仓衬板磨损程度、给料机的水平度。

圆盘给料机具有出料均匀、调整方便、运转平稳可靠、易维护等特点。盘面越粗糙，则给料越平稳，配料误差越小。圆盘闸门开度过大，则给料量时大时小不稳定。

（3）电子皮带秤精度及其维护。

电子皮带秤精度分校验标定精度和运转精度，校验标定精度的稳定周期能保持多久，与配料皮带秤的稳定性、工况条件及运行维护密切相关。随着配料皮带秤的连续运行，运转精度会低于校验标定精度，需要定期去皮校零和链码校秤，保证配料精度。

影响配料皮带秤称量精度的关键是秤架和电子秤皮带机的稳定性，以及给料的均衡稳定性，秤架扭曲变形、电子秤皮带机头尾轮松紧度变化、润滑加油不到位、皮带机托辊磨损或锈蚀不转、称重传感器有杂物卡阻、皮带机跑偏或磨损、给料不均衡等，是影响配料皮带秤称量精度的主要因素。

3.6.3 操作因素

（1）配料仓料位。

圆盘给料机是借助摩擦力、离心力和机械作用力来完成给料的，摩擦力大小与料柱正压力成正比，如果配料仓料位波动，则破坏圆盘出料均匀性。

配料仓高料位（2/3以上）时，圆盘出料量均衡稳定；配料仓低料位（1/3以下）时，出料量增大；快空仓时出料量急剧增加，所以生产操作至少控制料位在1/2。

（2）循环辅料配加方式。

高炉炉尘、氧气转炉炉尘、钢渣、磁选粉、炼钢污泥、轧钢皮等循环辅料配加方式粗放或不当，影响配料准确性。建设小型的"循环辅料配料→加湿混匀"工艺，将循环辅料制成综合粉后再参与混匀矿配料或烧结配料，可减小循环辅料对配料准确性的影响。

烧结、炼铁、炼钢环境除尘灰的排放配加方式不当，影响配料准确性。将烧结、炼铁、炼钢工序所有环境除尘灰通过气力输送和密封罐车吸排集中到烧结配料室除尘灰仓均衡稳定配加，可减少除尘灰对烧结产质量的影响。

（3）生石灰提前消化。

生石灰提前消化一是放出的热量散失，起不到提高料温的作用；二是生石灰消化成消石灰，粒级细化极易喷仓，影响给料量不稳定，进而影响混合料水分波动。

（4）变配比、变碱度、混匀矿变堆。

变更原料配比、变更烧结矿碱度、混匀矿变堆时，新旧原料配比、新旧混匀矿切换与调整熔剂配比不同步，熔剂调控幅度不当，混匀矿新堆成分波动，以及新旧内返成分的更新，影响配料准确性。

（5）烧结矿取制样。

烧结矿取样频次不够、样量不足、代表性不强，制样过程中破碎机和研磨机不净混料，化学分析过程中误差大等，对配料调整指导不力甚至误导，影响配料准确性。

3.7 配料设备

配料设备主要有配料仓（见图 3-1）、给料设备、计量设备，对配料设备的要求是下料通畅，给料量稳定且便于调整，计量准确并在允许误差范围内。

配料室原料上仓方式主要有两种，一是密封罐车（见图 3-2）吸排上仓，用于生石灰、重力灰旋风灰、烧结炼铁炼钢环境除尘灰，密封罐车将灰从排料点吸入罐内，再到配料室厂房将罐内的灰通过压缩空气或氮气排放到灰仓内；二是"皮带机+可逆漏矿小车"上仓，原料经皮带机输送到配料室上方的可逆漏矿小车，通过编码巡仓可逆漏矿小车将原料卸到对应的配料仓内。

图 3-1　配料仓　　　　　　　　　　　图 3-2　密封罐车

3.7.1 配料仓的设施及储料能力

为了顺畅排料减少粘料，将配料仓设计为圆锥形，如图 3-1（a）所示，内敷光滑耐磨材质衬板，并在配料仓外壁安装电振器，黏性大的铁矿粉仓内安装自动液压清料铲，解决因矿粉粘料导致给料量不准确的问题。

根据烧结机的生产能力，设计配料仓的数量和单仓有效容积，满足主原料仓能生产 8 h 的需求。

为了准确配料，各仓配置雷达料位计或称重设施，并控制料位在 1/2～4/5 或料重在仓容积的 50%～85%。

在固体燃料（焦粉和无烟煤）仓配置在线测水仪，根据固体燃料的水分及时调整其湿配比，稳定固体燃料干配比。

3.7.2 电子皮带秤的工作原理和称量精度

电子皮带秤是烧结连续自动配料的计量设备，其称量精度直接影响配料精度，因此维护和提高电子皮带秤称量精度具有重要意义。

3.7.2.1 电子皮带秤的工作原理

电子皮带秤由秤架、测速传感器、称重传感器、托辊、接线盒、连接电缆、积算器、仪表等组成，适用于对固体散状物料进行连续动态计量，直接称量皮带机上物料流量 t/h，并能进行给料量的自动调节，实现自动给料。

电子皮带秤工作原理如图 3-3 所示，当物料经过皮带秤时，托辊检测到皮带机上的物料重量并通过杠杆作用于称重传感器，产生一个正比于皮带机载荷的电压信号传给皮带秤仪表，同时测速传感器测量出皮带秤的速度，将速度信号也传给皮带秤仪表，仪表将称重信号与速度信号通过积分运算得出物料的实际流量并显示出来，皮带秤的控制系统通过比较实际流量与设定流量，输出相应的信号值（PID 信号），通过变频器改变电子皮带秤驱动电机转速以改变物料的给料量，使物料的实际流量接近设定流量，完成给料量的控制。

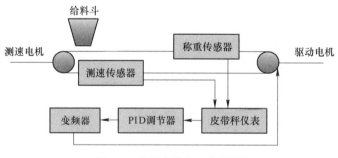

图 3-3 电子皮带秤工作原理

3.7.2.2 影响电子皮带秤称量精度的因素

A 维护人员的专业技能

因员工专业知识不全面和技能水平低或操作有差异，在去皮校零和链码校秤时造成皮带秤称量精度波动大。

B 校核方法

(1) 校核时皮带秤工况与日常计量状况存在差异（如皮带秤张力、皮带秤速度等）。

（2）去皮校零和链码校秤时，因皮带机跑偏、粘料、裙边缺失等皮带秤维护不到位（见图3-4）而导致校秤结果不准确。

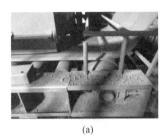
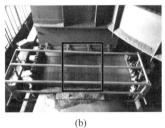

（a）　　　　　　　　　（b）　　　　　　　　　（c）

图 3-4　皮带秤维护不到位

（a）皮带机跑偏；（b）皮带机粘料；（c）皮带机裙边缺失

（3）链码校秤时，因链码保管不善粘杂物粘油污、链码磨损缺重、链码架扭曲变形、链码不在皮带秤中部运行（见图3-5）而导致校核结果不准确。

（a）　　　　　　（b）　　　　　　（c）　　　　　　（d）

图 3-5　链码校秤不规范

（a）链码架扭曲变形；（b）标准链码架；（c）链码不在皮带秤中部运行；（d）链码运行标准

（4）没有用标准链码适配皮带秤量程，采用拆装链码（见图3-6），影响大量程电子皮带秤载荷率偏低。

C　皮带秤及其维护

（1）皮带秤测速存在误差。

皮带秤给料精度是称重精度和测速精度的综合反映，要选用高精度的传感器（尤其是速度传感器），一般称重精度高于测速精度，提高给料量精度的关键是提高测速精度。常用的有滚轮测速传感器和光电脉冲测速传感器，如图3-7所示。

（a）　　　　　　　　　　（b）

图 3-6　拆装链码　　　　　　　图 3-7　常用的测速传感器

（a）滚轮测速传感器；（b）光电脉冲测速传感器

（2）皮带秤框架变形、托辊不转等引起误差。

校秤时踩踏皮带秤架，使秤架变形。

称量段托辊与相邻前后托辊的水平高度不等，造成个别称重托辊不转动，影响皮带速度。

（3）皮带秤的量程选择不合适引起误差。

部分皮带秤安装时没有考虑最大称重，且没有配备相应的传感器。

因烧结限产，小配比原料给料量低于最大量程的30%，影响配料精度。

（4）皮带秤维护不到位导致称量误差。

因皮带机跑偏把裙边磨掉而围挡不住物料，使物料滚落到秤架上和皮带里圈，运转过程中物料黏结到托辊上，加重皮带机的跑偏。

因皮带机跑偏，物料下料点偏，直接影响称量精度。

因皮带机磨损和老化，造成打滑和速度不稳。

秤架与皮带纵梁之间有物料卡阻，称重托辊转动不灵活。

传感器和接线盒线路老化，接触不良。

D   物料

物料水分大时容易粘皮带机，如图3-8所示，尤其是磨损大的皮带机极易粘料，导致皮带机皮重变化而影响称量误差。

图3-8   精矿粉水分大时粘皮带机

E   环境

因现场环境除尘差等原因，除尘灰仓电子皮带秤受粉尘大的影响，称量不稳定。

3.7.2.3 提高配料电子皮带秤称量精度采取措施

（1）提高专业技能水平。

通过专业培训普及电子皮带秤知识，强化基础管理，提高校秤技能，统一校秤步骤和方法，减少人为误差。

（2）规范去皮校零和链码校秤作业程序，形成标准，减少人为误差。

1）规范配料皮带秤校核流程：皮带秤维护到位—去皮校零—链码校秤。

2）配料皮带秤的维护常态化，为准确校秤打好基础。

日清皮带机和皮带秤架上的积灰积料，加油润滑，皮带张紧适宜不打滑，防止皮带跑偏和托辊直径变大。

及时更换裙边缺失、磨损严重和老化的皮带，保证给料落料点正，传力平直，提高皮带测速精度。

严禁站在秤体上，杜绝秤体承受其他外力，维护皮带秤架不变形，不受振动和电磁干扰。

皮带秤机械连接无异常，秤架和皮带纵梁之间无物料卡阻。

托辊固定螺栓不松动，托辊与皮带接触良好，各组辊均匀运转无粘料。

及时更换磨损严重、托辊不转动的皮带秤。

检查称重传感器和测速传感器电缆接地良好不松动。

传感器和接线盒线路不老化接触良好。

清理皮带秤和传感器接线盒上的积灰积污，必要时包裹灰仓皮带秤传感器接线盒，提高配料皮带秤精度。

具备以上条件后进行去皮校零作业。

3）去皮校零前皮带空运转 5~10 min，保证皮带上无物料后方可进行。

4）电子皮带秤去皮校零作业红线控制。

皮带跑偏量小，不超皮带带宽的 5%。

皮带秤安装水平，安装倾角≤15°。

称重托辊比相邻托辊稍高 0.5 mm。

秤架上的称量托辊与相邻前后 2~3 组托辊间距相等。

5）电子皮带秤链码校秤作业标准程序。

将标准链码平稳放在皮带秤的称量段，测定皮带机速度，根据"给料量 $Q(\text{kg/s}) = K \cdot$ 称重 $f(\text{kg/m}) \cdot$ 速度 $v(\text{m/s})$"计算标准链码下给料量 Q，跟踪一定时间内皮带秤仪表的实际累计量 W，修正 K 值使 Q 与 W 的差值在允许误差范围内，完成链码校秤。

6）电子皮带秤链码校秤作业红线控制。

将链码存放在链码盒内，防止与其他部件碰撞和磨损缺重，防止粘油污和杂物，保证链码重量标准。

链码托辊随皮带运转灵活无卡阻，提高校秤准确度。

专用装置就位链码到皮带秤上，严禁踩踏秤体，严禁秤体承受其他外力。

（3）选用高精度传感器。

选用线性好的称重传感器，在线性区域工作受力均匀。

选用非接触式（如光电式）测速传感器，防止干扰。

选用称量精度高的电子秤，虽价格贵但功能精度高，性能良好稳定。

（4）确定合适的皮带秤量程，使用标准链码。

根据皮带秤负荷确定皮带秤传感器量程，使皮带秤负荷在量程的 30%~80%。

在皮带秤量程 20%~100% 范围内选择标准链码进行校秤。

（5）调整料流控制给料量。

随着烧结料批的减小，逐步关小配料仓闸门开度，保证配料仓排料稳定。

当烧结料批减到正常生产的 1/2 时，同品种配料仓可合二为一，以提高皮带秤的负荷在量程的 30%~80%，提高称量精度。

（6）防止皮带机粘料。

针对部分物料水分大、易粘皮带机，需切换仓使用，及时清理皮带机上的粘料。

皮带机尾部安装带刮刀的可拆卸、递进式可调清料器，在不停机的情况下可以更换清料器，及时清理皮带机上的粘料。

3.7.3 给料设备类型

烧结配料中，给料设备主要有圆盘给料机、直拖皮带机、星型给料机、螺旋（称重）给料机等，不同的物料选用不同的给料设备。圆盘给料机适用于精矿粉、富矿粉大宗铁矿粉、返矿和配比大、密度大的物料；直拖皮带机适用于熔剂白云石、石灰石、菱镁石、蛇纹石、固体燃料和小配比物料；"插板阀+星型给料机"或"插板阀+星型给料机+螺旋（称重）给料机"适用于生石灰和消石灰、重力灰和旋风灰、烧结炼铁炼钢环境除尘灰等细粒粉末灰给料。

（1）"圆盘给料机+电子皮带秤"配料装置如图 3-9 所示。

 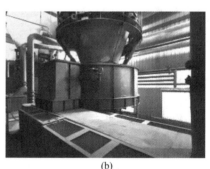

(a)   (b)

图 3-9 "圆盘给料机+电子皮带秤"配料装置

(a) 圆盘给料机未封闭；(b) 圆盘给料机封闭

圆盘给料机由传动装置、圆盘、给料套筒闸门和刮刀、润滑系统、电控系统组成，工作原理是电动机通过减速机带动圆盘旋转，配料仓内的物料随圆盘转动，在刮刀的作用下向出料方向移动，经闸门排出给料套筒，卸到电子皮带秤上，电子皮带秤计量物料给料量并联锁控制圆盘给料机，在闸门开度一定的情况下通过变频调整圆盘转速来实现自动控制物料给料量。

圆盘给料机的盘面上焊有筋条，筋条之间填满物料，避免物料直接摩擦盘面，延长盘面使用寿命，同时增加盘面的粗糙度，稳定给料量。圆盘给料机具有给料均匀、运转平稳可靠、便于调整、维修方便等特点，烧结配料广泛采用。

（2）"直拖皮带机+电子皮带秤"配料装置如图 3-10 所示。

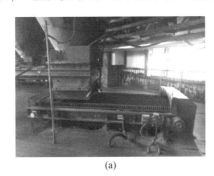 

| (a) | (b) |

图 3-10 "直拖皮带机+电子皮带秤"配料装置

（a）直拖皮带机未封闭；（b）直拖皮带机封闭

直拖皮带机既是给料设备又是计量设备，配料仓出料口位于直拖皮带机机尾，直拖皮带机中段为电子皮带秤的计量段，在配料仓出口设闸门，随着直拖皮带机的运转，物料从配料仓出口拖出来，电子皮带秤计量物料给料量并联锁控制直拖皮带机，在闸门开度一定的情况下通过变频调整直拖皮带机转速来实现自动控制物料给料量。

（3）"插板阀+星型给料机+电子皮带秤"配料装置。

配料仓内的物料首先经过一级插板阀（手动）阀门开度的控制进入星型给料机，再经过二级星型给料机的控制落到电子皮带秤上，电子皮带秤计量物料给料量并联锁控制星型给料机，通过变频调整星型给料机的频率实现自动控制物料给料量。星型给料机的大小与物料给料量的稳定性密切相关，稳定星型给料机的频率在 20 Hz 以上，有利于稳定给料量。

（4）"插板阀+星型给料机+螺旋给料机+电子皮带秤"配料装置如图 3-11 所示。

图 3-11 "插板阀+星型给料机+螺旋给料机+电子皮带秤"配料装置

配料仓内的物料首先经过一级插板阀（手动）阀门开度的控制进入星型给料机，再经过二级星型给料机的控制进入螺旋给料机，螺旋给料机均匀给料到电子皮带秤上，电子皮带秤计量物料给料量并联锁控制星型给料机，通过变频调整星型给料机的频率实现自动控制物料给料量，此配料装置有利于进一步稳定物料的料流量。

（5）"插板阀+星型给料机+螺旋称重给料机"配料装置如图 3-12 所示。

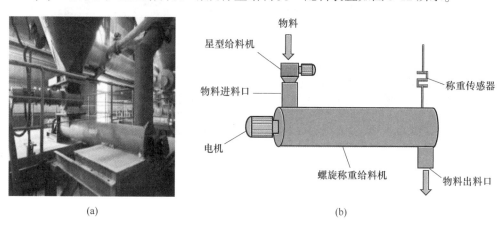

(a)　　　　　　　　　　　　　　　　　(b)

图 3-12　"插板阀+星型给料机+螺旋称重给料机"配料装置

（a）实物配料装置；（b）"星型给料机+螺旋称重给料机"工作原理

　　配料仓内的物料首先经过一级插板阀（手动）阀门开度的控制进入星型给料机，再经过二级星型给料机的控制进入螺旋称重给料机，在螺旋状叶片转轴旋转的作用下，带动物料向前运行，螺旋称重传感器称量出物料给料量（kg/m），根据物料在螺旋称重给料机内的运行速度（m/s），计算出物料的料流量（t/h）并联锁控制星型给料机，通过变频调整星型给料机的频率实现自动控制物料给料量。

❓ 课后思考题

1. 设定新原料湿配比为 100% 与设定新原料干配比为 100% 的优缺点比较。

2. 外配固体燃料、烧结内返与内配固体燃料、烧结内返优劣比较。

3. 对照烧结过程理解配料计算的过程和出矿率、烧成率、成品率等概念。

4. 影响配料准确性的主要因素。

5. 提高配料电子皮带秤称量精度的措施。

课程思政

数字资源

习题自测

混料理论与操作

📖 本章知识重点

（1）圆筒混合机的结构和工艺参数。

（2）混料工操作指标。

（3）影响混匀制粒效果的主要因素。

4.1 圆筒混合机

圆筒混合机（以下简称混合机）是混料系统的主体设备，根据混料工艺目的和作用不同，分为一次混合机、二次混合机、三次混合机（以下简称一混、二混、三混），分别完成混合料的润湿混匀、制粒、燃料分加作业，为烧结机提供化学成分均匀、水分适宜、透气性良好的烧结料。

4.1.1 混合机的结构

混合机由圆筒本体、传动装置、润滑系统、加水装置、给料和排料装置等组成，混合机的传动方式有齿轮传动和胶轮传动两种（见图 4-1），其中胶轮传动又分为空心充气胶轮和实心胶轮。

(a) (b)

图 4-1 混合机的传动方式

（a）混合机的齿轮传动；（b）混合机的胶轮传动

齿轮传动由装在筒体上的大齿圈进行传动，筒体由钢制托辊支承，传动可靠，具有传动扭矩大、使用寿命长、成本低、故障率低等特点，但刚性支承筒体易产生振动，托圈不易固定，大齿圈制造安装需保证精度。

胶轮为摩擦传动方式，筒体由主动轮胎组和被动轮胎组柔性支承，主动轮胎组既是支承件又是传动件，筒体传动是通过主动轮胎组与筒体间的摩擦力进行传动，柔性轮胎能够吸收筒体运转中产生的振动而不致传到设备基础上，传动平稳噪声小，安装维护较简单，但胶轮故障率高，使用成本高，磨损较大，使用周期短，尤其空心充气胶轮需要停机充气。

为了提高混匀制粒效果，一混和二混筒体内设扬料段和直段并镶有带筋的衬板，如图4-2所示，扬料段为斜筋，目的是将混合料充分扬起提高混匀效果，此处不加水。一混直段为直筋衬板，二混直段为直筋衬板或逆流衬板，目的是使混合料形成回旋，延长制粒时间，提高制粒效果。

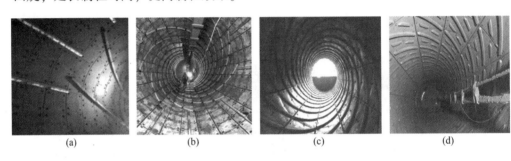

图4-2   混合机扬料段和直段镶衬板

（a）一混扬料段斜筋和直段直筋陶瓷三合一衬板；（b）二混直段逆流筋陶瓷三合一衬板；
（c）二混直段逆流筋稀土含油尼龙衬板；（d）二混直段逆流多筋稀土含油尼龙衬板

衬板材质有橡胶、超高分子聚乙烯、尼龙、稀土含油尼龙、陶瓷三合一衬板等，如图4-3所示，橡胶衬板表面不光滑，但具有弹性，橡胶衬板承载混合料时变薄，不承载混合料时变厚，这样随着混合机滚筒的运转，橡胶衬板有自清理粘料的功能而不粘料，橡胶衬板制粒效果差。稀土含油尼龙衬板在较低温度下快速聚合成型，具有较高结晶度，耐磨性好，能耐酸碱、碳氢化合物、水等腐蚀，衬板与混合料摩擦产生一定温度时其中含的油到达衬板表面而具有自润滑作用，混合机运转过程中始终形成一层似黏非黏的薄料衬，料与料摩擦搓动产生良好的制粒效果，尤其带凹槽的衬板和逆流衬板更有利于形成料衬强化制粒，薄料衬不仅解决了衬板大量粘料、电机电流高、电耗高的问题，而且薄料衬有助于保护衬板不被混合料冲刷磨损，使用寿命长达10年以上，所以稀土含油尼龙衬板广泛应用于烧结混合机、混合料料仓等。陶瓷三合一衬板由陶瓷、橡胶、钢板三部分组成，采用热硫化工艺将陶瓷、橡胶、钢板三者硫化在一起，因有橡胶成分而不易断裂，因有陶瓷组合而具有耐磨耐冲击性能（是钢板的7倍），根据混合料的黏性、粘料、料温情况选择不同筋高、不同筋间距的逆流衬板，可以改善混合料的制粒效果，Al_2O_3含量90%的陶瓷使用寿命2年，Al_2O_3含量95%的陶瓷使用寿命5年，陶瓷三合一衬板的使用寿命为2～5年。

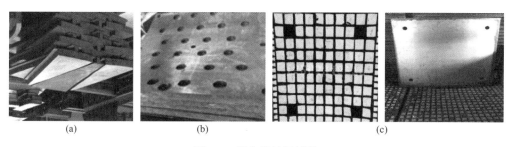

图 4-3　混合机衬板材质

（a）橡胶衬板；（b）稀土含油尼龙衬板；（c）陶瓷三合一衬板

4.1.2　混合机的工作原理

由于混合料与混合机筒体内壁以及混合料之间存在摩擦力，在圆筒旋转离心力的作用下，混合料被带到筒体一定高度后，在自重作用下沿着筒壁向下滚动，因筒体的入口高出口低具有一定的安装倾角，所以混合料沿圆筒轴线方向滚动前行而呈螺旋曲线轨迹，如图 4-4 所示，混合机内加水装置将水均匀喷洒在混合料上，因水的表面张力和混合料的亲水性，使混合料在滚动过程中达到充分润湿混匀制粒的目的。

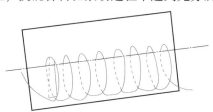

图 4-4　圆筒混合机内混合料运行轨迹

4.2　混合机工艺参数及其对混匀制粒的影响

混合机工艺参数包括长度、转速、安装倾角、混匀制粒时间、填充率，原料配比不同，则适宜的混合机工艺参数也不同。

4.2.1　混合机长度

混合机有效长度 L_e ＝实际长度 $L-1(\text{m})$，有效内径 D_e ＝实际内径 $D-0.1(\text{m})$。长度和内径是决定混合机生产能力的主要参数，直接关系到混匀制粒效果，随着烧结机大型化，混合机直径已达 5 m 以上，长度达 20 m 以上。

4.2.2　混合机转速

4.2.2.1　混合机临界转速

混合机临界转速指物料在混合机内随滚筒旋转方向转动而不脱落的速度。

$$N_{临} = 30 \div R_e^{1/2} \qquad (4-1)$$

式中　$N_{临}$——混合机临界转速，r/min；

　　　R_e——混合机有效半径，m。

4.2.2.2　混合机规范转速

$$N_1 = (0.2 \sim 0.3)N_{临} \qquad (4-2)$$

$$N_2 = (0.25 \sim 0.35)N_{临} \qquad (4-3)$$

式中　N_1——一混规范转速，r/min；

　　　N_2——二混规范转速，r/min；

　　　$N_{临}$——混合机临界转速，r/min。

混合机实际转速在规范转速内，有利于混匀和制粒；实际转速在规范转速低限时，影响混匀制粒效果，需提高混合机转速。

混合机实际转速过小，则筒体产生离心力小，物料被带到的高度低，物料呈堆积状态即滑动状态，混匀和制粒效果都差。

混合机实际转速过大，则筒体产生的离心力大，物料紧贴在圆筒壁上，不能翻动也不能滚动，完全失去混匀和制粒的作用。

混合机转速对物料运动状态的影响如图 4-5 所示。

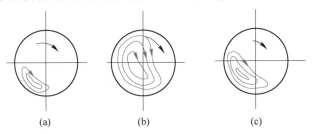

图 4-5　混合机转速对物料运动状态的影响

(a) 转速过低滑动；(b) 转速过高翻动；(c) 转速合适滚动

设计二混转速大于一混转速，且二混（制粒机）的转速可调，根据不同原料结构调整制粒机的转速以改善制粒效果。小直径的制粒机转速可大些，大直径的制粒机转速稍小些，有利于制粒。

【例 4-1】一混和二混的有效半径均为 1.35 m，转速均为 6 r/min，计算其临界转速和规范转速，并说明实际转速是否在规范转速范围内。计算结果保留小数点后两位小数。

解：一混和二混的临界转速 $N_{临} = 30 \div 1.35^{1/2} = 25.86$（r/min）

一混的规范转速 $N_1 = (0.2 \sim 0.3)N_{临} = 5.17 \sim 7.76$（r/min）

二混的规范转速 $N_2 = (0.25 \sim 0.35)N_{临} = 6.46 \sim 9.05$（r/min）

一混的实际转速为 6 r/min，在规范转速范围内，可以不提高。

二混的实际转速为 6 r/min，低于规范转速，需要提高。

4.2.3 混合机安装倾角

安装倾角决定物料在混合机内的混匀制粒时间，安装倾角小，则混匀制粒时间长，反之亦然。二混安装倾角应小于一混，一般一混安装倾角为 2°~2.5°，二混安装倾角为 1.2°~1.8°。

4.2.4 混合机混匀制粒时间

$$t = L_e/(\pi \cdot D_e \cdot n \cdot \tan\upsilon) \tag{4-4}$$

式中　t——混合机混匀制粒时间，min；

L_e——混合机有效长度，m；

D_e——混合机有效内径，m；

n——混合机转速，r/min；

υ——混合料的前进角度，(°)，$\tan\upsilon \approx \sin\upsilon = \sin\alpha/\sin\psi$，$\alpha$ 为混合机的安装倾角，(°)，ψ 为混合料的安息角，(°)。

混匀制粒时间与混合机长度成正比，与半径、转速及安装倾角成反比，安装倾角一定时，加长混合机则延长混匀制粒时间。烧结工艺要求混合机有足够的混匀制粒时间，混匀时间越长则混匀效果越好，但制粒时间越长不一定制粒效果越好，尤其三混时间不宜太长，否则黏附在料球上的固体燃料颗粒会脱落下来。

一般设计一混的混匀时间为 2~3 min，二混的制粒时间为 3~5 min，三混燃料分加时间 1 min 左右，随着厚料低碳烧结技术的发展，设计混合机的混匀制粒时间在增加。

4.2.5 混合机填充率

混合机填充率指圆筒内混合料体积占混合机有效容积的百分数。

$$\varphi = [(Qt)/(60\pi \cdot R_e{}^2 \cdot L_e \cdot \rho)] \times 100\% \tag{4-5}$$

式中　φ——混合机填充率，%；

Q——混合机生产能力，t/h；

t——混合机混匀制粒时间，min；

R_e——混合机有效半径，m；

L_e——混合机有效长度，m；

ρ——混合料的堆密度，t/m³。

混合机填充率与生产能力和工艺参数有关，适宜的填充率才有利于混匀和制粒。

适宜的填充率和转速，可获得适宜的物料运动状态，有利于混匀和制粒。

填充率过大，混匀和制粒时间不变时，虽然提高混合机产能，但因料层增厚，物料运动受到限制和破坏，不利于混匀和制粒。

填充率过小，不仅混合机产能低，而且物料相互间作用力小，不利于混匀和制粒。

一般设计一混的填充率为 12%~14%，二混的填充率为 10%~12%。

4.2.6 混合机内物料运动状态

混合机内物料运动状态主要由转速、安装倾角、填充率、物料物理性质决定，混合机内物料呈翻动、滚动、滑动运动状态（见图 4-5），运动幅度为翻动>滚动>滑动，翻动运动状态对混匀有利，滚动运动状态（见图 4-6）对混匀和制粒有利，滑动运动状态对混匀制粒都不起作用。改善混匀制粒效果，应增强物料的翻动和滚动，削弱滑动运动状态。

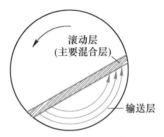

图 4-6 混合料滚动运动状态示意图

4.3 混匀制粒及其目的

4.3.1 混匀制粒过程三阶段

混匀制粒必须具备两个基本条件，一是物料充分加水润湿，二是作用在物料上的机械力。

混合料的混匀制粒机理简单地说即滴水成核，雾化长大，无水密实。

混匀制粒分三个阶段，即形成母球、母球长大、长大的母球进一步密实。

（1）形成母球（即球核）。

这一阶段具有决定意义的是加水润湿。物料润湿到最大分子结合水后，制粒过程才明显开始，物料继续润湿到毛细水阶段时，制粒过程才得到应有的发展，因为当已经润湿的物料在制粒机中受到滚动和搓动的作用后，借助毛细力的作用，物料被拉向水滴的中心形成母球。所谓母球，实际上是毛细水含量较高的紧密颗粒的集合体。

（2）母球长大。

这一阶段润湿作用下的机械力作用重大。母球长大的条件是母球表面水分接近于适宜的毛细水含量，当以精矿粉为主料时水分较低，只需接近最大分子结合水含量。一阶段形成的母球在制粒机内继续滚动，母球被进一步压紧，引起毛细管状和尺寸改变，使过剩的毛细水挤压到母球表面，过湿的母球表面在运动过程中很容易黏上润湿程度较低的颗粒，母球的这种长大过程多次重复进行，一直到母球中颗粒间摩擦力比滚动成型的机械力作用大时为止。

（3）长大的母球进一步密实。

这一阶段滚动和搓动机械作用成为决定因素。利用制粒机产生滚动和搓动机械力作用，使生球内颗粒按接触面积最大有选择性地排列，并使生球颗粒进一步压紧密实，形成由若干颗粒所共有的薄膜水层，各颗粒依靠分子黏结力、毛细黏结力和内摩擦阻力的作用相互结合起来，这些结合力越大，则生球机械强度越大。

4.3.2 一混、二混、三混的目的

一混的主要目的是加入足量的水，混合料各组分快速润湿混匀，生石灰消化，均匀混合料水分、粒度、化学成分，使混合料水分达到二次混合基本不加水的要求。

二混除继续混匀润湿外，主要目的是补充少量水，使小球进一步密实长大强化制粒，使混合料水分、粒度、料温满足烧结工艺要求。制粒是烧结混合料在水分的作用下，细颗粒黏附在粗颗粒上或细颗粒之间相互聚集而长大成小球的过程，目的是改善混合料的粒度组成，减少细粒级颗粒含量，以改善烧结过程料层透气性，提高烧结矿产质量。混合料制粒是铁矿粉烧结的一个重要环节。

三混的主要目的是将强化制粒后的混合料小球表面外裹固体燃料，改善固体燃料的燃烧条件。

4.3.3 混烧比的含义

混烧比指混合机有效容积之和与对应烧结机有效面积的比值，单位为 m^3/m^2。

混烧比不是混合机的工艺参数，它是衡量混合机混匀制粒能力的一个重要参数，混烧比越大，则混匀制粒能力越大。随着烧结精粉率的提高和钢铁工业辅料的循环利用，为了提高烧结混合料的混匀制粒能力，设计混烧比大于 $1.5\ m^3/m^2$。

【例4-2】某 $450\ m^2$ 烧结机为两段混料工艺，一混规格 $\phi 4.4\ m \times 17\ m$，二混规格 $\phi 4.4\ m \times 21\ m$，计算其混烧比。计算结果保留小数点后两位小数。

解：一混的有效长度 $L_e = 17-1 = 16$（m）

一混的有效内径 $D_e = 4.4-0.1 = 4.3$（m）

二混的有效长度 $L_e = 21-1 = 20$（m）

二混的有效内径 $D_e = 4.4-0.1 = 4.3$（m）

一混的有效容积 $= 3.14 \times (4.3 \div 2)^2 \times 16 = 232.23$（$m^3$）

二混的有效容积 $= 3.14 \times (4.3 \div 2)^2 \times 21 = 304.81$（$m^3$）

混烧比 $= (232.23 + 304.81) \div 450 = 1.19$（$m^3/m^2$）

4.4 混料工操作指标

混料工操作指标主要有混合料水分、混匀制粒效果、混合料温度、料仓料位。

4.4.1 混合料水分的检测和控制

4.4.1.1 混合料中水分的来源

（1）铁矿粉、熔剂、固体燃料、循环辅料等物料带入的物理水。

（2）混匀制粒过程中添加的物理水。

（3）具有一定湿度的空气带入的物理水。

（4）固体燃料中碳氢化合物燃烧所产生的水分。

（5）烧结过程中含结晶水的矿物分解析出的化合水。

4.4.1.2 物理水（游离水）和结晶水（化学水）的区别

（1）存在形态不同。

物理水存在于物料的表面和空隙里，是外界加入的水，是一个变数，是经加热只发生物理变化（蒸发其中水分）不发生质的变化就能脱除的水。

结晶水是物料内部本身所固有的水，是物料内在的水，是一个定数，是经化学反应发生质的变化才能脱除的水。结晶水主要存在于水化矿物中，天然块矿和熔剂中含有少量的结晶水，如褐铁矿（$2Fe_2O_3 \cdot 3H_2O$）、高岭土（$Al_2O_3 \cdot 2SiO_2 \cdot 2H_2O$），澳大利亚褐铁矿粉含有较高的结晶水，如杨迪粉、罗布河粉、超特粉、FMG 混合粉。

（2）脱除水的温度不同。

物理水蒸发的理论温度是 100 ℃，但使物料内部的物理水全部蒸发出来需要 120 ℃甚至更高的温度。

一般固熔结晶水 200 ℃以上吸热分解出来，以 OH^- 存在的结晶水在更高温度下分解。

与金属氧化物结合的结晶水分解温度相对低，吸热相对少，如褐铁矿（$2Fe_2O_3 \cdot 3H_2O$）中的结晶水在 220～250 ℃开始分解，到 360～400 ℃分解完毕，针铁矿（$Fe_2O_3 \cdot H_2O$）中的结晶水在 300 ℃左右开始分解。

与脉石氧化物结合的结晶水分解温度相对高，吸热相对多，如黏土高岭土矿物（$Al_2O_3 \cdot 2SiO_2 \cdot 2H_2O$）和莫来石（$(FeAl)_2O_3 \cdot 3SiO_2 \cdot 2H_2O$）中的结晶水约 500 ℃开始分解，完全分解要达 1000 ℃左右。

烧结过程中，烧结料中的物理水在干燥带 100～120 ℃蒸发，属于物理变化；铁矿粉和熔剂中的结晶水在预热带和燃烧带分解析出，属于化学变化。

通常所说的物料水分是指物理水，是物料中物理水质量占物料总质量的百分数。

4.4.1.3 常用测定物料水分的方法及其特点

表 4-1 列举了常用测定物料水分的方法及其特点。

表 4-1 常用测定物料水分的方法及其特点

方 法	内 容	特 点
称重烘干法	根据不同物料取 100 g、200 g、400 g 样量，置于 120 ℃ 恒温烘干箱中烘烤到水分完全蒸发物料完全烘干，计算水分质量占试样总质量的百分数	测定时间长、测定值准确
快速失重法	根据不同物料取样 50~300 g，置于快速水分仪中，在极限失重温度下快速烘干物料，快速水分仪自动读出水分值（极限失重温度指物料不发生化学反应，仅物理水蒸发的最高温度）	测定时间短、测定值准确
在线中子测水法	利用中子源产生的快速中子被氢原子慢化的次级反应原理，在线测定物料水分	受生石灰、褐铁矿等含氢元素影响，投资维护费高
在线红外测水法	利用水分可吸收特定波长的红外线特性，随物料水分增减从被测物料反射回来的红外光束随之减短或增长的原理，在线测定物料水分	受物料表面特性和环境因素的干扰不易维护，测的是表面水
在线微波测水法	利用微波穿过物料时损耗的能量随物料水分的增加而增加的原理，在线测定物料水分	抗干扰能力强，受环境影响小，易维护，测的是总物理水
在线电导测水法	利用润湿物料电导性与水分含量成正相关关系的原理，在线测定物料水分	抗干扰能力强，较准确反映水分变化趋势
说明	取样量据物料粒度组成和堆密度等确定，物料粒度组成均匀和堆密度小，则取样量少，反之取样量多，原则上使取样具有代表性	

A 称重烘干法

称重烘干法是一种人工测定水分的方法，是最原始也最准确的测水方法，烧结生产中适用于进厂原料的水分验收、混料工和看火工岗位的水分检测、化验室和实验室物料水分的检测、在线测水仪的水分标定等方面，与快速失重法比较，因烘干温度低，导致检测时间长。

【例 4-3】用称重烘干法测定纽曼粉水分，取湿基纽曼粉 400 g，放入 120 ℃ 恒温烘干箱中完全烘干后称重 373.31 g，计算纽曼粉的水分。计算结果保留小数点后一位小数。

解：纽曼粉水分 = [（400-373.31）÷400] ×100% = 6.7%

【例 4-4】取 400g 烧结混合料，置于烘干箱中 105~120 ℃ 下烘烤到水分完全蒸发，取出后称重 370.68 g，计算该混合料水分。计算结果保留小数点后两位小数。

解：混合料水分 = [（400-370.68）÷400] ×100% = 7.33%

B 快速失重法

快速失重法是一种人工测定水分的方法，测定水分准确，快速水分仪自动读出水分值无需人工计算，适用于进厂原料的水分验收、化验室和实验室物料水分的检测、在线测水仪的水分标定，尤其适用于混料工和看火工目测判断混合料水分，因烘干温度高和检测时间短，逐步受到烧结生产现场的青睐而取代称重烘干法。

C 在线中子测水原理及其优缺点

中子源发射的快中子与被测物料的原子核发生碰撞时损失部分能量而慢化成热中子，根据动量守恒原理，相互碰撞的物质越相近则能量转移越多，中子质量与氢原子核的质量近乎相等，中子和氢原子碰撞一次几乎损失中子的全部能量，所以氢原子对快中子的慢化作用远远大于其他元素。烧结物料中水分子的氢含量较多，所以水分对快中子的慢化作用远远大于其他物质，测量透过物料的快中子能量衰减程度可以反映出物料中水量，同时测量物料的总重，两者相除得到物料水分含量。或者测定快中子通过物料后变为热中子的数目可近似计算出物料中的氢原子数目，视物料中氢原子由水分子提供，由此计算出物料的水分含量。

中子测水仪有接触式和非接触式两种，接触式是把探头插入被测物料中，探头位于物料内部，非接触式是把探头置于物料上方，不接触物料。接触式的优点是所用放射源强度小，检测效果好，缺点是探头磨损严重，放射源容易泄漏，非接触式的优点是安装和拆卸便捷，没有磨损脱落的危险，缺点是放射源强度大，需要安装足够的防护设备，投资成本高，需要滤除非检测方向的热中子。

中子测水仪测定的是物料中氢元素含量，只有当氢含量与水含量存在固定对应关系时换算的水分含量才准确。可是烧结混合料中配加一定量的生石灰，生石灰遇水消化成消石灰 $Ca(OH)_2$，对于中子测水仪氢元素总含量没变，快中子数目没变，中子测水仪显示水分值也不会变，但烧结混合料的实际水分却变了，因此中子测水仪检测精度受生石灰配加量的影响，同样含结晶水的褐铁矿和其他含氢元素物料也会干扰中子测水仪检测精度，另外混合料温度对中子测水仪也有较大影响。

在线中子测水仪检测物料水分精度较高，但核源申请和环评难度大，放射源需到期更新注源，非接触中子测水仪辐射源强度大，投资和运行费用高，设备维护难度大，中子辐射的存在使现场人员存在安全风险，随着新型测水仪的开发应用，在线中子测水仪逐渐淡出烧结混合料水分检测领域。

D 在线红外测水原理及其优缺点

卤素灯发出广谱红外线，经过滤光片依次过滤出波长 1.46 μm、1.94 μm、2.92 μm 的测量光和 1.8 μm、2.1 μm、2.2 μm 的参考光，水对测量光表现出强烈的吸收特性（水的吸收带），当测量光照射到物料时，物料表面水分子吸收测量光的能量，物料表面水分越大，则吸收测量光的能量越多，反射光的能量越小，因此可通过反射光减少的能量计算出物料表面水分。

红外测水与被测物料非接触，检测的是物料的表面水分，随着烧结物料的变化和原料配比的变更，混合料的颜色、粒度、表面特性、环境温度等会影响光信号的传播，料面蒸汽会吸收红外线，环境粉尘会降低探头的透明度，混合料表面反射率低也是制约红外测水准确度的因素之一，红外测水经建模标定后静态精度高，但动态精度易受物料表面特性和环境蒸汽、温度、粉尘、振动、冲击等因素的干扰，系统稳定性较差，不易维护。

在线红外测水仪安装注意事项：（1）探头与物料的间距为（250±100）mm，光源不能直接照射到探头的玻璃窗口上，探头避免强光照射，否则干扰测定精度，如果因条件限制无法避免强光照射，在探头上加装遮光罩。（2）工作环境有蒸汽和粉尘干扰，应加装压缩空气或氮气不断吹扫蒸汽和粉尘以及空气中的杂质，以免污染探头窗口。将探头固定牢靠以防振动，探头内部使用净化后的空气冷却和除尘保护。（3）避免电磁干扰，避免水分仪的任何元件靠近诸如大功率电机、电焊设备、放电设备、微波炉、大功率变压器、变频调速器等强电磁干扰源。（4）红外测水仪是一种精密光学仪器，过分机械振动会造成损坏。

E 在线微波测水原理及其优缺点

微波是 300 MHz~300 GHz 的高频电磁波，水是介电常数（78）远高于一般介质的极性分子，在微波作用下水分子发生位移极化和取向极化，并随着高速变化的电场旋转而使微波功率衰减。物料位于微波发射探头和接收探头之间，当微波从物料的一端发射穿过物料到达接收探头时产生高频电磁波，物料中的水分子在电磁场的作用下被极化成偶极子，并沿电磁场方向取向而消耗电场能量，物料水分越高，则吸收电场能量越多，微波功率衰减量越大，通过计算微波穿过物料后功率衰减量和相位移的变化可折算出物料的水分。

微波测水与被测物料非接触，检测的是物料总物理水分，检测结果受强光、温度、蒸汽、粉尘、振动、冲击等生产环境因素的影响小，微波发射器功率很小，对环境友好，维护简单。

在线微波测水仪的缺点：（1）烧结混合料中导电物质和磁铁矿等介电常数较高的物料影响混合料对微波的吸收强度，进而影响测水精度；（2）受物料厚度变化的影响较大。

F 在线电导测水原理及其优缺点

在线电导测水仪也称接触式电导测水仪，是利用润湿物料电导性与水分呈线性关系的原理检测水分，由频率发生器发射出的特定频率与物料水分子发生极化作用，通过处理频率、幅值、相位角等参数的反馈信号，应用核心算法将水分子量转换成物料水分值。

初期电极探棒粗，被测物料运行速度快且料面不平整，探棒与物料冲击力大，磨损快，不到 3 个月需要更换探棒，且探棒易粘料，影响测水精度，近几年来将探棒改进为探针，开发出高硬度、耐磨、抗冲击合金材质的探针，在安装形式上用陶瓷球保护探针，解决了磨损快和易粘料的问题，柔性探针与物料良好接触，使用周期延长到 18 个月以上。

电导测水仪适应高磁、高温、高湿度、粉尘工业现场，基本不受物料成分和料量变化的影响，抗干扰能力强，系统易维护，性能和运行较稳定，水分检测精度不大于±0.2%，较准确反映水分变化趋势。

4.4.1.4 混合料水分的控制

混合料水分关系混匀制粒的效果，进一步影响烧结过程料层透气性，适宜的水分可使混合料的成球率达到最高以及烧结过程料层透气性达到最优，混合料水分过高和过低都会使烧结料层阻力增大，烧结负压升高，烧结产质量下降。

混合料水分的控制有人工现场加水控制和自动加水控制两种模式。

A   人工现场加水控制

控制混合料水分不单纯是混料工的职责，需要从原料到成品各工序之间密切配合。专业技术人员根据原料结构、烧结料层厚度、季节等因素确定适宜的目标水分，各工序稳定混合料水分在±0.2%范围内满足烧结机要求。

（1）配料室工序关注物料的原始水分和给料量。

了解物料的物理性能，掌握物料的给料量和原始水分、粒度组成，尤其关注生石灰、返矿、除尘灰的给料量和质量变化，发现原始水分变化大及时取样检测并反馈相关人员，发现给料量异常波动及时对电子皮带秤去皮校零和联系专业人员链码校秤，固定生石灰和返矿在皮带机上的打水量。

（2）一混及时调整加水量，加足水，稳定混合料水分。

一混是控制混合料水分的关键环节，加足一混加水量达到二混补加少量水的效果。配料室原始水分减少、生石灰给料量增加和活性度加大、返矿给料量增加、亲水性原料给料量增加，则增加一混加水量；知晓配料室各仓到一混入口的时间，准确延时调整加水量；掌握除尘灰等循环辅料的配加量和润湿程度；知悉变更原料配比、混匀矿变堆、变更烧结矿碱度等适当加减水量；当一混水分偏干或偏湿时通知二混临时加减水量，待一混水分正常后立即通知二混恢复加水量；烧结机圆辊给料机处的烧结料水分偏干或偏湿时不能急于调整一混加水量，烧结料水分不能代表一混水分，途径皮带机运转、二混、混合料料仓内的储存等变化，一混岗位只能根据当前一混出料水分调整加水量；熟悉岗位加水管路布置和手动加水阀门以及自动加水阀门，定期检查加水设施、水压、水量，确保加水设备稳定运行。

（3）二混补加少量水。

二混是混合料水分的补充环节，如果二混通蒸汽则二混主要目的是提高料温和强化制粒，要关注蒸汽压力和流量，发现料温降低及时反馈相关人员并查找原因。一混水分偏少、二混蒸汽压力降低和蒸汽量减少时，则二混临时适当补加水量；知晓一混出口到二混入口的时间，准确延时调整二混加水量；变更原料配比、混匀矿变堆、变更烧结矿碱度时，配合一混平稳过渡混合料水分；熟悉岗位加水管路布置和手动加水阀门以及自动加水阀门，定期检查加水设施、水压、水量，确保加水设备稳定运行。

（4）混料工目测判断混合料水分。

1）混合料水分适宜。

手握混合料成团状，有柔和感，料团上有指纹，少量粉料粘在手上但不黏手，轻微抖动即散开，有小球颗粒，料面无特殊光泽。

2）混合料水分偏干。

手握混合料松散不易成团，料中无小球颗粒或小球颗粒很少，用铁锹或小铲搓动混合料不易成球。

3）混合料水分偏湿。

混合料料面有光泽，手握成团后抖动不易散开且有泥料粘在手上。

B 自动加水控制

a 自动加水的必要性

稳定混合料水分是稳定烧结生产的基础，混合料水分受原料结构、原始水分、粒度组成、气孔率等物理性质及其给料量的影响，尤其受生石灰、返矿、除尘灰等特殊性质原料的给料量及其质量的影响，混合料水分存在明显的滞后性、时变非线性和多变量的扰动，人工很难及时判断和掌握这些变量，人工调整混合料水分存在不及时和不准确的问题，自动加水能够根据生产环境的变化实时调整加水量，控制混合料水分在目标水分范围内。随着烧结设备大型化、工艺自动化和智能制造工业化的发展，烧结呈现出混合料自动加水的发展趋势，对提升烧结生产效益与钢铁行业高质量发展有着重要意义。

b 自动加水控制原理

如图 4-7 所示，混合料自动加水包括加水前馈控制和在线测水反馈控制两部分，加水控制系统接收来自配料系统的原料原始水分、给料量等实时数据和工艺设定目标水分值，经 PID 运算得出一混加水量，通过加水阀组进行前馈控制，再根据在线测水仪、实时料重、物料种类变化、加水量等检测数据，专家系统干预反馈控制，实现以目标水分为核心的智能加水控制。

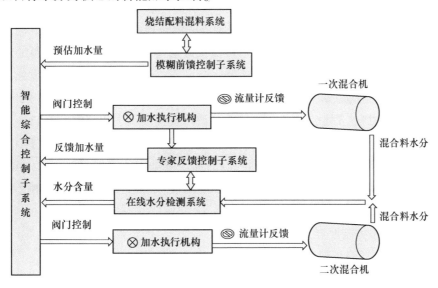

图 4-7 混合料水分前馈加反馈控制流程图

c   设定混合料目标水分

可以设定一混目标水分和二混目标水分双关控制，设定混合料目标水分是自动加水的先决条件，也决定着混合料在加水混匀制粒后的最终状态。随着混合料水分的增加，粉状物料颗粒间的水分有吸附水、薄膜水、毛细水、重力水4种形态。吸附水和薄膜水是分子之间的结合水，对颗粒黏结成球有利；毛细水可以增加颗粒间的毛细引力，对提高混合料制粒成球速度和颗粒强度有很大益处；重力水是水分超过颗粒间最大毛细水含量后形成的，重力水会阻碍混合料的制粒效果。对制粒机理分析可知，在固定条件下混合料的制粒效果先是随着水分的增加而改善，但超过一定水分后制粒效果会逐渐变差，这一变化趋势使得混合料在某一水分下的制粒效果最好，该水分称为混合料的最优制粒水分，但混合料的目标水分要比最优制粒水分低，因为烧结过程要形成阻力较大的过湿带，烧结混合料水分越大，则形成过湿带越厚，烧结生产率越低。混合料的目标水分主要与配矿结构有关，与物料本身的物理性质和化学性质有关，物理性质包括物料的润湿性（亲水性和疏水性）、粒度组成、颗粒大小与形状等；化学性质包括物料本身与水发生化学反应，如生石灰的消化反应，混合料的目标水分需要实验室试验和生产实践而定。

d   选择在线测水仪检测点

水分在线检测是实现自动加水闭环控制的条件，在线测水仪的可靠性和检测精度直接关系到系统的最终控制效果。随着科技进步与产业的需求，基于中子法、非接触式红外法和微波法、接触式电导法得到发展，但因烧结生产环境恶劣和检测原理装置自身的特点，各种在线检测方法在实际使用时均有利弊。

合理选择在线水分检测点是控制水分的关键，是快速稳定水分的保证。因烧结生产过程受诸多因素的影响不可避免要产生波动，当从一个稳定状态变化到另一个稳定状态时，自动加水系统需要及时调整加水量保证水分的稳定，涉及3个测水点：（1）进一混的混合料水分，（2）出一混的混合料水分，（3）出二混的混合料水分。进一混的混合料为配料室各仓物料依次分层落到皮带机上，各物料的原始水分相差大，无论采用哪种在线测水仪检测水分都不准确，为此进一混不设置在线测水仪，采用各物料的原始水分和给料量通过PID运算得出进一混的混合料水分。烧结工艺中二混补加少量水，通入一定量的蒸汽以提高料温，出二混后不再加水，为此二混后面可以不设置在线测水仪，以节省投资成本。一混的混合料水分控制是自动加水的重要环节，经PID运算得到一混的加水量进行前馈控制，在出一混的4~5 m平段皮带机处安装在线测水仪检测出一混的混合料水分进行反馈控制，最终实现混合料水分前馈加反馈控制。

e   自动加水控制要点

（1）控制二混混合料水分和烧结料水分±0.2%的稳定率。

（2）控制系统具备现场手动和自动控制两种操作模式且能灵活切换，特殊生产情况和配料系统的原始水分以及给料量波动较大时，自动加水结合远程人工调整加水量。

（3）定期修正烧结配料室原料的原始水分，输入的原始水分越接近实物水分，则自动加水控制越准确，混合料水分越稳定。

（4）合理设定生石灰、返矿、除尘灰等特殊物料的加水系数，固定它们的预润湿程度和预加水量，并纳入自动加水控制系统中。

【例 4-5】 生石灰 CaO 含量 85%，计算 1 t 生石灰完全消化理论需加水量。计算结果保留小数点后两位小数。

解：理论需加水 x t

$$CaO \ + \ H_2O === Ca(OH)_2$$

$$56 \text{ g} \qquad 18 \text{ g}$$

$$(1×85\%) \text{ t} \qquad x \text{ t}$$

$$x = 18×1×85\% ÷ 56 = 0.27 \ (t)$$

CaO 含量 85% 的生石灰理论加水系数为 0.27，而实际烧结生产中生石灰加水系数要比理论值大得多，因为生石灰遇水消化成消石灰（$Ca(OH)_2$），消石灰的比表面积达 30 m^2/g，比生石灰的比表面积增大近 100 倍，更大的比表面积需要更多的加水量，所以理论加水系数仅是使生石灰与水发生水化反应生成消石灰的基本条件，生石灰的活性度越大、搅拌和消化反应越充分、消石灰的粉化程度越大，则生石灰的加水系数越大。

（5）根据配料室给料设备的稳定性和计量设备的称量精度，设定每个配料仓的料重比较值，例如 5 号仓生石灰设定给料量 35 t/h，设定料重比较值 2.5 t/h，意味着当生石灰实际给料量超过（35±2.5）t/h 时，系统随着生石灰实际给料量的大小调整加水量，如果生石灰实际给料量不超（35±2.5）t/h，系统则不调整加水量，如果生石灰料重比较值设定得过小，则会造成频繁调整加水量，阀组的运行速度跟不上，反而不利于稳定混合料水分。

（6）当二混蒸汽量波动时，二混尽量不要调整加水量，自动加水系统会随着蒸汽量的变化置换加水量。

（7）混合机内雾化加水，要求喷头出水压力 0.5 MPa 以上，并设定加水下限值，保证电动调节阀稳定运行。例如二混 DN25 电动调节阀流量不小于 1.5 t/h 时才能稳定运行，于是设定二混加水下限值为 1.5 t/h，如果二混加水量小于 1.5 t/h 系统则执行 1.5 t/h。

（8）自动加水系统联锁混料系统，当混料系统的皮带机和滚筒突停时自动加水系统联锁停止加水。

（9）无论混料系统启机还是停机，混合料的料重很不稳定，需现场手动加水操作，待料流和混合料水分稳定后再投入自动加水。

4.4.1.5 水分在烧结生产中的作用

（1）润湿物料和制粒作用。

水分充分润湿物料使物料表面变得光滑，减小烧结过程气流阻力，同时利于混合料制粒，改善烧结过程料层透气性，如图 4-8 所示，提高烧结生产率。

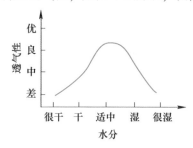

图 4-8　烧结料水分与料层透气性关系图

（2）润滑作用。

水覆盖在物料颗粒表面变得光滑起类似润滑剂的作用，降低气体流动的能耗，减小气流通过烧结料层的阻力。

（3）导热、传热、导电、导磁作用。

水分的导热传热改善烧结料的导热性能和料层热交换条件，不仅限制烧结过程燃烧带在较窄范围内，而且保证在较少固体燃耗下获得必要的烧结温度。水的热容量很大，水通过本身的杂质可以导电、导磁。

（4）溶质和助燃作用。

与锅炉燃煤中掺水助燃原理相似，水分在高温烧结环境下分解生成 H_2 和 O_2，增加混合料中 H^+ 和 OH^- 的含量，起溶质作用，促进固体燃料的燃烧反应，提高燃烧速率，改善燃烧效果。

（5）脱硫作用。

润湿的混合料有效降低粉状物料被气流带走的可能性，水分有助于烧结过程脱硫。

（6）抑尘作用。

物料加水润湿后，在输送过程中起抑制粉尘飞扬的作用。

4.4.2　混合料混匀制粒效果的评价

混合料的混匀制粒效果详见第 4.5 节影响混匀制粒效果的主要因素。

4.4.2.1　网目和标准筛孔径的对应关系

网目是指 1 英寸（1 in = 25.4 mm）见方筛面上所具有的大小相等的方筛孔数目。网目与标准筛孔径的对应关系见表 4-2。

表 4-2　网目与标准筛孔径的对应关系

网　目	标准筛孔径/mm			
	英国泰勒标准	美国标准	国际标准	日本标准
100	0.147	0.149	0.150	0.149

续表 4-2

网 目	标准筛孔径/mm			
	英国泰勒标准	美国标准	国际标准	日本标准
120		0.125	0.125	
150	0.104			0.105
160		0.105	0.100	
170	0.088	0.088	0.090	0.088
200	0.074	0.074	0.075	0.074
230	0.062	0.062	0.063	0.062
270	0.053	0.052	0.053	0.053
325	0.043	0.044	0.045	0.044
400	0.038		0.0374	

注：冶金行业习惯用英国泰勒标准；一般大于100目的粒度不用网目表示，用 mm 表示。

4.4.2.2 测定物料粒度组成

物料粒度测定方法有筛分法、激光衍射法、超声法、沉降法、显微镜法、图像分析法等，根据不同物料粒度选用合适的测定方法，如超声法测定 5 nm~1 mm 粒径，沉降法测定 1~75 μm 粒径，显微镜法测定 0.1~50 μm 粒径，图像分析法测定 0.1~150 μm 粒径，筛分法适用于测定 0.038~100 mm 的粉料、颗粒，筛分法是用圆孔筛或方孔筛检测物料的粒度组成，是最简单、应用最早的粒度分析方法，根据物料的干湿分为干筛和湿筛，根据筛子的个数分为单筛和套筛，根据筛子设备形式分为手工筛、振动筛、负压筛、全自动筛等多种方式，烧结生产中采用筛分法测定物料的粒度组成见表 4-3。

表 4-3　不同物料粒度筛析规范

物 料	物料粒度筛析规范
块状物料 （烧结矿、焦炭等）	选用筛孔为 40 mm、25 mm、16 mm、10 mm、5 mm 的方孔套筛进行人工或机械筛分
粗粒物料 （富矿粉、混合料等）	选用筛孔为 10 mm、8 mm、5 mm、3 mm、1 mm、0.5 mm、0.25 mm 的方孔套筛进行人工或机械筛分
细粒物料 （精矿粉、除尘灰等）	选用筛孔为 0.147 mm、0.074 mm、0.043 mm 等筛子进行人工筛分

烧结矿为干料，可以取样后直接筛分，其他物料采用湿基取样筛分，因含有一定的水分，需要自然晾晒一定时间后再筛析，以物料不糊筛孔、颗粒间不黏结不碎散则合乎筛析条件，筛析后分别称量各粒级的质量，计算其质量百分数得出物料粒度组成。

【例 4-6】 取 23.3 kg 烧结矿用 40 mm、25 mm、16 mm、10 mm、5 mm 方孔套筛人工筛分，称量各粒级质量如表 4-4 所示，计算烧结矿的粒度组成。计算结果保留小数点后两位小数。

表 4-4 各粒级质量

项　目	+40 mm	40~25 mm	25~16 mm	16~10 mm	10~5 mm	-5 mm	总和
各粒级质量/kg	1.74	4.69	5.48	5.60	5.52	0.27	23.30

解：+40 mm 粒级含量=（1.74÷23.30）×100%=7.45%

40~25 mm 粒级含量=（4.69÷23.30）×100%=20.15%

25~16 mm 粒级含量=（5.48÷23.30）×100%=23.51%

16~10 mm 粒级含量=（5.60÷23.30）×100%=24.04%

10~5 mm 粒级含量=（5.52÷23.30）×100%=23.71%

-5 mm 粒级含量=（0.27÷23.30）×100%=1.14%

将计算结果汇总到下表中：

项　目	+40 mm	40~25 mm	25~16 mm	16~10 mm	10~5 mm	-5 mm	总和
各粒级质量/kg	1.74	4.69	5.48	5.60	5.52	0.27	23.30
粒度组成/%	7.45	20.15	23.51	24.04	23.71	1.14	100

【例 4-7】取 23.63 kg 湿基南非粉，铺在 4 m² 钢板上自然晾晒 20 min 后，用 10 mm、8 mm、5 mm、3 mm、1 mm、0.5 mm 方孔套筛人工筛分，称量各粒级质量如表 4-5 所示，计算南非粉的粒度组成。计算结果保留小数点后两位小数。

表 4-5 各粒级质量

项　目	+10 mm	10~8 mm	8~5 mm	5~3 mm	3~1 mm	1-0.5 mm	-0.5 mm	总和
各粒级质量/kg	0.35	1.80	2.48	4.55	8.17	3.37	2.91	23.63

解：+10 mm 粒级含量=（0.35÷23.63）×100%=1.49%

10~8 mm 粒级含量=（1.80÷23.63）×100%=7.62%

8~5 mm 粒级含量=（2.48÷23.63）×100%=10.48%

5~3 mm 粒级含量=（4.55÷23.63）×100%=19.25%

3~1 mm 粒级含量=（8.17÷23.63）×100%=34.58%

1~0.5 mm 粒级含量=（3.37÷23.63）×100%=14.27%

-0.5 mm 粒级含量=（2.91÷23.63）×100%=12.31%

将计算结果汇总到下表中：

项　目	+10 mm	10~8 mm	8~5 mm	5~3 mm	3~1 mm	1-0.5 mm	-0.5 mm	总和
各粒级质量/kg	0.35	1.80	2.48	4.55	8.17	3.37	2.91	23.63
粒度组成/%	1.49	7.62	10.48	19.25	34.58	14.27	12.31	100

4.4.2.3 评价混合料制粒效果

常用以下两种方法评价混合料制粒效果：

（1）以制粒后混合料中+3 mm 粒级质量增加的百分数评价（即成球率）。

$$\eta = \left[(Q_2 - Q_1)/Q_1 \right] \times 100\% \tag{4-6}$$

式中　η——成球率，%；

　Q_1——制粒前混合料中+3 mm 粒级质量，kg；

　Q_2——制粒后混合料中+3 mm 粒级质量，kg。

（2）以制粒前后混合料的平均粒径增值评价。

混合料平均粒径 D 计算方法：

1）为使计算物料粒径接近实际物料粒径，每一筛分级别中最大颗粒直径和最小颗粒直径的比值（即筛比）不超过 $2^{1/2} = 1.414$。

2）某级别颗粒的平均直径 d_i 计算方法如下。

用于计算粒级范围的平均直径：$d_i = (d_1 + d_2) \div 2$

用于处理上限粒级的平均直径：$d_i = (d_2 + 1.414 d_2) \div 2$

用于处理粗粒物料下限粒级的平均直径：$d_i = (d_1 + d_1 \div 1.414) \div 2$

细粒物料（精矿粉、除尘灰）的下限粒级直径取 0，例如，精矿粉 -0.074 mm （-200 目）的平均颗粒直径为（0.074 + 0）÷2 = 0.037 mm，除尘灰 -0.043 mm （-325 目）的平均颗粒直径为（0.043 + 0）÷2 = 0.0215 mm。

3）混合料平均粒径 D 计算结果见表4-6。

表4-6　混合料平均粒径计算

项　目	混合料粒度组成						
	+10 mm	10~8 mm	8~5 mm	5~3 mm	3~1 mm	1~0.5 mm	-0.5 mm
粒级组成/%	2.39	3.55	6.02	13.56	27.12	17.99	29.36
粒级平均颗粒直径/mm	12.07	9.00	6.50	4.00	2.00	0.75	0.43
混合料平均粒径 D/mm	0.29	0.32	0.39	0.54	0.54	0.13	0.13
	2.34						

计算过程如下：

+10 mm 粒级平均颗粒直径 =（10+10×1.414）÷2 = 12.07（mm）

10~8 mm 粒级平均颗粒直径 =（10+8）÷2 = 9.00（mm）

8~5 mm 粒级平均颗粒直径 =（8+5）÷2 = 6.50（mm）

5~3 mm 粒级平均颗粒直径 =（5+3）÷2 = 4.00（mm）

3~1 mm 粒级平均颗粒直径 =（3+1）÷2 = 2.00（mm）

1~0.5 mm 粒级平均颗粒直径 =（1+0.5）÷2 = 0.75（mm）

-0.5 mm 粒级平均颗粒直径 =（0.5+0.5÷1.414）÷2 = 0.43（mm）

混合料平均粒径 D = 12.07×2.39% + 9.00×3.55% + 6.50×6.02% + 4.00×13.56% + 2.00×27.12% + 0.75×17.99% + 0.43×29.36% = 0.29 + 0.32 + 0.39 + 0.54 + 0.54 + 0.13 + 0.13 = 2.34（mm）

4.4.2.4　混合料粒度组成

混合料较好的粒度组成应当是力求减少 −1 mm 粒级和 +8 mm 粒级，杜绝 +10 mm 粒级，增加 3~8 mm 粒级尤其增加 3~5 mm 粒级。

4.4.3　提高混合料温度的主要措施

（1）蒸汽露点。

蒸汽露点指一定大气压下，水蒸气分压等于该饱和蒸气压时的温度，即水蒸气（气体）被冷凝变成水滴（液体）的温度。

一定大气压下，水蒸气分压低，则露点低。

（2）烧结混合料露点及其影响因素。

混合料露点是一定烧结负压下，混合料中水蒸气分压等于该饱和蒸气压时的温度，即混合料中水蒸气被冷凝变成水滴时的温度。

混合料温度低于露点温度时，气流中的水蒸气冷凝变成水滴。烧结过程中，水蒸气分压低，则混合料露点低。混合料露点与混合料量、混合料水分、有效风量、总管负压有关，与料温无关。强化制粒、低水分、小风量、低负压操作，有利于降低混合料露点，减轻过湿带的影响。一般混合料露点在 50~55 ℃，混合料温度在露点以上（最好超过露点 10 ℃）可减少冷凝水量，减轻过湿带的影响。混合料温度低于露点，则过湿带增厚，料层透气性差，影响烧结矿产质量。

（3）提高混合料温度的主要措施。

提料温的目的是减少烧结过程冷凝水量，减轻过湿带，提高烧结产量和降低能耗。

1）生石灰消化提料温。

生石灰在消化器内完全消化成消石灰，增大比表面积且具有凝聚作用，有利于强化制粒，但混合料得不到消化热不利于提料温，所以有的厂采取生石灰部分消化部分不消化和冬季不使用消化器的办法。

在一混加足够热水且雾化，生石灰在一混充分消化，有助于提料温。

受降低原料成本和配矿结构的制约，生石灰配比受限，靠生石灰消化提料温有限。

2）通过蒸汽提高水温，混合机内加热水，是提料温的主要措施。

热导率（又称导热系数）是物质热能传导能力的度量，表示单位温度梯度下的热通量，单位为 W/(m·K)，它与物质的形态、组成、密度、温度、压力等呈函数关系，热导率越大，则导热性能越好。金属热导率远远大于非金属，液体热导率比金属非金属低得多（水银除外），气体热导率比液体低，如铜热导率为 400 W/(m·K)，铁热导率为 48 W/(m·K)，30 ℃水热导率为 0.62 W/(m·K)，100 ℃水热导率为 0.683 W/(m·K)，空气（干燥）热导率为 0.26 W/(m·K)，100 ℃饱和蒸汽热导率为 0.0184 W/(m·K)，过热蒸汽热导率比饱和蒸汽低很多，因为过热蒸汽变成饱和蒸汽没有发生相变放出显热，而饱和蒸汽变成水发生相变释放汽化潜热，但过热蒸汽在管道内压强增大速度加快时，热传导效果明显改善，所以利用过热蒸汽在管道内压强大、速度快、温度高的特点，将过热蒸汽管道盘旋在水池内使水温提高到90 ℃以上（水基本呈沸腾状态），利用水的热导率远大于蒸汽的特点，将90 ℃以上的热水加到混合机内，是有效提料温的措施。

3）在二混通蒸汽提料温。

4）在混合料料仓内通蒸汽提料温。

技术要点：①混合料料仓下部是圆辊给料机和烧结机，料仓内通蒸汽提料温后热量散失小，有效利用率高，同时要求蒸汽含水量极小，不影响混合料水分。②使用处理能力足够大的汽水分离器将蒸汽脱尽水，并且在开机前将汽水分离器排尽水后再运行。为了防止排水过程中堵塞而脱水不尽，使用两台两级汽水分离器。③蒸汽温度200 ℃以上，压力在0.3 MPa以上，蒸汽逐点位、分层次均匀分布在料仓内，通过耐高温电动调节阀调整稳定蒸汽压力而均匀通蒸汽。

4.4.4 控制料仓料位并均匀布料

为改善烧结机宽度方向均匀布料，防止台车边部缺料，控制混合料料仓料位在1/2以上，并严格遵循梭式布料小车往返走行给料，严禁定点给料，保证料仓料面平整和布料无偏析。

4.5 影响混匀制粒效果的主要因素

混匀指混合料中各组分化学成分、粒度组成、水分均匀分布，制粒是混合料中细颗粒在水分和黏结剂作用下黏附粗颗粒长大的过程，因此影响混匀制粒效果的主要因素有物料物理性质、混合料水分、加水方式、混合机工艺参数、黏结剂用量和性质等。

4.5.1 物料的物理性质

物料的物理性质包括堆密度、黏结性、润湿亲水性、粒度、颗粒形状等。

（1）堆密度。

如果物料各组分堆密度相差大，则不利于混匀和制粒，如除尘灰的堆密度小，不易离散，不利于与其他物料混匀。

（2）黏结性。

物料黏结性好，则易于制粒，但不利于混匀。

（3）润湿亲水性。

物料润湿亲水性强，则毛细力和分子结合力大，成球性好，易于制粒，但不利于混匀。铁矿粉制粒性能依次为褐铁矿>赤铁矿>磁铁矿，含泥质的铁矿粉易成球。

（4）粒度。

烧结料制粒小球的结构特征表明，料球一般由核颗粒和黏附细粒组成，-0.25 mm 细粒容易黏附在核颗粒上，在机械力作用下形成更大的颗粒，称-0.25 mm 颗粒为黏附细粒。1~3 mm 颗粒容易成为颗粒的核心，在机械力作用下黏结其他物料形成更大的颗粒，称 1~3 mm 颗粒为核颗粒，-0.25 mm 黏附细粒和 1~3 mm 核颗粒统称为准颗粒。0.25~1 mm 中间颗粒既不能作为制粒核心，又不能黏附到球核上进一步制粒，难于粒化（难成核也难黏附），影响混合料的成球性，所以 0.25~1 mm 颗粒越少越好。

物料各组分粒度相差过大，则易产生粒度偏析，难混匀，也不易制粒，因此要控制铁矿粉和循环辅料中+8 mm 粒级在 10%以下，减小铁矿粉与其他物料的粒度偏析。

（5）颗粒形状。

物料孔隙率大，则分子湿容量大，成球性好。

一定粒度组成下，物料结构疏松、多棱角和形状不规则、表面粗糙的片状树枝状或条状颗粒比结构致密表面圆滑的球形或柱状颗粒制粒性能好，且制粒小球强度高。

颗粒接触面积和比表面积大，则成球性好，利于制粒。

"颗粒越大越容易制粒，颗粒越小越不容易制粒"以及"颗粒越大越不容易制粒，颗粒越小越容易制粒"的说法不正确。

4.5.2　混合料水分和加水方式

4.5.2.1　混合料水分

影响混合料成球性的决定因素是物料水分、亲水性、孔隙率、颗粒表面形状。

适宜的制粒水分取决于物料成球性，成球性由物料亲水性、水在物料表面迁移速度、物料粒度组成、机械力作用大小等诸因素决定。

由于烧结过程水分冷凝过湿带的存在，混合料适宜水分应低于最大透气性水分。

混合料水分过大或过小，都会影响烧结过程料层透气性变差，烧结总管负压升高，垂直烧结速度减慢。

物料亲水性强，结构松散多孔，则混合料需多加水且提前充分润湿效果好。

物料亲水性差，组织致密，则混合料需少加水。

物料亲水性强，宏观看水分不大，而实测水分却较大。

物料亲水性差，宏观看水分偏大，而实测水分不一定大。

常用铁矿粉亲水性排序为褐铁矿>赤铁矿>磁铁矿。

除尘灰具有疏水性，增加除尘灰配比，则减少加水量，减小混合料水分。

物料水分相同情况下，宏观看大粒物料表面水分大，小粒物料表面水分小。

物料粒度越细，比表面积越大，则混合料需多加水。

冬季物料水分大且水分蒸发少，则混合料需少加水，夏季相反。

为稳定烧结生产，需控制混合料水分±0.2%范围内。

混合料水分过大，则不利于混匀，也不利于制粒。

混合料水分过小，虽有利于混匀，但制粒效果差。

4.5.2.2　加水点和加水方式

加水点和加水方式是混匀制粒的关键环节，原料提前充分润湿、混合机内加热水并高压雾化是提高料温提高混匀制粒效果的重要措施之一。

（1）原料提前加水润湿。

原料没有充分加水润湿，则水分渗透不进内部，内外水分不一，影响烧结过程传热速度，所以原料准备期间加入足量水（如原料场入厂原料中加水、混匀矿中加水、烧结内返和高炉返矿中加水、除尘灰等循环物料综合加水、配料室生石灰消化加水等），使物料提前充分润湿，有利于强化制粒和提高烧结速度。

（2）混合机内加水点和加水方式。

混合机内加水必须均匀，将水均匀喷在随筒体上扬的混合料面上，不能喷在筒体底部（此处混合料呈滑动状态，混合料和水分几乎没有摩擦运动）或筒体衬板上，否则将造成混合料水分不均匀。

混合机内钢丝绳和加水管的安装位置如图4-9所示，正确的安装方式是图4-9（b），因为加水管安装在扬料侧时，混合机在运转过程中扬料容易落在钢丝绳和加水管上，不仅增加了混合机的运转负荷，而且使钢丝绳和加水管下压，如果钢丝绳安装在筒体高度的1/2处，随着落料的增加，钢丝绳会被下压到较低位置，雾化加水部位就会靠近筒体底部，不利于混合料的混匀和制粒，因此要留足落料下压钢丝绳的空间，将钢丝绳安装位置抬高到筒体高度的3/4处，并水平安装雾化喷头，使雾化加水均匀喷洒在混合料上扬部位（约在筒体高度的1/2处，此处的混合料充分滚动互相搓动，有利于混匀和制粒）。另外加水管安装在扬料侧的对面，加大了雾化喷头与上扬混合料的距离，增加了雾化加水的面积，使大量的混合料与水充分接触并在机械力作用下滚动摩擦，有利于均匀水分和强化制粒。

 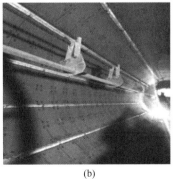

(a)　　　　　　　　　　　(b)

图 4-9　混合机内钢丝绳和加水管的安装位置

（a）加水管安装在扬料侧且钢丝绳位于筒体高度的1/2处；

（b）加水管安装在扬料侧的对面且钢丝绳位于筒体高度的3/4处

　　一混是主要加水环节，占总加水量的80%以上，物料在此充分润湿和混匀；二混加入少量的补充水并通入蒸汽提高料温。当混合料水分过小或过大时，立即在一混加减水量，而尽量不调整二混的加水量，一是因为二混的加水量小，选择的调节阀和流量计的量程小，过多地调整二混加水量会使加水量不在稳定运行范围内；二是因为二混加入的水与混合料接触时间短形成表面水，烧结过程中过湿带增厚料层阻力变化；三是因为二混通蒸汽量也在变化，与加水量叠加波动难以判断混合料水分是否合适。

　　一次混合机和二次混合机内加柱状水，则水分过于集中不易分散，不利于稳定水分和强化制粒；加0.5 MPa以上高压雾化水有利于均匀水分和形成母球并加速小球长大，促进混匀和制粒。如果设计混烧比偏小，可在一混和二混的出料口设置高于料厚一定高度的挡料圈，以延长混匀制粒时间。

　　根据水质情况选用Z形阀芯、锥形阀芯、螺旋阀芯等不同形式的雾化加水喷头，如图4-10所示，喷头出水孔径有3 mm、5 mm、8 mm、10 mm等不同规格，材质有304、304 L、316、316 L不锈钢，适应混合机内抗酸碱腐蚀、抗悬浮物堵塞等加水介质的使用。

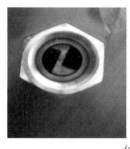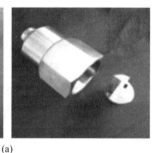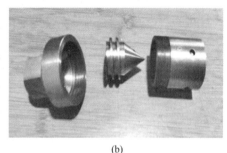

(a)　　　　　　　　　　　　　　　　(b)

图4-10　混合机内雾化加水喷头

（a）Z形阀芯雾化喷头；（b）锥形阀芯雾化喷头

　　根据一混二混目的和作用不同，设计不同的加水曲线。一混和二混进料端均设置扬料段使混合料上扬充分混匀，此处不加水；一混出料端2m范围内不加水，防止水喷到出料口堵塞料嘴，一混其他长度方向上均匀布置雾化加水喷头，使混合料充分与水接触，加强混匀润湿；二混1/2后半段不加水，用于强化制粒和密实小球，提高料球强度，从扬料段结束到1/2部位均匀布置雾化加水喷头，补充少量加水。

4.5.3　混合机工艺参数

　　第4.2节讲述了混合机工艺参数及其对混匀制粒的影响，随着开发国内精粉并提高精粉率，循环经济下大量细粒除尘灰和循环辅料用于烧结，以及烧结机大型化的发展趋势，原有的混匀制粒能力不能满足新的烧结原料和工艺要求，开始重视和实施强化混匀制粒措施：（1）采用强力混合机混匀加湿除尘灰。（2）在一混和二混之间增加强力混合机，以增强混合料的混匀效果。（3）预先复合制粒。将各种除尘灰、精矿粉等细粒物料混匀并添加黏结剂（皂土、生石灰等），预先制成小球后进入二混与其他物料复合混匀制粒，可大大减小亲水性差且粒度极细物料对混匀制粒的影响。

4.5.4 返矿量及其粒度

返矿（包括烧结内返和高炉返矿）为干料且孔隙率大极易吸水，如果返矿量及其粒度波动将直接影响混合料水分波动，而且配料混料工序短暂时间内大粒返矿很难持水达到内外完全润湿，所以一是在配料之前将返矿提前加水充分润湿，二是加强操作稳定生产做到返矿平衡，三是控制返矿中+5 mm粒级在8%以下，以减小返矿对混合料水分的影响。

适宜的返矿粒度为1~5 mm，-1 mm细粒级容易填塞在混合料缝隙中，烧结料层透气性变差；1~3 mm粒级可成为制粒核心和料层骨架料，改善混合料制粒效果，在高精粉率生产时其作用尤为突出；+5 mm粒级不能作为制粒球核，几乎没有黏结细粒物料的能力，相反还会冲刷黏附颗粒，对制粒很不利，且烧结过程中成型条件差固结强度低，将返矿中+5 mm粒级的成品烧结矿本该入高炉却作为返回料重新配料烧结，不仅降低烧结成品率和有效入炉量，而且烧结返矿量增多新原料减少，固体燃耗升高，是一种浪费和不经济的生产操作。

改善返矿粒度的有效措施有：（1）稳定混合料水分加强布料点火操作烧好返矿，减少返矿中未烧结的生料部分和-1 mm小粒级含量；（2）把关返矿筛的质量和到期更换筛板以及控制筛子入料量，既要达到筛分效率80%以上，又要控制返矿中+5 mm粒级在8%以下；（3）将4~6 mm小粒度烧结矿分级入炉，既提高烧结矿有效入炉量，又改善返矿粒度。

4.5.5 生石灰强化制粒

实验研究和生产实践表明，随着生石灰配比的提高及其活性度的加大，生石灰消化后-0.147 mm粒级含量增加，其黏结凝聚性能更强，制粒所需的水分越大，降低制粒小球干燥脱粉率，降低混合料中-1 mm粒级含量，提高混合料平均粒径，改善烧结料层透气性，所以当烧结矿碱度低时少用或不用磁选粉和石灰石，当白云石配比高时将部分MgO源转移到高炉配加蛇纹石菱镁石或使用镁质球团矿，力求提高生石灰配比在5%以上，有利于混合料强化制粒。

4.5.6 富矿粉和精矿粉制粒机理

富矿粉和精矿粉二者的制粒机理不同，富矿粉为-10 mm的粒级分布，自身有1~3 mm核颗粒和3~5 mm的理想颗粒，所以富矿粉烧结通过粒度配矿可改善混合料的粒度组成，无需强化制粒，而精矿粉经磨选加工属细粉矿，为-0.074 mm（-200目）的粒级分布，自身-0.074 mm粒级达40%以上甚至100%，所以精矿粉为黏附粉，以其他物料作为核颗粒决定制粒能力，需通过强化制粒改善混合料粒度组成。

? 课后思考题

1. 不同材质、不同形式衬板的混匀制粒效果比较。
2. 混合机工艺参数与物料运动状态关系。
3. 两种人工测水法和四种在线测水法的优缺点比较。
4. 人工控制混合料水分的要点。
5. 自动加水控制混合料水分的要点。
6. 有效提高混合料温度措施。
7. 影响混匀制粒效果的主要因素。

课程思政

数字资源

习题自测

5 布料、点火理论与操作

本章知识重点

（1）炉条质量要求和防止炉条板结的技术措施。

（2）铺底料的作用和适宜粒级厚度。

（3）布料设备与操作。

（4）点火燃料种类与性质。

（5）点火参数与操作控制。

混料系统将混合料混匀制粒通过皮带机带入混合料料仓，成品系统经整粒筛分出铺底料通过皮带机带入铺底料仓。通常布料装置（见图5-1）包括铺底料仓、梭式布料器、混合料料仓、圆辊给料机或宽皮带给料机、反射板或多辊布料器、松料器、压料装置，首先在台车炉条上布一层铺底料，然后在铺底料上面布混合料，布好的烧结料经点火、强制抽风烧结形成烧结矿。烧结生产启停时间以圆辊给料机或宽皮带给料机的给料停料时间为准。

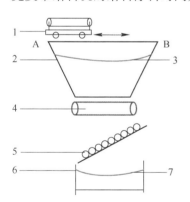

图 5-1　烧结机布料装置示意图

1—梭式布料器；2—混合料料仓；3—料仓料位；4—圆辊给料机；5—多辊布料器；

6—烧结机挡板；7—烧结机料面

烧结机结构如图5-2所示，烧结机由一个个台车组成，台车梁上嵌套着隔热垫，隔热垫上嵌套着炉条，一排排炉条形成台车面，台车挡板或与台车体铸造成一体或通过螺栓固定在台车体两侧形成箱体式烧结机，布料装置将混合料布到台车面上构成烧结机料层厚度，台车轮在轨道上运行，台车体在滑道上滑行，台车体的底部是风箱，从烧结机机头到机尾一个个风箱连通着大烟道，大烟道通过机头电除尘器与主抽风机连接，点火炉点着料层料面后在主抽风机强制抽风的作用下，随着烧结机的前行烧结过程沿着料层厚度自上而下进行，到达烧结机机尾终点位置时烧结过程结束形成烧结矿。

图 5-2　烧结机结构

1—台车轨道；2—台车滑道；3—风箱；4—台车体；5—台车轮；

6—台车挡板；7—隔热垫；8—炉条

5.1　炉条

　　炉条是烧结生产的主要易耗品，炉条单价 1 万元/t 以上，炉条单位成本低者每吨矿 0.1 元，高者每吨矿 0.5 元，炉条质量直接决定着炉条的消耗量进而影响烧结成本，同时炉条质量也关系到烧结机操作参数的稳定和烧结矿产质量。随着钢铁企业"零排放"循环利用工业副产品的环保要求，烧结工序使用大量的炼钢、炼铁、烧结除尘灰等细粒物料，普遍存在炉条板结、腐蚀等生产问题，清理炉条板结耗时难度大，制约烧结产质量指标的提升，因此有必要研究炉条质量要求及防止炉条板结的技术措施。

5.1.1　炉条质量要求

5.1.1.1　炉条工况要求

（1）耐高温，抗氧化，抗烧蚀，抗生长性。

（2）炉条的工作条件十分恶劣，温度变化大，到烧结机尾终点位置时炉条温度接近燃烧带温度，卸料后急剧冷却到 $100\sim300\,^{\circ}\mathrm{C}$，在含有 CO、$CO_2$、$SO_2$ 和水蒸气的介质中工作，长时间高温和应力作用下发生蠕变。

（3）反复加热、冷却、撞击、磨损作用下，要求炉条具有良好的抗高温氧化性、抗高温回火软化能力、高温耐磨性。

　　适应炉条工况的要求，炉条材质的发展经历了普通铸铁（非合金铸铁）、耐热球铁、高铬合金铸铁，为了解决抗冲击性差易断裂的问题，炉条材质向多元合金化高铬耐热铸钢方向发展，以提高炉条的强度和抗氧化性。

5.1.1.2　炉条外观质量验收

（1）表面光滑，无铸造、夹渣、黑心、砂孔、气孔、毛刺等缺陷。

（2）50 根炉条厚度的累计极限偏差不得大于±25 mm。

（3）进行破断试验，将炉条水平置于 2 m 高处自由下落到普通混凝土地面上不断裂，每批炉条抽取 50 件，断裂不多于两件。

（4）炉条装配间隙不大于（8.00±0.5）mm。

（5）纵向、横向弯曲度不大于 0.5 mm。

5.1.1.3　炉条技术要求

（1）采用精密铸造，要求完全退火；采用高铬耐热铸件生产工艺；去应力处理。

（2）表面光滑，不得有裂纹、夹砂夹渣、冷隔、缩孔等影响机械强度的铸造缺陷。

5.1.1.4　炉条性能要求

（1）材质为高铬合金铸铁，重量为每根 3.97~4.00 kg。

（2）既具有耐高温性能，又具有抗氧化性和抗生长性能，安装方便。

（3）使用寿命 10 个月以上，炉条烧损、变形、断裂、板结等影响其使用寿命。

5.1.1.5　炉条化学成分要求

针对炉条工况和性能要求，一般炉条化学成分要求见表 5-1。

表 5-1　炉条化学成分要求

项　目	化学成分（质量分数）/%								
	Cr	Ni	C	Si	Mn	S	P	Mo	Al
成分 1	25~27	0.8~1.2	1.6~2.2	1.0~1.4	0.7~1.0	0.03	0.03		3~7
成分 2	25~28	1.0~1.2	1.8~2.2	0.5~0.7	0.6~0.8	0.025	0.025	0.4	
成分 3	26~30	1.2~2.0	1.8~2.2	0.5~0.7	0.6~0.8	0.025	0.025	0.8~1.5	3~7

注：成分 3 为抗变形、高韧性、耐腐蚀、使用寿命长的炉条成分。

5.1.1.6　炉条化学成分性能

铬（Cr）：（1）熔点（1857±20）℃；（2）1000 ℃以下铬的抗氧化能力强，表面形成氧化膜，1200 ℃氧化膜破坏后则氧化速度加快；（3）高温下能被强碱侵蚀，具有抗酸侵蚀特性；（4）高强度，高硬度，抗腐蚀性，耐蚀性，耐热性；（5）冲击韧性差，易断裂；（6）由铁和镍组成的合金俗称不锈钢，不锈钢中含有 12%以上的铬。

镍（Ni）：（1）抗酸碱腐蚀能力强，高耐腐蚀性，耐热性；（2）提高强度，抗变形，冲击韧性；（3）良好的高电阻，提高寿命。

碳（C）：（1）高硬度，耐磨性好；（2）控制一定碳含量，保证韧性；（3）易被酸氧化。

硅（Si）：（1）900 ℃以上抗氧化性；（2）控制一定硅含量，保证冲击韧性。

锰（Mn）：耐磨耐热性。

钼（Mo）：防止氯离子的存在所产生的点腐蚀倾向。

铝（Al）：（1）抗高温生长性；（2）控制一定铝含量，保证铸造性能。

合金的协同作用提高炉条耐高温、耐腐蚀、抗变形、抗氧化性能。

5.1.2　炉条消耗量

（1）炉条腐蚀、烧损大的原因。

1）炉条存在气孔、夹渣等铸造缺陷，高温条件下出现烧细、断裂等现象。

2）炉条中抗氧化、提高强度、硬度、寿命、耐腐蚀、耐热、耐磨的元素含量低。

3）酚氰水中 HCl、NH$_3$ 等腐蚀性气体通过炉条，以及氯盐等物质黏附在炉条表面。

炉条质量问题如图 5-3 所示。

  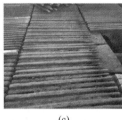 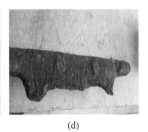

（a）　　　　　　　（b）　　　　　　　（c）　　　　　　　（d）

图 5-3　炉条质量问题

（a）炉条弯曲变形；（b）炉条夹渣；（c）炉条板结且烧损大；（d）炉条被氧化腐蚀

（2）炉条消耗量大的主要原因。

1）隔热垫与台车梁结构不合理。隔热垫与台车梁为 T 型结构左右两侧对称，但因制作不规范导致两侧长短不对称，烧结机运转过程中炉条极易松动，且隔热垫内侧与梁 T 型边存在较大磨损，进一步增大了隔热垫与台车梁的间隙，台车运行到烧结机头尾弯道时隔热垫发生较大的径向位移、碰撞和磨损。

2）炉条和隔热垫材质差。炉条和隔热垫为普遍铸造材料，耐热耐磨性差，遇高温时易磨损变形甚至开裂。

3）烧结矿 FeO 含量高，烧结终点位置前移，炉条长期高温工作，加剧炉条损耗。

（3）降低炉条消耗量的措施。

1）改进台车梁断面结构，使 T 型梁两翼长度一致。

2）精加工隔热垫，提高尺寸精度，控制隔热垫与台车梁的装配间隙不大于3 mm，有效控制磨损，避免台车进入烧结机头尾弯道时隔热垫产生过大的径向位移和磨损。

3）改进炉条与隔热垫的接触方式。如图 5-4 所示，将炉条外观设计为便于烧结烟气的导流，炉条"虎口"呈锥体，炉条支撑端由平面改为下锥体，下锥体倾角

$10° \sim 25°$，炉条与隔热垫由"面"接触改为"线"接触，当台车进入烧结机头尾弯道时增大了炉条的活动余地，炉条间隙中的细粒粉尘更容易掉落，缓解了粉尘填塞炉条与隔热垫的缝隙。

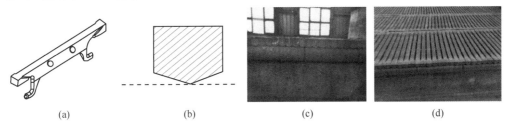

图 5-4　炉条"虎口"和支撑端形状

(a) 炉条虎口锥体；(b) 下锥体倾角 $10° \sim 25°$；(c) 炉条支撑端为平面；(d) 炉条支撑端为下锥体

4) 严格炉条和隔热垫的元素成分，不出现质量问题，提高耐磨性、耐冲击性、冷热态强度，延长使用寿命。

5) 炉条安装间隙。炉条安装间隙 $7 \sim 9$ mm 适宜，既能保证烧结料承载性，不漏料，不被抽风抽走，又能增加烧结机有效抽风面积，减少炉条间隙堵塞，增强通风性能，降低炉条消耗量。

6) 控制适当的烧结矿 FeO 含量和烧结终点位置，降低炉条工作温度。

5.1.3　炉条板结的原因和防止措施

5.1.3.1　炉条板结物的特点

炉条板结是烧结生产中常见的现象，各企业为了探明炉条板结的原因，取板结物化学分析结果见表 5-2。

表 5-2　炉条板结物化学成分

项　目	化学成分（质量分数）/%										烧损/%
	TFe	SiO_2	CaO	MgO	Al_2O_3	K_2O	Na_2O	Zn	Pb	Cl^-	
板结物 1	32.46	2.93	4.14	1.21	0.81	13.45	4.31	0.76	0.45		9.23
板结物 2	19.32	2.06	7.62	1.03	1.01	26.42	3.07	0.041	0.16	22.76	10.64
板结物 3	30.64	1.94	2.47	0.31	0.46	14.89	3.71	0.32	0.032		10.46

普遍发现炉条板结物的 K_2O、Na_2O 碱金属和 Cl^- 含量高，烧损大，结构致密坚硬，与炉条隔热垫结合非常紧密，极难清理。

5.1.3.2　炉条板结的原因

(1) 碱金属氯化物微细粉尘的黏附作用。

研究碱金属元素在烧结过程中的特性与机理表明，常温下 K、Na、Zn 元素以离子形态存在，烧结温度高于 K、Na、Zn 沸点，碱金属以气态随烧结烟气下移，与混合料接触被冷却到接近熔点，随着烧结温度的提高，气态碱金属与废气中粉尘、水汽、Cl^-、微细粉尘发生矿相和锈蚀反应，在炉条上附着并逐渐富集，导致炉条、隔热垫、台车梁所有间隙处被碱金属粉尘填充和黏结，形成致密坚硬的黏结物牢固地板结炉条和隔热垫。润湿的炉条会加快细粒粉尘的吸附，尤其加快黏性强的碱金属氯化物黏附在炉条上的速度。

碱金属和 Cl^- 含量高是导致炉条板结的重要原因。1）碱金属含量越高，越容易游离和挥发；2）随着烧结温度的升高，加剧碱金属的挥发；3）低碳强氧化性气氛下烧结，有利于抑制碱金属的挥发，减轻炉条板结。

（2）烧结料层底部凝结水的促进作用。

随着烧结过程中过湿带的下移，冷凝水增加，台车炉条变得潮湿，尤其漏风率大时炉条缝隙间吸附具有黏性的粉尘，随着燃烧带高温的下移，炉条间的粉尘发生矿相反应形成具有一定强度的黏结物，加剧炉条快速板结。

（3）焦化酚氰水的加重作用。

焦化酚氰水因 K、Cl^- 浓度高而加重碱金属富集和炉条板结，同时腐蚀烧结风箱、烟道、机头电除尘器、主抽风机等设备管道，削弱生石灰强化烧结过程的作用。

烧结料中的 Cl^- 主要由脱硫水和港口铁矿粉（喷洒海水）带入，所以烧结使用脱硫水也加重炉条板结。

5.1.3.3 防止炉条板结的技术措施

（1）控制原料带入的碱金属和 Cl^- 含量。

控制碱金属和 Cl^- 的源头，可有效防止炉条板结。各企业筛查除尘灰的成分一致表现为烧结机头三、四电场灰的 K_2O 含量高达 30%~40%，高炉布袋灰的 Zn 含量高达 20%~35%，高炉出铁场灰、重力灰和旋风灰以及炼钢一次灰的碱金属含量也较高，因此防止炉条板结必须停用烧结机头三、四电场灰和高炉布袋灰，根据炉条板结程度和高炉碱负荷、锌负荷红线控制标准选择性配加其他除尘灰。烧结料中的 Cl^- 主要由脱硫水和焦化酚氰水带入，因此烧结不得使用脱硫水和焦化酚氰水。

（2）减小过湿带减轻炉条板结。

过湿带增厚则炉条润湿度增大，加剧炉条快速板结。炉条板结并非在烧结终点形成，而是在过湿带消失之前便开始板结，当烟气温度升高到 70~90 ℃ 时，碱金属和粉尘发生矿相和锈蚀反应，形成具有一定强度的黏附物，水分加剧了碱金属与粉尘反应，导致炉条迅速板结，因此降低烧结料水分、减小过湿带，是缓解炉条板结的措施。

（3）改型炉条结构增强炉条隔热垫的自清理能力。

1）炉条外观设计为导流型，炉条"虎口"和支撑端设计为下锥体，炉条与隔热垫由"面"接触改进为"线"接触，加大炉条隔热垫的活动余地。

2）隔热垫与台车梁的嵌套方式由通卡槽改进为两端部四点嵌套固定，加大隔热垫的活动量。

5.1.4　富含钾钠锌除尘灰的生产处置工艺

钢铁企业生产过程中，伴生出大量的以灰尘和污泥形式存在的含铁副产品，如烧结环境灰量为 10~20 kg/t，炼铁环境灰量为 10~15 kg/t，炼钢灰量为 15~20 kg/t，这些大量的除尘灰泥粒度极细、亲水性差，配加到烧结原料中对烧结矿产质量影响很大，而且这些尘泥运转过程中扬尘严重，有的尘泥钾钠锌有害元素含量高，再利用存在一定难度。

一个千万产能的钢铁企业产生的含铁尘泥相当于一个小型矿山产能规模，合理利用这些资源不仅能降低钢铁原料成本，而且可以在企业内部形成资源循环链，优化钢铁企业生产过程物流链，改善企业环境，体现企业社会责任感。以下介绍几种钢铁企业尘泥处置工艺。

（1）低钾钠锌除尘灰/泥用于烧结配料。

建设小型"配料—混料"工艺，将高钙、低钾钠锌的尘泥与高返、钢渣、磁选粉等颗粒物料配料后经混合机加水搅拌形成综合粉，将综合粉作为混匀矿的一种原料参与配料后平铺直取形成混匀矿。此种工艺可减少尘泥对烧结生产的影响，因综合粉中的高返、钢渣可以吸附尘泥而减少其对烧结料水分、料层透气性的影响，可利用尘泥中的 CaO，降低碱性熔剂用量，且不增加高炉碱负荷和锌负荷，稳定炉况顺行，可作为碳素尘泥再利用的工艺渠道。

（2）低钾钠锌炼钢尘泥生产红泥球直接用于炼钢。

向高钙、低钾钠锌转炉尘泥添加黏结剂，经过压力机挤压成型生产红泥球，作为炼钢氧化剂、造渣剂直接用于炼钢，一方面能够迅速为炉渣提供所需的 FeO，满足脱磷的热力学条件，提高脱磷率；另一方面能起到助熔剂的作用，加快石灰的熔解，既能快速提高炉渣碱度，又能增加炉渣的流动性，改善脱硫脱磷的动力学条件。

（3）高锌尘泥、含碳除尘等循环辅料的处置。

将高锌尘泥、含碳除尘灰等循环辅料用转底炉工艺或回转窑直接还原铁工艺处置，生产的金属化球团或还原铁用作高炉、转炉、电炉的炉料，有助于降低能耗，同时这两种冶炼工艺中收集的富含 ZnO 粉尘可作为炼锌原料，实现钢铁企业和社会企业的大循环。

（4）碳素灰、不锈灰、氧化铁皮等生产海绵铁。

以碳素灰、不锈除尘灰、氧化铁皮、煤粉等为原料，利用隧道窑技术生产海绵铁可直接用于电弧炉生产。

（5）不锈灰、高锌和高硫灰生产铬、镍铁水。

以不锈灰、高锌和高硫灰、不适合高炉和转炉使用的含铁废料为主要原料，少量配加不锈渣钢或废钢直接生产热态铬、镍铁水（或铬镍生铁），回收不锈除尘灰中的铬、镍等金属，避免重金属污染环境，同时降低不锈钢生产冶炼成本，实现富氧竖炉冶炼铬、镍铁水的不锈钢生产工艺。

（6）高钾钠锌除尘灰等循环辅料冷压球团。

将烧结机头电除尘灰、高炉布袋灰、炼钢一次二次灰等钾钠锌含量高的除尘灰，与精矿粉、磁选粉、氧化铁皮、黏结剂等按一定比例配料混料冷压成型，经烘干固结成冷压球团，可用于高炉铁水沟、铁罐及转炉炼钢，有效减小钾钠锌对烧结产质量的影响，降低高炉碱负荷和锌负荷，大大降低高炉碱金属对焦炭强度的破坏作用。

冷压球团工艺流程：

5.2 铺底料

铺底料由摆动漏斗均匀地布在烧结机台车上，杜绝台车两侧铺底料粒级大而台车中部铺底料粒级小的布料，这样会使台车中部阻力增大而扩大了台车边部效应。

5.2.1 铺底料的作用

（1）隔热作用。防止高温燃烧带与炉条直接接触而烧损炉条，延长炉条使用寿命，减轻烧结料填塞堵塞炉条间隙，减轻熔融物黏结炉条。

（2）改善料层透气性。保护烧结机有效抽风面积，均匀气流分布，减小抽风阻力，加快烧结过程。

（3）过滤层作用。有效阻挡粉尘从炉条缝隙吸入风箱进入烟道，减少烟气中的含尘量，减小粉尘对抽风管道和除尘设备的磨损，减轻除尘器负荷，延长主抽风机转子使用寿命。

（4）减少台车料面的塌陷漏洞和漏风，改善烧结机操作条件，提高烧结机自动控制水平，改善劳动条件。

（5）有助于烧好烧结矿和返矿平衡，稳定混合料水碳，提高烧结矿产量和质量。

5.2.2 铺底料粒级和厚度

保证铺底料不堵塞炉条缝隙（一般为 7~9 mm）的情况下，铺底料粒级宜小而均匀，下限不低于 10 mm，上限可缩小到 15~18 mm，铺底料厚度以盖住炉条 30~40 mm 为宜。其好处有：

（1）改善底部烧结料层透气性，均匀气流分布，改善滤层作用，易控制烧结终点。

（2）增加成品烧结矿中 10~20 mm 粒级，提高转鼓强度，提高烧结矿产量。

以 360 m² 烧结机 2.3 m/min 机速，烧结矿堆密度 1.65 t/m³ 测算，铺底料每降低 10 mm，则烧结矿增产 218.6 t/日。

某厂测定不同粒级烧结矿转鼓强度见表 5-3。

表 5-3　某厂测定不同粒级烧结矿转鼓强度

粒级/mm	10~16	16~25	25~40	+40
转鼓强度/%	75.37	75.56	74.48	74.31

可见 10~25 mm 粒级的转鼓强度高，使这部分粒级更多地进入成品烧结矿中，选择 10~15 mm 小而均匀的铺底料并降低铺底料厚度，是无需投资改造便可改善成品烧结矿粒度组成和提高产量的有效措施。

5.2.3　无铺底料操作主要措施

正常生产不得无铺底料，当铺底料上料系统故障时方可采取无铺底料作业。

无铺底料操作主要措施：

（1）适当降低烧结料水分，降低固体燃耗和烧结矿 FeO 含量，减少烧结热量投入。

（2）必要情况下降低烧结料层厚度，提高烧结机机速。

（3）终点位置（Burning Though Point，BTP）适当后移。

（4）控制返矿平衡，加强现场监视，做好应急措施预案。

5.3　布料装置

5.3.1　理想的烧结机布料要求

理想的烧结机布料要求沿台车宽度方向均匀分布烧结料及其粒度组成，料面平整，台车边部不缺料。沿台车料层高度方向，烧结料呈上层粒度细而下层粒度粗的偏析布料效果，而烧结料固定碳含量分布呈上层碳含量高而下层碳含量低的偏析效果，保证料层有一定的松散性，防止产生堆积和压紧，料层透气性、风量分布、温度分布趋于合理，烧结过程均质均匀进行。

理想的烧结机布料要求很难达到，因料仓与梭式布料器的偏析作用以及烧结料受自重的作用，沿台车宽度方向易形成边部料粒大而中部料粒小的偏析布料效果。沿台车料层高度方向，固体燃料随烧结料发生同样的偏析，细粒固体燃料分布在料层上部而碳含量低，粗粒固体燃料分布在料层下部而碳含量高，造成与理想布料相反的效果。随着料层厚度的提高，碳含量不合理分布现象越严重，加之料层自动蓄热作用加剧上下层烧结矿质量差异越大。

烧结机布料效果好坏直接影响烧结过程风量和温度的分布，影响烧结产量和质量。

5.3.2　梭式布料器的弊端及改进措施

梭式布料器的工作原理是将一条单向运行的布料皮带机安装在双向往复运行的梭式布料小车上，通过小车在一定限位内双向往复运行，将混合料分布在料仓内。

（1）梭式布料器的弊端，如图5-5（a）所示。

梭式布料器的弊端是料仓内物料的料位一边高一边低，同时低料位端的大颗粒物料多。布料皮带机始终 A→B 单向运行，皮带机上的混合料为平抛运动轨迹。梭式布料小车始终 A↔B 双向往复运行，当布料小车由 A 端运行到 B 端时，混合料落料在 B 端仓壁上。当布料小车由 B 端运行到 A 端时，因混合料平抛，落料点打不到 A 端仓壁上，于是形成 A 端料位低 B 端料位高的料面分布状况，同时混合料粒度在自重偏析作用下，料仓 A 端大颗粒料居多，造成料仓出料压力和出料量不均衡，产生烧结机 A—B 宽度方向上烧结料密度不一，烧结机 A 端边部效应严重和垂直烧结速度快，过早到达烧结终点，而 B 端烧结终点滞后，这正是梭式布料器普遍存在的布料弊端。

（2）改进梭式布料效果的措施如下：

1）控制料仓 1/2 以上高料位运行，调整梭式布料小车在 A、B 两端限位开关的位置和两端换向时的停留时间，使 A 端落料打到仓壁上产生冲击力，弥补 A 端低料位的同时能缓解料仓粘料，保持料仓内料面平整一致。

2）在 A、B 端料仓算子下部适当位置吊挂"／""＼"导料板，使布料小车落料通过导料板的反射作用落到 A、B 端仓壁上，减小布料偏析，如图5-5（b）所示。

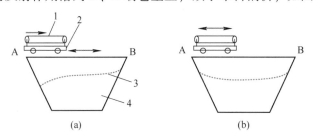

图 5-5　梭式布料器布料示意图

（a）梭式布料的弊端；（b）改善梭式布料效果

1—梭式布料皮带机及运行方向；2—梭式布料小车及运行方向；3—料仓料面；4—料仓

3）改进混合料料仓结构和安装液压自动清料铲，彻底解决料仓粘料的问题。

因混合料料仓有一定的高度，仓内混合料有一定的水分和料温，混合料具有黏性，在料仓内滞留一定的时间，所以普遍存在混合料料仓粘料的问题。

• 常用清理料仓粘料方法的缺陷和不足：

①在料仓外部两侧安装电振器、声波振动器、空气炮，定时或手动振打。

效果：仓外局部阶段性振打，清理粘料有限，运行一段时间后必须人工进仓清料。

②在料仓内部侧壁悬挂衬板，通过振打衬板清理粘料。

效果：虽然清料设施装在仓内，但因悬挂衬板处于静态，而且衬板上面很容易粘料难以振打下去，料仓粘料问题仍然得不到解决。

以上清料方法存在的缺陷和不足：

①仅局部安装清料装置，没有全面积作用粘料。

②清料装置安装在仓壁外，没有直接作用粘料。

③清料装置静态悬挂在仓内壁上而且本身就粘料，很难进行清料作业。

④清料装置对粘料破坏力极小，粘料越来越密实。

⑤清料方法仅局部、十分有限地清理粘料，生产运行后仓内粘料会越来越多且密实难清理，必须人工清理，不仅影响停机，而且作业空间狭窄，存在很大安全隐患。

●改进混合料料仓结构和安装液压自动清料铲，如图 5-6 所示，彻底解决料仓粘料的问题。

混合料料仓分上部固定仓和下部活动仓两部分，上部固定仓由直段长方体和锥段方锥体组成，下部活动仓也为方锥体，下部活动仓出口紧连圆辊给料机，通过圆辊给料机的旋转将料仓内的混合料转出布到烧结机上。

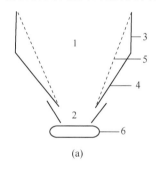

(a)　　　　　　　　　　　　　(b)

图 5-6　改进混合料料仓结构和安装液压自动清料铲

(a) 改进混合料料仓结构；(b) 料仓内壁安装液压自动清料铲

1—上部固定仓；2—下部活动仓；3—上部直段；4—上部锥段；5—上部整体立面；6—圆辊给料机

①因上部固定仓的直段和锥段使料仓内部形成曲面以及方锥体的收口度过大，不利于料仓顺畅下料。改进上部固定仓的内型，套焊整体立面耐磨钢消除原有的曲面，并将仓壁 4 个直角加工为圆弧成型过度，有效地避免方锥仓壁直角处积料。

②在上部固定仓壁上安装液压自动清料铲，清料铲由油缸驱动，有足够大的动能在混合料里直线往复运行破坏粘料点，为液压铲疏通料仓粘料的工作原理。在下部活动仓壁上安装活化振动板，用于清理活动仓部位的粘料。

③改进混合料料仓结构并安装液压自动清料铲，改变了原有的静态、局部、间接清理料仓粘料的方法，实现了动态、全断面、直接破坏、自动周期性清料法，具

有投资少、清洁环保、噪声低、自动疏通等优点，无需人工进仓清料，消除了隐患作业，彻底解决了料仓粘料的问题。

5.3.3 圆辊给料机或宽皮带给料机

圆辊给料机由圆辊、主辅门、清料装置、驱动装置组成，圆辊的表层包裹不锈钢辊皮以保护圆辊本体不被磨损，在圆辊给料机的后部安装清料装置，防止因圆辊粘料造成给料量不足，圆辊给料机由调速电机驱动，圆辊给料机转速与烧结机机速呈线性关系联锁控制，圆辊给料量的大小由圆辊转速和主调主门开度微调辅门开度控制，配套层厚仪在线检测烧结机料层厚度（每个辅门对应一个层厚测点）可以实现自动布料。辅门开度采用液压伺服或气动自动控制，控制精准且便于操作，辅门位置在圆辊高度的5/6处为宜，过低则失去控制圆辊给料量的作用。

圆辊给料机端部90°立面处容易粘料导致给料量少，将圆辊给料机的宽度适当超出台车挡板上沿宽度，靠多辊布料器两端设置的挡料装置将圆辊布料挡回，可以解决台车边部缺料的问题。

圆辊给料机的优点是运转稳定故障率低、使用寿命长，缺点是台车宽度方向上布料密度不均匀，受混合料料仓的料位高低和料面平整度影响较大，台车宽度越宽这种影响越大。

宽皮带给料机是靠皮带机与混合料的摩擦力，从混合料料仓中均匀地拖出一个料条落到多辊布料器上，采用宽皮带给料，烧结机料面平整，很少有起伏和拉沟现象，通过变频调速器调整皮带速度控制给料量，可以放宽混合料料仓下端的出口尺寸，制粒小球破坏程度小，减少了料仓堵料卡阻事故。宽皮带给料机头轮直径远小于圆辊给料机直径，因此布料落差小，改善了多辊布料器偏析布料效果，减轻了布料压紧现象。宽皮带给料机具有出料顺畅、给料均匀、不粘料、烧结机料层厚度稳定等优点，缺点是皮带给料机容易跑偏，使用寿命短，需要较频繁更换皮带机。

5.3.4 反射板或多辊布料器

烧结机料层有自动蓄热的作用，造成料层上部热量不足下部热量过剩，烧结矿质量不均匀，尤其厚料层烧结这种现象更加严重。为适应厚料层烧结工艺要求，将反射板改进为多辊布料器。

因反射板为静态，所以反射板易粘料，料层高度方向上的布料偏析效果差，反射板的安装倾角一般为43°～53°，安装倾角小，则混合料的冲击力小，布料松散，原始料层透气性好，但易粘料，台车边部易出现拉沟现象；安装倾角大，则混合料的冲击力大，布料紧实，原始料层透气性差。

多辊布料器因多辊呈一定倾角排列且连续运转，烧结料在自重作用下呈上层粒度细而下层粒度粗的偏析布料效果。多辊布料器的安装倾角和辊子转速是决定偏析布料效果的关键因素。为了适应不同烧结料和改变布料密度，将多辊布料器的安装倾角和辊速均设计为可调形式，安装倾角过大，则烧结料呈自由落下状态，偏析效果差，布料密度大；安装倾角过小，则烧结料呈滑动落下状态，几乎没有偏析效果，且布料松散；适宜安装倾角（38°~45°）和辊速，则烧结料呈滚动落下状态，且烧结料落到第一辊上，最下辊与烧结料面距离不超过100 mm，可有效发挥多辊布料器偏析布料的效果。

5.3.5　松料器

为了改善烧结机中部和料层厚度中下部的透气性，使烧结过程风量分布、温度分布趋于合理均质均匀烧结，在多辊布料器下面安装松料器。如图5-7所示，通常松料器设计为圆形和条形，不宜过粗，过粗或松料器上粘料都会使松料器周围烧结料疏松过度，加快垂直烧结速度，烧结机机尾红层断面出现锯齿形，如图5-8（a）所示，相对圆形松料器疏松高度小，条形松料器可以设计一定高度的松料棒而改善料层高度方向上的疏松效果。因为松料器疏松的是烧结机中部和料层厚度中下部的透气性，所以松料棒水平间距在烧结机中部小而向两侧逐渐变大，2~3排松料棒安装在料层厚度一半以下，有固定式和可调式两种安装方式，可调式可以根据疏松需要方便拆装松料棒。多辊布料器将混合料布到台车上的同时埋住松料器，台车前行过程中混合料穿过松料器形成一排松散的条带，减轻料层的压实程度，改善料层透气性。

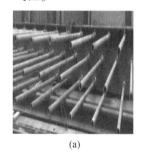   

(a)　　　　　　　(b)　　　　　　　(c)　　　　　　　(d)

图5-7　松料器

（a）圆形松料器；（b）条形固定式松料器；（c）条形可调式松料器；（d）多辊布料器+松料器

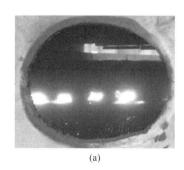 

(a)　　　　　　　　　(b)

图5-8　烧结机机尾红层断面

（a）红层断面呈锯齿形；（b）红层断面整齐

5.3.6 压料板或压料辊

当烧结原料配比中褐铁矿、生石灰等配比大，混合料粒度较粗、堆密度小、烧结收缩率大时，需适当压下表层烧结料，以降低表层烧结料透气性，避免表层烧结速度和冷却速度过快而影响成品率和转鼓强度。

压料装置采用压料板或压料辊，压料板相对静止且与料面呈"面"接触，在压下表层烧结料的同时摩擦料面，使料面透气性变差，增大了抽风通过料层的阻力。压料辊随着烧结机的运转而转动，与料面呈"线"接触，不破坏料面透气性，通过增减压料辊的配重可以调整料面压下量。

5.3.7 布料操作要点

（1）梭式布料器往返均匀布料，严禁定点给料。

（2）混合料料仓、圆辊给料机、多辊布料器不粘料，尤其解决边缘角落粘料现象。

（3）合理调整圆辊给料机主、辅闸门开度及两侧给料量，平料及压料装置高度适宜，烧结机料面平整，台车两侧不拉沟、不缺料，形成边部略高于中部的料面。

（4）台车炉条完整无缺，台车挡板无破损，紧固台车上下挡板不倾斜，炉条销子和销孔紧密嵌套无缝隙。

（5）混合料水分适宜，圆辊料流顺畅无团块，料层厚度稳定，点火后料面无鱼鳞状（水分大时出现）或浮料（水分小时出现）。

（6）松料器完整无损，不粘杂物，不积料，烧结机机尾红层断面整齐，不出现锯齿形。

（7）控制铺底料粒度和厚度，且连续使用不得断料。

5.4 台车边部效应

5.4.1 边部效应的含义

连续带式烧结机抽风烧结，当抽风空气沿着台车挡板的围壁流过时，围壁对空气流的影响，称为边部效应。

烧结机台车边部效应指台车边部较中部空气流速快、垂直烧结速度快而提前到达烧结终点的现象，表现为烧结机尾红层断面提前冷却消失而呈黑火层。

形成边部效应主要因台车边部烧结料疏松，孔隙率大，经烧结收缩与台车挡板分离形成间隙，大量空气从间隙处经过，加快边部碳燃烧速度和空气传热速度。

5.4.2 测定边部效应的原理

烧结终点是指烧结料中 C 与 O_2 燃烧过程结束所对应的风箱位置点。烧结料中的 C 与 O_2 燃烧生成 CO_2 气体从烧结废气中排出，当到达烧结终点时，C 燃烧过程结束而不消耗 O_2 和不排出 CO_2 气体，废气中的 CO_2 含量降低到接近零而 O_2 含量升高到接近空气中 O_2 含量值。

烧结机系统漏风率一定的情况下，采用两套测氧仪同时测定炉条下边部和中部废气中 O_2 含量，从出点火保温炉的第一个风箱处开始测定，到烧结终点结束。通过测定台车边部和中部到达烧结终点的位置，可以评价边部效应程度，并通过计算垂直烧结速度，可以得出抑制边部效应所需提高料层厚度。

5.4.3 测定边部效应的步骤

（1）准备两套测氧仪及其配套两根 $\phi10$ mm、长 4 m 的钢管和两盘橡胶软管，橡胶软管一端与测氧仪上的测氧口连接，另一端待检测时与钢管连接。

（2）在做好标记的台车挡板紧靠炉条下并排打两个 $\phi10$ mm 的小孔。

（3）待做好标记的台车运行到出点火保温炉第一个风箱处时，从两个小孔处分别插入两根钢管，其中一根钢管伸进到台车中部位置，用于测定台车中部废气中的 O_2 含量，另一根钢管伸进距离台车边部约 150 mm，用于测定台车边部废气中的 O_2 含量。将钢管与橡胶软管连接，打开测氧仪电源并随着烧结机的前行而移动测氧仪，每个风箱处分别读取两个 O_2 含量数据，测定结果见表 5-4。

表 5-4　测定某 198 m² 烧结机边部效应结果（共 24 个风箱）

风箱编号	台车中部炉条下 O_2 含量/%		台车边部炉条下 O_2 含量/%	
4	10.3	10.8	13.1	13.8
5	10.8	11.1	13.4	13.3
6	11.3	10.7	13.6	13.1
7	10.3	11.0	13.5	13.0
8	10.6	10.9	13.9	13.6
9	10.8	10.6	13.3	13.5
10	10.5	10.7	13.7	13.3
11	10.6	10.8	13.4	13.5
12	10.4	11.0	13.2	13.9
13	11.6	10.7	13.8	14.1
14	11.2	12.2	14.1	13.8
15	11.6	11.5	14.2	15.1
16	12.4	13.3	15.7	14.7
17	13.6	14.4	15.9	16.2
18	14.5	15.3	17.4	18.1
19	16.2	17.1	18.3	17.6
20	18.5	17.4	19.8	18.8

风箱编号	台车中部炉条下 O_2 含量/%		台车边部炉条下 O_2 含量/%	
21	19.3	19.2	20.9	20.7
22	20.7	20.6	21.0	20.8
23	20.9	20.8	20.7	21.0
24	20.6	21.0	20.3	20.6

5.4.4　评价边部效应

由表 5-2 测定数据可知，台车边部烧结终点在 21 号~23 号风箱处，台车中部烧结终点在 22 号~24 号风箱处，边部效应提前 1 个风箱。

该烧结机的有效长度为 66 m，22 号~24 号风箱有效长度为 2.9 m，烧结机机速 1.9 m/min，料层厚度 700 mm，终点位置（23.5 风箱处）= 66−2.9−（2.9÷2）= 61.65（m），计算如下：

烧结时间 t = 61.65÷1.9 = 32.45（min）

垂直烧结速度 $V_\perp$ = 700÷32.45 = 21.57（mm/min）

边部效应提前到达烧结终点时间 t_1 = 2.9÷1.9 = 1.53（min）

抑制边部效应需提高料层厚度 h = 21.57×1.53 = 33.00（mm）

得出台车边部料层厚度较中部高 33.00 mm，基本可与中部同步到达烧结终点。

5.4.5　产生边部效应的原因和抑制措施

产生边部效应的原因和抑制措施汇总于表 5-5。

表 5-5　产生边部效应的原因和抑制措施

序号	产生边部效应的原因	抑制措施
1	因梭式布料器故障不能往返布料而定中心给料，粗粒自然滚到料仓四周，经圆辊给料机和多辊布料后粗粒料布到台车边部	点检维护梭式布料器，减少故障，杜绝定中心给料
2	梭式布料器走行布料不均匀，料仓内料位一边高一边低，低料位端出料量少，对应烧结机布料拉沟	（1）改进梭式布料器行程限位和换向切换时间，调整落料轨迹，使料仓料面平整； （2）控制料仓 1/2 以上高料位运行
3	混合料仓和圆辊给料机两端粘料严重，圆辊辅门失去控制出料量不一，台车边部布料拉沟缺料	（1）改进混合料料仓结构和安装液压自动清料铲，彻底解决料仓粘料的问题； （2）圆辊给料机两端安装耐磨清料器，且辅门开弧形出料口，保证两端有足够给料量； （3）圆辊辅门和在线层厚仪联锁液压伺服自动布料

续表 5-5

序号	产生边部效应的原因	抑 制 措 施
4	台车挡板变形、倾斜、制造粗糙、不规格，台车挡板和端部耐磨板漏风严重，台车边部炉条掉，炉条材质不一等，加大边部风量和加快边部风速	(1) 提高台车挡板耐高温性能、加工精度和密封性，制造台车体与下挡板为一体，台车端部耐磨板与台车体下挡板等高，上挡板内侧做成波纹形并采用搭接的形式，减小台车挡板漏风率； (2) 台车边部采用盲箅条，抑制边部效应； (3) 统一炉条隔热垫材质和规格，炉条安装间隙适当，与隔热垫嵌套合理
5	因精粉率高或制粒效果差或厚料层烧结，烧结机中部和料层厚度中下部透气性差	(1) 安装松料器，改善烧结机中部和料层厚度中下部透气性，设计合理的松料器，解决松料器粘料和过度松料而产生的负面影响； (2) 改善混合料制粒效果，确定适宜的料层厚度，实施低水低碳小风量低负压操作
6	烧结料烧损大，料层高度方向和烧结机宽度方向收缩大，烧结料与台车挡板间形成风道，加快边部垂直烧结速度	(1) 确定适宜的褐铁矿和生石灰配比，控制烧结料收缩率不得过高； (2) 采用辊式压料装置适当压下表层烧结料； (3) 测定边部效应，适当提高边部料层厚度，使台车边部与中部同步到达烧结终点

5.5 点火装置及作用

点火装置普遍采用双斜带式点火保温炉，其优点是双斜（垂直倾角 15°）交叉烧嘴直接点火，高温火焰带宽度适中，沿台车宽度方向点火温度均匀稳定，点火时间可与烧结机速良好匹配。点火炉烧嘴煤气和空气流股混合良好，燃烧充分，火焰短，有利于集中供热保证点火强度，炉腔较低容积小，点火效率高，炉内点火气氛理想，点火质量好，能耗低，烧嘴不易堵塞，故障率低，维护工作量少，适应各种点火气体燃料，使用寿命 5 年以上，操作调控灵活可靠安全。

点火炉设置煤气和空气低压、低低压自动报警并快速切断煤气，点火炉空气管末端设泄爆阀，防止管道发生爆炸事故。

一般焦炉煤气的接点压力大于 4 kPa，转炉煤气的接点压力大于 6 kPa，高炉煤气的接点压力大于 8 kPa 能保证点火质量。当煤气压力低影响点火质量时，(1) 开大煤气总阀开度，加大点火烧嘴煤气和空气流量；(2) 减慢烧结机速，延长点火时间，同时观察料面点火情况和烧结机机尾是否烧透，如果机尾有过多生料甚至料面点不着火，必要情况下需停机。注意煤气压力低时不能降低料层厚度，因为火焰短不能到达料面，料层越低则点火效果越差。

点火装置的作用是使表层一定厚度的烧结料干燥、预热、点火烧结、保温缓慢冷却。点火炉后设置保温炉（长度不小于点火炉）的目的是延长料面高温保持时间，降低表层烧结矿冷却速度，防止烧结矿急冷来不及结晶而形成玻璃质，提高表层烧结矿的成品率和转鼓强度。

5.6　点火燃料种类及特点

烧结生产使用的燃料种类见表 5-6。

表 5-6　烧结生产使用的燃料种类

燃料种类	气　体　燃　料					液体燃料	固体燃料	
	天然	人造						
	天然气	焦炉煤气	转炉煤气	高炉煤气	混合煤气	重油		
点火燃料	天然气	焦炉煤气	转炉煤气	高炉煤气	混合煤气	重油		
烧结燃料							焦粉	无烟煤

烧结点火气体燃料种类及特点见表 5-7。

表 5-7　烧结点火气体燃料种类及特点

燃料种类	发热值 /MJ·m⁻³	化学成分（体积分数）/%					
		CH_4	H_2	O_2	CO	N_2	CO_2
天燃气	31.4~62.8	99					
焦炉煤气	16~19	20~30	55~65	0.3~0.7	5.5~7	7~8	1.5~3.5
转炉煤气	5~7.5	—	2~4	<1	45~70	20~40	15~20
高炉煤气	~3~4	—	1~1.8	<1	20~30	45~65	8~15

仅有少数国家使用天然气，绝大部分国家使用人造气体燃料。

为防止点火烧嘴堵塞，要求点火气体燃料含尘浓度不超过 20 mg/m^3（标准状况）。

5.6.1　气体燃料热值分类和计算

5.6.1.1　燃气高位热值和低位热值定义

燃气热值指单位标准状况的燃气完全燃烧所放出的热量，单位为 kJ/m^3 或 MJ/m^3。

燃气热值分高位热值和低位热值，二者区别是燃烧所生成的水蒸气状态不同。高位热值指单位标准状况的燃气完全燃烧，燃烧产物的温度冷却到参加燃烧反应的初始温度，燃烧所生成的水蒸气冷凝呈 0 ℃ 液态水时所释放出的热量；低位热值指单位标准状况的燃气完全燃烧，燃烧产物的温度冷却到参加燃烧反应的初始温度，燃烧所生成的水蒸气仍以气态水存在时所释放出的热量。

以上为实验室测定燃气热值的方法，燃气燃烧产生水蒸气，水蒸气冷却到燃烧前的燃气温度时，不但放出温差间的热量，而且放出水蒸气的冷凝热，所以高位热值与低位热值的差等于水蒸气的汽化潜热（冷凝热）。在实际燃烧时，水蒸气并没有冷凝，冷凝热得不到利用，这是影响实验室测定燃气热值的重要因素。

日本和大多数北美国家习惯使用燃气高位热值，中国、大多数欧洲国家习惯使用低位热值。

5.6.1.2 根据燃烧发热值划分气体燃料

低位发热值大于 15.1 MJ/m³（标准状况）为高热值气体燃料，如天然气、焦炉煤气。

低位发热值在 6.28~15.1 MJ/m³（标准状况）为中热值气体燃料。

低位发热值小于 6.28 MJ/m³（标准状况）为低热值气体燃料，如高炉煤气。

气体燃料可燃成分越高，则发热值越高，越易爆炸。

5.6.1.3 气体燃料热值计算

【例 5-1】已知气体燃料成分和可燃成分及其低位热值如表 5-8 所示，计算气体燃料的低位热值。计算结果保留小数点后两位小数。

表 5-8 气体燃料成分和可燃成分及其低位热值

项　　目	化学成分（体积分数)/%					
	CO	CO_2	CH_4	H_2	O_2	N_2
焦炉煤气	6.6	1.9	27.1	58.6	0.6	4.7
转炉煤气	47.8	19.0	0.4	0.4		32.4
高炉煤气	25.5	14.3		1.5	0.7	52.3
低位热值/MJ·m⁻³（标准状况）	12.63		35.84	10.79		

解：焦炉煤气低位热值 $Q_{焦炉}$（标准状况）$= 12.63×6.6\% + 35.84×27.1\% + 10.79×$
$$58.6\% = 16.87（MJ/m^3）$$

转炉煤气低位热值 $Q_{转炉}$（标准状况）$= 12.63×47.8\% + 10.79×0.4\% =$
$$6.08（MJ/m^3）$$

高炉煤气低位热值 $Q_{高炉}$（标准状况）$= 12.63×25.5\% + 10.79×1.5\% =$
$$3.38（MJ/m^3）$$

5.6.2 煤气的特性和危害

5.6.2.1 爆炸极限、爆炸上限、爆炸下限

可燃物质（可燃气体、蒸汽、粉尘）与空气（氧气）在一定的浓度范围内均匀混合形成预混气，遇到火源时发生爆炸，这个浓度范围称为爆炸极限或爆炸浓度极限。

爆炸上限指可燃性混合物能够发生爆炸的高浓度，在高于爆炸上限时，可燃物很多而空气（氧气）量不足，火焰不能蔓延，既不爆炸，也不着火。

爆炸下限指可燃性混合物能够发生爆炸的低浓度，在低于爆炸下限时，可燃物很少而空气量很多，不会引起爆炸。

天然气爆炸极限为 4.8%~13.4%，指天然气含量 4.8%~13.4% 与空气混合形成爆炸混合气体，当达到着火温度（天然气着火点 650 ℃）或遇到明火时，则发生爆炸。当天然气含量低于 4.8% 或高于 13.4% 与空气混合形成混合气体时，都不会发生爆炸。

烧结常用的点火介质为焦炉煤气、转炉煤气、高炉煤气及其混合煤气，均为可燃气体，各自有其爆炸极限。

5.6.2.2 煤气爆炸的条件

煤气爆炸的两个基本条件是：（1）煤气和空气形成爆炸混合气体；（2）混合气体达到着火温度或遇到明火。二者缺一不可。煤气形成爆炸混合气体，其含量具有一定的范围（即爆炸极限），煤气量很少空气量很多，或煤气量很多空气量很少时，都不会引起爆炸。

煤气爆炸是煤气与助燃性气体以一定的浓度混合，在引燃能量作用下发生快速燃烧的过程，煤气与助燃性气体形成爆炸混合体往往是由于煤气中氧含量过高或煤气系统进入空气以及煤气外泄与空气混合等原因引起。

5.6.2.3 煤气的三大危害和预防

煤气的三大危害是着火、爆炸、中毒。

煤气燃烧需要的条件是助燃剂和点火源。

直径大于 150 mm 的煤气管道着火时切记不能突然关死煤气闸门，以防回火爆炸。

煤气毒性指 CO 含量多少，检测煤气中 CO 含量的单位为 mg/m^3，钢铁行业习惯使用 ppm，即百万分之一。

我国规定煤气作业区 CO 浓度允许值不大于 24 mg/m^3，如烧结机区域、烧结点火炉环境安全要求炉膛内 CO 浓度不大于 24 mg/m^3。使人中毒的气体是 CO，即 CO 与人体血红蛋白结合，使人体缺氧窒息而死亡。空气中 CO 含量达 0.06%，便有害于人体；CO 含量达 0.4%，人吸入后立即死亡。空气质量主要指数为 PM_{10}、$PM_{2.5}$、SO_2、NO_x。空气中 O_2 含量约 21%，受限空间里 O_2 浓度应保持在 19.5%~23.5%。

检修充氮设备容器管道时需先用空气置换，O_2 含量 19.5% 后方允许作业。在氮气浓度大的环境内作业，必须戴空气呼吸器。

煤气作业工作场所 40 m 以内不应有火源，并采取防止着火的措施，与工作无关人员离开作业点 40 m 以外。进入煤气区域值班、检修、检查不得少于两人，携带好 CO 报警器，相互联系，相互监护。

5.6.2.4 煤气中毒救护措施

发现有人煤气中毒须戴好氧气呼吸器后方可进入煤气区域救人。

煤气检修过程发生中毒事故,抢救原则是先救人后查找处理煤气泄漏点。

当煤气中毒者神志不清,但有心跳有呼吸时,正确救护措施是立即打开门窗,移动中毒者到通风良好、空气新鲜的地方,松解衣扣,平放进行口对口的人工呼吸,并做心脏体外按摩,如果不见效立即转医院高压氧舱室做高压氧治疗,尤其适用于中、重型煤气中毒者,不仅治疗苏醒快,而且可减轻后遗症。

5.6.2.5 冶金煤气的特性

A 焦炉煤气

焦炉煤气是炼焦炉排出的副产品,经清洗去除煤焦油后可使用。焦炉煤气可燃成分(H_2、CH_4)含量高,发热值高,属高或中热值气体燃料,理论燃烧温度高,燃烧速度快,燃烧火焰短,烧结使用焦炉煤气点火质量好。

焦炉煤气是无色、有奇臭味(因含硫化氢)、有毒的可燃气体,密度 0.45~0.55 kg/m^3,是空气密度(1.29 kg/m^3)的 1/3,毒性较高炉煤气小,着火点 600~650 ℃,与空气混合的爆炸极限为 6%~30%,易燃易爆,有"爆鸣气"之称。

B 转炉煤气

转炉煤气是回收的顶吹氧转炉炉气,煤气中夹带大量氧化铁粉尘,需经降温除尘后才能用于工业窑炉的燃料。转炉煤气的发生量在一个冶炼过程中不均衡,成分也有变化,通常将多次冶炼过程回收的煤气输入一个储气柜混匀后再输送给用户使用。转炉煤气属中或低热值气体燃料,可以单独使用,也可以和焦炉煤气、高炉煤气配合成不同热值的混合煤气使用。

转炉煤气是无色无味、有毒的可燃气体,密度 1.25~1.29 kg/m^3,与空气密度相近,转炉煤气含有大量的 CO,毒性很大,最易中毒,在储存、运输、使用过程中必须严防泄漏。着火点 650~700 ℃,与空气混合的爆炸极限为 15%~75%。

C 高炉煤气

高炉煤气是炼铁过程中从高炉上部排出的副产品,经清洗排除其中的水分和灰尘后可用于工业窑炉燃料,但其含尘量大,容易堵塞煤气管道。

高炉煤气中不可燃成分(N_2、CO_2)多,可燃成分(CO、H_2)较少,属低热值气体燃料。不可燃惰性气体 N_2、CO_2 既不参与燃烧不产生热量(相反还吸收大量的热量,导致高炉煤气的理论燃烧温度偏低,参与燃烧的高炉煤气量很大),也不能助燃,几乎等量转移到烟气中,且燃烧速度慢,燃烧火焰长,所以烧结使用高炉煤气点火产生的烟气量多于转炉煤气(约是转炉煤气的 2 倍),远多于焦炉煤气(约是焦炉煤气的 10 倍以上)。

高炉煤气的成分和热值与高炉所用的燃料、所炼生铁的品种及冶炼工艺有关,现代炼铁生产普遍采用大容积、高风温、高冶炼强度、高喷煤比的生产工艺,提高了生产率和降低能耗，但所产生的高炉煤气热值更低。

低热值的高炉煤气是不容易燃烧的，为了提高燃烧的热效应，除了空气需要预热外，高炉煤气也需要预热，因此烧结使用高炉煤气点火时，最好在点火之前增设空气和高炉煤气预热炉。

高炉煤气的着火点并不高，似乎不存在着火的障碍，但实际燃烧过程中受各种因素的影响，混合气体的温度必须远大于着火点才能确保燃烧的稳定性，在标准状况下高炉煤气着火温度大于 700 ℃。

高炉煤气是无色无味、有毒的可燃气体，密度 1.35 kg/m³，与空气密度相近，因 CO 含量高，并含有约 33mg/m³ 的氰（$(CN)_2$，是一种毒性极大的气体），所以高炉煤气毒性强，易中毒，与空气混合的爆炸极限为 40%~70%。

5.7　点火炉烘炉、点火、灭火操作

5.7.1　点火炉烘炉

新建点火炉耐火预制件虽在出厂前已经过预烘，但由于存放时间较长仍须在生产投用之前进行烘炉，烘炉是点火炉使用寿命的关键环节，否则点火炉耐材会裂纹、剥落甚至爆裂。一般排出耐材中游离水温度为 150 ℃，大量排出结晶水温度为 350~500 ℃，因此烘炉在 600 ℃ 之前须严格控制升温速度和保温时间，这是烘炉的关键。

5.7.1.1　烘炉目的

（1）缓慢加热升温，将耐材、浇注料的物理水和结晶水逐渐排出，避免剧烈加热时因大量水汽溢出导致耐材、浇注料开裂及变形。

（2）缓慢加热升温，使点火炉横梁、拱顶吊挂件、耐材内墙、浇注料由冷态逐步转为热态，防止耐材膨胀破损。

（3）将浇注料烧成坚固的整体。

（4）严格执行点火炉制作厂家提供的烘炉曲线，确保耐材和设备不受任何损坏。

5.7.1.2　烘炉操作要点

（1）在点火炉炉顶插孔处安装热电偶，烘炉时插入深度以热电偶末端与炉衬内表面齐平为宜，烘炉完毕将热电偶插入炉膛 120~150 mm 以检测炉膛环境温度即点火温度。

（2）在点火炉炉膛内设烘炉支架，将烘炉燃料、烘炉器移入点火炉膛内，煤气从点火炉上方煤气管道上的两个检测阀引出，煤气管网高于台车挡板 100 mm。

（3）烘炉温度 600 ℃ 以下时使用烘炉燃料为木炭、木材或二者混合使用，温度较难控制，需勤观察加强监护，如果外部风力较大，需在炉膛周围进行挡风，严防熄火或过热损坏炉衬。烘炉温度大于 600 ℃ 时使用烘炉器通入点火煤气烘炉，根据

烘炉曲线调整煤气量和火焰大小使炉膛均匀受热。

（4）使用烘炉器煤气烘炉，当煤气火熄灭需要重新点火时，用明火点煤气，并且必须使用引火物点着明火后才开煤气，如果开煤气后未点着火需要重新点火时，必须先关闭煤气，排空残余煤气后才能重新点火，禁止连续点火。

（5）将烘炉温度标记在烘炉曲线上，严格按照烘炉曲线烘烤点火炉，达到使用温度后即可投入生产。如果烘炉后点火炉不生产，则应缓慢自然降温，不得鼓冷风。如果烘炉后点火炉投入生产，一开始点火温度不得过高，应以 150 ℃/h 的升温速度逐步升高到正常点火温度。

（6）点火炉烘炉后刚投入生产时，耐材、浇注料衬体不得淋水，如有局部损坏可用同材质料进行挖补。

5.7.2　点火炉煤气爆发试验

点火炉点火前，为了防止发生煤气爆炸，必须先做煤气爆发试验，并且至少连续做 3 次爆发试验，每次爆发试验合格后才可进行点火作业。

（1）煤气爆发试验作业前确认。

确认取样周围无闲杂人员，无明火；煤气系统无泄漏。

（2）煤气爆发试验作业前准备。

准备点火试验器具，并检查试验器无破损；准备专用打火器、CO 检测器。

（3）煤气爆发试验作业。

1）确定两人作业，明确分工，将开关打在试验位置上。

2）煤气取样，试验器开口向下。

3）打开点火试验器盖子，吸入煤气约 8 s，迅速用力压紧。

4）取样管伸入点火试验器底部，打开取样旋塞，关点火试验器盖，关取样旋塞。

5）点火试验，打开点火试验器盖，用专用点火工具点火，远离煤气取样口进行。

6）点火试验器口背向身体进行，点火后点火工具立即拿开。

7）燃烧火焰时间 8~10 s 判定燃烧状态：空气混入时有爆鸣声火焰，并马上灭火。

8）点火不良时，继续进行气体放散。

9）爆发试验合格，方可进行下一步作业。

（4）煤气爆发试验作业安全事项。

1）打开旋塞取煤气样时，人必须站在上风处屏住呼吸，爆发筒口朝下。

2）点火时爆发筒口背向身体，点火枪与筒口呈直角，筒口不能对着人或设备。

3）煤气爆发试验作业中，人脸部应侧面对着煤气爆发筒。

4）煤气爆发试验点火时，周围 10 m 内不得有闲杂人员和明火。

5）煤气爆发试验失败时，再一次进行煤气放散，然后再进行煤气爆发试验。

5.7.3　点火炉点火和灭火操作要点

（1）点火炉点火操作要点：

1）引煤气前放尽煤气管道中积水和焦油，检查确认所有煤气、空气阀门已关闭严密。

2）点火煤气不合格严禁点火。

3）点火炉点火时须先开空气阀门，后开煤气阀门，点着火后徐徐开大煤气阀门，然后再开空气阀门。若点不着火应立即关闭煤气阀门，吹扫点火炉内残余煤气后再点火。

4）点火炉水箱停水后送水，要求慢慢开大水门，防止水箱炸裂。

5）如果台车边部点不着火，可适当关小点火风箱风门开度或适当提高料层厚度，或适当加大点火炉两旁烧嘴的煤气与空气量。

6）烧结机刚启机点火生产时，控制小料批和 2/3 料层厚度（如果料层厚度过低则料面点火效果很差），由于是冷料和冷设备，固体燃料配比较正常稍高 0.1%～0.2%，点火炉膛内煤气压力保持微负压，火焰不能外喷，否则台车挡板烧损严重。

7）烧结生产中，必须保持点火炉各烧嘴畅通无堵塞，如有堵塞及时清理；保持侧烧嘴燃烧。

8）烧结机临时停机 4 h 以下时，将点火炉炉温降低到 600～800 ℃保温，主烧嘴可燃烧也可关闭，只保留侧烧嘴燃烧。

9）烧结长时间停机时，点火炉煤气管道内的煤气需用 N_2 置换，煤气管道内 CO 浓度小于 50 mg/m^3 视为置换合格。

10）点火炉内温度高和烧嘴燃烧时，不允许立即切断助燃空气的供给，否则烧损烧嘴。

11）紧急停煤气时，立即关闭点火炉上面的煤气阀门和煤气管道上的煤气压力、煤气流量调节阀，停止点火炉燃烧，切断煤气总阀，以防煤气管道回火爆炸，并进行煤气管道蒸汽/氮气吹扫作业，在此过程中既不能切断助燃空气流量烧坏烧嘴，也不能使助燃空气流量过大而使点火炉耐火材料急冷急热损坏，应当适当降低助燃空气流量到正常流量的 20%～30%。

（2）刚开始点火时不准投入自动操作。

检修或故障停机或事故长时间停机，刚开始点火时手动操作不准投入自动，待手动调节点火参数正常后再投入自动，因为点火煤气的热值尚不稳定尚未达到正常状态，点火煤气和空气的压力、温度、流量仪表和调节装置尚未投入正常运行，仓促投入自动存在事故隐患或点火效果不好或发生爆炸事故。

（3）用侧墙引火烧嘴点火的好处：

1）侧墙引火烧嘴带自动点火设施，点火安全。

2）可再次检验点火煤气是否合格及烧嘴阀门是否泄漏。

3）将点着的引火烧嘴伸进点火炉内，即使有煤气泄漏发生小放炮也不至于伤人。

4）点火方便，将点着的引火烧嘴对准主烧嘴下面，与烧嘴煤气阀门操作人员做好联系确认，打开煤气即可点着主烧嘴。

（4）点火炉灭火操作要点：

1）点火炉灭火时要求环境取气 CO 浓度低于 24 mg/m^3。

2）点火炉灭火时须先关煤气阀门，后关空气阀门。

3）点火炉保温炉灭火时，绝不能用煤气切断阀熄火，否则煤气管道发生爆炸事故。

4）点火炉灭火后不能立即停止助燃风机，避免烧坏点火炉烧嘴。

5.8 点火参数及其控制

点火参数包括点火温度、点火时间、点火负压、空燃比、点火强度。

5.8.1 点火目的和要求

点火目的是点燃表层烧结料中的碳，供给表层烧结料以足够的热量，在主抽风机强制抽风高温烟气下行作用下干燥预热、燃烧和烧结，产生一定数量的液相使烧结料黏结成块，形成具有一定强度的烧结矿。

点火要求有足够的点火温度、一定的点火时间、沿台车宽度方向均匀点火、适宜的点火负压、适宜的空燃比。

5.8.2 点火温度及其对烧结过程的影响

虽然烧结料化学组成、烧结生成物种类和数量各异，但点火温度差别不大，应该接近烧结料软化温度而低于生成物熔化温度，烧结料软化温度和生成物熔化温度通过实验室配矿试验检测而得，一般为 1000~1200 ℃。

5.8.2.1 烧结生产中检测点火温度的方法

（1）热电偶从炉膛顶部插入。

从炉膛顶部插入炉膛 120~150 mm，在炉膛宽度方向的 1/3 和 2/3 处均匀分布两支热电偶，反映的是炉膛环境温度，不代表料面点火温度，所以料面点火质量以点火温度为参考，需通过目测实际料面来判断。

（2）热电偶从炉膛侧墙插入。

这种检测方法不仅热电偶损耗大，而且测温值不稳定，因为此处受炉膛负压波动和吸入冷空气的影响。

（3）红外测温仪探测点火料面温度。

将红外测温仪探头对准点火料面，反映的是料面点火温度，有助于准确控制料面点火质量。

5.8.2.2　判断料面点火质量

可以根据烧结机料面颜色判断点火质量，见表5-9。

表 5-9　根据烧结机料面颜色判断点火质量

点火温度	低	适宜	稍高	高
料面颜色	大面积黄色	通体青色并间杂星棋黄色斑点	青黑色	青黑色并有金属光泽局部熔融
点火质量	不好	优	良	不好

点火温度过低或点火保温时间过短，则料面欠火呈大面积黄褐色，有浮料，表层烧结热量不足，固相反应不充分，液相生成量少，固结强度差，返矿量多。

点火温度过高或点火时间过长，一是表层过熔形成熔融烧结矿，阻止有效风量进入烧结料层，降低整个烧结过程料层氧位和垂直烧结速度；二是高温烧结矿出点火炉急冷容易形成骸晶赤铁矿和玻璃相，使烧结矿脆性和恶化低温还原粉化性；三是高温烧结料飞溅到炉膛内结瘤（双斜带式点火炉的炉膛低400~450 mm），长期下去点火炉耐材掉落而威胁正常生产。

料面点火质量应均匀、无生料、无过熔、无花脸。

5.8.2.3　点火温度操作要点

（1）烧结料水分低、配碳量大时，适当降低点火温度。

（2）烧结料水分过低时，料层厚度自动增厚，仪表显示点火温度升高、总管负压升高，采取减薄料层厚度、不调整点火温度的应急措施。

（3）烧结料水分过高时，料层厚度自动减薄，仪表显示点火温度升高、总管负压升高，采取增加料层厚度、适当提高点火温度的应急措施。

（4）褐铁矿粉配比增大时，适当降低点火温度，提高保温炉热量的投入，点火温度以表面点着火即可，不必追求过高的点火强度。

（5）高铝铁矿粉配比增大时，适当提高点火温度。

5.8.3　点火时间及其影响

5.8.3.1　点火时间

点火时间指烧结机经过点火炉长度所需的时间：

$$t = L/v \tag{5-1}$$

式中　t——点火时间，min；

　　　L——点火炉长度，m；

　　　v——烧结机机速，m/min。

点火时间与点火温度有关，即与点火供给的总热量有关，点火炉长度已定，点火时间取决于点火温度和烧结机机速，为保证一定的点火时间，烧结机机速不宜太快。

点火温度一定时，点火时间适宜，则点火传递给表层烧结料的热量足够，可提高点火质量，提高表层烧结矿转鼓强度和成品率；点火时间过长，不仅表面过熔，还降低点火表层废气中氧含量，不利于烧结；点火时间不足，为提高表层烧结矿质量，势必要提高点火温度。

5.8.3.2　点火热量

$$Q = hS(T_g - T_s)t \tag{5-2}$$

式中　Q——点火时间内点火炉传递给烧结料表层的热量，kJ；

　　　h——烧结料传热系数，kJ/（m² · min · ℃）；

　　　S——点火面积，m²；

　　　T_g——火焰温度，℃；

　　　T_s——烧结料原始温度，℃；

　　　t——点火时间，min。

获得足够的点火热量有两条途径，一是提高点火温度，二是延长点火时间。延长点火时间可供给烧结料更多热量，利于提高表层烧结矿转鼓强度和成品率，但同时会增加点火燃料消耗，且对于薄料层有一定积极作用。随着料层厚度增加，表层烧结矿所占比例减小，通过延长点火时间来提高烧结矿质量的效果不明显。

采用新型点火炉（如双斜带式点火炉采用集中火焰点火）提高点火温度，缩短点火时间，可使表层烧结料在较短时间内获得足够热量且降低点火燃料消耗。

5.8.4　微负压点火及其好处

（1）点火负压表示法。

点火负压有两种表示方法，一是点火炉炉膛内的静压；二是主抽风机强制抽风作用下，点火炉下风箱（简称点火风箱）内形成的负压，即点火风箱支管处的负压。

（2）微负压点火的含义。

烧结工艺要求微负压点火，即点火火焰既不外扑也不内收，点火炉炉膛内的静压保持+10~−10 Pa，称微负压点火。对应点火风箱支管负压在−8 kPa以下甚至更低，即低负压点火。

（3）微负压点火技术措施如图5-9所示。

1）点火风箱隔板改进为中部密封板，独立控制点火风箱风量，互不窜风。

2）革新点火风箱内积料的排料方式，一种是点火风量和排料分流，双管并行互不干涉，风管上安装电动调节阀调节点火风量，适合焦炉煤气点火烟气量少的改造；另一种是点火风量和排料均通过风箱，风箱内部安装电动调节阀调节点火风量，适合高炉煤气和转炉煤气点火烟气量大的改造。

(a) (b) (c)

图 5-9　微负压点火技术措施

(a) 点火风箱中部密封板；(b) 点火风量和排料分离；(c) 点火风量和排料均通过风箱

（4）微负压点火的好处：

1）火焰不内收，不吸冷空气，改善边部点火降低煤气单耗。

2）点火燃料中可燃成分充分燃烧，增加表层点火热量，提高表层成品率降低返矿量。

3）保持原始料层透气性，减小料层阻力和漏风率，提高有效风量和垂烧速度，抑制边部效应，终点位置和终点温度易控制，降低电耗高，减少风箱支管灰量减轻磨损。

4）减轻火焰穿透深度，缓慢表层碳的燃烧，减少烟气中 NO_x 浓度（转炉煤气 N_2 含量为 20%~40%，高炉煤气 N_2 含量为 49%~60%）。

（5）微负压点火解决的问题：

1）解决点火风箱及其他风箱之间严重窜风，点火负压高的问题。

2）彻底解决风箱支管蝶阀易卡堵和排料过程中点火负压升高且大幅波动的问题。

3）解决"点火—烧结"分步进行，点火完成点火参数对表层烧结料的作用，烧结完成抽风负压对整个料层的作用，即点火小抽风达到点火工艺要求。

近年来烧结微负压点火技术有了长足发展，提升了烧结工艺装备水平，有利于降低点火煤气单耗，改善料面点火效果，提高烧结成品率，降低电耗，减排 NO_x 等，是一项很好的节能降耗减排项目。

（6）点火炉炉膛负压突然升高的原因及调整方式：

1）查看火焰是否外扑，及时调整点火风箱风门开度及主抽风机的风门开度。

2）将炉膛负压调整到微负压。

3）查看点火风箱是否有积料造成负压升高，若有积料及时放空确保风箱畅通。

4）查看烧结料水分是否偏干，如果水分异常调整点火强度，防止火焰外扑。

5）观察配料室给料量及混合机加水状况是否异常。

6）针对负压变化的台车，跟踪物料并做调整。

5.8.5　空燃比和点火烟气中氧含量

5.8.5.1　空燃比的含义及其判断

空燃比指点火用助燃空气量与点火气体燃料量之比值，无单位。可根据火焰颜色判断空燃比是否适宜, 见表5-10。

表 5-10　根据火焰颜色判断空燃比是否适宜

空燃比	大, 空气过剩	适宜	小, 煤气过剩
火焰颜色	暗红色	黄白亮色	蓝色

点火煤气的发热值越高, 则适宜的空燃比越大。

空燃比合适时, 点火温度最高, 空燃比过低或过高都达不到最高点火温度。

5.8.5.2　点火烟气中氧含量

这是一个很重要的点火参数, 对大型烧结机尤其重要, 点火烟气中含有足够的氧含量可保证烧结料表层的固体碳充分燃烧, 不仅提高固体燃料利用率, 而且提高表层烧结矿质量。若点火烟气中氧含量不足, 则降低料层中碳燃烧速度, 燃烧速度落后于传热速度, 降低燃烧带温度, 同时 C 与 CO_2 及 H_2O 作用吸收热量, 进一步降低料层上层温度, 影响垂直烧结速度, 烧结产能下降。

点火烟气中氧含量取决于固体燃料量和点火煤气发热值, 固体燃料配比越高, 则要求点火烟气中氧含量越高; 点火煤气发热值越高, 则要求过剩空气系数越大。

5.8.5.3　提高点火烟气中氧含量的主要措施

A　助燃空气过剩

(1) 助燃空气过剩系数的含义。

助燃空气过剩系数指点火气体燃料实际空气量与理论空气量的比值。点火烟气中氧含量随助燃空气过剩系数的增大而增加, 但是助燃空气过剩系数太大会使烟气量增多, 同时会降低点火温度, 因此通过提高助燃空气过剩系数增加烟气中氧含量的办法只适用于高热值的天然气或焦炉煤气点火, 而对于低热值的高炉煤气、转炉煤气及其混合煤气, 助燃空气过剩系数要受限。一般选择点火助燃空气过剩系数1.1~1.3 为宜。

(2) 提高助燃空气过剩系数的意义。

助燃空气过剩的目的是在点火的同时向烧结料层提供足够的 O_2, 保证表层烧结料中的碳完全燃烧, 加快煤气和空气混合。

助燃空气过剩系数偏低, 则点火供氧不足, 表层烧结料中的碳燃烧不充分, 因热量不足而表层烧结矿固结强度差; 因碳未充分燃烧而推迟到达终点的时间。

适宜提高助燃空气过剩系数, 则加快煤气和空气的混合。

(3) 增加过剩空气量。

点火烟气中氧含量与过剩空气量可用下式计算:

$$Q = \{[0.21(\alpha - 1)L]/V\} \times 100\% \qquad (5-3)$$

式中　Q——点火烟气中的氧含量 (体积分数), %;

　　　α——过剩空气系数;

L——固体碳理论燃烧所需空气量，m^3（标准状况）；

V——燃烧产物的体积，m^3（标准状况）。

【例5-2】已知表5-11中点火煤气成分，计算1 m^3焦炉煤气、1 m^3转炉煤气、1 m^3高炉煤气、1 m^3混合煤气（80%转炉煤气：20%高炉煤气）完全燃烧时理论需要空气量。计算结果保留小数点后两位小数。

表5-11　点火煤气成分

气体种类	化学成分（体积分数）/%					
	CO	CO_2	CH_4	H_2	O_2	N_2
焦炉煤气	7.1	1.9	27.1	58.6	0.6	4.7
转炉煤气	47.8	19.0		0.4	0.4	32.4
高炉煤气	25.5	19.3		2.2	0.7	52.3
空气					21	79

解：可燃气体完全燃烧反应方程式为：

$2CO+O_2 \xlongequal{\hspace{1em}} 2CO_2$　　　$CH_4+2O_2 \xlongequal{\hspace{1em}} CO_2+2H_2O$　　　$2H_2+O_2 \xlongequal{\hspace{1em}} 2H_2O$

(1) 1 m^3焦炉煤气完全燃烧理论需要O_2量 $= 0.5\varphi(CO) + 2\varphi(CH_4) + 0.5\varphi(H_2) - \varphi(O_2)$

$= (0.5 \times 7.1 + 2 \times 27.1 + 0.5 \times 58.6 - 0.6) \div 100$

$= 0.8645$（m^3）

1 m^3焦炉煤气完全燃烧理论需要空气量 $= 0.8645 \div 21\% = 4.12$（$m^3$）

(2) 1 m^3转炉煤气完全燃烧理论需要O_2量 $= 0.5\varphi(CO) + 0.5\varphi(H_2) - \varphi(O_2)$

$= (0.5 \times 47.8 + 0.5 \times 0.4 - 0.4) \div 100$

$= 0.2370$（m^3）

1 m^3转炉煤气完全燃烧理论需要空气量 $= 0.2370 \div 21\% = 1.13$（$m^3$）

(3) 1 m^3高炉煤气完全燃烧理论需要O_2量 $= 0.5\varphi(CO) + 0.5\varphi(H_2) - \varphi(O_2)$

$= (0.5 \times 25.5 + 0.5 \times 2.2 - 0.7) \div 100$

$= 0.1315$（m^3）

1 m^3高炉煤气完全燃烧理论需要空气量 $= 0.1315 \div 21\% = 0.63$（$m^3$）

(4) 1 m^3混合煤气完全燃烧理论需要空气量 $= 0.8 \times 1.13 + 0.2 \times 0.63 = 1.03$（$m^3$）

B　预热助燃空气热风点火

对于低热值的高炉煤气、转炉煤气及其混合煤气，通过预热助燃空气实施热风点火，既能提高烟气中O_2含量，节省点火煤气单耗，又能提高烧结矿产量，降低固体燃耗。

热风点火的措施有：(1) 在点火炉后设置预热炉，将点火助燃空气和低热值的煤气预热后再通入点火炉进行点火；（2）将单齿辊热废气、烧结机尾风箱热废气、环冷鼓风机三段四段热废气引入助燃空气中进行热风点火。

C　富氧点火

将低压氧引入助燃空气中，助燃空气富氧到氧含量 23%～26%。无论高热值煤气还是低热值煤气，富氧点火是提高烟气中氧含量的重要措施，随着助燃空气中氧含量的升高，点火煤气中 CO、H_2 可燃物燃烧充分，既节省煤气单耗又改善料面点火效果，对于有氧资源的厂家可以实施，对于富氧成本高和氧资源供应困难的厂家不利于实施富氧点火。

5.8.6　点火炉、保温炉燃烧控制

对点火炉、保温炉燃烧用的煤气、空气流量进行自动控制，以保证适宜的点火温度以及煤气充分燃烧。

（1）点火炉燃烧控制有 3 种方式。

1）流量设定值控制。

根据点火情况设定点火炉煤气流量值并输入计算机，系统自动调节煤气流量，以及根据空燃比调节点火炉空气流量进行自动控制。

2）点火强度控制。

点火强度指点火炉供给单位面积烧结料的热量：

$$J = Q/(60vB) \tag{5-4}$$

式中　J——点火强度，kJ/m^2；

　　Q——点火炉供热量，kJ/h；

　　v——烧结机机速，m/min；

　　B——台车宽度，m。

点火强度主要与烧结料性质、通过料层风量和点火炉热效率有关。

点火炉供热强度指单位时间内的点火强度，即单位时间内点火炉供给单位面积烧结料的热量。

$$J_0 = J/t = Q/(60vBt) \tag{5-5}$$

式中　J_0——点火炉供热强度，$kJ/(m^2 \cdot min)$；

　　t——点火时间，min。

根据烧结工艺设定点火强度值，由上式计算得到点火炉煤气流量设定值并输入计算机，系统对煤气流量设定值和煤气流量测量值进行 PID 控制运算，输出控制信号给煤气流量调节阀以调节点火炉煤气流量。点火炉空气流量设定值则通过煤气流量测量值和空燃比运算而得，系统对空气流量设定值和空气流量测量值进行 PID 控制运算，输出控制信号给空气流量调节阀以调节点火炉空气流量，实现点火强度自动控制。

3）炉内气氛温度及空燃比串级控制。

这是一种反馈控制方式，即通过设定炉内气氛温度值，根据实测炉内气氛温度相应调整点火炉煤气流量的方法。

根据点火情况设定点火炉温度值并输入计算机，系统对点火炉温度设定值和点火炉温度测量值进行 PID 控制运算得出点火炉煤气流量设定值，系统对煤气流量设定值和煤气流量测量值进行 PID 控制运算，输出控制信号给煤气流量调节阀以调节点火炉煤气流量。点火炉空气流量设定值则通过煤气流量测量值和空燃比运算而得，系统对空气流量设定值和空气流量测量值进行 PID 控制运算，输出控制信号给空气流量调节阀以调节点火炉空气流量，实现炉内气氛温度及空燃比串级自动控制。

当生产运行不正常时，人工控制点火炉温度。根据点火情况直接在计算机系统上手动控制点火炉煤气流量调节阀和空气流量调节阀的开度，控制点火炉温度满足生产要求。

4）点火炉温度报警。

根据点火需求设定点火炉温度上限和下限，当点火炉温度低于下限时，计算机系统发出下限报警提示；当点火炉温度高于上限时，计算机系统发出上限报警提示。当系统报警提示时检查点火炉控制系统及检测参数，排除故障，控制点火炉温度在规定范围内。

5）只有在煤气热值稳定，煤气及空气压力稳定，烧结料透气性较好，有关检测与执行机构可靠稳定的情况下，点火炉燃烧控制系统才能稳定运行。

（2）保温炉燃烧控制有两种方式。

1）流量设定值控制。

根据保温情况设定保温炉煤气流量值并输入计算机，系统自动调节保温炉煤气流量以及根据空燃比调节保温炉空气流量进行自动控制。

2）炉内气氛温度及空燃比串级控制。

根据保温情况设定保温炉温度值并输入计算机，系统对保温炉温度设定值和温度测量值进行 PID 控制运算，输出信号通过运算处理得出保温炉煤气流量设定值，系统对煤气流量设定值和煤气流量测量值进行 PID 控制运算，输出控制信号给煤气流量调节阀以调节保温炉煤气流量。保温炉空气流量设定值则通过煤气流量测量值和空燃比运算而得，系统对空气流量设定值和空气流量测量值进行 PID 控制运算，输出控制信号给空气流量调节阀以调节保温炉空气流量，实现炉内气氛温度及空燃比串级自动控制。

5.9　降低点火煤气单耗的措施

（1）微负压点火，有效控制点火风箱风量和点火深度，减少冷风吸入炉腔。

（2）适宜烧结料水分，强化制粒，偏析布料，改善料层透气性。

（3）铺平铺满料层厚度，台车边部不缺料不拉沟，透气性过剩时适当压下料层。

（4）适宜空燃比，适宜点火温度，料面点火均匀不过熔。

（5）热风点火、富氧点火。

? 课后思考题

1. 炉条质量要求，降低炉条消耗量，防止炉条板结的技术措施。

2. 改进布料效果的措施，抑制边部效应的措施。

3. 微负压点火的技术措施和好处。

4. 降低点火煤气单耗的措施。

课程思政

数字资源

习题自测

6 烧结理论与操作

本章知识重点

（1）烧结过程五带及其特征。

（2）烧结成矿机理。

（3）燃烧带的特性和对烧结矿产质量的影响。

（4）液相体系及生成条件。

（5）烧结矿的矿物组成结构及其影响。

（6）烧结过程脱除部分有害杂质。

（7）烧结操作方针和风、水、碳三要素，以及烧结终点操作要点。

（8）FeO含量的定位、对产质量影响、降低措施以及检测判断方法。

（9）漏风率测定方法和计算。

（10）有效风量、总管负压对烧结产质量和电耗的影响。

（11）铁矿粉烧结特性和合理配矿。

（12）褐铁矿粉的特性及烧结工艺技术。

铁矿粉烧结"三要素"是风、水、碳，如图6-1所示，烧结以风为纲，以水为介质，以碳为热源，风、水、碳三者合理匹配相互依存，有风，水才能作为传热导热的良好介质，促进烧结过程空气传热速度；有风，碳才能燃烧提供热源使粉矿固结，促进烧结过程碳燃烧速度；有风、水、碳，空气传热速度和碳燃烧速度沿料层高度自上而下得以进行，烧结料才能经过固相反应、液相生成、矿物冷凝结晶，形成具有一定强度和冶金性能的能满足高炉冶炼的烧结矿。

烧结过程是高温、多相、复杂的物理化学变化的综合过程。

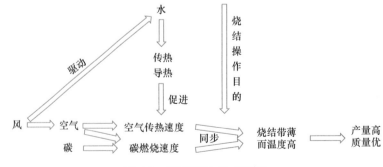

图 6-1 烧结过程"三要素"

6.1 烧结热源和热平衡

6.1.1 烧结热源

铁矿粉烧结过程中，主要热源是烧结料中固定碳与通入过剩空气燃烧所放出的热量，其次是烧结点火所提供的热量，其他含有较高 C、S、FeO（高炉炉尘中含有 C，矿石中以单质硫或硫化物形态存在的 S，轧钢皮中含有 FeO）的物料通过氧化放热，为铁矿粉烧结提供辅助热源。

烧结料中固定碳主要来源于固体燃料，烧结内返、高炉返矿、高炉炉尘带入少部分碳。

铁矿粉烧结又称氧化烧结，因为过剩的空气使烧结料层中氧化性气氛占主导，只是在碳粒附近 CO 浓度高，O_2 和 CO_2 浓度低，表现为局部还原性气氛。

6.1.2 烧结过程热平衡

烧结过程热平衡指输入热量值等于输出热量值，即放出热量值等于消耗热量值。

（1）主要输入热量（放出热量）项：

1）固体碳燃烧生成 CO_2 或 CO 释放的化学热。

2）点火炉点火热量和点燃烧结料产生的热量。

3）烧结料料温、热风点火、热风烧结带入的物理热。

4）烧结料中单质硫、有机硫、硫化物氧化释放的化学热。

5）烧结料中磁铁矿、浮氏体氧化成赤铁矿释放的化学热。

6）烧结过程生石灰消化、固相反应、液相冷凝结晶放出的热量。

（2）主要输出热量（消耗热量）项：

1）烧结料中物理水蒸发吸收的热量。

2）烧结料中结晶水分解、碳酸盐分解、脱除硫酸盐中的硫等消耗的热量。

3）烧结过程生成液相所需的热量。

4）烧结矿和烧结废气带走的热量。

5）烧结过程的热损失。

烧结过程主要输出热量项为烧结矿带走的热量，其次是物理水蒸发、碳酸盐分解、废气带走的热量。鼓风环冷机热废气潜热高，约占全部热输出的 1/3，是一项很大的余热回收项。

虽然烧结过程遵循热平衡定律，但因为不具备检测手段，不能测得烧结过程各输入/输出热量项，不能准确计算一定原料配比和一定工艺状况下固体燃料消耗量，只能定性分析影响固体燃耗的各因素。

6.2 烧结过程"五带"及其特征

烧结过程可描述为"五带""两速度",按照烧结料层中温度变化和发生物理化学反应,将烧结料层从上到下分为"五带":烧结矿带、燃烧带、预热干燥带、过湿带(水分冷凝带)、原始烧结料带。"两速度"是指碳燃烧速度和空气传热速度,最终烧结速度取决于碳燃烧速度和空气传热速度中最慢的一步,烧结机操作的目的就是使二者同步,达到燃烧带温度高且厚度薄,烧结既提高产量又改善质量的效果,如图6-2~图6-4所示。

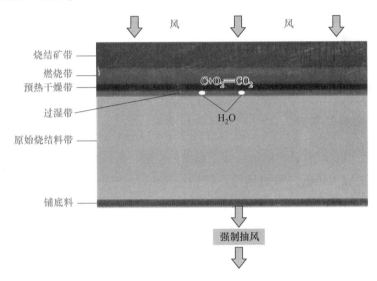

图 6-2 烧结过程"五带""两速度"

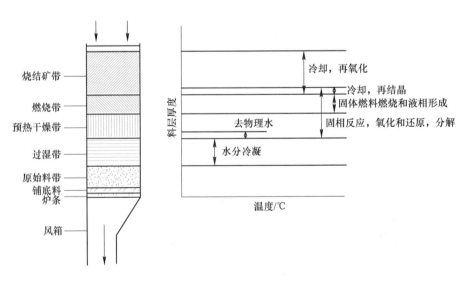

图 6-3 烧结过程"五带"的特征

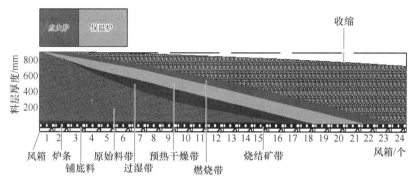

图 6-4 烧结过程剖面图

垂直烧结速度和烧结时间的计算公式见式（6-1）和式（6-2）。

$$v_\perp = H/t \qquad\qquad (6\text{-}1)$$
$$t = L/v \qquad\qquad (6\text{-}2)$$

式中　$v_\perp$——垂直烧结速度，mm/min；

　　　H——料层厚度，mm；

　　　t——烧结时间，min；

　　　L——从点火开始到烧结终点位置的烧结机长度，m；

　　　v——烧结机机速，m/min。

6.2.1　烧结矿带主要特征

点火是烧结过程得以进行的必要条件，经点火表层烧结料中的碳开始燃烧，意味着烧结过程开始，烧结料中的固定碳燃烧结束便形成烧结矿带，此带透气性最好，料层阻力损失最小，温度在 1100 ℃以下。

烧结矿带主要反应是液相凝结和矿物析晶，即高温熔融物（液相）凝固成烧结矿，伴随着结晶和析出新矿物，大多 C 被燃烧成 CO_2、CO 气体而进入废气，进行 FeO、Fe_3O_4、硫化物的氧化反应，冷却过程中低价氧化物可能被再氧化，烧结矿带放出熔化潜热并将冷空气预热，为燃烧带提供较多热量。

6.2.2　燃烧带主要特征

燃烧带从碳着火开始到料层达最高温度并降到 1100 ℃以下为止。燃烧带主要特征是烧结料软化、熔融及生成液相，是唯一液相生成带，完成液相黏结作用。由于燃烧带为温度最高区域并形成液相，所以此带透气性最差，料层阻损最大，占总阻损的 50%~60%。

烧结料中最早产生液相的区域一是固体碳周围高温区，二是存在低熔点组分区域。燃烧带是化学反应集中带，发生碳燃烧、碳酸盐分解、结晶水分解、铁氧化物的氧化还原及热分解、硫化物的脱硫、低熔点化合物的生成与熔化等，是烧结过程最高温度区域，可达 1230~1280 ℃甚至更高。

燃烧带和预热带下发生固相反应生成低熔点化合物，促进液相的生成。铁酸钙黏结包裹未熔核矿粉，生成铝硅铁酸钙固熔体适宜温度为 $1250 \sim 1280\ ℃$。燃烧带高温区的温度水平和厚度对烧结矿产质量影响很大，燃烧带过厚则影响料层透气性差而导致产量降低，燃烧带过薄则烧结温度低，液相量不足，烧结矿固结强度差。

6.2.3　预热干燥带主要特征

预热干燥带主要特征是热交换迅速剧烈，废气温度很快降低到 $60 \sim 100\ ℃$。预热干燥带主要反应是物理水蒸发、结晶水和部分碳酸盐分解、硫化物分解、高价氧化物分解、铁矿石氧化还原、气相与固相及固相与固相之间的固相反应等，但无液相生成。如 $950\ ℃$ 下 SiO_2 和 Fe_3O_4 固相反应生成铁橄榄石（$2FeO \cdot SiO_2$），$500 \sim 690\ ℃$ 下 SiO_2 和 CaO 固相反应生成硅酸二钙（$2CaO \cdot SiO_2$，缩写为 C_2S），$680\ ℃$ 下 SiO_2 和 MgO 固相反应生成硅酸镁（$2MgO \cdot SiO_2$），$500 \sim 670\ ℃$ 下 CaO 与 Fe_2O_3 固相反应生成铁酸一钙（CF）等。干燥带因剧烈升温物理水迅速蒸发，破坏料球影响料层透气性变差。

6.2.4　过湿带（也即水分冷凝带）主要特征

预热干燥带高温废气中含有大量水蒸气，遇下部冷料时使废气温度降低到露点以下，水蒸气由气态变为液态，烧结料水分增加超过原始水分而形成过湿带。

过湿带增加的冷凝水量一般为 $1\% \sim 2\%$，冷凝水量与气相中水汽分压和该温度下水的饱和蒸气压的差值及原料性质有关，压差越大、烧结料原始料温越低、原始水分越高、物料湿容量越小，则冷凝水量越多，过湿现象越严重。

在强制抽风气流和重力作用下，烧结料的原始结构被破坏，料层中的水分向下机械转移，恶化过湿带料层透气性，气流通过阻力增大，总管负压升高。

烧结过程中，阻力最大的是燃烧带，其次是过湿带，阻力最小的是烧结矿带。

（1）判断过湿带消失。

由预热产生的热废气干燥水分激烈蒸发，废气损失大部分显热使过湿带水分干燥，废气温度在过湿带基本保持不变，当废气温度陡然升高时，预示过湿带消失转入预热干燥带。

（2）减轻过湿带的主要措施：

1）一切提高烧结料温度到露点以上的措施均可减轻过湿带对烧结过程的影响。

2）提高烧结料的湿容量。褐铁矿和赤铁矿的湿容量大，磁铁矿的湿容量小，生石灰的湿容量大，石灰石和白云石的湿容量小，烧结配矿时兼顾考虑提高烧结料的湿容量。

3）低水分烧结。降低烧结料水分，可减少烧结过程冷凝水量，减薄过湿带。

4）强化制粒。实施强化制粒，有助于增加通过料层的气体量，降低烧结料层中水汽分压，降低烧结料露点，减轻过湿带的影响。

6.2.5 原始烧结料带主要特征

原始烧结料带处于烧结料层的最底部，此带烧结料的物理化学性质基本没有变化。

6.3 烧结料层气体力学

烧结过程必须有自上而下的风量通过，料层中固体燃料的燃烧反应才能进行，烧结料层才能获得必要的高温而固结成块。烧结过程之所以能顺利进行，就是气流下行的结果，如果没有气流的运动，烧结过程就会终止。料层中气流运动畅通受阻的程度就是透气性。

6.3.1 烧结料层透气性

透气性指烧结料层允许气体通过的难易程度，也是衡量烧结料孔隙率的标志。

（1）烧结料层透气性有以下两种表示方法。

1）烧结料层透气性含义1。

烧结料层厚度和总管负压一定条件下，单位时间通过单位烧结面积的风量，单位为 $m^3/(m^2 \cdot min)$；或气流通过烧结料层的速度，单位为 m/min。

$$G = V/(tS) \tag{6-3}$$

式中　G——透气性，$m^3/(m^2 \cdot min)$ 或 m/min；

　　　V——通过料层风量，m^3；

　　　t——烧结时间，min；

　　　S——抽风面积，m^2。

料层厚度和抽风面积一定，单位时间通过料层风量越大，则料层透气性越好。

2）烧结料层透气性含义2。

在料层厚度、抽风面积、抽风量一定条件下，气流通过料层的压力损失，用总管负压表示，单位为 Pa。

料层厚度、抽风面积、抽风量一定下，总管负压越高，则料层透气性越差。

料层厚度、抽风面积一定，单位时间内通过料层风量越大，则料层透气性越好。

料层厚度、抽风量一定，总管负压越低，则料层透气性越好。

通过料层的风量是决定烧结机生产能力的重要因素。一定原料配比和烧结工况下，烧结产能与垂直烧结速度成正比，垂直烧结速度与单位时间内通过料层的风量成正比。

$$v_\perp = k_1 \omega^n \tag{6-4}$$

式中　$v_\perp$——垂直烧结速度，mm/min；

　　　k_1——系数，由烧结料性质决定；

ω——气流速度，m/s；

n——系数，一般为 0.8~1.0。

可见提高通过料层的风量，能提高烧结生产能力，但抽风能力一定的情况下，增加通过料层的风量，必须设法减小气流通过的阻力，即改善烧结料层透气性。

（2）烧结料层透气性的两方面。

烧结料层透气性包括点火前原始料层透气性和点火后烧结过程料层透气性，一般所说的烧结料层透气性指后者。

1）原始料层透气性是基础，主要取决于原料成球性、混匀制粒效果、烧结料水分、布料方式及其效果，一定原料配比和工艺装备下原始料层透气性变化不大。

2）烧结过程料层透气性是根本和关键，反映烧结过程料层阻力的变化。如果原始料层透气性好，烧结过程料层透气性不一定好。如果原始料层被过高的机头风箱负压抽紧密实，则烧结过程料层透气性一定会变差。原始料层随烧结过程的进行产生软化、熔融、冷凝固结，则烧结过程料层透气性随之变化。

6.3.2　烧结料层结构和透气性变化规律

烧结料层透气性在一定程度上受料层结构的影响，改善料层结构对降低料层阻力、改善料层透气性具有很大的作用。

（1）烧结料层结构主要参数。

烧结料层结构主要参数包括烧结料平均粒径、料粒形状系数、料层孔隙率。

1）烧结料平均粒径（见表 6-1）由各粒级含量决定，小粒级含量多则平均粒径小，大粒级含量多则平均粒径大。并非平均粒径越大越好，中间粒级含量多则料层孔隙率大，料层结构好。

表 6-1　烧结料平均粒径

项　目	烧结料粒度组成						
	+10 mm	10~8 mm	8~5 mm	5~3 mm	3~1 mm	1~0.5 mm	-0.5 mm
粒级占比/%	3.46	4.12	7.02	13.23	30.15	16.33	25.69
粒级平均颗粒直径/mm	12.07	9.00	6.50	4.00	2.00	0.75	0.43
烧结料平均粒径/mm	0.42	0.37	0.46	0.53	0.60	0.12	0.11
	2.61						

2）料粒形状系数指与料粒同体积的球体表面积和料粒本身实际表面积的比值乘以料粒粗糙度系数。

3）料层孔隙率指气孔体积占料层总体积的百分数。料层孔隙率是决定烧结过程料层结构的重要因素，对风量通过料层阻力、料层导热系数和比表面积影响很大。影响料层孔隙率的主要因素有颗粒形状、粒级含量、比表面积、粗糙度、充填方式、固体燃料的燃烧、料层收缩率等。

（2）烧结过程料层结构的变化。

1）烧结料软化熔融、结晶、凝固形成新的料层结构，改变原始料层透气性。

2）固相物料熔融温度（或熔体凝固温度）和烧结温度决定烧结过程料层透气性。

3）原始烧结料带、预热干燥带、烧结矿带的料层结构基本不变化。

4）原始烧结料带和预热干燥带比表面积大孔隙率小传热效率高升温快，透气性较差。

5）烧结矿带比表面积小、孔隙率大、透气性好，但传热效率低、冷却速度慢。

6）烧结过程料层结构变化主要发生在燃烧带和熔融固结过程。

7）铁矿粉软化温度越低，软熔区间越窄，则越容易生成液相，提高烧结矿转鼓强度，但烧结过程料层透气性变差。

（3）烧结过程料层透气性的变化规律。

烧结过程料层透气性主要决定于料粒比表面积和孔隙率：

1）降低料粒比表面积利于改善料层透气性。如精矿粉粒度细，比表面积 $1200\ cm^2/g$，通过强化制粒，配入粗粒矿和增加返矿量，可减少烧结料粒比表面积。

2）提高烧结料层孔隙率，有利于改善料层透气性。如采用铺底料工艺；改进原始原料粒度组成，配加富矿粉；延长混匀制粒时间，强化制粒。

烧结过程料层透气性与料层各带的阻力有很大关系，单位料层高度阻力损失受料层物料阻力系数、废气密度和流速以及黏度的影响：

1）烧结点火开始，随着过湿带形成、烧结温度升高、液相生成，料层阻力明显增大，料层透气性变差，总管负压升高。

2）预热干燥带厚度虽较小，但其单位厚度阻力较大，因湿料球预热干燥时发生碎裂，料层孔隙度变小，同时预热带温度高，通过此带的气流速度增大，气流阻力增加。

3）燃烧带透气性最差，因温度高并生成液相，对气流阻力最大。燃烧带温度越高、液相量越多、厚度越大，则透气性越差。

4）随着烧结矿带不断增厚和过湿带逐渐消失，料层阻力损失减小，料层透气性改善，总管负压降低，垂直烧结速度加快。

5）烧结过程中由于各带阻力相应发生变化，故料层总阻力并非固定不变，垂直烧结速度并非固定不变，越向下垂直烧结速度越快。

6）废气流量的变化与总管负压相呼应，总管负压高则废气流量小。废气温度变化与固体燃料燃烧及烧结料层自动蓄热作用相关。

7）气流在料层各处分布的均匀性对烧结生产影响很大。烧结机台车宽度方向上气流分布不均匀，会造成垂直烧结速度不一致，而垂直烧结速度不一致反过来又加重气流分布不均匀，烧结机尾必然产生烧不透的生料，降低烧结成品率和返矿质量。为创造透气性均匀的烧结料层，均匀布料和防止粒度不合理偏析非常必要。

改善烧结过程料层透气性，一是改善原始料层透气性，二是控制燃烧带厚度、减轻过湿带至关重要。

6.4 烧结料层中水分蒸发和冷凝

烧结料层中水分蒸发冷凝取决于气相中水蒸气实际分压和饱和蒸汽压大小，气相中水蒸气实际分压小于该条件下饱和蒸汽压时水分开始蒸发，等于饱和蒸汽压时水分蒸发停止，大于饱和蒸汽压时，水蒸气冷凝成液态水，饱和蒸汽压随温度升高而增大。

烧结废气压力为 0.12~0.17 atm，理论上混合料水分应在低于 100 ℃下完成蒸发，但生产实际中混合料高于 100 ℃仍有水分存在，其原因是烧结废气的传热速度很快，当料温达到水沸腾温度 100 ℃时，水分来不及蒸发，少量分子水和薄膜水同固体颗粒表面之间有巨大的结合力而不易逸去，需在 120~150 ℃时水分才能全部蒸发完毕。

烧结过程中，水分蒸发在预热干燥带进行，烧结点火开始水分受热蒸发转移到废气中，废气中水蒸气实际分压不断提高。当含有水蒸气的热废气穿过下部冷料时，废气将大部分热量传递给冷料，而废气自身温度大幅度下降，使物料表面饱和蒸汽压也不断下降。为加快烧结过程，希望水分蒸发能快速进行。

水分蒸发速度与蒸发表面积、气流速度、混合料温度和原始水分等因素有关，提高料温和改善料层透气性，有利于水分蒸发。水蒸气的冷凝在过湿带进行，水蒸气冷凝的结果是使混合料水分增加而形成过湿，冷凝水充塞在料粒之间的孔隙中，大大增加气流通过的阻力。

6.5 固体燃料燃烧与传热规律

固体燃料燃烧反应是烧结过程中最主要的反应，固体燃料配加量只有4%左右，却提供75%左右的烧结热量，固体燃料主要起发热剂和还原作用，对烧结过程影响很大。

6.5.1 固体燃料燃烧热力学

烧结料中的固体燃料在 700 ℃以上即着火燃烧。

烧结过程 C 与 O_2 完全燃烧生成 CO_2 放出较高热量，不完全燃烧生成 CO 放出较少热量。

$$2C+O_2 === 2CO+10.27 （MJ/kg） \tag{6-5}$$

$$C+O_2 === CO_2+34.07 （MJ/kg） \tag{6-6}$$

烧结过程中，反应式（6-5）的不完全燃烧和反应式（6-6）的完全燃烧都有可能进行，在高温区有利于碳的不完全燃烧，废气中 CO 浓度高，但由于燃烧带较窄，废气经过预热干燥带时温度很快下降，所以不完全燃烧受到限制，但在配碳量过高且碳的粒度分布偏析较大时，碳的不完全燃烧仍有一定程度发展。碳的完全燃烧是烧结料层中的基本反应，发热量高，易发生，受温度影响较少，形成氧化性气氛。

烧结点火后，固体燃料中碳燃烧产生高温和 CO_2、CO 气体，为形成液相和其他化学反应提供必需的热量、温度及气氛条件。

6.5.2　固体燃料燃烧动力学

动力学主要研究固体燃料燃烧反应的速度和机理。

6.5.2.1　烧结料层中固体燃料燃烧步骤

烧结过程中，固体燃料呈分散状分布在料层中，固体碳的燃烧属于多相反应，一般认为由下列 5 个步骤组成：

（1）气体中的 O_2 扩散到固体燃料的表面；

（2）气体中的 O_2 分子被固体碳表面吸附；

（3）被吸附的 O_2 分子在固体碳表面发生化学反应形成中间产物；

（4）中间产物断裂形成反应产物气体 CO_2 和 CO 并被吸附在碳表面；

（5）反应产物脱附离开碳表面向气相扩散。

烧结过程中，碳燃烧反应总阻力为 O_2 向碳粒表面扩散阻力和相界面上燃烧化学反应阻力之和。

低温下碳燃烧过程总速度取决于化学反应速度，称燃烧处于"动力学燃烧区"。

高温下碳燃烧过程总速度取决于 O_2 的扩散速度，称燃烧处于"扩散燃烧区"。

低温下当碳燃烧处于动力学燃烧区时，燃烧速度受温度影响较大，随着温度的升高燃烧速度加快，而气流速度、总管负压和固体燃料粒度对燃烧速度的影响不大。

高温下当碳燃烧处于扩散燃烧区时，燃烧速度取决于气体的扩散速度，而温度的改变对燃烧速度影响不大。

不同的反应由动力学燃烧区转入扩散燃烧区的温度不同，C 与 O_2 的反应在 800 ℃左右开始转入，而 C 与 CO_2 的反应在 1200 ℃时才转入。

点火后料层温度很快升高到 1200 ℃，故碳的燃烧反应基本上是在扩散区内进行。

6.5.2.2　烧结料层中固体燃料燃烧的特点

（1）烧结料层中，小颗粒碳分布于大量铁矿粉和熔剂中，固体燃料分布很稀疏，空气和碳接触较困难，为了保证碳完全燃烧，需要 1.3~1.5 空气过剩系数。

$$K_i = 21 \div (21 - \varphi(O_{2i})) \tag{6-7}$$

式中　K_i——台车炉条上或抽风系统某点空气过剩系数；

　　$\varphi(O_{2i})$——台车炉条上或抽风系统某点废气中 O_2 含量，%。

（2）固体碳燃烧速度快，燃烧带温度高，燃烧带较薄。

（3）烧结料层中总体为氧化性气氛，局部为还原性气氛。

碳的完全燃烧是基本反应，烧结废气中 N_2 体积含量最多，其次是 O_2，然后是 CO_2，含有少量的 CO，SO_2 含量忽略不计，表现为氧化性气氛。

$$G = 12 \div [22.4 \times Q(\varphi(CO_2) - \varphi(CO))] \tag{6-8}$$

式中　　　　　G——烧结过程中反应碳量，kg/min；

　　　　　　　Q——烧结总管废气流量，m^3/min；

　$\varphi(CO_2)$，$\varphi(CO)$——烧结总管废气中 CO_2、CO 含量，%。

（4）固体碳的燃烧速度主要取决于空气中的 O_2 向固体碳表面的扩散速度。一切能够改善气体扩散条件、提高气体扩散速度的措施，都能加快固体燃料的燃烧速度，强化烧结过程。措施有：

1）减小固体燃料粒度，加大在料层内的分散度，增加 O_2 向碳表面的扩散概率。

2）强化制粒，改善料层透气性，或增大主抽风机风量，提高气流速度。

3）增加气流中的 O_2 含量，富氧烧结，提高碳燃烧速度。

6.5.3　烧结过程传热规律

以料层床配加或不配加固体燃料研究其传热规律。不论配加固体燃料（内部热源）通过燃烧供热，还是不配加固体燃料（外部加热）通过传热供热，高温带穿过料层的速率很相似，热波通过料层达到废气最高温度的传热时间很相近。不论原料品种如何，配碳量多少，空气通过率（m^3/t）很接近。空气通过率决定于热传导过程，而不是决定于固体碳燃烧过程。

6.5.3.1　料层传热前沿和燃烧前沿定义

（1）定义料层不配加固体燃料的温度变化曲线为空气传热波曲线，当料层温度开始均匀上升时，传热前沿即已到达，一般以 100 ℃ 等温线为准。

（2）定义料层配加固体燃料的温度变化曲线为碳燃烧波曲线，当料层温度迅速上升时，表明燃烧前沿到达，一般以 600 ℃ 或 1000 ℃ 等温线为基准。

6.5.3.2　空气传热波曲线和碳燃烧波曲线的特点

（1）空气传热波曲线是以最高温度为中心两边呈对称的曲线，整个料层比热相同，空气流速相同，随着热波向下前进，最高温度逐步下降，而且曲线不断加宽。

（2）碳燃烧波曲线不对称，是不等温曲线，随高温带向下移动，温度最高点上升。

6.5.3.3　影响传热前沿速度的因素

（1）空气流速较快、密度较大、比热容较大，则传热前沿速度较快。

（2）物料孔隙率大、堆密度小、热容较小，则传热前沿速度较快。

（3）物料粒度粗、导热性差、夺取气流中的热量慢，则传热前沿速度较快。

（4）气相 CO_2 和 H_2O 较高、废气热容较大、料层孔隙率较大，则传热前沿速度较快。

6.5.3.4 影响燃烧前沿速度的因素

（1）空气中 O_2 含量高，则碳燃烧前沿速度快。

（2）增加风量，则加快碳燃烧前沿速度。

（3）固体燃料用量与碳燃烧前沿速度之间存在极大值关系。

（4）固体燃料的可燃性好、粒度小，则碳燃烧前沿速度快。

（5）使用焦粉时，燃烧前沿速度与传热前沿速度较接近，燃烧最高温度达到较高值；使用无烟煤时，燃烧前沿速度快于传热前沿速度，燃烧最高温度下降。

6.5.3.5 传热规律在烧结中的应用

空气传热速度是气相-固相之间的热交换速度，即上部热烧结矿的热量传给进入料层较低温度的空气，空气进入燃烧带与碳燃烧进一步提高燃烧带温度，从燃烧带出来的废气（燃烧产物）温度大大提高，废气经由燃烧带下部温度较低的烧结料时，将热量传给烧结料。

碳燃烧速度是单位时间内 C 与 O_2 的反应速度，在烧结温度下反应动力学处于扩散控制，因此一切能够影响扩散速度的因素（减小固体燃料粒度、增加气流速度等）都能加快碳燃烧速度。

在配碳正常或稍高、空气（O_2 含量）不足时，空气传热前沿移动速度快，碳燃烧速度决定烧结过程的总速度。

在配碳较低、空气过剩时，碳燃烧前沿移动速度快，烧结过程总速度决定于空气传热前沿速度（例如烧结含硫矿粉时），可通过提高气体热容量、改善料层透气性、增加气流速度来加快空气传热前沿速度。

烧结使用焦粉或无烟煤，料层中空气传热前沿速度和碳燃烧前沿速度基本协调，但对于不同原料结构和不同操作条件需要做具体研究，并通过调整使二者速度同步，得到最优烧结操作参数和技术经济指标。

6.6 固体物料分解

6.6.1 结晶水分解

结晶水分解温度比游离水蒸发温度高得多，结晶水开始分解温度反映结晶水析出的难易程度，开始分解温度越低，则析出结晶水越容易。分解终了温度反映失去结晶水的难易程度，分解终了温度越高，则析出结晶水吸热越多。开始分解和分解终了温度区间反映脱除结晶水的能耗大小，温度区间大，则能耗大，不利于烧结。

失重率趋势反映结晶水含量高低，失重率大，结晶水含量高，失重率与结晶水开始分解温度和终了温度，以及二者的温差区间没有任何关系。

烧结生产尽可能选择失重率小的铁矿粉，因为结晶水分解要强烈吸热，降低烧结料温度，引起料球碎裂，影响烧结料层透气性。

铁矿粉、脉石和添加剂中往往含有一定量的结晶水，澳大利亚褐铁矿含有较高的结晶水，褐铁矿中结晶水在220~300 ℃开始分解，在360~400 ℃完全分解。

一般烧结条件下，80%~90%的结晶水在预热带脱除，20%~10%的结晶水在燃烧带脱除。矿物粒度过粗和导热性差，可能有部分结晶水进入烧结矿带。结晶水分解特性见表6-2。

表6-2   某院校采用热重差热分析得出铁矿粉中结晶水分解特性

序号	名 称	反应起始温度/℃	反应起始质量/mg	反应终止温度/℃	反应终止质量/mg	反应温度区间/℃	失重率/%
1	麦克粉	234	43.55	369	41.45	135	4.20
2	卡拉加斯粉	244	42.99	373	42.33	129	1.54
3	低巴粉	236	44.34	347	43.91	111	0.85
4	FMG混合粉	220	41.55	402	37.90	182	7.29
5	杨迪粉	250	42.96	362	38.99	112	7.94
6	PB粉	214	39.61	370	38.02	156	3.17
7	纽曼粉	246	44.56	336	43.69	90	1.93
8	蒙古粉	217	41.02	327	40.23	110	1.56
9	伊朗粉	273	41.91	327	41.30	54	1.51

6.6.2 碳酸盐分解

烧结料中常见的4种碳酸盐为$CaCO_3$、$MgCO_3$、$MnCO_3$、$FeCO_3$，其中以$CaCO_3$为主。

$CaCO_3$最难分解，分解温度最高，分解速度最慢，$MgCO_3$和$MnCO_3$次之，$FeCO_3$最易分解，烧结过程中若能保证$CaCO_3$分解完全，其他几种碳酸盐分解也可完成。

碳酸盐分解温度与气相中CO_2分压有关，常温常态下$CaCO_3$分解温度为900~940 ℃，$MgCO_3$分解温度为640~660 ℃，$MnCO_3$分解温度为520~540 ℃，$FeCO_3$分解温度为380~400 ℃。实际烧结过程中根据废气中CO_2含量变化和总管负压条件，有如下分解反应：

石灰石 $CaCO_3 \!=\!\!=\!\! CaO + CO_2 - (5.225 \sim 5.434)$ GJ/t·CaO   约750 ℃开始

白云石 $CaMg(CO_3)_2 \!=\!\!=\!\! MgO + CO_2 + CaCO_3$ 约660 ℃开始

$$CaCO_3 \!=\!\!=\!\! CaO + CO_2   约860 ℃开始$$

自然界中石灰石广泛分布，在不同条件下形成许多变种，常含有各种机械混入物和类质同象替代，分解温度可变，同时分解温度与杂质含量及其粒度有关，杂质含量高和粒度细，其分解温度低。

烧结过程中碳酸盐及其分解产物 CaO 可与其他矿物化学反应生成新的化合物，如 500~690 ℃下 CaO 和 SiO_2 固相反应生成硅酸二钙（C_2S），500~670 ℃下 CaO 和 Fe_2O_3 固相反应生成铁酸一钙（CF），所以烧结条件下碳酸盐分解比常温常态变得更容易。

烧结过程中虽碳酸盐分解有较好条件，但由于燃烧带很薄烧结速度快，高温条件下碳酸盐分解时间很短（随着烧结矿带的下移，废气中 CO_2 含量下降，烧结料层中残留 $CaCO_3$ 在低温下可能结束分解，在燃烧带以后分解出的 CaO 对烧结矿固结强度不起作用），可能来不及分解完毕就转入烧结矿带，为此应创造条件加速碳酸盐分解反应。

6.6.2.1 影响碳酸盐分解速度和完全程度的主要因素

主要因素有烧结温度、碳酸盐和矿粉的粒度、气相中 CO_2 浓度。烧结温度越高，则碳酸盐分解速度越快，分解越完全。

碳酸盐分解反应从矿粉表面开始逐渐向中心进行，分解反应速度与粒度大小有关，粒度越小，则分解反应越快越完全。分解温度取决于气相中 CO_2 的分压，CO_2 分压增大，阻止碳酸盐分解反应。

烧结过程中碳酸盐常有分解不完全的情况，主要因碳酸盐分解吸收大量热量，使反应界面温度下降，供热速度不能及时跟上，尤其碳酸盐用量较大情况下，分解产生的 CO_2 多，气相中 CO_2 分压增大，分解温度升高，烧结速度加快，使分解反应难以进行。

为保证碳酸盐充分分解，要求矿粉中 -3 mm 粒级达 80% 以上，且碳酸盐配比较高时需适当增加固体燃料，以补充碳酸盐分解所需的热量。

6.6.2.2 CaO 矿化反应及影响因素

（1）CaO 矿化反应。

烧结过程中 CaO（熔剂带入，包括生石灰带入 CaO、石灰石和白云石分解产物 CaO）与其他矿物（如 Fe_2O_3、SiO_2、Al_2O_3 等）化合生成新化合物的反应，称为 CaO 矿化反应。

（2）影响 CaO 矿化程度的因素。

主要因素有烧结温度、熔剂和铁矿粉粒度、烧结矿碱度。

烧结过程中，熔剂粒度越细，则熔剂分解越快越充分；熔剂和铁矿粉粒度越细，烧结温度越高，则 CaO 矿化程度越高，但不能追求 CaO 矿化程度高而一味提高烧结温度。

熔剂和铁矿粉粒度小于 3 mm，1200 ℃下焙烧 1 min，CaO 矿化程度可达 95% 以上。熔剂粒度 3~5 mm，铁矿粉粒度 6 mm，烧结温度下 CaO 矿化程度降低到 60% 左

右。生产熔剂性烧结矿，碱性熔剂粒度不大于 3 mm，可保证 CaO 矿化程度 90%
以上。

（3）自熔性和熔剂性烧结矿中出现"白点"的原因。

生产自熔性和熔剂性烧结矿时，配加碱性熔剂生石灰（CaO）、石灰石
（$CaCO_3$）、白云石（$CaMg(CO_3)_2$），生石灰生烧率高则含有一定数量的 $CaCO_3$，
$CaCO_3$ 和 $CaMg(CO_3)_2$ 在一定烧结温度（预热带和燃烧带）、一定 CO_2 含量以及总
管负压下分解，分解出的 CaO 溶入液相中或在固相条件下与其他矿物结合生成铁酸
盐或硅酸盐。

实际烧结生产中，由于生石灰、石灰石、白云石粒度过粗或分布不均匀，或点
火不均匀等原因，碱性熔剂没有能在液相凝固前分解完，或分解后没有完全矿化，
烧结矿中出现游离 CaO 和游离 MgO "白点"。

（4）CaO 未矿化对烧结矿质量的影响。

烧结生产中不仅要求 $CaCO_3$ 完全分解，且分解产物 CaO 与其他矿物充分矿化或
被液相完全吸收，否则未经矿化残余游离 CaO 吸收空气中水分受潮或遇水后发生消
化反应生成 $Ca(OH)_2$，导致体积膨胀，烧结矿因内应力引起粉化减粒，烧结矿转鼓
强度变差。

6.6.2.3　计算碳酸钙分解度和 CaO 矿化度

碳酸钙分解度：

$$D = [(w(CaO_石) - w(CaO_残))/w(CaO_石)] \times 100\% \qquad (6\text{-}9)$$

式中　　D——碳酸钙分解度，%；

$w(CaO_石)$——烧结料中以石灰石 $CaCO_3$ 形式带入的 CaO 总含量，%；

$w(CaO_残)$——烧结矿中以石灰石 $CaCO_3$ 形式残存的 CaO 总含量，%。

CaO 矿化度：

$$K = [(w(CaO_总) - w(CaO_游) - w(CaO_残))/w(CaO_总)] \times 100\% \qquad (6\text{-}10)$$

式中　　K——CaO 矿化度，%；

$w(CaO_总)$——烧结矿中以各种形式存在的 CaO 总含量，%；

$w(CaO_游)$——烧结矿中游离 CaO 含量，%；

$w(CaO_残)$——烧结矿中以石灰石 $CaCO_3$ 形式残存的 CaO 含量，%。

【例 6-1】某厂生产碱度 2.0 的烧结矿，由于石灰石粒度粗和热制度不合适，烧
结矿中 CaO_游离 为 8.96%，未分解 $CaCO_3$ 为 7.38%，烧结料中 $CaCO_3$ 带入 CaO 总量
28.73%，计算 CaO 矿化度。计算结果保留小数点后两位小数。

解：CaO 矿化度 = { [$w(CaO_总) - w(CaO_游) - w(CaCO_{3未分解}) \times (56 \div 100)$]/

$\qquad\qquad\qquad w(CaO_总)$ } $\times 100\%$

$\qquad\quad$ = { [28.73 - 8.96 - 7.38 \times (56 \div 100)] \div 28.73 } $\times 100\%$

$\qquad\quad$ = 54.43%

6.6.3 铁氧化物的氧化和还原

铁氧化物有 Fe_2O_3、Fe_3O_4、FeO 这 3 种形态，分别是+3、+(8/3)、+2 价，铁的高价氧化物比低价氧化物易分解，配碳较高时 Fe_2O_3 不稳定分解为 Fe_3O_4 和 FeO。

铁氧化物氧化还原反应主要发生在软熔前，对液相生成和矿物组成影响很大。

（1）铁氧化物的氧化。

因烧结过程 C 与 O_2 的燃烧反应在过剩空气下进行，所以烧结总体是氧化性气氛，在碳粒周围呈现还原性气氛，铁氧化物容易发生氧化反应 $FeO \rightarrow Fe_3O_4 \rightarrow Fe_2O_3$ 并放出热量。

（2）Fe_2O_3 的还原。

烧结条件下 Fe_2O_3 易发生还原反应，只要气相中有 CO 存在，500~600 ℃下 Fe_2O_3 还原反应即可进行：$3Fe_2O_3 + CO == 2Fe_3O_4 + CO_2$。

但生产熔剂性烧结矿时，500~670 ℃下 CaO 和 Fe_2O_3 固相反应生成铁酸一钙 CF，比游离 Fe_2O_3 难还原。

（3）Fe_3O_4 的还原。

烧结条件下 Fe_3O_4 较难发生还原反应，气相中 CO 浓度较高，900 ℃以上燃烧带可进行 Fe_3O_4 还原反应：$Fe_3O_4 + CO == 3FeO + CO_2$。

有 SiO_2 存在，有利于 Fe_3O_4 的还原，生成还原性差的铁橄榄石：$2Fe_3O_4 + 3SiO_2 + 2CO == 3(2FeO \cdot SiO_2) + 2CO_2$。

有 CaO 存在，不利于 Fe_3O_4 的还原，改善烧结矿还原性。因为 CaO 和 SiO_2 的亲和力大于 FeO 和 SiO_2 的亲和力，阻止生成铁橄榄石（$2FeO \cdot SiO_2$），所以生产熔剂性烧结矿时，FeO 含量低，烧结矿还原性好。

（4）FeO 的还原。

FeO 的还原需要相当高的 CO 含量，烧结条件下 FeO 几乎不发生还原反应。

（5）铁矿物氧化度。

1）铁矿物（铁矿粉、烧结矿、球团矿）氧化度。

铁矿物氧化度指铁矿物中铁被氧化的程度。赤铁矿 Fe_2O_3 中 Fe 为+3 价，理论氧化度为 100%，磁铁矿 Fe_3O_4 中 Fe 为+(8/3) 价，理论氧化度为 88.89%。

烧结矿氧化度对还原性有很大影响，氧化度高，表示以 Fe_2O_3 形态存在的铁多，还原性好，因此在保证烧结矿有足够强度的前提下，应尽量提高烧结矿氧化度。

2）铁矿物氧化度计算。

$$D = [(1 - (w(Fe^{2+})/3w(TFe)))] \times 100\% \qquad (6-11)$$

$$D = [1 - (w(FeO)/3.86w(TFe))] \times 100\% \qquad (6-12)$$

$$D = [1 - 0.2591 (w(FeO)/w(TFe))] \times 100\% \qquad (6-13)$$

式中　D——铁矿物氧化度，%；

$w(Fe^{2+})$——铁矿物中+2 价铁含量，以 FeO 形式存在，%，$w(Fe^{2+}) = [w(Fe)/w(Fe+O)] \times w(FeO) = 0.778w(FeO)$；

$w(\text{TFe})$——铁矿物中全铁含量，%；

$w(\text{FeO})$——铁矿物中 FeO 含量，%。

【例 6-2】已知烧结矿 TFe 为 58.2%，FeO 含量 7.8%，计算烧结矿氧化度。计算结果保留小数点后两位小数。

解：烧结矿氧化度 $D = [1 - 7.8 \div (3.86 \times 58.2)] \times 100\% = 96.53\%$

【例 6-3】已知磁铁矿 TFe68.8%，FeO 含量 27.3%，Fe 原子量 56，O 原子量 16，计算该磁铁矿氧化度。计算结果保留小数点后两位小数。

解：磁铁矿氧化度 $D = \{1 - [(56 \div 72) \times 27.3] \div (3 \times 68.8)\} \times 100\% = 89.71\%$

【例 6-4】Fe 原子量 56，O 原子量 16，计算磁铁矿理论氧化度。计算结果保留小数点后两位小数。

解：磁铁矿化学式 Fe_3O_4，理论 TFe 含量 72.4%，理论 FeO 含量 31.03%

磁铁矿理论氧化度 $D = \{1 - [(56 \div 72) \times 31.03] \div (3 \times 72.4)\} \times 100\%$
$$= 88.89\%$$

（6）烧结过程气氛判断。

烧结过程有氧化和还原，但最终是氧化还是还原过程，可由氧化度变化判断。

如果烧结矿氧化度大于烧结料氧化度，则整个烧结过程处于氧化过程。

如果烧结矿氧化度小于烧结料氧化度，则整个烧结过程处于还原过程。

【例 6-5】某原料配比下，烧结料 TFe50.11%，FeO 含量 16.42%，烧结矿 TFe57.81%，FeO 含量 7.33%，通过计算氧化度判断烧结过程处于氧化过程还是还原过程。

解：烧结料氧化度 $D_{烧结料} = \{1 - [(56 \div 72) \times 16.42] \div (3 \times 50.11)\} \times 100\%$
$$= 91.50\%$$

烧结矿氧化度 $D_{烧结矿} = \{1 - [(56 \div 72) \times 7.33] \div (3 \times 57.81)\} \times 100\%$
$$= 96.71\%$$

因 $D_{烧结矿} > D_{烧结料}$，所以烧结过程处于氧化过程。

（7）影响烧结矿氧化度的主要因素。

1）固体燃料用量。

固体燃料用量是影响 FeO 含量的首要因素，决定高温区温度水平和烧结料层气氛性质，对铁氧化物分解、还原、氧化有直接影响。同等烧结条件下，随烧结料中碳含量减少，烧结矿 FeO 含量显著下降，还原性相应提高。

适宜固体燃料用量与矿粉性质、烧结矿碱度、料层厚度等有关。赤铁矿粉烧结，由于 Fe_2O_3 分解耗热，固体燃料用量相对较高；磁铁矿粉烧结，因有 Fe_3O_4 氧化放热，应适当减少固体燃料用量；褐铁矿粉烧结，结晶水分解耗热需适当增加固体燃料用量，但因褐铁矿粉同化性和液相流动性良好，在高碱度、厚料层、褐铁矿粉配比较高的情况下，固体燃料配比需根据具体生产实际而定，不能盲目增减。

2）固体燃料和铁矿粉的粒度。

减小固体燃料粒度，则在料层中分布更趋均匀，有助于减少固体燃耗，避免局部高温和强还原性气氛，提高烧结矿氧化度。

减小铁矿粉粒度，既有利于液相生成和黏结，又有利于铁矿粉氧化，有利于降低燃耗和降低烧结矿 FeO 含量。

3）烧结矿碱度。

提高烧结矿碱度，有利于降低烧结矿 FeO 含量，因为高碱度烧结条件下，可形成多种易熔化合物，允许降低燃烧带温度，并阻碍 Fe_2O_3 的分解与还原。

6.6.4 获得高氧化度烧结矿的基本条件

（1）氧位。

氧位指气相中氧的分压值，或烧结料和烧结液相中 Fe^{3+}/Fe^{2+} 离子浓度的比值。

高氧位烧结指烧结料层获得充足的氧，改善烧结料层中碳燃烧状态，促进低价氧化物的氧化，为生成铁酸钙系提供有利条件，提高烧结矿产质量的烧结方法。

（2）获得高氧化度烧结矿的基本条件。

在保证烧结料固结所必需的液相，即保证烧结矿转鼓强度的前提下，尽量减少配碳量，减弱料层中还原性气氛，降低烧结矿 FeO 含量。

烧结矿 FeO 含量与配碳量密切相关，配碳量较少，则还原性气氛较弱，烧结矿 FeO 含量低，还原性好，确定最佳配碳量必须兼顾烧结矿转鼓强度和还原性这两个指标。

（3）烧结矿再氧化。

再氧化指烧结矿被还原成 Fe_3O_4 或 FeO 后又被 O_2 重新氧化为 Fe_2O_3 或 Fe_3O_4 的过程。

烧结料层中气相成分的分布很不均匀，在远离固体燃料颗粒处氧化性气氛很强，且随着配碳量的减少，料层中氧化性气氛增强。

烧结矿再氧化主要发生在烧结矿带，影响烧结矿最终成分和矿物组成。

烧结矿中 Fe_3O_4 和 FeO 的再氧化，提高烧结矿还原性。

在保证烧结矿转鼓强度条件下，发展氧化过程是有利的。

6.7　烧结成矿机理

烧结成矿是在固体燃料燃烧产生的高温条件下，部分铁矿粉和熔剂发生固相反应进而生成液相，液相黏结未熔矿粉，冷凝固结后形成具有一定块度和强度烧结矿的过程。烧结成矿影响烧结矿结构和矿物组成，烧结矿产质量和能耗等指标很大程度上取决于高温状态下铁矿粉的成矿性能。铁矿粉烧结成矿性能主要表现为其在烧结过程预热带、燃烧带和冷却初始阶段所发生的物理化学反应的能力，烧结成矿机理包括固相反应、液相生成、液相冷凝结晶 3 个过程，其中固相反应和液相生成是烧结料能够黏结成块并具有一定强度的基本要素。

烧结过程中，固相反应、液相生成、冷凝结晶是铁矿粉、熔剂和固体燃料等混合而成的烧结料共同反应的结果，烧结料的液相生成特性及其黏结性能、流动性能、结晶性能与单种铁矿粉的成矿性能指标没有明显的对应性，而且同一种铁矿粉在不同配矿结构下其成矿行为和作用是不同的，所以应以烧结料为研究对象，研究铁矿粉、熔剂等在烧结过程中的固相反应、液相生成与冷凝、烧结矿矿物组成及结构特征等，揭示烧结成矿机理。

6.7.1　黏附粉成矿

因-0.25 mm 铁矿粉和熔剂黏附粉具有较大的比表面积，颗粒间接触面积大，所以化学反应很容易首先在黏附层中进行。在 1100~1150 ℃下，有少量的固相反应，但反应速度慢而不明显；当烧结温度提高到 1200 ℃时，大量的 CaO 与 Fe_2O_3 发生固相反应而生成铁酸一钙 CF；当烧结温度继续升高到 1225~1250 ℃时，明显可见液相生成，且孔洞在液相表面张力的作用下开始收缩；烧结温度进一步升高到 1300 ℃，液相量得到发展，黏附粉中主要矿物组成为铁酸钙系、次生的磁铁矿和赤铁矿，无原生的磁铁矿和赤铁矿，无未反应的熔剂，表明黏附粉中的铁矿粉和熔剂完全参与成矿。

6.7.2　核颗粒成矿

铁矿粉中 1~3 mm 核颗粒主要来源于赤铁矿和褐铁矿，试验研究表明 1~3 mm 核铁矿粉颗粒未完全生成液相而进入熔融区，有部分未熔核矿粉残留在烧结矿中，铁矿粉颗粒越大，则残核越多越明显，生产实践表明控制铁矿粉粒度在 8 mm 以下，可以得到适宜的、不完全熔化状态下的、具有一定强度的非均质烧结矿。

烧结温度下，熔剂 0.5~3 mm 核颗粒能够完全参与矿化，无残存的未反应核颗粒存在，所以控制熔剂-3 mm 粒级在 80%以上且降低+5 mm 粒级含量，有利于改善熔剂成矿性能。

6.7.3　固相反应的作用和影响因素

6.7.3.1　固相反应

固相反应指烧结料某些组分在被加热到尚未熔融仍呈固相时，在固相接触界面上发生化学反应，生成新的低熔点化合物或共熔体的过程。

固相反应是在液相生成之前进行的，固相反应产物仍为固体，未生成液相。

6.7.3.2　固相反应的机理

任何物质间的反应都是由于分子或离子运动所决定的，固相反应是固体和固体之间进行的反应，固体分子质点间的结合力大，所以运动范围小。

固相反应机理是烧结温度赋予离子能量，离子挣脱离子键的束缚进行扩散，能量低时在晶格内扩散，能量高后离开晶格扩散到其他晶体内，发生固相反应。

6.7.3.3 固相反应的特点

固相反应速度较慢,只局限于颗粒间接触面发生位移。

固相反应是自由能降低的过程,所有固相反应都是放热反应。

固相反应的最初产物是结晶构造最简单的一种化合物,它的组成通常不与反应物的浓度一致,要想得到其组成与反应物质量相当的最终产物需要很长时间。

固相反应开始温度远低于反应物的熔点或它们的低共熔点。

6.7.3.4 固相反应的作用

固相反应首先发生在制粒小球的黏附层,因为黏附层中 $-0.25\ mm$ 细粒铁矿粉与熔剂具有大的比表面积,充分接触发生化学反应生成低熔点物质。

Fe_2O_3 与 SiO_2 在中性气氛中不发生固相反应,只有 Fe_2O_3 还原或分解为 Fe_3O_4 时才与 SiO_2 发生固相反应。非熔剂性烧结,高配碳还原性气氛较强,是 Fe_3O_4 与 SiO_2 发生固相反应生成铁橄榄石($2FeO \cdot SiO_2$)的主要条件。

Fe_3O_4 与 CaO 在中性气氛中不发生固相反应,只有 Fe_3O_4 氧化成 Fe_2O_3 才与 CaO 固相反应生成铁酸一钙(CF)。

熔剂性烧结,低碳低温强氧化性气氛下,CaO 与 Fe_2O_3 接触的概率大,固相反应的生成物主要是铁酸一钙(CF)。

固相反应缓慢且反应产物结晶不完善,结构疏松,靠固相固结的烧结矿强度差,铁橄榄石的生成过程比铁酸一钙生成过程缓慢。

固相反应产物并不决定烧结矿最终矿物组成和结构,因固相中生成的大部分复杂物质在烧结料熔化时又分解成简单的化合物。

烧结矿是熔融物结晶作用的产物,受熔融物冷凝再结晶规律支配。

固体燃料用量一定条件下,烧结矿最终矿物组成主要决定于碱度,碱度是熔融物结晶时的决定因素。只有当固体燃料用量较低,仅小部分烧结料发生熔融时,固相反应产物才直接转到成品烧结矿中。

高碱度和低固体燃料用量下的烧结生产,不仅因低燃料低温有助于 CaO 与 Fe_2O_3 发生固相反应生成铁酸一钙转到成品烧结矿中,而且因高碱度决定了熔融物再结晶有利于生成铁酸一钙,促进铁酸一钙矿相增多,烧结矿强度高,还原性好。

固相反应产物虽不能决定最终矿物成分,但能生成原始烧结料所没有的低熔点化合物,为生成液相奠定基础,固相反应类型和最初生成固相反应产物对烧结过程具有重要作用。

6.7.3.5 铁矿粉固相反应能力

铁矿粉固相反应能力指铁矿粉与 CaO 的反应程度,主要有铁矿粉中 Fe_2O_3 与 CaO 生成铁酸盐、SiO_2 与 CaO 生成硅酸盐两种类型。

固相反应类型主要取决于反应物组分之间接触条件,与各组分含量密切相关。

(1)因铁矿粉 TFe 高、SiO_2 等脉石含量低,CaO 主要与 Fe_2O_3(以及由 Fe_3O_4

氧化生成的 Fe_2O_3）固相反应生成铁酸钙，而与 SiO_2 接触反应的机会少，因此固相反应产物主要是铁酸钙，硅酸盐矿物较少。

（2）固相反应产物类型及含量与铁矿粉中 SiO_2 含量密切有关。当铁矿粉中 SiO_2 含量低于 5% 时，固相产物中 70% 以上为铁酸钙，仅有微量的硅酸盐；当铁矿粉中 SiO_2 含量超过 5% 时，硅酸盐生成量开始显著增加，SiO_2 含量升高到 10% 左右时，硅酸盐含量增加到 15%~20%。

（3）铁酸钙生成能力与铁矿粉的种类和结构致密程度有关。铁矿粉的 SiO_2 含量基本相当，但铁矿的种类不同，固相反应生成铁酸钙含量不同，褐铁矿的铁酸钙生成量最多，铁酸钙生成能力最强，其次是赤铁矿，磁铁矿的铁酸钙生成能力最差。

铁矿粉的 TFe、SiO_2 含量等化学成分基本相当时，结构致密的铁矿粉其铁酸钙生成能力较差，固相反应能力相对较弱。

6.7.3.6　影响固相反应速度的因素

（1）固相反应的内在条件是晶格的不完整，外在条件是温度。

（2）固相反应放热加快反应速率，反应物扩散速度控制固相反应速率。

（3）固相反应速度受烧结料粒度、烧结温度、配碳量、气氛性质等因素的影响，烧结料粒度是影响固相反应速度的重要因素，固相反应速度与反应物颗粒大小成反比，物料粒度细，则比表面积大，分散度大，活化了反应物的晶格，增加颗粒间接触界面，加快固相反应速度。固相反应速度决定于烧结温度，烧结温度高，则增大固相物内能，增强晶格质点振动，易扩散，加速固相反应。

（4）改善颗粒接触界面，则加速固相反应，对于松散的烧结料层采取压料，能有效促进固相反应。

6.7.4　液相生成和黏结特性

液相生成是烧结矿固结的基础，决定烧结矿的矿相成分和显微结构，对烧结矿产质量影响很大。

6.7.4.1　液相生成过程

（1）初生液相。

在固相反应生成新的低熔点化合物或低共熔点物质处，随着烧结温度升高到低熔点物质的熔化温度时，首先在黏附层中开始形成初生液相。烧结料在 1200 ℃ 左右开始形成初生液相。

硅酸盐体系中，Fe_3O_4 和 SiO_2 发生固相反应生成铁橄榄石（$2FeO \cdot SiO_2$），当烧结温度达到铁橄榄石的熔化温度 1205 ℃ 时，开始生成铁橄榄石液相。

铁酸钙体系中生成液相最低温度为 $CaO \cdot 2Fe_2O_3$ 与 $2CaO \cdot Fe_2O_3$ 的低共熔点 1195 ℃。

（2）加速生成低熔点化合物。

随着烧结温度升高和初生液相的促进作用，一部分低熔点化合物分解成简单化合物，一部分熔化成液相。

（3）液相扩展。

液相进一步熔融周围核颗粒矿粉，生成低共熔混合物，降低烧结料中高熔点矿物的熔点，使液相得到扩展。

（4）液相反应。

高温液相中成分进行置换和氧化还原反应，产生气泡，推动碳粒到气流中燃烧。

（5）液相同化。

随着烧结温度的继续升高改善了液相流动性，通过液相黏性和塑性流动传热，均匀烧结过程温度和成分，趋近于相图上稳定的成分位置。

6.7.4.2　液相生成的作用

（1）液相是烧结矿的黏结相，黏结未熔颗粒成块，保证烧结矿具有一定强度。

（2）液相具有一定的流动性，进行黏性和塑性流动传热，均匀高温熔融带的温度和成分，均匀液相反应后的化学成分。

（3）大部分固体燃料在液相生成后燃烧完毕，液相数量和黏度应能保证固体燃料不断地显露到氧位较高的气流孔道附近，在较短时间内燃烧完毕。

（4）液相润湿未熔矿粒表面，产生表面张力将矿粒拉紧，冷凝后具有一定强度。

（5）从液相中生成并析出烧结料中所没有的新生矿物，利于改善烧结矿转鼓强度和还原性。

（6）液相生成量增加，可增加物料颗粒之间的接触面积，提高烧结矿转鼓强度，但是液相生成量过多，不利于改善烧结矿还原性。

（7）烧结过程生成一定数量的液相是烧结料固结成块的基础。在碳燃烧产生高温作用下，固相反应产生的低熔点化合物首先开始熔化，产生一定数量液相，黏结其他未熔矿物，冷却后形成多孔块矿，因此烧结过程中液相生成量是决定烧结矿转鼓强度和成品率的主要因素，同时烧结矿的矿物组成是液相在冷却过程中结晶的产物，所以液相化学成分直接影响烧结矿的化学组成，液相生成量和成分除受烧结料物化性能（矿石种类、脉石成分、碱度、粒度等）影响外，主要取决于配碳量。

烧结矿的液相组成、性质和数量在很大程度上决定烧结矿产质量，正确掌握和准确控制液相生成量和矿物组成，是保证烧结矿质量和提高成品率的关键。烧结矿主要靠液相黏结使周围未熔核矿粉成块，其中烧结矿碱度越高液相量越多。

6.7.4.3　影响液相生成量的主要因素

（1）烧结矿碱度和 SiO_2 含量。

烧结矿 SiO_2 含量一定的情况下，烧结矿碱度提高，烧结过程液相生成量增加。烧结矿碱度是影响液相生成量和液相类型的主要因素。

烧结矿由熔融液相黏结未熔核矿粉而形成，液相化学成分对液相生成量和物相起着极为重要的作用。高碱度烧结下，研究 SiO_2 含量对液相生成特性和铁酸钙生成量的影响表明，适宜烧结矿 SiO_2 含量为 5.2%~5.5%，这是保证烧结矿转鼓强度且烧结产能不降低的基础，SiO_2 参与形成铝硅铁酸钙 SFCA，有助于发展针柱状铁酸钙结构，烧结矿冶金性能好。当 SiO_2 含量过低时，液相生成量不足，烧结矿固结强度差且成品率低。当 SiO_2 含量过高时，液相开始生成温度升高，液相生成速度减慢，液相生成量减少，且因 CaO-SiO_2 的亲和力大于 CaO-Fe_2O_3 的亲和力，CaO 更易生成硅酸钙，使得铁酸钙黏结相减少而硅酸盐黏结相增多，影响烧结矿转鼓强度和冶金性能变差且降低产能。

（2）烧结温度。

烧结矿 SiO_2 含量一定，烧结温度升高，则液相生成量增加。

（3）烧结气氛。

烧结气氛直接控制烧结过程铁氧化物的氧化还原方向，配碳量增加，烧结过程向还原气氛发展，铁的高价氧化物还原成低价氧化物，FeO 含量增加，熔点下降，影响固相反应和液相类型，且液相生成量增加。

（4）铁矿粉的种类、脉石成分和软化性能。

赤铁矿和褐铁矿生成液相能力强，磁铁矿液相生成温度相对较高、液相生成速度较慢、液相生成量较少。铁矿粉中脉石成分 CaO、SiO_2、MgO、Al_2O_3 决定液相生成温度和液相生成量。一般 CaO、SiO_2 含量高，则液相生成温度低，液相生成速度快，液相生成量多；MgO、Al_2O_3 含量高，则液相生成温度高且液相生成量少。铁矿粉软化温度越低，则软化区间越宽，液相生成量越多。

6.7.4.4 液相黏结特性

烧结矿强度不仅取决于烧结过程液相生成量，同时液相与未熔核铁矿粉之间的黏结特性决定两者的接触强度（相间强度），同样影响烧结矿转鼓强度。试验结果表明，液相黏结性能与铁矿粉的种类无明显关系，铁矿粉的杂质含量少、SiO_2 和 Al_2O_3 含量低，其液相黏结性能好。

6.7.5 矿物结晶冷凝过程

6.7.5.1 矿物结晶过程

烧结矿在 1280~1300 ℃下急冷时，因冷却速度过快黏结来不及结晶，矿相中没有结晶态物质析出，仍保持液相时的原有形态。

烧结矿在 1280~1300 ℃下以 50 ℃/min 速度缓慢冷却时，出现结晶态铁酸钙系矿相，铁酸钙体系中晶体开始析出温度为 1200 ℃左右，且维持时间延长，铁酸钙析出量增多。

随着烧结温度的降低，液相逐渐冷凝，按照矿物熔点的高低从液相中开始依次析出晶质和非晶质，并且黏结未熔铁矿粉最终形成烧结矿。

烧结矿矿物结晶规律为高熔点矿物首先结晶析出，其次周围的低熔点化合物和共晶混合物依次结晶析出，质点从液态无序排列过渡到固态有序排列，体系自由能降低到趋于稳定状态。

A　结晶形式

（1）结晶。液相冷却降温到矿物熔点时，某成分达到过饱和，质点相互靠近吸引形成线晶，线晶靠近成为面晶，面晶重叠成为晶芽，以晶芽为基地质点呈有序排列，晶体逐渐长大形成，为液相结晶析出的过程。

（2）再结晶。原有矿物晶体基础上细小晶粒聚合成粗大晶粒，是固相晶粒的聚合长大过程。

（3）重结晶。温度和液相浓度变化使已结晶的固相物质部分溶入液相中以后，再重新结晶出新的固相物质，这是旧固相通过固—液转变后形成新固相的过程。

B　液相结晶因素

结晶原则是根据矿物熔点由高到低依次析出，影响结晶的因素有：

（1）温度。同种物质晶体在不同温度下生长，因结晶速度不同而形态有差别。

（2）析出的晶体和杂质。由于结晶开始温度和结晶能力、生长速度不同，后析出的晶体形状受先析出晶体和杂质的干扰。

（3）结晶速度。结晶速度快，则结晶晶芽增多，初生晶体较细小，很快生长成针状、棒状、树枝状。当结晶速度极小时，因冷却速度大而来不及结晶，易凝结成玻璃相。

（4）液相黏度。液相黏度很大时，质点扩散的速度很慢，晶面生长所需的质点供应不足，因而晶体生长很慢，甚至停止生长，但是晶体的棱和角可以接受多方面的扩散物质而生长较快，造成晶体棱角突出、中心凹陷的所谓"骸状晶"。

6.7.5.2　液相冷凝过程

在结晶过程的同时液相逐渐消失，形成疏松多孔、略有塑性的烧结矿带。液相冷凝过程中，不仅有物理化学反应，而且产生内应力。

A　液相冷凝速度对烧结矿质量的主要影响

（1）影响矿物成分。冷却降温过程中，烧结矿的裂纹和气孔表面氧位较高，先析出的低价铁氧化物 Fe_3O_4 很容易氧化为高价铁氧化物 Fe_2O_3。在不同温度和不同氧位条件下氧化，所得到的 Fe_2O_3 具有多种晶体外形和晶粒尺寸，它们在气体还原过程中表现出的强度差别很大。

（2）影响晶体结构。高温冷却速度快，液相析出的矿物来不及结晶，易生成脆性大的玻璃质，已经析出的晶体在冷却过程中发生晶型变化，最明显的是硅酸二钙（C_2S）的同质异相变体（即同一化学成分的物质，在不同的条件下形成多种结构形态不同的晶体）造成相变应力。由 β-C_2S 转变成 γ-C_2S 时体积膨胀约10%，产生很大内应力，导致烧结矿在冷却过程中自然粉化。

（3）影响热内应力。不仅宏观烧结矿产生热内应力，而且由于各种矿物结晶先后和晶粒长大速度不同、在烧结矿体中分布不均匀、各种矿物线膨胀系数不同，也产生热内应力，内应力可能残留在烧结矿中降低转鼓强度。

B   烧结冷却速度的影响

烧结冷却过程是熔融物结晶析出放热过程，要求缓慢梯度冷却。

烧结冷却速度受料层透气性、气流风速、抽风量的影响。料层透气性好，气流风速快，抽风量大，则烧结冷却速度快。由于抽风作用，料层不同部位烧结冷却速度或冷却强度差别很大，在无保温炉保温情况下，料层表层冷却速度快（120～130 ℃/min），料层下部因蓄热作用冷却速度慢（40～50 ℃/min）。

因液相凝固和多种矿物晶体的膨胀系数不同，冷却速度过快时产生晶间应力不易消除，烧结矿内形成微细裂纹，降低转鼓强度。

将一块火红烧结矿投到冷水中快速冷却，显微镜下观察微观结构，Fe_2O_3、Fe_3O_4 结晶极不完善，出现骸晶 Fe_2O_3，其他矿物支离破碎，大孔穿孔裂纹极多，玻璃相到处都是，结构强度很差。

解决冷却速度与烧结矿转鼓强度矛盾的有效途径是改善布料效果和料层透气性，提高料层厚度，既维持烧结速度又减少表层转鼓强度差的烧结矿比例。

根据矿物的熔点，确定适宜的原料结构，遵循矿物结晶规律，选择适宜的冷却速度，对生产优质烧结矿具有十分重要的意义。

6.7.5.3   料层上部烧结矿转鼓强度低的主要原因和采取措施

A   料层上部烧结矿转鼓强度低的主要原因

（1）因物料自重的作用，料层下部烧结料粒度大，装料密度大，碳粒粗，固定碳含量高，碳燃烧放出热量多，以及料层自动蓄热作用供给热多甚至过剩，烧结矿固结强度好。而料层上部烧结料粒度小，装料密度小，碳粒细，固定碳含量低，碳燃烧放出热量少，且无自动蓄热作用，高温保持时间短。

（2）外界温度低，点火负压高将外界冷风抽入炉膛，料层上部烧结料热量散失多，供给热不足，烧结矿固结强度差。

（3）料层上部烧结矿被抽入的冷空气快速急冷收缩，内应力大，裂纹多，强度差。

（4）料层上部烧结矿因冷却速度快，矿物来不及释放能量而析晶，形成无一定结晶形状脆性玻璃质，热应力大，烧结矿薄壁强度差。而料层下部烧结矿冷却速度慢，矿物结晶充分强度好。

B   改善料层上部烧结矿转鼓强度低的主要措施

（1）采用多辊布料器偏析布料，采取−1 mm 固体燃料分加在表层 50 mm 料层内，增加表层烧结料中固定碳含量，补充上部烧结料热量不足的问题。

（2）褐铁矿结构疏松孔隙率大，烧结收缩率大，针对褐铁矿配比高的原料结构安装自转式压料辊适当压下表层烧结料，提高上部烧结料的布料密度，改善烧结料颗粒间接触面积，促进固相反应，减小烧结过程料层收缩率。

（3）实施厚料层烧结，减少上部烧结矿所占的比例，提高整体烧结矿转鼓强度。

（4）微负压点火，延长表层烧结料高温保持时间，提高表层烧结矿转鼓强度和成品率。

（5）热风点火、富氧点火，使点火煤气中可燃物充分燃烧，增加表层烧结热量。

（6）在主排烧嘴两侧增设边烧嘴，提高台车边部点火强度，补偿边部因吸入冷空气而损失的热量，提高边部烧结矿转鼓强度和成品率。

（7）点火炉后增设保温炉，保温炉内设置适量烧嘴或引入热废气，保温炉内温度达 800 ℃以上，使料层上部烧结矿缓慢冷却，避免因急剧冷却产生裂缝影响转鼓强度变差。

6.8 燃烧带特性分析

6.8.1 燃烧带下移速度及影响因素

燃烧带下移速度指烧结过程单位时间内燃烧带沿料层高度自上而下的下移速度，也称垂直烧结速度。

【例 6-6】某烧结机机头和机尾中心距 93 m，风箱有效长度 90 m，机尾风箱有效长度 4 m，料层厚度 900 mm，烧结机机速 2.1 m/min，控制烧结终点位置在倒数第二个风箱末端位置，计算垂直烧结速度。计算结果保留小数点后两位小数。

解：烧结终点位置 = 90 - 4 = 86（m）

烧结时间 = 86 ÷ 2.1 = 40.95（min）

垂直烧结速度 = 900 ÷ 40.95 = 21.98（mm/min）

垂直烧结速度只在一定负压和一定料层厚度下才有意义。烧结过程中存在碳燃烧速度和空气传热速度，垂直烧结速度取决于碳燃烧速度和空气传热速度中最慢的一步，要求二者速度快且尽量同步。

在低配碳条件下，碳燃烧速度较快，垂直烧结速度取决于空气传热速度，空气中 O_2 含量不会影响空气传热速度，空气中 O_2 含量高，则促进碳燃烧速度。

在正常或较高配碳条件下，碳燃烧速度较慢，垂直烧结速度取决于碳燃烧速度，固体燃料的燃烧性和反应性好，则碳燃烧速度快。

垂直烧结速度与风速的 0.77~1.05 次方成正比，烧结过程空气是传递热量的介质，加快风速可加快碳燃烧速度和空气传热速度，加快风速的措施有强化制粒，改善烧结过程料层透气性，减少漏风，增大主抽风机抽风能力。

垂直烧结速度与通过料层的有效风量成正比，单位烧结面积有效风量大，料层燃烧条件好，则垂直烧结速度快，烧结矿产量高。

垂直烧结速度并非固定不变，随着烧结过程沿料层高度自上而下进行，烧结矿带不断增厚和过湿带逐渐消失，料层阻力逐渐减小，逐步改善料层透气性，总管负压越来越低，垂直烧结速度越来越快。

6.8.2 影响燃烧带温度和厚度的主要因素

（1）燃烧带温度和厚度取决于配碳量、固体燃料粒度、碳燃烧速度和空气传热速度、空气中氧含量、料层透气性、通过料层风量、黏结相熔点等。

1）增加配碳量，既提高燃烧带温度，又增加燃烧带厚度。

2）相同配碳量下，固体燃料粒度小，则比表面积大，与空气接触条件好，碳燃烧速度快，燃烧带薄；固体燃料粒度大，则碳燃烧速度慢，燃烧时间延长，燃烧带厚。

3）碳燃烧速度与空气传热速度同步时，化学热与物理热叠加，固体燃料消耗少，燃烧带薄且温度高，同时加快垂直烧结速度。

4）碳燃烧速度与空气传热速度不同步，无论是碳燃烧速度快还是空气传热速度快，都不能利用料层的积蓄热量，燃烧带厚且温度低。

5）烧结机操作的目的是力求碳燃烧速度和空气传热速度同步且快，可获得燃烧带薄且温度高的良好效果。

6）一定配碳量下，空气中 O_2 含量高、料层透气性好、通过料层风量大，则空气传热速度快，碳燃烧动力学条件好，燃烧带薄。

7）黏结相熔点低、磁铁矿粉烧结（Fe_3O_4 氧化放热），改善碳燃烧供氧条件，有助于减少配碳量，减薄燃烧带。

（2）气流速度的影响。

影响空气传热速度的因素有物料粒度、CO_2 含量、H_2O 含量、空气流速。加快气流速度时，碳燃烧速度和空气传热速度分别以不同速率发展，二者差距逐渐增大而不同步，使燃烧带厚而温度低。

（3）熔剂种类的影响。

生石灰遇水消化放出热量并生成粒度极细的消石灰，其提高料温、亲水胶体和凝聚作用、增加湿容量、催化碳素燃烧的强化烧结过程作用优于其他熔剂，可以减轻过湿带，能更快更均匀促进 CaO 矿化反应和各种固液反应，促进生成铁酸钙液相，利于降低固体燃耗，加快烧结速度提质提产。而增加石灰石、白云石、菱镁石用量，由于烧结过程分解吸热，会降低燃烧带温度。

6.8.3 燃烧带温度和厚度对烧结矿产质量的影响

烧结五带中燃烧带温度最高，透气性最差，气流阻力最大，燃烧带温度和厚度对烧结产量和质量影响很大。

燃烧带厚则料层透气性差，气流阻力大，降低垂直烧结速度，降低烧结产量。

燃烧带厚且温度高，生成液相多，提高烧结矿转鼓强度，但温度过高烧结料层过熔，过多液相增加气流阻力，不仅影响产量降低，而且烧结矿 FeO 含量高，还原性差。

燃烧带薄且温度高，料层透气性好，垂直烧结速度快，烧结产量高且固结强度好。

燃烧带薄且温度低，因达不到应有的高温和必要的高温保持时间，液相量不足，黏结不好，影响转鼓强度低和内返率高。

获得适宜燃烧带温度和厚度是提高烧结矿产量和质量的重要环节，烧结料层上部和下部温差大是造成烧结矿品质不均匀的直接原因，烧结料层上部和下部具有合适而均匀的温度是烧结机加热制度的根本要求，热风烧结、燃料分加、改善料层透气性使料层上下部热量趋于均衡，可以提高烧结矿质量。

6.8.4 烧结温度及分布特点

如图 6-5 所示，烧结表现出由低温到高温，然后又从高温迅速下降到低温的典型温度分布曲线，在燃烧带有最高温度点，烧结温度指燃烧带温度，烧结温度主要取决于碳燃烧放出的化学热，同时与空气在料层上部被预热的程度有关。

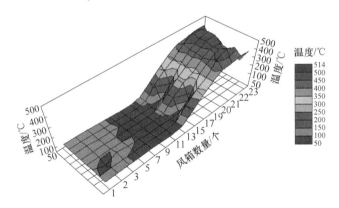

图 6-5 烧结风箱温度三维曲线图

(扫描书前二维码看彩图)

烧结温度曲线随着烧结进程沿着气流方向波浪式移动不断改变位置。燃烧带下部的热交换在一个很窄的加热及干燥带完成，气流速度大温差大，对流传热量大，由于料粒比表面积大，彼此紧密接触，可以迅速进行传导传热。

烧结过程是不等温过程，随着燃烧带下移，由于自动蓄热作用，燃烧带最高温度沿料层高度自上而下逐渐升高。

物料粒度对烧结温度有影响，物料粒度越大，在相同料层厚度下达到最高温度水平（烧结温度）越低，因为粒度大小直接影响热交换，粗粒料比表面积小，从气流中接受的热量较细粒料少，同时由于气流在料层通道中保存本身较多的热量，使得在粗粒料中有较大的热波迁移速度和较低的料层最高温度。

其他条件相同的情况下，细粒固体燃料燃烧产生较高温度，因为细粒固体燃料的比表面积大，燃烧速度快，燃烧带薄，热能集中。

6.9 液相体系及生成条件

铁矿粉烧结配料中的主要成分是铁氧化物（Fe_2O_3、Fe_3O_4、FeO）、碱性熔剂（CaO、MgO）和酸性熔剂 SiO_2，所以铁矿粉烧结可取 SiO_2-CaO-FeO-Fe_2O_3 四元系相图分析，高氧位条件下烧结过程反应近于 Fe_2O_3-CaO-SiO_2 在空气中的平衡图，低氧位条件下烧结过程反应近于 FeO-CaO-SiO_2 三元系相图。

6.9.1 铁-氧体系（FeO-Fe_3O_4）

该体系生成条件是以磁铁矿 Fe_3O_4 为主、缺乏造渣物质、非熔剂性烧结、高配碳、还原性气氛强。

6.9.2 硅酸铁体系（FeO-SiO_2）

该体系生成条件是高 SiO_2、以磁铁矿 Fe_3O_4 为主、非熔剂性烧结、高配碳、还原性气氛强。

非熔剂性烧结矿中常见硅酸铁系液相组成，硅酸铁系液相生成量与 SiO_2 含量和生成 FeO 含量有关。配碳量多烧结温度高，还原性气氛强，铁橄榄石黏结相多，烧结矿转鼓强度高，但以自由 FeO 状态存在的量相对少，烧结矿还原性差，因此生产非熔剂性烧结矿在转鼓强度满足高炉需求的情况下，不希望过分发展硅酸铁系液相。

6.9.3 硅酸钙体系（CaO-SiO_2）

该体系有 $CaO \cdot SiO_2$、$2CaO \cdot SiO_2$、$3CaO \cdot SiO_2$、$3CaO \cdot 2SiO_2$ 等化合物，该体系化合物及共熔体的熔点都较高，如硅酸一钙（$CaO \cdot SiO_2$）熔点 1544 ℃，硅酸二钙（C_2S）熔点 2130 ℃，烧结温度下生成该体系液相不多，但因 CaO-SiO_2 亲和力大，固相反应最初产物可生成 C_2S，烧结矿中有可能存在 C_2S，670 ℃下烧结矿冷却过程中 C_2S 发生晶型转变，体积膨胀 10%，产生内应力，导致烧结矿自然粉化，严重影响转鼓强度。

（1）硅酸钙体系生成条件。

高温、自熔性和熔剂性烧结矿中存在硅酸钙黏结相。

（2）防止或减少硅酸二钙（C_2S）破坏作用的措施。

1）采用较小粒度的铁矿粉、熔剂和固体燃料，并加强混匀过程，避免 CaO 和固体燃料在局部过分集中。

2）提高烧结矿碱度。碱度提高到 2.0 以上时，剩余 CaO 有助于生成硅酸三钙（$3CaO \cdot SiO_2$）和铁酸钙。当铁酸钙中 C_2S 含量不超过 20% 时，铁酸钙可稳定 β-C_2S 晶型。

3）适当提高 MgO 含量可稳定硅酸二钙（C_2S）的存在；Al_2O_3 和 Mn_2O_3 有稳定 β-C_2S 的作用；磷、硼、铬等元素以取代或填隙的方式与 β-C_2S 形成固溶体，可稳定 β-C_2S 有效抑制粉化。

4）固体燃料用量低，严格控制烧结温度不宜过高。

6.9.4 铁酸钙体系（CaO-Fe_2O_3）

该体系化合物有铁酸二钙（$2CaO \cdot Fe_2O_3$）、铁酸一钙（CF）、二铁酸钙（$CaO \cdot 2Fe_2O_3$），铁酸钙体系生成条件是低硅、高碱度、低温、强氧化性气氛烧结，1155~1226 ℃铁酸一钙 CF 才能稳定存在。

6.9.5 铝硅铁酸钙体系（CaO-Fe_2O_3-SiO_2-Al_2O_3）

该体系生成条件是低硅、高碱度、低温、强氧化性气氛烧结，铝硅比不超 0.4（0.1~0.35），以赤铁矿 Fe_2O_3 为主，有利于发展针状铁酸钙黏结相，生成铝硅铁酸钙 SFCA。

6.9.6 CaO-Fe_2O_3-SiO_2 体系

该体系生成条件是以赤铁矿 Fe_2O_3 为主、熔剂性烧结、低温、强氧化性气氛烧结。

配碳量较低时，铁矿粉中有较多自由 Fe_2O_3，距离大颗粒固体燃料较远的部位氧位较高。当快速加热时 CaO 不与 SiO_2 结合，而是与 Fe_2O_3 接触处首先发生固相反应生成铁酸一钙低熔点液相。碱度大于 1.8 时液相以铁酸盐为主，碱度小于 1.8 时液相以硅酸盐为主，这两类差别较大的液相在冷却时来不及很好地同化，致使烧结矿矿物组成和结构复杂，影响烧结矿质量。

6.9.7 钙铁橄榄石体系（CaO-FeO-SiO_2）

该体系生成条件：

（1）熔剂性烧结、配碳量高（烧结温度高）、还原性气氛强。

（2）以磁铁精矿粉为主料，生产自熔性烧结矿，液相组成中有钙铁橄榄石。

6.9.8 钙镁橄榄石体系（CaO-MgO-SiO_2）

该体系生成条件是熔剂性烧结、MgO 含量高。

6.9.9 CaO-SiO_2-TiO_2 体系

该体系生成条件是钒钛磁铁矿生产熔剂性烧结矿，TiO_2 含量高。

600 ℃下 TiO_2 极易与 CaO 反应生成钙钛矿（$CaO \cdot TiO_2$），1250~1350 ℃下钙钛矿生成速度最快以固态弥散于硅酸盐和钛铁矿之间，普通烧结矿形成四元渣系（CaO+MgO）/（SiO$_2$+Al$_2$O$_3$），而钛烧结矿则形成五元渣系（CaO+MgO）/（SiO$_2$+Al$_2$O$_3$+TiO$_2$），钒钛磁铁矿烧结成矿过程复杂。

6.10　烧结矿矿物组成、结构及其影响

6.10.1　常见矿物组成及其性质

烧结矿是一种多种矿物组成的复合物，由铁矿物和脉石矿物及其生成液相黏结而成，矿物组成随原料和烧结工艺条件不同而不同。

烧结矿的矿物组成有含铁矿物、熔剂矿物、黏结相矿物等。

6.10.1.1　含铁矿物

（1）磁铁矿（Fe$_3$O$_4$）。

磁铁矿熔点1597 ℃，是酸性和自熔性烧结矿的主要矿物，在高碱度烧结矿中也有一定比例的Fe$_3$O$_4$，尤其是磁铁精粉率高且弱还原性气氛下，Fe$_3$O$_4$矿物组成增加。Fe$_3$O$_4$强度高，还原性较好。

（2）赤铁矿（Fe$_2$O$_3$）。

赤铁矿熔点1565 ℃，在酸性和自熔性烧结矿中含量较低，一般不超5%。在赤铁矿配比高且氧化度高的气氛下，Fe$_2$O$_3$矿物组成增加。Fe$_2$O$_3$强度较高，还原性很好。

（3）浮氏体（Fe$_x$O）。

浮氏体熔点1371~1423 ℃，酸性烧结矿中Fe$_x$O含量达20%以上，自熔性烧结矿中Fe$_x$O含量15%左右，熔剂性烧结矿中随着碱度的升高Fe$_x$O含量降低。低碳低温烧结，Fe$_x$O含量与烧结矿转鼓强度和还原性无直接关系。

6.10.1.2　熔剂矿物

（1）白云石（CaMg(CO$_3$)$_2$）。

自然界中纯白云石较少，通常含少量的Fe^{2+}或Mn^{2+}而代替Mg^{2+}，当Fe^{2+}完全代替Mg^{2+}时称为铁白云石（CaFe(CO$_3$)$_2$），当Mn^{2+}完全代替Mg^{2+}时称为锰白云石（CaMn(CO$_3$)$_2$），颜色为灰白、浅黄、浅绿及玫瑰色，硬度3.5~4，密度2.87 t/m^3。

（2）方镁石（MgO）。

方镁石中常含少量Fe、Mn、Zn等杂质，颜色为白、灰、黄色，硬度6，密度3.6 t/m^3，熔点2800 ℃，在镁砖、钢渣及高镁烧结矿中常出现方镁石。

（3）方解石（石灰石）（CaCO$_3$）。

方解石中含有Mn、Fe、Mg及少量Pb、Zn等，颜色为无色或乳白色，有时因混入物染成各种浅色，玻璃光泽，硬度3，密度2.7 t/m^3。方解石是常见矿物之一，石灰石中绝大部分是方解石，铁矿石中也常含方解石作为脉石矿物。

（4）石英（SiO_2）。

石英颜色为无色、乳白色，有时因含杂质而呈紫色、黄色、淡红、淡绿等颜色，硬度7，密度2.65 t/m^3，熔点1713 ℃。在硅质耐火材料、玻璃原料及高硅烧结矿和氧化球团矿中常见石英矿物。

6.10.1.3　黏结相矿物

（1）铁酸一钙（CF）。

铁酸一钙中可固熔有 $CaO \cdot Al_2O_3$，密度2.53t/m^3，熔点1216 ℃。

自熔性烧结矿中铁酸一钙黏结相很少，熔剂性烧结矿特别是赤铁矿配比高且高碱度烧结矿中主要黏结相为铁酸一钙。铁酸一钙是一种强度高、还原性好的理想黏结相。

随着碱度的增加，铁酸一钙晶型逐渐变粗，当碱度超过2.2时烧结矿中出现铁酸二钙（$2CaO \cdot Fe_2O_3$），矿物强度较低，还原性较好。

（2）铁酸二钙（$2CaO \cdot Fe_2O_3$）。

铁酸二钙中可固熔有 Al_2O_3，黄褐色，1436 ℃分解。

烧结矿中二元铁酸钙在碱度1.8以上、强氧化性气氛下生成，一般随着碱度升高铁酸钙增加，生成铁酸钙顺序为 $CaO \cdot 2Fe_2O_3 \rightarrow CaO \cdot Fe_2O_3 \rightarrow 2CaO \cdot Fe_2O_3$，但由于诸多因素的影响，如生石灰、石灰石的分布状态和粒度变化等，不出现以上生成规律。

（3）铁橄榄石（$2FeO \cdot SiO_2$）。

铁橄榄石是酸性和自熔性烧结矿的主要黏结相，在熔剂性烧结矿中含量较少，但当硅高、配碳量高时，熔剂性烧结矿中常出现铁橄榄石。铁橄榄石强度较高，但还原性很差。

（4）钙铁橄榄石（$CaO \cdot FeO \cdot SiO_2$）。

在自熔性烧结矿中常见钙铁橄榄石，当生产熔剂性烧结矿、配碳量高（烧结温度高）、还原性气氛强时，FeO含量增多，可生成钙铁橄榄石。

钙铁橄榄石与铁橄榄石生成条件都需高温和还原性气氛，但钙铁橄榄石熔化温度低且液相黏度较小，气流阻力小，改善料层透气性，缺点是液相流动性过好，易形成薄壁大孔结构，烧结矿变脆，转鼓强度变差。钙铁橄榄石强度较高，还原性较差。

（5）硅酸一钙（$CaO \cdot SiO_2$）、硅酸二钙（C_2S）、硅酸三钙（$3CaO \cdot SiO_2$）。

碱度 $R1.0 \sim 1.2$ 高硅烧结矿中存在硅酸一钙（$CaO \cdot SiO_2$）黏结相。

硅酸二钙（C_2S）晶型转变温度和各晶系密度见表6-3。

表6-3　硅酸二钙（C_2S）晶型转变温度和各晶系密度

矿　物	晶系	转变温度/ ℃	密度/$g \cdot cm^{-3}$
X-C_2S 高温型	六方	2130～1425	3.07
X-C_2S 高温型	斜方	1425～670	3.31

矿　　物	晶系	转变温度/℃	密度/g·cm⁻³
β-C_2S 中温型	单斜方	670~525	3.28
γ-C_2S 低温型	斜方	525~20	2.97

硅酸二钙具有晶型转变的特征而产生体积膨胀。在自熔性和熔剂性烧结过程中 CaO 与 SiO_2 形成硅酸二钙（C_2S），温度变化过程中 C_2S 发生一系列晶型转变，产生很大内应力体积膨胀，是高硅烧结矿自然粉化的主要原因。

自熔性烧结矿转鼓强度差，一是硅酸二钙（C_2S）的晶变造成粉化，二是生成的矿物种类较多，矿物组成很复杂，不同矿物的膨胀系数不同，烧结矿冷却时内应力很大。

硅酸二钙（C_2S）是固相反应的最初产物，因熔点高（2130 ℃），烧结温度下不发生熔化和分解而转入成品烧结矿中。抑制硅酸二钙（C_2S）晶变（减轻 C_2S 影响烧结矿转鼓强度）的主要措施：

1）生产高碱度烧结矿，促使生成硅酸三钙（$3CaO·SiO_2$）和铁酸一钙（CF），防止生成硅酸二钙（C_2S）。

2）减少配碳量，严格控制烧结温度，减少固相反应中生成硅酸二钙（C_2S）的机会。

3）配加菱镁石等含 MgO 熔剂，形成镁橄榄石（$2MgO·SiO_2$）而取代硅酸二钙（C_2S），镁橄榄石（$2MgO·SiO_2$）无晶型转变，温度变化过程中不发生粉化。

4）适当配加含硼（B）、磷（P）、铬（Cr）的矿石，硅酸盐物理化学理论说明，B_2O_3、P_2O_5、Cr_2O_3 固溶于硅酸二钙（C_2S）中抑制和防止 C_2S 晶型转变，减轻烧结矿粉化现象。

当烧结矿碱度 $R>2.0$ 时可生成硅酸三钙（$3CaO·SiO_2$）并代替 C_2S，无晶型转变特性，对烧结矿转鼓强度有利。

（6）含 MgO 黏结相。

随着白云石、菱镁石、蛇纹石含 MgO 熔剂配比的提高，分解出的 MgO 与其他矿物发生矿化反应而生成镁橄榄石（$2MgO·SiO_2$）、钙镁橄榄石（$CaO·MgO·SiO_2$）、铁酸镁（$MgO·Fe_2O_3$）、镁磁铁矿（$MgO·Fe_3O_4$）等高熔点化合物。

（7）含 Al_2O_3 黏结相。

Al_2O_3 脉石含量高时，烧结矿黏结相中有铝黄长石（$2CaO·Al_2O_3·SiO_2$）、铁铝酸四钙（$4CaO·Al_2O_3·Fe_2O_3$）。

Al_2O_3 高时能抑制硅酸二钙（C_2S）晶型转变，有利于防止烧结矿粉化，但过高的 Al_2O_3 降低烧结温度，需要增加固体燃耗，否则烧结机尾易出现推生料而烧结矿质量变差，且过高的 Al_2O_3 从玻璃相中析出恶化低温还原粉化性，适宜烧结矿 Al_2O_3 含量为 1.0%~1.8%。

（8）钙钛矿（$CaO \cdot TiO_2$）。

钒钛磁铁矿烧结极易生成高熔点（1970 ℃）钙钛矿（$CaO \cdot TiO_2$）且分布于矿物之间，不仅没有黏结性而且减弱硅酸盐黏结作用和磁铁矿连晶作用，减少液相生成量，抑制铁酸钙黏结相，钙钛矿脆而硬，抗压强度差。钒钛磁铁矿烧结成矿过程复杂，结晶析出应力大，TiO_2助长再生 Fe_2O_3，骸晶 Fe_2O_3 增多，TiO_2 成倍进入硅酸盐（玻璃相），破坏其断裂韧性，TiO_2 含量越高这种破坏作用越强。钙钛矿（$CaO \cdot TiO_2$）转鼓强度差，还原性差，低温还原粉化性能差。

（9）玻璃相 SiO_2。

烧结矿矿物组成中，强度最差的是玻璃相，TiO_2、Al_2O_3 等在玻璃相中析出，是造成烧结矿低温还原粉化的主要原因。

6.10.2　烧结矿的矿物结构

6.10.2.1　烧结矿宏观结构

烧结矿宏观结构主要与烧结过程生成液相量及其性质有关。烧结矿是具有一定裂纹度和多孔的人造块矿，含碳量较低或正常条件下可视为不完全熔化状态下的黏结块在空间上相互接触的集合物，用肉眼判断烧结矿孔隙大小、孔隙分布及孔壁厚薄，可分为以下宏观结构。

（1）松散状结构。固体燃料用量偏低，生成液相量偏少，烧结料颗粒仅点接触黏结，强度低，还原性差。

（2）微孔海绵状结构。固体燃料用量适量，生成液相量适中，液相黏度较大，强度高，还原性好，是理想的宏观结构。

（3）粗孔蜂窝状结构。固体燃料用量偏高，生成液相量偏多，出现大孔蜂窝状结构，有熔融而光滑的表面，强度和还原性有所降低。

（4）石头状结构。固体燃料用量过高，液相过熔，出现孔隙率很小的石头状结构，烧结矿转鼓强度好但还原性差。

6.10.2.2　烧结矿微观结构

微观结构是指显微镜下分析矿物组成的形状、大小和它们相互结合排列的关系，借助于显微镜观察矿物结晶情况、含铁矿物和渣相矿物、微孔分布情况。

烧结矿中的矿物按其结晶程度分为自形晶、半自形晶、它形晶 3 种，具有极完好的结晶外形称为自形晶，部分结晶完好称为半自形晶，形状不规整且没有任何完好结晶面称为它形晶。

矿物的结晶程度取决于本身的结晶能力和结晶环境。烧结矿中磁铁矿往往以自形晶或半自形晶的形态存在，因为磁铁矿在升温过程中较早地再结晶长大，有良好的结晶环境，并且具有较强的结晶能力。其他黏结相在冷却过程中开始结晶，并按其结晶能力的强弱以不同的自形程度充填于磁铁矿中间，来不及结晶的以玻璃质存在。矿物呈完好的结晶状态时强度高，呈玻璃态时强度差。由铁矿物和黏结相组成的常见显微结构见表 6-4。

表 6-4   由铁矿物和黏结相组成的常见显微结构

显微结构	结 构 描 述
斑状结构	首先结晶出自形晶、半自形晶的磁铁矿呈斑晶状与细粒黏结相或玻璃相相互结合而成，强度较好
粒状结构	首先结晶出的磁铁矿晶粒因冷却较快多呈半自形或它形晶，与黏结相结合而成，分布均匀，强度较好
骸晶结构	早期结晶的磁铁矿晶粒发育不完善，呈骨架状的自形晶，内部常为硅酸盐黏结相充填其中，可见磁铁矿结晶外形和边缘呈骸晶结构
丹点状共晶结构	(1) 磁铁矿呈圆点状或树枝状分布于橄榄石中，赤铁矿呈细点状分布于硅酸盐晶体中，构成圆点或树枝状共晶结构； (2) 磁铁矿、硅酸二钙共晶结构； (3) 磁铁矿与铁酸钙共晶结构，多在高碱度烧结矿中出现
熔融结构	在高碱度烧结矿中，磁铁矿多被熔蚀成它形晶或浑圆状，晶粒细小，与黏结相接触密切，强度很好
针状交织结构	磁铁矿颗粒被针状铁酸钙交结彼此发展或者交织构成，此种结构的烧结矿强度最好，还原性也好

烧结矿显微结构和矿物结晶形态是影响烧结矿质量的重要因素，例如烧结矿低温还原粉化性能与 Fe_2O_3 的结晶形态有密切关系（见表 6-5），骸晶状菱形赤铁矿的低温还原粉化 $RDI_{+3.15 mm}$ 指标最差。

表 6-5   各种形态赤铁矿的低温还原粉化率

赤铁矿种类	低温还原粉化率 $RDI_{+3.15 mm}$/%
斑状赤铁矿	97.3
粒状赤铁矿	89.7
晶格状赤铁矿	82.3
线状赤铁矿	82.2
树枝状赤铁矿	82.0
骸晶状菱形赤铁矿	53.5

矿物的本质力、黏结力、破坏力是烧结矿微观结构中的三要素。

A   矿物的本质力

烧结矿由多种矿物组成，矿物承受压力的本能称为矿物的本质力，见表 6-6。

表 6-6 烧结矿中矿物的本质力和形成条件

矿物名称	化学分子式	抗压强度/$N \cdot cm^{-2}$	评价	还原性/%	评价	形成条件
铁酸一钙	$CaO \cdot Fe_2O_3$	370.11	最高	49.20	好	赤铁矿配比高 $R1.85 \sim 2.2$
磁铁矿	Fe_3O_4	360.90	高	26.70	较好	磁铁精粉率高 还原性气氛
赤铁矿	Fe_2O_3	260.70	较高	49.40	最好	赤铁矿配比高 氧化度高
铁橄榄石	$2FeO \cdot SiO_2$	265.80	较高	1.32	最差	磁铁精粉率高 酸性和自熔性烧结矿
钙铁橄榄石	$CaO \cdot FeO \cdot SiO_2$	230.30	较高	6.60	较差	自熔性烧结矿
铁酸二钙	$2CaO \cdot Fe_2O_3$	140.20	较低	25.20	较好	赤铁矿配比高 $R>2.2$
硅酸二钙	$2CaO \cdot SiO_2$	30.25	低	—		
硅酸一钙	$CaO \cdot SiO_2$	20.31	低	—		
玻璃质	SiO_2	$1.02 \sim 0.46$	最低	—		

　　烧结矿微观结构中，矿物的本质力是衡量烧结矿质量的重要因素，取每一种单矿物制样位于万能压力机下进行抗压直到压碎，得到矿物单位面积所受压力。

　　致密矿物其本质力大，铁酸一钙、磁铁矿结构致密，本质力（抗压强度）大。铁酸一钙（CF）抗压强度很高，还原性好，是理想的矿物组成。发展以铁酸一钙为主的黏结相，是提高低硅烧结矿品质的主要途径。优质烧结矿中，必须是本质力大、还原性好的矿物占主要组成部分。

　　铁橄榄石（$2FeO \cdot SiO_2$）虽具有较高抗压强度，但还原性很差，不是理想的矿物组成。硅酸二钙、硅酸一钙、玻璃质抗压强度差，不利于形成高强度烧结矿。硬度小，结构松散的矿物其本质力小。

　　矿物抗压强度排序：铁酸一钙（CF）>磁铁矿（Fe_3O_4）>铁橄榄石（$2FeO \cdot SiO_2$）>赤铁矿（Fe_2O_3）>钙铁橄榄石（$CaO \cdot FeO \cdot SiO_2$）>铁酸二钙（$2CaO \cdot Fe_2O_3$）>硅酸二钙（$C_2S$）>硅酸一钙（$CaO \cdot SiO_2$）>玻璃质 SiO_2。

　　矿物还原性排序：二铁酸钙（$CaO \cdot 2Fe_2O_3$）>赤铁矿（Fe_2O_3）>铁酸一钙（CF）>磁铁矿（Fe_3O_4）>铁酸二钙（$2CaO \cdot Fe_2O_3$）>钙铁橄榄石（$CaO \cdot FeO \cdot SiO_2$）>玻璃质（$SiO_2$）>铁橄榄石（$2FeO \cdot SiO_2$）。

B 矿物的黏结力

　　烧结机理表明烧结矿主要靠液相黏结，扩散黏结起次要作用，依靠液相将矿物黏结在一起的能力，称为矿物的黏结力。

　　烧结液相分为两大类，一类铁酸盐液相，另一类硅酸盐液相，铁酸盐液相黏结力远大于硅酸盐液相，硅酸盐液相还原性差，不利于高炉冶炼。赤铁矿粉熔剂性尤其是高碱度烧结矿中，因为有大量 Fe_2O_3 与 CaO 反应生成铁酸钙，通常是以铁酸盐液相为主要黏结相，这种液相黏结力大，流动性好，紧密黏结周围矿物，烧结矿固结强度高。自熔性和酸性烧结矿中，因 CaO 含量少，大量 SiO_2 与 Fe_3O_4 反应生成铁橄榄石（$2FeO \cdot SiO_2$）和硅酸钙类矿物，以硅酸盐液相为主要黏结相，或镶嵌在铁矿物间隙中结构强度较高，或呈独立相不与其他矿物黏结，如钙铁橄榄石常呈块粒状，只具备本身机械强度，对周围矿物的黏结作用微小。

C　矿物的破坏力

烧结矿微观结构中，有些矿物结晶有利于提高烧结矿质量，有些矿物结晶使烧结矿低温还原粉化、自然膨胀粉化、恶化冶金性能，矿物有害于烧结矿质量的现象称为矿物的破坏力。

破坏性矿物有骸晶状 Fe_2O_3、游离 CaO、硅酸二钙（C_2S）、铁橄榄石（$2FeO \cdot SiO_2$）、玻璃质。

（1）骸晶状 Fe_2O_3。

形成骸晶状 Fe_2O_3 的原因与原料性质、烧结矿碱度、固体燃料用量、液相黏度和流动性、冷却速度密切相关，主要因配碳量高和冷却速度快导致。骸晶状 Fe_2O_3 是 Fe_3O_4 在硅酸盐和铁酸盐液相区经氧化生成 Fe_2O_3 晶体，且晶体的生长自由度大，质点易扩散迁移，以及冷却速度过快结晶不完善而形成。烧结矿碱度升高，则骸晶 Fe_2O_3 减少；液相黏度大和流动性差，则骸晶 Fe_2O_3 增多。

烧结矿矿物组成中，骸晶状 Fe_2O_3 结晶是常见的破坏性矿物，这种矿物越多，则破坏性越大，烧结矿转鼓强度低，低温还原粉化严重，在高炉低温还原区严重粉化，影响高炉悬料崩料。

（2）游离 CaO。

生成主因是碳酸盐熔剂粒度过粗，分解不充分以及分解生成的 CaO、MgO 来不及矿化而残存于烧结矿中。

游离 CaO 也是常见破坏性很大的矿物，破坏性表现为：游离 CaO 在空气中受潮生成消石灰体积膨胀使烧结矿粉化，游离 CaO 越多，则烧结矿粉化越严重，尤其高碱度烧结要特别注意。

（3）硅酸二钙（C_2S）。

生成主因是高硅、自熔性和熔剂性烧结，$500 \sim 690 \ ℃$ 下 CaO 与 SiO_2 固相反应形成硅酸二钙（C_2S）（高熔点 $2130 \ ℃$），烧结温度下不发生熔化和分解，直接转入成品烧结矿中。

破坏性表现：温度变化过程中晶型转变产生内应力体积膨胀严重粉化（见表6-3），同样高炉冶炼过程中 C_2S 相变膨胀，一方面增大高炉焦炭负荷，另一方面高炉料柱透气性变差，恶化高炉操作，此类矿物还有铁橄榄石、玻璃质等；高硅烧结矿自然粉化，严重影响转鼓强度变差。

（4）铁橄榄石（$2FeO \cdot SiO_2$）。

生成的主因是 950 ℃下 Fe_3O_4 与 SiO_2 固相反应生成铁橄榄石（$2FeO \cdot SiO_2$）；高 SiO_2 高 FeO 磁铁矿粉烧结易生成铁橄榄石。

破坏性表现：过高 FeO 使烧结矿脆性易碎且还原性最差。

（5）玻璃质 SiO_2。

生成的主因：冷却速度过快，矿物迅速收缩产生内应力，使裂纹增多易粉化，而且结晶能力弱的组分来不及结晶，冷凝成无定形的玻璃质。

破坏性表现：玻璃质又硬又脆经不起摔打，且烧结矿中裂纹发育，不黏结周围物相，强度很差。

矿物中的大孔薄壁结构、各种裂纹都是破坏烧结矿质量的有形结构，烧结矿转鼓强度降低，转运中减粒形成粉末。

6.10.3　影响烧结矿矿物组成和结构的因素

烧结过程遵循物质不灭定律，烧结原料中成分复杂，则成品烧结矿中产生的矿物组成也复杂，只有矿物中固体 C 燃烧生成 CO_2 逸出、结晶水分解逸出、碳酸盐分解出 CO_2 逸出、部分 S 氧化成 SO_2 逸出、其他元素或化合物反应生成气体逸出等，矿物不会无缘无故消失，也不会无缘无故产生，烧结矿的矿物组成与原料成分密切相关。

决定烧结矿矿物组成和结构的主要因素有：原料化学成分、烧结矿碱度、固体燃料用量（烧结温度、烧结气氛、烧结速度）、烧结矿冷却速度等。不同的原料、不同的配矿结构、不同的工艺条件，烧结矿的矿物组成不同。烧结料中各原料的化学成分是决定烧结矿矿物组成的内在因素，烧结矿碱度是决定烧结矿黏结相矿物组成的关键因素。烧结工艺条件（烧结温度、冷却速度）是决定烧结矿矿物组成的外在因素。配碳量决定烧结温度、烧结气氛、烧结速度，对烧结矿矿物组成和性质影响很大。

6.10.3.1　烧结矿化学成分的影响

（1）SiO_2 对矿物组成影响很明显。

SiO_2 含量是影响烧结矿矿物组成和液相量重要的因素，是硅酸盐液相的主要组成部分，预热带和燃烧带下 SiO_2 与 CaO、MgO、Fe_3O_4 固相反应促进液相生成，SiO_2 含量高，生成液相黏结相多，生成一定数量的液相是保证烧结矿具有较高转鼓强度的重要条件。

（2）MgO 对矿物组成的影响。

详见第 2 章烧结原料中第 2.2.1.3 节白云石、菱镁石的烧结特性和作用部分。

（3）Al_2O_3 对矿物组成的影响。

烧结矿中不能没有 Al_2O_3，但 Al_2O_3 也不能过高。烧结矿中不含 Al_2O_3 时，SiO_2 并不参与铁酸钙体系的生成，这样就减少了铁酸钙液相的数量。只有烧结矿中含有 Al_2O_3 时，SiO_2 和 Al_2O_3 才能一起固熔于铁酸钙相中，生成还原性较好的铝硅铁酸钙 SFCA 黏结相，改善烧结矿冶金性能，但当 Al_2O_3 含量过高时，多余的 Al_2O_3 在玻璃相中析出，降低烧结矿转鼓强度和低温还原粉化 $RDI_{+3.15\ mm}$ 指标。

（4）烧结料中配加少量的含磷矿物（磷灰石 $3CaO \cdot P_2O_5$、转炉钢渣）、含硼矿物、含铬矿物、含钒铁矿粉，可抑制烧结矿低温还原粉化。

（5）烧结矿中 Fe_2O_3 生成路线不同，其性质也不大相同。

烧结升温过程中氧化生成片状、粒状赤铁矿，低温还原粉化性能好；升温到 Fe_2O_3 与液相反应后凝固而形成斑状赤铁矿，低温还原粉化性能很好；赤铁矿−磁铁矿固熔体析出晶格状赤铁矿，低温还原粉化性能较好；磁铁矿再氧化形成骸晶状菱形赤铁矿，则恶化低温还原粉化性能。

烧结矿在高炉内还原过程中，由于 $\alpha\text{-}Fe_2O_3$ 被还原为 Fe_3O_4 时发生相变，体积膨胀 25%，其中骸晶状菱形赤铁矿产生异常还原粉化，因此必须控制烧结矿温降过程中磁铁矿再氧化形成骸晶状菱形赤铁矿。

6.10.3.2 烧结矿碱度的影响

A 碱度 $R<1.0$ 酸性烧结矿

酸性烧结矿主要矿物为磁铁矿，含少量浮氏体和赤铁矿，黏结相矿物主要为铁橄榄石（$2FeO \cdot SiO_2$）、钙铁橄榄石（$CaO \cdot FeO \cdot SiO_2$）、部分来不及结晶的玻璃质和游离 SiO_2 等。磁铁矿多为自形晶或半自形晶及少数它形晶，与黏结相矿物形成均匀的粒状结构，局部形成斑状结构，黏结相矿物冷却时无粉化现象。

酸性烧结矿中几乎不存在铁酸一钙（CF），$500 \sim 670\ ℃$ 下 CaO 和 Fe_2O_3 固相反应生成铁酸一钙（CF），但当温度升高有熔融液相出现时，烧结矿最终成分取决于熔融相的结晶规律，熔融物中 $CaO\text{-}SiO_2$ 和 $CaO\text{-}FeO$ 的亲和力比 $CaO\text{-}Fe_2O_3$ 亲和力大得多，最初以 $CaO \cdot Fe_2O_3$ 形式进入熔体中的 Fe_2O_3 将析出，甚至被还原成 FeO，所以酸性烧结矿中几乎不存在铁酸一钙，只有当烧结矿碱度高 CaO 含量多，CaO 与 SiO_2、FeO 等结合后还有多余 CaO 时，才会出现较多铁酸一钙晶体，因此生产高碱度烧结矿时，铁酸钙液相才能起主要作用。

酸性烧结矿且磁铁精粉率高、FeO 含量高时，则生成铁橄榄石（$2FeO \cdot SiO_2$）相对增加，烧结矿转鼓强度较高但还原性很差。

酸性烧结矿脉石含量高，为硅酸盐固结理论，烧结矿的矿物组成和矿物结构发生变化，特别是玻璃相大量增加，烧结矿质脆，转鼓强度差，还原性差，高温软化熔融性能差，同时烧结矿液相多，熔点低，烧结料层透气性差，降低烧结矿产量，不符合现代烧结铁酸钙理论。

B 碱度 $R1 \sim 1.5$ 烧结矿

黏结相主要矿物组成是钙铁橄榄石，黏结相矿物最易发生硅酸二钙相变，体积膨胀，烧结矿自然粉化。

黏度较低的钙铁橄榄石取代铁橄榄石黏结相，气流通过料层阻力减小，冷却速度加快，液相来不及结晶而形成质脆玻璃质，烧结矿转鼓强度变差。

C　高碱度烧结矿的特点

通常将碱度 R1.85~2.2 的烧结矿称为高碱度烧结矿，碱度 $R>2.2$ 的烧结矿称为超高碱度烧结矿。

（1）高碱度烧结矿的转鼓强度、还原性、低温还原粉化性都好。

影响烧结矿转鼓强度的因素很多，其中烧结矿主要矿物自身强度与温度变化过程中有无矿物相变引起的体积变化起着很大作用，高碱度烧结矿主要矿物的自身强度高，矿物结构是牢固的熔融结构和交织结构，且影响强度最严重的硅酸二钙（C_2S）数量减少，所以转鼓强度高。

高碱度烧结矿黏结相主要由铁酸一钙（CF）组成，与 Fe_3O_4 和铁橄榄石（$2FeO \cdot SiO_2$）比较，铁酸一钙强度高还原性好，尤其低温烧结下产生针状交织结构的铁酸一钙是一种强度高还原性好的理想矿相。

虽然 500~600 ℃下 CO 和 Fe_2O_3 反应生成 Fe_3O_4，但高碱度下铁酸一钙的生成抑制此反应，保留更多 Fe_2O_3，生成更多铁酸一钙，减少 Fe_3O_4 生成量。

500~670 ℃下 CaO 和 Fe_2O_3 固相反应，减少 Fe_2O_3 和 Fe_3O_4 的分解和还原，抑制生成铁橄榄石（$2FeO \cdot SiO_2$），改善烧结矿还原性。

900 ℃以上，料层中局部强还原性气氛下，CO 和 Fe_3O_4 反应生成 FeO，低碱度下 SiO_2 的存在促进此反应，生成铁橄榄石（$2FeO \cdot SiO_2$），高碱度下 CaO-SiO_2 亲和力大于 FeO-SiO_2 亲和力，抑制铁橄榄石（$2FeO \cdot SiO_2$）的生成，降低烧结矿 FeO 含量，改善还原性。

烧结矿碱度和还原性存在峰值关系，并非碱度越高还原性越好。碱度低时，为了增加液相量则提高 FeO 含量，生成铁橄榄石和钙铁橄榄石，还原性差。随着碱度的提高硅酸一钙（$CaO \cdot SiO_2$）、硅酸二钙（C_2S）、铁酸钙明显增加，钙铁橄榄石（$CaO \cdot FeO \cdot SiO_2$）和玻璃质减少，还原性好。但超高碱度烧结矿易生成铁酸二钙（$2CaO \cdot Fe_2O_3$），还原性变差。

高碱度烧结矿中 Fe_2O_3 主要与 CaO 结合生成铁酸钙，减少了骸晶状菱形赤铁矿，同时 CaO 有助于生成硅酸三钙（$3CaO \cdot SiO_2$），减少了硅酸二钙（C_2S）的生成量，加之铁酸钙有稳定硅酸二钙的作用，抑制其相变发生避免粉化，改善低温还原粉化 $RDI_{+3.15\,mm}$ 指标。

（2）高碱度烧结矿荷重还原软化性和熔滴性能好。

影响烧结矿软化性能的主要因素是渣相软化温度和还原性等，高碱度烧结矿中低熔点矿物多且还原性好，降低开始软化温度和软化终了温度，软化区间变窄。同一温度下烧结矿碱度提高，熔滴温度上升，熔滴区间变窄，压降相对降低，软熔性能改善。

（3）高碱度烧结矿生产率高。

高碱度烧结矿易生成熔点低、流动性好、易凝结的液相，降低燃烧带的温度和厚度，降低液相对气流的阻力，改善烧结过程料层透气性，加快垂直烧结速度。

（4）高碱度烧结矿影响脱硫率降低。

因 CaO 有吸硫作用，生成 CaS 残留于烧结矿中，所以高碱度烧结不利于脱硫。

（5）生产高碱度烧结矿注意事项。

1）碱度 $R<2.2$ 为宜。

随着烧结矿碱度的提高，二元铁酸钙的生成量增加，铁酸钙系的生成顺序为 $CaO \cdot 2Fe_2O_3 \rightarrow CaO \cdot Fe_2O_3 \rightarrow 2CaO \cdot Fe_2O_3$，超高碱度下铁酸一钙（$CaO \cdot Fe_2O_3$）的生成量减少而铁酸二钙（$2CaO \cdot Fe_2O_3$）的生成量增加，烧结矿转鼓强度和还原性变差，且铁酸钙系的矿物晶形各式各样，CaO 含量越高其晶形越粗大，烧结矿碱度超过 2.2 时铁酸钙晶形逐渐变粗，不利于生成针状铁酸钙，还原性变差。

2）适宜低负压生产。

高碱度生产中烧结温度低，料层透气性好，则烧结速度和冷却速度快，影响烧结矿转鼓强度变差，因此高碱度烧结适宜低负压操作，以控制适当垂直烧结速度。

3）原料粒度适当小一些。

因为高碱度烧结过程中升温速度快，温度水平低，高温保持时间短，因此大颗粒熔剂难以完全分解和充分矿化，大粒度返矿起不到液相核心的作用，大颗粒固体燃料局部还原性气氛增强，不利于生成铁酸钙。

4）适宜 SiO_2 含量和配碳量。

烧结矿 SiO_2 含量不宜过低，控制 5.2%~5.5% 为宜，以保证形成一定的液相量。固体燃料用量应保证熔剂完全分解和充分矿化，保证生成一定数量液相所需的热量，但也不宜过多，以利于保持铁酸钙良好的还原性。

5）选用低硫低硅的原燃料，以满足脱硫和堆密度的要求。

6.10.3.3 铁酸钙固结理论

在低配碳量和低温烧结条件下生产高碱度烧结矿，烧结料中 CaO 和 Fe_2O_3 首先发生固相反应进而熔融形成液相，生成强度高、还原性好的针状铁酸钙黏结相，并以此来黏结包裹未起反应的残存未熔矿粉，进一步生成针状铝硅铁酸钙 SFCA 的烧结机理，称为铁酸钙固结理论。

SFCA 烧结矿中，有 80% 的 SiO_2 进入 SFCA，降低难还原的硅酸盐液相，大幅度降低强度差的硅酸二钙（C_2S）数量，且因大量 Fe_2O_3 形成针状结构 SFCA，减少再生骸晶状 Fe_2O_3，改善低温还原粉化 $RDI_{+3.15 mm}$ 指标。

铁酸钙固结理论的必要条件：

（1）高碱度。

虽固相反应中铁酸一钙生成早，生成速度快，但一旦形成熔体后，熔体中 CaO-SiO_2 亲和力、SiO_2-FeO 亲和力都比 CaO-Fe_2O_3 亲和力大得多，因此最初生成的铁酸一钙（CF）容易分解形成 $CaO \cdot SiO_2$ 熔体，只有当 CaO 过剩（即高碱度）时，CaO 才能与 Fe_2O_3 作用生成铁酸一钙。

碱度低时不仅 SFCA 少，且铁酸钙大多为片状和柱状。碱度 $R>2.2$ 出现大量铁酸二钙（$2CaO \cdot Fe_2O_3$），转鼓强度和还原性都较铁酸一钙差，碱度 $R1.9 \sim 2.2$ 适宜。

（2）低温烧结。

烧结温度 $1100 \sim 1200$ ℃时，铁酸钙晶体间尚未连接，烧结矿转鼓强度差。

烧结温度 $1200 \sim 1250$ ℃时，铁酸钙晶桥连接，针状交织结构出现，转鼓强度较好。

烧结温度 $1250 \sim 1280$ ℃时，铁酸钙呈交织结构，转鼓强度最好。

烧结温度低于 1280 ℃，高温持续时间长，十分有利于针状铁酸钙形成和发育。

烧结温度高于 1280 ℃，SFCA 开始分解，铁酸一钙数量减少，且由针状转变为柱状铁酸钙，强度上升但还原性下降，且温度高易产生大量 NO_x 和致癌物质二噁英。

适宜烧结温度 $1230 \sim 1280$ ℃，磁铁精矿粉烧结取低值，赤铁矿粉烧结取高值。

（3）强氧化性气氛。

强氧化性气氛下，以磁铁精矿粉为主料进行烧结，促进 Fe_3O_4 氧化成 Fe_2O_3，有利于生成铁酸钙；以赤铁矿粉为主料进行烧结，阻止 Fe_2O_3 还原为 Fe_3O_4，减少 FeO 含量，减少铁橄榄石液相生成量，使铁酸钙液相起主要黏结相作用。

（4）适宜铝硅比 Al_2O_3/SiO_2。

烧结矿中 SiO_2 和 Al_2O_3 含量对生成 SFCA 有重要影响。研究表明 SiO_2 含量很低时只能生成片状铁酸钙，SiO_2 含量达 3%时 SFCA 开始由片状向针状发展，SiO_2 含量 4%～8%时获得针状交织结构的 SFCA，但 SiO_2 含量过高时还原性差，特别是 1200 ℃高温还原性差。烧结矿 Al_2O_3/SiO_2 在 $0.1 \sim 0.35$ 不超 0.4 时，促进生成四元铁酸钙（SFCA）。

（5）保温。

烧结料宜在 1100 ℃以上高温区保持 6min 以上，有利于生成 SFCA 烧结矿。

6.10.3.4 烧结料配碳量的影响

配碳量少或适中，则烧结温度低，燃烧带薄，料层阻力小，烧结速度快，氧化性气氛或弱还原性气氛下 Fe_2O_3 含量多，容易生成铁酸钙系黏结相，烧结矿转鼓强度高且还原性好。

配碳量过多，则烧结温度高，燃烧带厚，料层阻力大，烧结速度慢，碳不完全燃烧生成较多的 CO，还原性气氛增强，Fe_3O_4 再结晶多，FeO 含量增加，容易生成硅酸铁系黏结相，烧结矿转鼓强度较好但还原性差。

6.10.3.5 操作工艺制度的影响

烧结工艺与烧结矿的矿相关系十分密切，矿相是工艺的反映，任何工艺条件都会影响产品质量，都会在产品的微观结构中体现。

（1）配碳量偏高导致形成大孔薄壁结构。

烧结矿微观结构中常见孔很大壁却很薄的结构，有的还是穿孔、连孔，这种结构多则烧结矿弱强度区域势必多，经不起重压，转鼓强度低粉率高，FeO 含量高，铁橄榄石 2FeO·SiO₂ 多，还原性差，导致这种结构主要是配碳量偏高。

（2）烧结温度与 Fe₂O₃ 晶形的关系。

烧结温度低时，Fe₂O₃ 没有充分软熔，晶格没有被打破，矿物保持原有晶形；提高烧结温度，Fe₂O₃ 晶形改变，提高烧结矿转鼓强度。

（3）混料不匀导致物相严重偏析。

物相过于偏析会造成矿物分布不合理，有的部位高强度矿物多，强度结构好，有的部位高强度矿物稀少，强度结构差，最终影响成品烧结矿整体结构力。引起物相严重偏析的主要原因是烧结工艺中混料不匀。

（4）烧结温度偏低导致烧结矿微观结构松散。

料层上部烧结矿微观结构中常可看到 Fe₃O₄ 和 Fe₂O₃ 没有软熔，也没有发育，保持原有晶形，晶粒细小，都是一些单独粒状物，没有生成液相，CaO 和 SiO₂ 基本呈游离状，高熔点 MgO、Al₂O₃ 没有参加反应，孔洞中充满了玻璃质，整体微观结构不致密很松散，反映了点火温度偏低和点火时间不足或高温保持时间不足。

（5）冷却速度过快导致形成玻璃质。

烧结矿冷却过程中矿物结晶，冷却速度决定矿物结晶好坏和结晶多少。如果冷却速度过快则矿物迅速收缩，产生大的内应力，使裂纹增多易粉化，而且结晶能力弱的组分来不及结晶，冷凝成无定形的玻璃质。玻璃质是一种又硬又脆的物质，强度很差。微观结构中常见各种裂纹和玻璃质，裂纹多则产品强度低粉末多，产品易脆经不起摔打，抗压和抗冲击能力差。

（6）烧结温度、冷却速度与骸晶 Fe₂O₃ 的关系。

在烧结矿微观结构中常见 Fe₂O₃ 晶粒呈散骨状或鱼脊状，影响烧结矿质量变差，低温还原粉化严重。形成骸晶状 Fe₂O₃ 结晶的因素很多，与配矿、液相黏度、流动性有关，其中烧结温度偏高、冷却速度过快是主要原因。

6.10.4 矿物组成和结构对转鼓强度的影响

（1）矿物自身抗压强度。

矿物自身抗压强度是烧结矿转鼓强度的决定性因素，详见第 6.10.2.2 节烧结矿微观结构中的 A 矿物的本质力部分。

（2）烧结矿冷凝结晶的内应力。

烧结矿在冷却过程中产生不同内应力：烧结矿表面和中心存在温差而产生热应力；各种矿物具有不同线膨胀系数而引起相间应力；硅酸二钙等晶型在冷却过程中的多晶转变而引起相变应力。内应力越大，则能承受的机械作用力越小，强度越差。

（3）烧结矿中气孔的大小和分布。

烧结矿属于多孔物质，为获得强度高和还原性好的烧结矿，应降低烧结矿孔隙率，减小气孔尺寸，均匀气孔分布。转鼓强度是烧结矿孔隙率和结构等的综合表现。

固体燃料用量少，则烧结温度低，大气孔少，强度高；固体燃料用量多，则烧结温度高，气孔结合数量减少而孔径变大且形状由不规则形成球形，强度低。

（4）烧结矿中组分多少和组织的均匀度。

非熔剂性烧结矿的矿物组成属低组分，主要为斑状或共晶结构，其中的 Fe_3O_4 斑晶被铁橄榄石（$2FeO \cdot SiO_2$）和少量玻璃质所固结，强度良好。

熔剂性烧结矿的矿物组成属多组分，主要为斑状或共晶结构，其中的 Fe_3O_4 斑晶或晶粒被钙铁橄榄石（$CaO \cdot FeO \cdot SiO_2$）、玻璃质和少量硅酸钙等固结，强度差。

高碱度烧结矿的矿物组成属低组分，为熔融共晶结构，其中的 Fe_3O_4 与铁酸钙等黏结相矿物一起固结，具有良好的强度。

烧结矿的成分越不均匀，其转鼓强度越差。

6.10.5 矿物组成和结构对还原性的影响

（1）矿物自身还原性。

详见第 6.10.2.2 节烧结矿微观结构中的 A 矿物的本质力部分。

（2）气孔率、气孔大小和性质。

烧结反应进行越充分，则气孔越小，还原性好，固结加强，气孔壁增厚强度好。

（3）矿物晶粒大小和晶格能的高低。

磁铁矿晶粒细小，在晶粒间黏结相很少，在 800 ℃ 时易还原，但当大颗粒磁铁矿被硅酸盐包裹时，则难还原或者只是表面还原。

晶格能低，易还原；晶格能高，还原性差。单矿物晶体的晶格能见表6-7。

表 6-7　单矿物晶体的晶格能

矿物名称	赤铁矿	铁酸钙	磁铁矿	钙铁橄榄石	铁橄榄石
晶格能/kJ	9538	10856	13473	18782	19096

6.11 烧结脱除矿石中部分有害杂质

入炉炉料有害元素界限及其影响见表6-8。

表 6-8　入炉炉料有害元素界限及影响

元　素	界限含量	危　害	有害杂质
硫（S）	≤0.3% ≤4.0 kg/t	使钢热脆，降低钢的焊接性、抗腐蚀性和耐磨性，降低铸件韧性	烧结、炼铁 部分脱除
磷（P）	≤0.07% ≤1.0 kg/t	使钢冷脆，降低钢的低温冲击韧性、焊接性、冷弯性和塑性	烧结、炼铁 不脱除

元　素	界限含量	危　害	有害杂质
氟（F）	≤0.05%	高温下气化，腐蚀金属，危害农作物及人体；CaF_2 侵蚀破坏炉衬	烧结部分脱除
氯（Cl）	≤0.001% ≤0.6 kg/t	使高炉炉墙结瘤，破损耐材； 焦炭吸附氯化物后反应性增强，热强度下降	烧结部分脱除
砷（As）	≤0.07% ≤0.1 kg/t	由于非金属性很强不具有延展性使钢冷脆，降低机械性，不易焊接；炼优质钢时，铁水中不应含 As	烧结部分脱除 炼铁难脱除
碱金属 （K、Na）	K_2O+Na_2O≤0.25% ≤3 kg/t	易挥发，循环累积炉身结瘤，悬料，烧坏风口，破坏炉衬；降低焦炭和矿石的强度	烧结部分脱除
铅（Pb）	≤0.1% ≤0.15 kg/t	极易被还原，不溶于生铁，密度大沉积炉底破坏砖衬；Pb 蒸汽在高炉上部循环累积，形成炉瘤，破坏炉衬	烧结不脱除
锌（Zn）	≤0.1% ≤0.15 kg/t	Zn 和 ZnO 循环富集后冷凝沉积在炉身上部炉墙上膨胀破坏炉壳；与炉尘混合易形成炉瘤	烧结不易脱除
锡（Sn）	≤0.08%	使钢脆性，易炉壁结瘤	烧结、炼铁 不脱除

矿石中有益元素指与 Fe 伴生的元素，可被还原并进入生铁，能提高钢铁材料的性能，对金属质量有改善作用。矿石中有害杂质指妨碍高炉冶炼或对生铁质量有不良影响的物质。

通常有害杂质有硫（S）、磷（P）、氟（F）、氯（Cl）、砷（As）、钾（K）、钠（Na）、铅（Pb）、锌（Zn）、锡（Sn）等，有益元素有锰（Mn）、铬（Cr）、钴（Co）、镍（Ni）、钒（V）等，钛（Ti）用于特殊钢冶炼为有益元素，对炉壁结瘤为有害元素，但界限含量高。铜（Cu）有时为有害杂质，有时为有益元素，少量 Cu 可改善钢的耐腐蚀性，但 Cu 过多使钢热脆，不易轧制焊接。有害杂质和有益元素是相对的，随着冶炼技术进步可变害为益。

烧结过程中，凡能挥发、分解、氧化成气态的有害杂质，均可部分脱除。

6.11.1　烧结过程脱硫

硫（S）是对钢铁危害最大的元素，硫几乎不溶于固态铁，以 FeS_2 形态存在于晶粒接触面上，熔点低 1171 ℃，当钢被加热到 1150~1200 ℃时被熔化，使钢材沿晶粒界面形成裂纹，即热脆性。

吨铁炉料带入的总 S 量称为硫负荷，高炉 S 负荷的 60%~80% 由焦炭和喷吹煤带入，其次是块矿带入 S，烧结过程脱硫率高，一般烧结矿 S≤0.03%，烧结矿带入 S 含量少。

入炉料中 S 含量增加，需增加熔剂单耗，增大渣量，增加高炉热耗，影响焦比升高。要求生铁一级品 S≤0.03%，合格品 S≤0.07%，高炉脱硫是生产合格生铁的首要任务，入炉料 S 含量超标时，高炉调整炉渣碱度，提高脱硫系数，确保生铁 S 含量合格。

6.11.1.1　烧结原料中 S 的来源和存在形态

烧结原料中 S 的存在形态主要有单质硫、无机硫（硫化物、硫酸盐）、有机硫。S 主要来源于铁矿粉和熔剂，以硫化物和硫酸盐形态存在，如黄铁矿（FeS_2）、黄铜矿（$CuFeS_2$）、硫化铜（CuS）、闪锌矿（ZnS）、方铅矿（PbS）、硫酸钙（$CaSO_4$）、硫酸镁（$MgSO_4$）、硫酸钡（$BaSO_4$）、石膏（$CaSO_4 \cdot 2H_2O$）等。高碱度烧结矿和酸性球团矿中的 S 以 CaS、FeS 和少量硫酸盐形态存在。

烧结原料中固体燃料带入的 S 较少，煤中 S 主要以有机硫和无机硫形态存在，含有少量的单质硫，各种硫分的总和称为全硫，其中有机硫、硫化物、单质硫参与燃烧，称为可燃硫，S 含量越高，则 C、O_2 含量相对低，煤的发热值低；硫酸盐不可燃烧，转化为灰的一部分。焦粉中的 S 主要以有机硫 C_nS_m 及灰分中的硫化物和硫酸盐形态存在。

6.11.1.2　烧结过程脱硫原理

烧结原料中 S 的存在形态不同，脱硫方式和脱硫率也不同。

（1）单质硫和硫化物中硫的脱除。

S 以单质硫和硫化物形态存在时，在氧化反应中脱除，开始于烧结过程的预热带。

焦粉中的 S 在着火温度下燃烧成 SO_2 逸出且放热，脱硫率高。

铁矿石中 S 主要以硫化物形态存在，黄铁矿（FeS_2）是烧结所用铁矿粉中常见的含硫矿粉，烧结温度 280 ℃ 下，黄铁矿（FeS_2）氧化生成 SO_2 并放出热量而脱硫；烧结温度 280~565 ℃ 下，黄铁矿（FeS_2）分解压较小，主要靠氧化脱硫；烧结温度高于 565 ℃ 时，FeS_2 分解生成 FeS 和 S，经氧化逸出 SO_2 而脱硫。黄铁矿（FeS_2）、闪锌矿（ZnS）、方铅矿（PbS）中的 S 较易氧化脱除而放出热量，脱硫率高，有利于降低固体燃耗，对烧结过程无不利影响。黄铜矿（$CuFeS_2$）、硫化铜（CuS）很稳定，需高温下氧化脱除，从含铜硫化物中脱硫较困难，脱硫率低。

（2）硫酸盐中 S 的脱除。

S 以硫酸盐形态存在时，在分解反应中脱除，分解所需温度高，脱硫困难，主要在燃烧带和烧结矿带脱除，脱硫率低。

$CaSO_4$ 有 Fe_2O_3、SiO_2、Al_2O_3 存在，$BaSO_4$ 有 SiO_2 存在的情况下，可改善

$CaSO_4$ 和 $BaSO_4$ 的分解热力学条件，脱硫容易些。

固体燃料用量不足，烧结温度低，不利于硫酸盐的脱硫。

（3）有机硫中 S 的脱除。

S 以有机硫形态存在时，需高温和强氧化性气氛脱除，脱硫困难。

6.11.1.3　影响烧结过程脱硫率的因素

凡是影响烧结温度水平、气相气氛性质与扩散条件、反应表面积的因素，都影响烧结过程脱硫率，具体为：固体燃料用量和性质、S 的存在形态、矿粉物化性质、熔剂性质、烧结矿碱度、返矿数量、操作因素等。

烧结脱硫是指原料中不同形态 S 的化合物被分解、氧化生成 SO_2 的过程，脱硫主要条件是高氧位，氧位高则脱硫率高。

提高烧结过程脱硫率的主要条件是适宜烧结温度、较大反应表面、良好扩散条件、充分氧化性气氛。

（1）固体燃料用量影响脱硫率。

固体燃料用量直接关系烧结气氛性质和烧结温度，是影响脱硫率的主要因素。

影响单质硫和硫化物脱硫的主要因素是烧结气氛，烧结过程中由于大量的氧化铁和水蒸气的氧化作用，很大部分 FeS_2 可在预热带（200~300 ℃）完成分解反应生成 FeS 和 S，且大部分 S 呈蒸气状态进入抽风系统，FeS 被 O_2 和 Fe_2O_3 氧化生成 SO_2 而脱硫，另外 FeS 在 1170~1190 ℃熔化，当有 FeO 存在时生成 FeO-FeS 易熔共晶 940 ℃熔化，当固体燃料用量增多、还原性气氛增强、FeO 含量增加时，会降低 FeS 的脱硫率，可见提高硫化物的脱硫率必须有足够的氧化性气氛。促进硫化物的分解和氧化，需少用固体燃料，改善扩散条件，提高 O_2 向矿石内部扩散和 SO_2 向外扩散的速度。

影响硫酸盐矿物脱硫的主要因素是烧结温度，因为硫酸盐脱硫过程是分解吸热过程，硫酸钙在 990 ℃开始分解，在 1300~1400 ℃时才能激烈进行分解，提高硫酸盐的脱硫率必须提高烧结温度，促进硫酸盐矿物的分解反应。

单质硫、硫化物的脱硫条件和硫酸盐的脱硫条件相矛盾，单质硫、硫化物的脱硫需少用固体燃料并有强的氧化性气氛，以改善硫化物分解和氧化动力学条件，而硫酸盐的脱硫需多用固体燃料和较高烧结温度，以改善硫酸盐分解热力学条件。烧结原料中既有单质硫、硫化物又有硫酸盐存在时，考虑以哪种硫的存在形态为主，合理调整固体燃料用量。

烧结过程脱硫所需适宜固体燃料用量与原料 S 含量、S 的存在形态、烧结矿碱度、铁矿粉烧结性能等因素有关，应通过试验确定。

（2）S 的存在形态影响脱硫率。

单质硫和硫化物易脱硫，硫酸盐不易脱硫，需高温和较长时间，有机硫难脱除。

（3）铁矿粉粒度和性质影响脱硫率。

铁矿粉粒度主要影响气相中 O_2 和 SO_2 的扩散条件，影响脱硫反应表面积。

铁矿粉粒度小，则硫化物和硫酸盐氧化、分解产物易于从内部排出；铁矿粉比表面积大，则硫化物和硫酸盐暴露在表面的机会大，氧比较容易向铁矿粉内部扩散，促进脱硫反应。铁矿粉粒度过细或烧结料制粒效果差，则烧结过程料层透气性差，料层中供给氧量不足，同时硫化物和硫酸盐的氧化、分解产物不能迅速从烧结料层排出，不利于脱硫反应。铁矿粉粒度过大，虽改善外部扩散条件，但内扩散和传热条件变差，反应比表面积减少，不利于脱硫。应在不降低烧结料层透气性限度内尽量缩小铁矿粉粒度，要求铁矿粉粒度小于 8 mm，对于高硫矿小于 6 mm 为宜，且尽量减少 −1 mm 粒级，以改善脱硫效果。

对于脱硫来说，铁矿粉性质主要指品位、脉石含量、S 含量及 S 的存在形态，铁矿粉品位高、脉石成分少时，一般软化温度较高，烧结料需要在较高温度下才能生成液相，所以有利于脱硫。赤铁矿 Fe_2O_3 可直接氧化黄铁矿 FeS_2（属高硫矿），故烧结高硫矿时加入赤铁矿有助于脱硫。

（4）熔剂性质影响脱硫率。

烧结矿碱度相同的情况下，配加生石灰遇水消化成粒度极细的消石灰，比表面积很大，吸收 S、SO_2、SO_3 能力更强，脱硫率明显降低。配加石灰石、白云石因其遇水不消化，比表面积较小，特别是分解放出 CO_2 增强氧化性气氛，阻碍对气流中硫的吸收，且 MgO 与烧结料中某些组分生成难熔化合物，提高烧结料软化温度，有利于脱硫，对脱硫率的影响较生石灰小。

（5）烧结矿碱度影响脱硫率。

烧结矿碱度高，则脱硫率明显降低，因为高碱度烧结液相量增加，恶化扩散条件，烧结最高温度降低，烧结速度加快，高温保持时间缩短，不利于脱硫。

高碱度高温下，CaO 和 $CaCO_3$ 都有很强的吸硫能力，生成 CaS 而残留于烧结矿中，烧结矿硫含量升高，降低脱硫率。

烧结矿碱度越高，加入的熔剂越多，脱硫率越低，因此生产高碱度烧结矿时，最好多配加低硫铁矿粉。

（6）返矿量影响脱硫率。

返矿量对脱硫率有双重影响，一方面返矿改善烧结料层透气性，促使脱硫产物顺利排出；另一方面返矿促使液相更多更快生成，使相当量的 S 转入烧结矿中，所以根据具体原料条件和烧结工况由试验确定适宜返矿量，以利于烧结过程脱硫。

（7）操作因素影响脱硫率。

良好烧结操作制度是提高烧结过程脱硫率的条件，主要应考虑烧结机布料平整、料层厚度适宜、料层透气性均匀、控制适宜机速、保证烧好烧透、机尾断面无生料等。

（8）沿料层高度 S 的再分布影响脱硫率。

烧结过程中，烧结料中 S 沿料层高度发生再分布现象。脱硫产生 SO_2、SO_3、S 进入废气中，废气经过预热干燥带和过湿带时，气态 S 部分再次转入烧结料中，这种现象称为 S 的再分布，降低脱硫率，若料层烧不透生料增多，影响脱硫率更明显。

6.11.1.4 烧结脱硫较炼铁炼钢脱硫具有优势

高炉炉渣脱硫原理是 S 在铁水和炉渣中以 S、FeS、MnS、MgS、CaS 等形态存在，其稳定程度依次后者大于前者，其中 MgS 和 CaS 只能溶于渣中，MnS 少量溶于铁水中，大量溶于渣中，FeS 既溶于铁水也溶于渣。炉渣脱硫作用是渣中 CaO、MgO 等碱性氧化物与铁水中 S 反应生成只溶于渣的稳定化合物 CaS、MgS 等，减少生铁中 S 含量。

高炉炼铁过程中虽能脱硫，但需增加熔剂量，增大渣量，需较高的炉温和炉渣碱度，需要消耗焦炭，不利于增铁节焦。炼钢过程中脱硫比炼铁过程脱硫困难得多。

烧结过程中能有效脱硫，主要依靠硫化物的热分解和氧化，硫酸盐的高温分解和 S 的燃烧作用，以及烧结气流中的过剩氧，为脱硫反应创造气氛条件，分解和燃烧产生的 SO_2 随气流逸出达到脱硫的目的，尤其是单质硫和硫化物的脱硫过程是放热反应，不需要额外固体燃料消耗而且脱硫率高，非常经济合理，烧结脱硫较炼铁炼钢脱硫具有明显的优势。

选矿、烧结、高炉炼铁过程均可脱除原料中的部分 S，虽然烧结和炼铁过程可脱除大部分 S，但仍然需要控制高炉炉料带入的 S 含量。

6.11.1.5 烧结过程脱硫率计算

$$\eta = \left[1 - \left(w(S_{烧结矿}) / w(S_{烧结料}) \right) \right] \times 100\% \tag{6-14}$$

式中　　η——烧结过程脱硫率，%；

$w(S_{烧结矿})$——烧结矿中 S 含量（质量分数），%；

$w(S_{烧结料})$——烧结料中 S 含量（质量分数），%。

【例 6-7】 烧结料 S 含量 0.092%，烧结过程脱硫率 85%，质量标准规定烧结矿 S<0.015% 为合格，计算生产的烧结矿 S 含量是否合格。

解：烧结过程脱硫量 = 0.092×85% = 0.0782%

烧结矿 S 含量 = 0.092%−0.0782% = 0.0138% < 0.015%

生产的烧结矿 S 含量合格。

6.11.2 烧结过程磷

磷（P）是钢材中的有害成分，降低钢在低温下的冲击韧性，使钢材产生冷脆，P 含量高时钢的焊接性能、冷弯性能、塑性降低。

P 共晶熔点较低，降低铁水熔化温度，延长铁水凝固时间，改善铁水流动性，利于铸造形状复杂的普通铸件，但 P 影响铸件强度，除少数高 P 铸造铁允许较高 P 含量外，一般生铁 P 含量越低越好。P 在矿石中一般以磷灰石 $3CaO \cdot P_2O_5$ 形态存在。

烧结过程不脱磷，高炉炼铁过程中 P 全部被还原并大部分进入生铁，也不脱磷，磷在铁水预处理"三脱"中或炼钢过程中脱除。

控制生铁 P 含量的主要途径是控制入炉料带入的 P 含量。球团矿、块矿和熔剂中 P 含量较低，入炉料中 P 含量主要来源于烧结矿，需通过烧结配矿严格控制烧结矿中 P 含量（一般要求烧结矿 P 含量低于 0.075%）满足高炉 P 负荷不大于 1.0 kg/t。

6.11.3　烧结过程脱氟

高炉矿石中氟（F）含量较高时，炉料粉化并降低其软熔温度，降低矿石和焦炭熔融物的熔点，高炉很容易结瘤。含 F 炉渣熔化温度比普通炉渣低 100~200 ℃，属于易熔易凝的"短渣"，流动性很强，对硅铝质耐火材料有强烈的侵蚀作用，严重时腐蚀炉衬，造成风口和渣口破损。普通铁矿石 F 含量小于 0.05%，对高炉冶炼无影响，当铁矿石中 F 含量高引起炉渣 F 含量高时，应提高炉渣碱度降低炉渣流动性。

F 在矿石中以萤石 CaF_2 形态存在，烧结过程脱氟反应 $2CaF_2+SiO_2 = 2CaO+SiF_{4气}$，生成 SiF_4 极易挥发进入废气，但在烧结料层下部又部分被烧结料吸收。SiF_4 遇到废气中水汽时，发生分解反应 $SiF_4+4H_2O_气 = H_4SiO_4+4HF_气$，水蒸气可直接与 CaF_2 发生反应 $CaF_2+H_2O_气 = CaO+2HF_气$，生成 HF 进入废气中。可见烧结料中 SiO_2 含量增加，有利于烧结过程脱氟。烧结料中通入蒸汽生成挥发性 HF，可提高脱氟率。

因 $CaO-SiO_2$ 亲和力大于 CaF_2-SiO_2 亲和力，所以烧结料中 CaO 含量增加或生产熔剂性烧结矿不利于脱氟 F。

一般烧结过程中脱氟率 10%~15%，高时可达 40%。含 F 废气既危害人体健康，又腐蚀设备，应回收。

6.11.4　烧结过程脱砷

砷（As）降低钢的断面收缩率和冲击韧性，增加钢的脆性，加剧焊接裂纹扩展倾向。自然界中 As 常与黄铜矿、黄铁矿、磁黄铁矿等硫化矿物共生，As 的赋存形态主要为毒砂（FeAsS），另含有少量 As_2S_3，在褐铁矿中主要以 $FeAsO_4 \cdot 2H_2O$ 形态存在，炼铁和炼钢过程中脱砷较困难，高炉还原后溶于生铁中，高炉配矿控制 As 负荷不大于 0.1 kg/t。

6.11.4.1　烧结过程脱砷原理

较强氧化性气氛中 FeAsS 被氧化生成 $FeAsO_4$，且 $FeAsO_4$ 的分解温度较高，导致脱砷不完全，因此含 As 铁矿烧结必须在中性或弱氧化性气氛中进行才有利于脱砷。

烧结弱氧化性气氛条件下，毒砂（FeAsS）被氧化生成 As_2O_3 和 SO_2 为放热反应，生成的 As_2O_3 挥发（升华温度 193 ℃）进入烧结烟气而脱砷，但当烧结温度降低时，部分 As_2O_3 被冷凝成固态沉积在烧结料中，在氧化性气氛下 As_2O_3 进一步氧化成 As_2O_5，且 CaO 存在条件下生成稳定不挥发的砷酸钙（$CaO \cdot As_2O_5$，烧结温度下很难分解），有 SiO_2 存在时进一步反应生成 $CaO \cdot SiO_2$ 和 As_2O_5，As_2O_5 不易脱除，这正是烧结过程脱砷率波动大和脱砷率低的重要原因。

烧结温度不同脱砷率不同。随着烧结温度从 800 ℃ 逐步上升到 1100 ℃，脱砷率和脱砷速率逐步加大，大于 1100 ℃ 脱砷率有所降低，As_2O_3 从矿石颗粒内部扩散到表面再进入气相，矿石颗粒的孔隙率对脱砷率影响较大，1200 ℃ 时低共熔液相阻塞物料部分气孔而不利于 As_2O_3 气体的扩散与挥发，反应动力学条件变差，脱砷率下降，在弱氧化性气氛条件下脱砷合适的反应温度范围为 1000~1100 ℃。

烧结过程脱砷的关键是生成挥发性 As_2O_3 气体并及时被抽入烟气中而排出，氧化性气氛和强制抽风系统为脱砷提供条件，一般脱砷率为 30%~40%，高时可达 50% 以上。

As_2O_3 俗称砒霜，是剧毒物质，危害人体健康，工业卫生要求控制 As_2O_3 的排放量。

6.11.4.2　影响脱砷率的因素

影响脱砷率的因素有总管负压、配碳量、烧结矿碱度、料层部位、料层厚度，其中总管负压和配碳量影响较大，料层厚度的变化对脱砷率影响不大。

（1）总管负压升高脱砷率提高。

随着总管负压的升高脱砷率提高。总管负压升高，产生的 As_2O_3 气体快速被抽入烟气而排出，来不及与 CaO 等物质反应生成固态砷酸盐，大大减少了砷的残留，但当总管负压过高时，烧结矿转鼓强度明显下降，所以要以保证烧结矿质量为前提，兼顾烧结矿 As 含量不超标，确定适宜的总管负压。

（2）适宜的配碳量脱砷率高。

配碳量与脱砷率的变化规律不明显，因为配碳量对脱砷率的影响主要表现在两个方面，一方面增加配碳量提高烧结温度，有利于含 As 化合物的分解和挥发，促进烧结脱砷；另一方面增加配碳量增强烧结还原气氛，有利于 $FeAsO_4 \cdot 2H_2O$ 还原生成 As_4O_6，同时抑制含砷化合物分解。

适宜的配碳量脱砷率高，配碳量偏低和偏高脱砷率都低。配碳量偏低时，料层热量不足，部分含 As 矿物不能进行反应且氧化性气氛强，As_2O_3 气体进一步氧化成 As_2O_5 而不易脱砷。配碳量偏高时，减弱氧化性气氛，同时高温生成过多的低共熔物，阻塞 As_2O_3 气体进入烧结烟气，不利于脱砷。

（3）烧结矿碱度与脱砷率成反比。

酸性烧结脱砷率高，因为矿石中的 As 在无阻碍情况下以 As_2O_3 气体形式被脱除，烧结料中 CaO 含量较少，不利于生成砷酸钙 $CaO \cdot As_2O_5$。

高碱度烧结脱砷率降低。CaO 对脱砷率有正负两方面的影响，有利方面是 CaO 消化放热提高料温，并改善制粒效果和料层透气性，有助于 As_2O_3 气体挥发排出；

不利方面是烧结料中 CaO 含量增多，As_2O_3 气体在逸出升华过程中部分与烧结料中的 CaO（特别是石灰石分解产生的 CaO）发生反应，固结富集生成稳定的砷酸钙而残留在烧结矿中，抑制烧结过程脱砷，高碱度烧结对脱砷率的负影响大于正影响。

（4）料层表层脱砷率稍低。

烧结从料层表层到料层下部脱砷率逐渐增大，料层表层脱砷率稍低是因为表层热量不足，烧结温度偏低并且表层氧气充足，FeAsS 过氧化生成 $FeAsO_4$ 而不易脱砷，在料层中下部脱砷率高，因为烧结温度和烧结气氛适宜脱砷，FeAsS 经过氧化生成 As_2O_3 气体挥发进入烧结烟气而脱砷。

6.11.5　烧结过程脱钾钠

高炉铁矿石和燃料带入的钾（K）、钠（Na）碱金属对高炉冶炼危害很大，焦炭赋碱后劣化其反应性（升高 12~20 个百分点）和反应后强度（降低 11~16 个百分点），大大削弱其骨架作用；在高炉不同部位炉衬内滞留渗透碱金属，使硅铝质耐火材料异常膨胀，严重时引起耐材剥落侵蚀，炉底上涨甚至炉缸烧穿等事故，造成高炉中上部炉墙结瘤、下料不畅、气流分布和炉况失常。

高炉有效控制碱金属一是严格入炉料碱金属含量，二是定期炉渣排碱。日常管理中要对入炉碱负荷、原燃料碱金属含量和收支平衡定期检测分析，通过烧结和高炉配矿减少碱金属入炉量，采取定期炉渣排碱措施控制高炉碱负荷。

烧结过程脱除部分 K 和 Na，燃烧带生成 K_2O、Na_2O 碱金属挥发物进入烧结废气，随着烧结废气下移碱金属及其氧化物在过湿带被吸附产生富集，随着过湿带消失和烧结矿带的形成，碱金属随废气挥发脱除，所以保证烧结料层烧透是脱钾钠的重要环节。

6.11.6　烧结过程脱氯

高炉氯（Cl）主要来源于铁矿石和烧结矿，国内磁铁矿 Cl 含量很少，进口赤铁矿 Cl 含量高或用海水选矿带入 NH_4Cl，一些企业在成品烧结矿上喷洒 $CaCl_2$ 溶液以改善低温还原粉化率也是高炉 Cl 的来源之一。进口赤铁矿粉是烧结 Cl 负荷的主要来源，其次是循环返矿和高炉炉尘带入 Cl 元素。

焦炭在高炉内吸附氯化物后反应性增强，热强度下降。Cl 易造成高炉炉墙结瘤，耐材破损。Cl 对设备和管道有极强的腐蚀性，进入煤气中的 Cl 以 Cl^- 形式腐蚀煤气管道，严重时会造成煤气泄漏。

烧结过程中 Cl 元素大部分被烧结矿带走，机头和机尾除尘灰带走 Cl 元素的比例也较高。

6.11.7　烧结过程铅和锌

（1）一般烧结配碳下，铅（Pb）被氧化成 PbO，烧结过程不脱铅。

（2）一般烧结配碳下，锌（Zn）被氧化成 ZnO 沉积在烧结料层中，烧结过程不易脱锌。

（3）入炉料中 Pb 主要来源于块矿，Pb 以 PbS、$PbSO_4$ 形态存在于炉料中，Pb 的密度大（11.34 g/cm^3），熔点低（327 ℃），沸点高（1540 ℃），不溶于铁水，炼铁过程中 Pb 的氧化物很容易被还原成 Pb，Pb 在铁水中溶解度很小（0.09%），在炉渣中溶解度也很小（0.04%），Pb 的密度比 Fe 大，因此还原的 Pb 易聚集在炉底铁水层之下，易渗入砖缝中，是造成炉底破损的原因之一。Pb 在高温区气化进入煤气中，到达低温区时又被氧化为 PbO，随炉料下降而循环富集到炉底。

（4）烧结—炼铁锌富集。高炉冶炼过程中 Zn 在 1000 ℃ 以上高温区易被 C、CO、H_2 还原为气态 Zn，被 CO 和 CO_2 氧化成 ZnO。Zn 蒸汽在高炉内氧化还原循环，ZnO 颗粒沉积在炉墙上，与炉衬和炉料反应生成低熔点化合物，在炉身下部甚至中上部形成炉瘤，Zn 严重富集时炉墙结厚，侵入炉衬之间破坏炉衬或引起风口上翘，炉内煤气通道变窄，炉料下降不畅，炉内风量不足，频繁崩料滑料，侵蚀炉缸碳砖，严重危害高炉冶炼指标和高炉寿命。

烧结矿中的 Zn 主要由烧结除尘灰、高炉布袋除尘灰和重力灰、炼钢除尘灰带入，大部分被烧结机头电除尘器捕集进入除尘灰中，再次返回配入烧结料中，约 70% 残留在烧结矿中进入高炉炉料中。高炉冶炼过程中约 70% 的 Zn 进入布袋灰和重力灰中，再次返回配入烧结料中，因此 Zn 和 ZnO 在烧结和高炉冶炼过程中形成恶性大循环，造成 Zn 对高炉冶炼危害越来越严重。

Zn 从高炉排出后大部分进入布袋除尘灰中，高炉 Zn 负荷主要来源于高炉内小循环和烧结—炼铁之间大循环富集，需要建脱锌工艺将烧结机头电除尘灰、高炉布袋灰和重力灰、炼钢灰中的 Zn 脱除后再用于烧结，才能杜绝烧结—炼铁过程中 Zn 的恶性循环。如果高炉 Zn 负荷高，着重从烧结矿带入 Zn 含量查找原因，根据炉料结构推算烧结矿 Zn 含量上限值，通过限制 Zn 含量高的除尘灰配比控制高炉 Zn 负荷不超标。

6.11.8 钛等有益元素

有些与 Fe 伴生的元素被还原进入生铁，改善钢的性能，称这些元素为有益元素，如钛（Ti）、铬（Cr）、镍（Ni）、钒（V）等。

Cr 为不锈钢耐酸钢和耐热钢的主要合金元素，提高碳钢的硬度和耐磨性而不使钢变脆，含量超过 12% 时，使钢具有良好高温抗氧化性和耐腐蚀性，增加钢的热强性，其缺点是显著提高钢的脆性转变温度和促进钢的回火脆性。

Ni 提高钢的强度，对塑性的影响不显著，不仅耐酸而且抗碱，具有抗蚀能力，是不锈耐酸钢中的重要元素之一。

Ti 改善钢的耐磨性和耐蚀性，高 Ti 铁矿石应作为宝贵的 Ti 资源。Ti 对于炼铁来说既是有害元素，又是有益元素。铁矿石中的 Ti 以 TiO、TiO_2、TiO_3 形态存在，Ti 是难还原元素，其氧化物与铁水中的 C、N 反应生成高熔点固体颗粒 TiC 和 TiN

存在于炉渣中，急剧增大炉渣黏度，当其含量超过 4%～5% 时恶化炉渣性质，高炉冶炼困难且易结瘤。有益方面是由于 TiC 和 TiN 颗粒易沉积在炉缸、炉底的砖缝和内衬表面，有保护炉缸和炉底内衬的作用，钛矿常作为高炉冶炼护炉料。

烧结矿中 TiO_2 超过一定值时，严重降低烧结矿低温还原粉化 $RDI_{+3.15mm}$ 指标、还原性和转鼓强度。

6.12 烧结主要操作要点

6.12.1 烧结操作方针

烧结操作方针概括为精心备料、稳定水碳、减少漏风、低碳厚料、烧透筛尽、返矿平衡。

精心备料是烧结稳定生产的前提条件，其内容包括入厂原料质量验收、原料场原料和物流管控、铁矿粉中和混匀、熔剂和固体燃料加工破碎、循环辅料综合混匀利用、亲水性强的物料充分加水预润湿、准确配料、强化混匀制粒和稳定水分等全过程为烧结机精心备料。

稳定水碳指稳定烧结料水分和固定碳含量符合烧结机要求，稳定水碳是稳定烧结生产的关键性措施，烧结料水分适宜是保证制粒、改善料层透气性的重要条件，烧结料固定碳是烧结过程的主要热源，由固体燃料、烧结和高炉返矿、含碳除尘灰等带入，稳定烧结料固定碳不仅仅是稳定固体燃料配比，不能忽视其他物料带入的固定碳量。

减少漏风是烧结稳定生产的保障性条件，对抽风系统而言就是减少有害漏风，提高有效抽风量，充分利用主抽风机能力。对烧结机而言就是风量沿烧结机长度方向合理分布，沿台车宽度方向均匀一致。主抽风机是烧结生产的心脏，合理用风提高有效抽风量对优质、高产、低耗烧结生产具有重要意义。

低碳厚料和烧透筛尽是生产优质、高产、低耗烧结矿的重要途径，低配碳厚料层烧结可以减少表层低质量烧结矿数量，提高转鼓强度和成品率，充分利用厚料层自动蓄热作用，提高热利用率，降低能耗。烧透筛尽是烧结生产的目的，体现质量第一的思想，烧透是根本，筛尽是辅助，烧透才能保证强度高粉率低，既保证质量又确保产量。

返矿平衡是稳定生产最终的结果，是烧结生产的方向。布料点火良好、烧好烧透是返矿平衡的重要条件，同样稳定返矿数量和质量是稳定烧结料水分和配碳、稳定烧结过程的重要条件，烧好返矿便烧好烧结矿，返矿和烧结矿二者相辅相成互为影响。

6.12.2 主抽风机的作用和操作要点

6.12.2.1 烧结机抽风系统的组成

烧结机抽风系统由风箱、风箱支管（降尘管）、主排气管（烟道）、放灰系统、机头电除尘器、主抽风机、烟囱组成。

中型、大型烧结机为双侧风箱，每组风箱沿台车宽度方向分两侧抽风分别进入两个主排气管（烟道），两个排气管分别配置一台主抽风机，风箱支管上部同风箱相接，下部插入主排气管道，降尘管收集粉尘经双层卸灰阀排出。

为调节两个烟道的风量平衡和温度平衡，设置中部个别风箱支管阀门可以双烟道相互切换。在两个烟道外侧各设置冷风吸入装置（冷风阀），用于控制烟道内废气温度不超规定值（如 150 ℃ 或 180 ℃）。冷风阀开闭由电动执行器根据设定程序自动操作或进行手动操作。正常情况下冷风阀处于关闭状态，当废气温度大于规定值时，冷风阀自动或手动打开，待废气温度降低到规定值以下时，冷风阀自动或手动关闭。

烟道集中风箱废气改变气流方向，降低废气流速，促使粉尘沉降，起到除尘作用。烟道截面积大小取决于烟道内废气流速，一般烟道内废气流速约 12 m/s。

烟道外面加保温层是为了防止废气温度急剧下降，影响机头电除尘器的正常运行和除尘效率，影响主抽风机因叶片挂泥而产生振动。

6.12.2.2 主抽风机的作用

主抽风机是烧结主要配套设备之一，直接影响烧结机产量、质量和能耗指标，是烧结生产的"心脏"，主要作用是通过烟道进行强制抽风，使抽风系统产生一定负压，随着烧结点火和碳燃烧所提供的热量，使烧结沿料层高度自上而下得以进行，同时将烧结过程中产生的废气途经烟道、除尘系统净化后由烟囱排出。

主抽风机是烧结生产中电耗最大的设备，其电耗占烧结工序总电耗的 40% 以上。

6.12.2.3 主抽风机振动的主要原因

A 机械原因

因主抽风机叶轮本身不平衡，叶轮重心偏离回转轴的中心线，运转过程中叶轮轴产生振动。叶轮重心偏离轴中心线可能是由于叶轮本身材质不均匀、制造精度不高、铆钉松动或开焊、叶轮变形、灰尘进入机翼空心叶片、叶轮的不均匀磨损、叶轮轴弯曲等诸多因素造成。

由于安装和检修时主抽风机轴和电机轴不同心，产生附加不平衡。

因主抽风机叶轮直径大，重量大，支点远，有自然挠度存在，主抽风机轴在安装时不水平而产生振动。

因主抽风机轴瓦和轴承座之间缺少预紧力，轴瓦在轴承座中呈自由状态，振动加重并伴有敲击声。

B 操作原因

烧结工艺要求进入主抽风机的废气温度必须在一定范围（如 105~140 ℃），而实际生产中，由于操作波动或季节气候原因，使废气温度低于规定值，废气中的水蒸气和粉尘黏附在主抽风机叶轮上而挂泥，引起叶轮不平衡振动。

由于除尘设备维护不当，放灰不正常，使大烟道漏风或除尘器堵塞，破坏正常废气的流动，除尘效率下降，废气中大颗粒粉尘大大增加，引起主抽风机叶轮急剧不均匀磨损，运转中失去平衡而产生振动。

当烧结机严重布料不平、台车边部严重拉沟缺料、掉炉条等生产操作波动时，引起主抽风机振动。

C　其他原因

主抽风机在不稳定区工作；驱动风机的电机由于电磁力不平衡而使定子产生周期性振动时，也会引起主抽风机振动。

6.12.2.4　主抽风机操作要点

（1）主抽风机转子必须进行平衡试验。

主抽风机转子在安装前必须进行动平衡和静平衡试验，在自由状态下转子动平衡水平振动双振幅小于 0.05 mm。

（2）主抽风机启停操作要点。

主抽风机在常温下只能连续启动两次，在热态下只能启动一次，若需再启动，时间间隔必须大于 30 min。

烧结机准备开机布料生产时，台车平面上覆盖工程布，提前 30 min 变频启动主抽风机，主抽风机风门开度为零，启动频率约 18Hz，圆辊给料机开始布料，联锁启动烧结机同时点火炉开始点火，主抽风机风门开度从 30% 逐步梯度打开，从烧结机尾逐步卷起覆盖的工程布，直到烧结机全部布上料工程布全部卷起，主抽风机风门开度开到 95% 以上时意味着风门全部打开，通过加大变频赫兹数来加大主抽风机风量，满足逐步提高烧结料批和料层厚度所需的烧结风量。

烧结机准备停机时，逐步降低料层厚度到一定程度，主抽风机根据所需风量逐步减小变频赫兹数，待烧结机停止运行后，主抽风机也停止运转。

烧结机重负荷停机时，主抽风机延长一个烧结机台面的烧结时间后再停止运转，以保证烧结料烧透无生料；烧结机故障停机时，主抽风机缓慢减小变频赫兹数，直到台车上的烧结料烧透无生料；烧结机故障重负荷停机后准备开机生产时，为了减小电机启动负荷，保证启动电流和启动转矩正常，确保电机正常运转避免事故，需缓慢增加主抽风机变频赫兹数。

（3）特殊情况主抽风机停止运转。

1）主抽风机或电机突然强烈振动或机壳内部有碰撞或研磨声响。

2）主抽风机或电机的轴向窜动超过上限要求值。

3）主抽风机轴承油温超过规定值，采取措施油温仍然超标；轴承进油管道中油压低于下限值，启动电动油泵仍无油恢复至正常工作压力；轴承或油封处出现烟状。

4）油箱中油位下降到最低油位，虽继续添加润滑油，油位仍不正常；油箱和油管破裂出现大量跑油。

6.12.3 提高机头电除尘效率的主要措施

为了防治大气污染环境，钢铁企业除尘器主要采用重力除尘器、布袋除尘器、电袋复合除尘器、湿式除尘器、电除尘器、脱硫脱硝等。烧结废气一般经机头电除尘器除尘，脱硫脱硝净化后由烟囱排入大气。机头电除尘器以电力捕集粉尘，特点是除尘效率高、消耗动力小，主要缺点是耗钢材多、投资大。

6.12.3.1 电除尘器工作原理

含尘气体通过空间设置两个电极，负极为放电极，一般用一组金属丝制成，正极为集尘极，用钢板或钢管制成，正极接地。当两电极之间产生 5 万~7.5 万伏高压直流电后，在两极之间形成高压电场，放电极附近产生电晕放电，通过电场的含尘气体产生电离现象，使粉尘带电。由于电场的静电作用，大部分带负电的粒子（带负电粒子多的原因是放电极附近电力线密度大，电场强度大，使电极附近气体强烈电离粉尘粒子容易带负电）飞向集尘极，少量带正电的粒子飞向放电极，含尘气体中的粉尘与气体分离，使气体净化。当带电粉尘粒子向两极运动到达电极时，粒子将其带电放出并沉积在电极上，经过一定时间由振打装置将粉尘振动下来落入设在电除尘器下面的积尘漏斗中而排出。

6.12.3.2 电除尘器除尘 4 个步骤

（1）高压电场作用使气体电离而产生离子。

（2）粉尘得离子而带电。

（3）带电粉尘在抽力、重力、电风力、电场力等作用下移向收尘极。

（4）带电粉尘到达收尘极而放电，经过振打装置回收粉尘。

6.12.3.3 电除尘器运行注意事项

（1）废气中 CO 含量超过 2%时，注意电除尘器内有燃烧现象而引起爆炸。

（2）烧结料中配加一定量含油轧钢皮时，注意电除尘器内有燃爆现象。

（3）废气温度低于露点时，注意废气中 SO_2 与冷凝水结合腐蚀设备。

6.12.3.4 计算除尘器除尘效率

除尘效率指含尘气流在通过除尘器时捕集下来的粉尘量占原始粉尘量的百分数，也即除尘器前后气流含尘浓度差占除尘前含尘浓度的百分数。

【例 6-8】一台除尘器入口气流含尘浓度 12 g/m³，出口气流含尘浓度 120 mg/m³，计算该除尘器的除尘效率。

解：除尘效率 = [（12×1000－120）÷12000）] ×100% = 99%

6.12.3.5 提高机头电除尘效率的主要措施

（1）控制适宜的废气温度。烧结工艺要求废气温度高于露点温度，废气温度低于露点温度时废气结露，容易堵塞机头电除尘器，降低除尘效率，同时主抽风机叶轮挂泥引起振动，影响烧结正常生产，因此一般要求废气温度高于 100 ℃，但废气温度也不能过高，因主抽风机一般按照上限温度 150 ℃ 或 180 ℃ 设计，若超过此温度主抽风机发生喘振。

电除尘器的除尘效率与粉尘比电阻密切相关，粉尘比电阻是指自然堆放 10 cm² 圆面积、10cm 高的粉尘测得的电阻。电除尘器适宜粉尘比电阻为 $2×10^4 ~ 1×10^{11}$ Ω·m，当粉尘比电阻小于 $2×10^4$ Ω·m 时，粉尘导电性过好，到达集尘极后因放电太快而被气流重新带走；当粉尘比电阻超过临界值 $5×10^{10}$ Ω·m 时，电晕电流通过粉尘层会受到限制，由于粉尘的绝缘性，粉尘到达集尘极后仍保持原电荷状态，粉尘积累到一定程度时，粉尘层表面到集尘极之间的电位降低逐渐增大，阻碍尘粒向集尘极的正常移动，电除尘器的除尘效率急剧下降，产生反电晕。

废气温度主要影响粉尘比电阻，粉尘比电阻通常随温度升高而增加，但达到某一限值后又逐渐降低，因温度较低时粉尘主要通过其表面上的导电薄膜进行导电（主要是水汽表面导电），随着温度的升高，这层薄膜的导电作用越来越小。

废气温度 100~130 ℃ 时，电除尘器保持高效稳定运行；废气温度大于 135 ℃ 时，电除尘器发生反电晕现象，降低除尘效率。

（2）稳定原料结构和原料成分，防止废气性质频繁变化，尽量使用 K_2O、Na_2O 含量低的原料，因碱性氧化物粒度较小，比电阻高，易黏附在极板和极线上造成结瘤。选择适当炉条安装间隙，使铺底料起到滤尘的作用，减小电除尘器负荷。

（3）建立放灰制度，制定放灰次数，每次放灰卸灰阀留有少许灰量，电除尘漏斗不放空，保持一定的料位以起密封作用，防止密封不严密而漏风。

（4）控制进口含尘浓度小于 60 g/m³。电除尘器用于处理含尘较高的废气，进口含尘浓度高，除尘效率有所提高，但当进口含尘浓度高于 60 g/m³ 时，电除尘器会发生电晕封闭现象，大大降低除尘效率。

（5）振打力衰减力量不够，极板、极线或气流分布板积灰过多时，可增加声波振打装置。非接触清灰方式不会对极板、极线造成损害。

（6）做好电除尘系统的设备检查维护保养和操作规范化标准化并形成制度严格执行，除尘系统保持良好的工作状态和除尘效果。

6.12.3.6　影响废气温度的因素

废气温度与烧结机系统漏风率、烧结料温度、总管负压、烧结机的机速、料层厚度、终点温度、固体燃料配比、烧结料粒度组成等有关。

（1）降低漏风率是提高废气温度的关键环节，漏风率大则带入大量的冷空气，废气温度急剧降低。

（2）提高烧结料温度到露点以上（最好超过露点 10 ℃），减轻过湿带影响，有助于提高废气温度。

（3）烧结机料层厚度不稳定明显影响烧结终点位置，料层薄时终点位置提前，废气温度提高，终点位置是影响废气温度的直接原因。关注废气温度陡然升高的风箱位置（过湿带消失点），以稳定控制该风箱位置。终点位置提前则适当降低主抽风机的风门开度，废气温度低于 100 ℃ 时加大主抽风机的风门开度或降低烧结机机速。

（4）将所有除尘灰收集到配料室灰仓中集中均衡配加、控制适宜固体燃料粒度、稳定烧结内返配比、稳定烧结料水分和固定碳含量，这些都有助于稳定废气温度。

6.12.4 烧结风、水、碳操作要点

6.12.4.1   烧结合理用风

正常情况下，机尾风箱闸门全部开启而不随意关闭，不采取开闭机尾风箱闸门来调整终点温度和废气温度的办法，否则会影响烧结机后部的风量分布和总管负压。只有当突发情况发生如烧结机速大幅度降低引起废气温度持续很高而不想停烧结机时，才采取关闭机尾风箱闸门的应急措施。

正常生产时，保持厚料层铺平铺满，充分发挥厚料层自动蓄热能力强、减少返矿量、提高质量的优势，通过调整主抽风机风量或烧结机机速来控制适宜的终点位置，烧结机机速调整幅度不宜过大（±0.05～±0.1 m/min）且调整间隔时间为一个烧结机台面，不得频繁调整风量和机速。当终点位置提前时适当减小主抽风量或加快烧结机机速，当终点位置滞后时适当加大主抽风量或减慢烧结机机速。

当终点温度和废气温度持续偏低、总管负压偏高且有生料时，保持料层厚度不变，加大主抽风量或减慢烧结机机速；当终点温度和废气温度持续偏高时，保持料层厚度不变，减小主抽风量或加快烧结机机速。

料层透气性差、总管负压高时，加大主抽风量，反之亦然，提前调控烧结终点。

废气温度陡然升高，表明过湿带消失进入预热干燥带，基本对应固定的风箱，称为过湿带风箱。过湿带风箱废气温度低或风箱位置滞后，则加大主抽风量或减慢烧结机机速；过湿带风箱废气温度高或风箱位置提前，则减小主抽风量或加快烧结机机速，提前调控烧结终点。

配碳量不大且固体燃料粒度也不大，但机尾红层断面有火星，则欠风碳未燃尽，应适当加大主抽风量。

综合烧结料水分、固定碳含量、料仓料位、料层厚度、点火温度、废气温度、终点温度和终点位置、总管负压、过湿带风箱位置和温度等参数，并将其变化趋势对比分析，提前调控主抽风量和烧结机机速，最终达到烧好、烧透、烧结终点位置合适的效果。

6.12.4.2   目测判断烧结料水分

烧结料水分适宜，则圆辊给料机下料均匀顺畅，料层厚度可控，台车料面平整，点火火焰不外扑，机尾断面解理整齐。

烧结料水分偏高，则圆辊给料机下料不畅有团状，料层厚度自动减薄，点火火

焰外扑，点火温度下降，出点火保温炉料面出现鱼鳞片状，料层透气性变差，总管负压升高，废气温度下降，垂直烧结速度减慢，机尾红层断面不整齐、变暗且松散，烧不透有夹生湿料，烧结矿落下疏散转鼓强度降低，烧结矿粒度有大有小不均匀。

烧结料水分偏低，则圆辊给料机下料速度加快不易控制，料层厚度自动增厚，点火火焰外扑，料面出现浮灰且飞溅小火星，料层透气性变差，总管负压升高，废气温度下降，垂直烧结速度减慢，机尾红层断面不整齐且烧不透有夹生料，烧结矿落下疏散转鼓强度降低，粉尘飞扬严重。

6.12.4.3 控制烧结料固定碳含量

A 烧结"三碳"基本要求

烧结"三碳"指烧结料固定碳、烧结内返残碳、烧结矿残碳。厚料层低碳烧结条件下，控制烧结料固定碳含量在 2.4% ~ 2.8%，满足烧结过程所需能耗（适宜 FeO 含量），控制内返残碳和烧结矿残碳低于 0.1%。如果内返残碳和烧结矿残碳高，则烧结料中碳未燃尽，或者因配碳量大，或者因风量不足，或者因水分、布料、点火等原因未烧好内返和烧结矿（生料较多），需要查明原因采取措施降低内返和烧结矿残碳。烧结内返残碳过高会影响烧结料固定碳升高，烧结矿残碳过高会在环冷机内鼓风引起二次燃烧，影响冷却效果和烧结矿质量。

B 烧结固体燃料操作要点

烧结料固定碳主要由固体燃料带入，高炉炉尘、烧结内返等含碳物料带入少部分。

【例 6-9】某班烧结配料室干基上料量和相关成分如表 6-9 所示，计算当班烧结料固定碳含量。计算结果保留小数点后两位小数。

表 6-9 某班烧结配料室干基上料量和相关成分

项目	铁矿粉	熔剂	固体燃料	高炉炉尘	高返和副产品	烧结内返	合计
干基上料量/t	3419	570	174	52	4215	435	8865
碳含量/%			85.3	30.8	1.5	0.1	

解：根据烧结过程碳平衡有：

8865×烧结料固定碳 = 174×85.3+52×30.8+4215×1.5+435×0.1

烧结料固定碳 = 2.57%

a 影响固体燃料用量的因素

烧结过程中，氧化物的再结晶、高价氧化物的还原和分解、低价氧化物的氧化、液相生成量、烧结矿的矿物组成、烧结矿宏观和微观结构等，在很大程度上取决于固体燃料用量，适宜固体燃料用量和粒度是烧结矿具有足够强度和良好还原性的关键因素。影响固体燃料用量的主要因素有铁矿粉和熔剂的种类、固体燃料的热值、含 C、S、FeO 等氧化放热的物料、工艺因素（料层厚度、烧结料水分）等。

磁铁矿氧化放热反应：$4Fe_3O_4+O_2 \Longrightarrow 6Fe_2O_3$ $\Delta H = -562$ kJ/mol

赤铁矿还原吸热反应：$3Fe_2O_3+C \Longrightarrow 2Fe_3O_4+CO$ $\Delta H = +108.91$ kJ/mol

$3Fe_2O_3+CO \Longrightarrow 2Fe_3O_4+CO_2$ $\Delta H = +50.75$ kJ/mol

变更原料配比时，需测定烧结料固定碳含量，考虑影响固体燃料用量的诸因素（见表6-10），兼顾烧结矿产质量指标，适当调整固体燃料用量，保证烧结过程热量需求。

表 6-10 影响固体燃料用量的因素

序号	影响因素	调整措施
1	增加磁铁矿粉配比，减少赤铁矿粉配比	适当降低固体燃料用量
2	增加生石灰配比，减少石灰石、白云石配比	
3	固体燃料的热值提高	
4	增加高炉重力除尘灰、炼钢污泥等含碳物料	
5	增加高硫矿、轧钢皮、磁选粉等烧结过程氧化放热物料	
6	烧结矿 FeO 含量高于规定值上限	
7	大幅度提高烧结料温度，增加带入物理热量	
8	提高料层厚度；降低烧结料水分	
9	增减褐铁矿、半褐铁矿配比（含结晶水需增加燃耗；配比过大降低烧结矿转鼓强度需增加燃耗；因同化性和液相流动性好降低燃耗）	根据情况调整固体燃料用量

b 固体燃料用量判断

固体燃料用量直接影响燃烧带温度和厚度、垂直烧结速度、烧结气氛、烧结矿转鼓强度和还原性等。

（1）固体燃料用量大时，烧结料固定碳偏高，出点火炉2~3 m仍有红料面，料面过熔结硬壳，烧结温度过高，还原性气氛增强，料层气流中 O_2 含量低，不利于生成铁酸钙系，气流阻力加大，料层透气性变差，总管负压和废气温度升高，垂直烧结速度减慢，烧结机尾断面红层增厚发亮刺眼且严重粘台车，烧结饼落下声音很响，返矿量减少，烧结矿大孔薄壁结构呈蜂窝状，烧结矿 FeO 含量升高，还原性变差，内返和烧结矿残碳高，环冷机冷却负荷大，排矿温度高。

（2）固体燃料用量小时，烧结料固定碳偏低，料面固结强度差有粉尘，烧结温度过低，氧化性气氛强，液相不足，总管负压和废气温度降低，垂直烧结速度减慢，烧结机尾断面红层减薄有"花脸"且颜色发暗，断面疏松，烧结饼落下声音小，机尾粉尘大，返矿量增多，烧结矿转鼓强度下降，FeO 含量降低，还原性好。

c 固体燃料粒度要求及其影响

适宜固体燃料粒度与其反应性、烧结料各组分特性有关，固体燃料粒度随烧结料各组分粒度增大而适当增大。当以富矿粉为主料烧结时，适当放粗焦粉和无烟煤粒级，焦粉中−3 mm 粒级控制在 70%~75%，反应性强的无烟煤粒度上限可放宽到

4~4.5 mm，有足够热量使富矿粉周围固结成强度较大的成块体系。当精矿粉配比增加、混匀矿粒度变细时，适当放细焦粉和无烟煤粒级。固体燃料中−3 mm 粒级多且−0.5 mm 粉末少，才能更好发挥固体燃料的燃烧性和高热值的作用，因为−0.5 mm细粒燃料燃烧时，难以在其周围建立起成块的烧结矿，+3 mm 粗粒燃料在料层中分布不均匀，影响烧结过程气氛不均匀，且布料时容易偏析到料层下部而使下部烧结矿 FeO 含量高、还原性差，因此要控制固体燃料中−0.5 mm 过粉碎粒级和+3 mm 粗粒级比例。

（1）固体燃料粒度过粗的影响。

固体燃料粒度过粗，比表面积小，与氧的接触条件差，燃烧速度慢，拓宽燃烧带的厚度，料层透气性差，垂直烧结速度下降，烧结生产率降低。

固体燃料粒度过粗，料层中燃料分布相对稀疏且分布不均匀，粗粒燃料周围温度高熔融严重，还原性气氛强，液相过多且流动性好，形成难还原、薄壁粗孔结构、强度差的烧结矿；在远离固体燃料颗粒和无固体燃料的区域烧结温度低，空气得不到利用，氧化性气氛强，烧结速度慢出现夹生料，因烧结气氛不均匀影响产量降低质量不均匀，固结强度差。

固体燃料粒度过粗，布料时粗粒燃料偏析于料层下部，固定碳含量高，碳燃烧不尽，烧结矿过熔，FeO 含量增高，还原性差，烧结内返残碳高，烧结机尾断面间或有火苗，烧结矿黏结甚至烧炉条。而料层上部固体燃料分布少，热量不足，烧结矿结构疏松，FeO 含量低，转鼓强度差，成品率低，返矿量多。

（2）固体燃料粒度过细的影响。

固体燃料粒度过细，比表面积大，燃料易分散于料层各个部分，燃烧速度过快，烧结料传热性能不好时，固体燃料燃烧放热达不到料层熔融所需的高温和高温保持时间，高温反应进行不充分，影响烧结温度低，液相生成量少，难以在燃料周围建立起成块的烧结矿，转鼓强度差，返矿量增多，生产率降低。

过细的燃料急速过早地燃烧，废气中 CO 含量增加，损失潜热。

当以富矿粉为主料、烧结料层透气性好时，固体燃料燃烧动力学条件改善，固体燃料粒度宜粗些，如果固体燃料过粉碎，燃烧产生的热量大部分被烧结废气带走，对烧结矿固结作用不大。

6.12.4.4　降低烧结固体燃耗的主要措施

（1）推行厚料层、低水、低碳、低 MgO、低 Al_2O_3 烧结，充分发挥厚料层自动蓄热的作用，减少碳酸盐分解消耗热量，增强氧化性气氛，增加铁的低价氧化物氧化放热，促进生成低熔点物相，提高成品率。厚料层低碳低温烧结，不仅降低固体燃耗，而且获得优质烧结矿。

（2）提高混合料料温到露点以上，最好超过露点 10 ℃，增加带入烧结料层的物理热。

（3）提高生石灰质量及活性度，配加高炉重力灰旋风灰和轧钢皮（有条件采购轧钢皮增加配加量），利用 C、FeO 氧化放热的作用，提高烧结原料带入的化学热，为烧结过程提供辅助热源。

（4）充分利用固体燃料的燃烧热，使用灰分低、发热值高的固体燃料。同时使用焦粉和无烟煤两种固体燃料时，焦粉和无烟煤单独分仓使用，控制无烟煤粒度较焦粉稍粗，使二者的碳燃烧速度相一致，核算烧结料固定碳不变的情况下调整焦粉和无烟煤比例，无烟煤比例不大于 30% 为宜。

受市场环境的影响，采购固体燃料的过粉碎现象严重，−1 mm 粒级达 50% 以上，经四辊破碎后−1 mm 粒级更多，影响固体燃耗升高。针对过粉碎问题，降低固体燃料水分，实施分级分离预筛分技术，分离出+0.5 mm 和−3 mm 的粒级用于烧结生产，−0.5 mm 细粒级磨制成粉末后用于高炉喷吹燃料，不仅改善烧结固体燃料粒度，而且提高高炉制备喷吹燃料效率，高效利用固体燃料，降低炼铁和烧结燃料成本。

（5）固体燃料容易被黏性大的矿粉深层包裹，阻碍固体燃料充分燃烧，实施−1 mm 燃料分加在烧结机机头圆辊给料机布料处，并采用多辊磁性偏析布料装置，可使较多的−1 mm 分加燃料暴露在料层中，改善燃料的燃烧条件，增加料层上部固定碳含量，有利于降低烧结固体燃耗。

（6）实施单齿辊热废气、烧结机尾烟道热废气回收利用、环冷机热废气回收利用，减少废气带走的热量。

（7）采取多种有效措施，如加强原料中和混匀、强力混合机加强原料的混匀和强化制粒、返矿平衡、稳定烧结料水碳操作、减少漏风提高有效风量、抑制边部效应、微负压点火、稳定控制烧结终点位置等，降低返矿率，提高成品率，提高烧结矿产量。

6.12.5 烧结终点操作要点

烧结"三点"温度指点火温度、终点温度、总管废气温度。终点温度指烧结到达终点位置风箱处的温度，整个料层高度均为烧结矿带，终点温度反映燃烧带温度（即烧结温度）的高低。总管废气温度指各风箱集气管中的温度，即烟道温度，一般在进入机头电除尘器之前安装热电偶测定。

6.12.5.1 判断烧结终点

烧结后期，废气温度升高到一定值后开始降低的瞬间，即为烧结终点。

烧结终点即烧结过程结束所在风箱处的位置。烧结工况良好和烧结终点控制适宜的情况下，烧结终点处料层中碳燃烧反应完毕，废气温度在烧结终点为最高极值拐点。

当烧结机尾漏风较大时，废气温度分布出现异常，不出现拐点而出现最高值，很难判断烧结过程是否结束。

一般控制烧结终点位置在倒数第二个风箱处，根据原料状况和烧结机工况，可控制烧结终点位置在倒数第一至倒数第三个风箱处。

6.12.5.2　控制烧结终点

控制烧结终点应遵循"稳定料层厚度，调整风、水、碳匹配，控制适宜烧结终点位置"的操作思路。

烧结过程是复杂的物理过程和化学反应过程，具有动态多变量、大时滞、多扰动、非线性的特点，终点控制很难建立精确的数学模型，表现在系统信息不完整性、不确定性和模糊性。不同操作者调整烧结终点位置的经验有差异，操作者人为判断终点的依据存在模糊性，且终点状态的自然语言描述具有明显的模糊性。

烧结过程状态包括透气性状态和热状态，透气性状态决定烧结过程是否顺利进行，热状态是过程状态的直观反映。随着烧结过程的进行，燃烧带自料层上部逐渐下移，由于下部料层自动蓄热作用，废气温度持续升高。当燃烧带前沿接近台车炉条时，过湿带消失，废气温度陡然升高，直到整个料层烧透烧结过程结束，废气温度达到最高，此后固体碳燃烧结束，废气温度降低。由此基于温度曲线通过热状态指标——废气温度陡然上升点（过湿带消失点），可提前预判和干预控制烧结终点。具体做法为：在废气温度陡然上升的前后几个风箱支管处安装热电偶，实时监测这几个关键风箱的废气温度变化情况，如果过湿带消失点提前，则预判烧结终点位置也提前，可通过减小主抽风量或加快烧结机机速，调整烧结终点往后推移；如果过湿带消失点滞后，则预判烧结终点位置也滞后，可通过加大主抽风量或减慢烧结机机速，调整烧结终点位置往前移，可及早纠正烧结终点位置。

近几年，科研院所和设备厂家兴起智能制造项目，为提升烧结工艺技术水平提供了技术支撑，如烧结机尾红外热成像技术，可以实时采集机尾视频图像，在线显示机尾断面不同区域的温度分布，同时将红层温度与实物烧结矿 FeO 含量对应形成大数据库，能够量化机尾断面红层厚度和温度以及边部效应的程度，解决岗位人员判断终点的认知差异、不确定性和模糊操作的问题，是一项能够指导烧结布料、点火、风量、机速等操作的智能控制烧结终点技术。

6.12.5.3　烧结终点对烧结矿产质量的意义

烧结终点是关系到烧结矿产量、质量、成本的重要参数，准确控制烧结终点是保证烧结过程能在适宜位置刚好完成的关键。烧结终点提前，则烧结矿过烧，不能充分利用有效烧结面积，降低烧结矿产能；烧结终点滞后，则烧结料层欠烧未烧透有生料，返矿量多且返矿质量差，烧结成品率低，能耗高。

6.13　烧结矿 FeO 含量

FeO 是烧结矿的主要成分，是烧结温度和烧结气氛的综合性反映指标。FeO 对烧结矿性能有多重影响，过高或过低均不利于提高烧结矿产量、质量和冶金性能，FeO 含量控制在 7.5%~9% 可兼顾产量、物化性能和冶金性能、能耗等指标在最佳范围。不同类型烧结矿适宜 FeO 含量不同，但共同的发展方向是推行高氧位低 FeO 烧结。

6.13.1　影响 FeO 含量的因素

影响烧结矿 FeO 含量的因素诸多，适宜的 FeO 含量值主要取决于原料结构、配碳量、烧结矿碱度和成分、料层厚度等条件。

6.13.1.1　原始烧结料氧化度和宏观烧结气氛指数影响 FeO 含量

表 6-11 为原始烧结料氧化度和宏观烧结气氛指数对照表。

表 6-11　原始烧结料氧化度和宏观烧结气氛指数对照表

项目	铁料配比/%					原始烧结料氧化度 FeO 含量（质量分数）/%	实物烧结矿 FeO 含量（质量分数）/%	宏观烧结气氛指数
	磁铁精矿粉	赤铁矿 1	赤铁矿 2	褐铁矿	综合粉			
1	67	19		3	6	14.26	8.61	0.604
2	50	44			6	12.11	8.23	0.680
3	45	10	30	5	10	10.91	8.64	0.792
4	45	10	30	15		9.86	8.73	0.885
5	38		31	31		8.98	8.45	0.941
FeO/%	29.33	2.44	0.26	0.39	10.02			

宏观烧结气氛指数：

$$P = w(\text{FeO}_{烧结矿}) / w(\text{FeO}_{原始烧结料}) \qquad (6\text{-}15)$$

式中　　　　　P——宏观烧结气氛指数；

$w(\text{FeO}_{烧结矿})$——烧结矿 FeO 含量（质量分数），%；

$w(\text{FeO}_{原始烧结料})$——原始烧结料 FeO 含量（质量分数），%。

（1）P 值是烧结生产掌控 $w(\text{FeO}_{烧结矿})$ 的重要参数，烧结过程总体呈氧化性气氛，$P < 1$。

（2）P 值一定 $w(\text{FeO}_{原始烧结料})$ 低，则 $w(\text{FeO}_{烧结矿})$ 低，$w(\text{FeO}_{原始烧结料})$ 是影响 $w(\text{FeO}_{烧结矿})$ 的重要因素之一。

（3）氧化度 $D_{原始烧结料}$ 用 $w(\text{FeO}_{原始烧结料})$ 表示，$w(\text{FeO}_{原始烧结料})$ 低，则氧化度 $D_{原始烧结料}$ 高。

（4）P 值用烧结过程氧位衡量，P 值低，则烧结过程氧位高，$w(\text{FeO}_{烧结矿})$ 低。

（5）P 值和氧化度 $D_{原始烧结料}$ 决定烧结过程化学反应方向和形式。氧化度 $D_{原始烧结料}$ 高或烧结过程氧位高的条件下，Fe_2O_3 较易保持原始形态并与 CaO 生成铁酸钙，$w(\text{FeO}_{烧结矿})$ 低。氧化度 $D_{原始烧结料}$ 低或烧结过程氧位低的条件下，Fe_2O_3 易被还原成 Fe_3O_4 或浮氏体，与 SiO_2 生成铁橄榄石 $2FeO \cdot SiO_2$ 及类似复杂化合物，$w(\text{FeO}_{烧结矿})$ 高，还原性差。提高烧结过程氧位的措施有低碳低温烧结、热风烧结、富氧烧结等。

烧结矿 FeO 含量受铁矿粉种类的影响，赤铁矿粉和褐铁矿粉 FeO 含量低一般小于 1%，磁铁矿粉 FeO 含量高（一般在 26% 左右），轧钢皮 FeO 含量高达 70% 也有部分游离铁。赤铁矿粉高碱度烧结，烧结过程氧位高，易生成铁酸钙黏结相，降低烧结矿 FeO 含量。磁铁矿粉配比高，原始烧结料氧化度低，烧结过程更易形成含 FeO 的矿相，烧结矿 FeO 含量高。随着磁铁矿和轧钢皮配比的减少，烧结矿 FeO 含量降低，当磁铁矿配比降低到 10% 以下时，烧结矿 FeO 含量降低不明显，因烧结氧化性气氛下能把磁铁矿带入的大部分 FeO 氧化为 Fe_2O_3，磁铁矿粒度越细，FeO 越易被氧化为 Fe_2O_3。

6.13.1.2 工艺操作制度影响 FeO 含量

选择适宜工艺参数并保持稳定，对合理控制烧结矿 FeO 含量很关键。烧结过程的温度水平和气氛对 FeO 含量影响很大，一方面与配碳量、固体燃料粒度、烧结料水分有关；另一方面与点火温度、点火负压、总管负压、烧结机速、冷却速度、废气温度等有关。点火温度和总管负压适宜，减慢机速，延长高温保持时间，液相结晶发育完善，提高烧结矿质量，降低 FeO 含量。

确定合适的配碳量和水分是获得高产优质烧结矿的保证，低水低碳有利于降低烧结矿 FeO 含量，但并非水分和配碳量越低越好，需针对不同原料结构、不同料层厚度、烧结矿碱度、SiO_2 和 MgO 含量，确定适宜的配碳量和水分。

烧结矿碱度和 SiO_2 含量一定情况下，配碳量是影响 FeO 含量的重要因素。配碳量与 FeO 含量呈强正相关关系，配碳量过高，碳存在不完全燃烧，废气中 CO 含量增加，烧结过程中还原反应加剧，$Fe_2O_3 + C$ 或 $CO \rightarrow Fe_3O_4 + CO_2$，$Fe_3O_4 + C$ 或 $CO \rightarrow FeO + CO_2$，同时 Fe_2O_3 不稳定而分解为 Fe_3O_4 和 FeO，烧结矿中 FeO 以铁橄榄石和钙铁橄榄石黏结相形态出现，FeO 含量升高，转鼓强度降低且还原性很差。

固体燃料粒度是影响 FeO 含量的一个重要因素，适宜固体燃料粒度为 0.5 ~ 3 mm。固体燃料配比一定情况下，如果固体燃料粒度过粗，因布料偏析造成料层上部和下部固定碳差异大，FeO 含量波动极差大。如果固体燃料粒度过细，燃烧速度过快，烧结过程液相发展不充分，烧结矿 FeO 含量低，转鼓强度差。

烧结生产中控制适宜 FeO 含量的关键是合理的配碳量。降低配碳量实现低 FeO 烧结，采取调控措施满足烧结液相量和固结强度，获得优良烧结矿对烧结生产至关重要。

6.13.1.3 烧结矿碱度、SiO_2 和 MgO 含量影响 FeO 含量

（1）烧结矿碱度影响 FeO 含量。

低碳低 FeO 烧结可能造成液相量和固结强度不足，可通过提高碱度弥补液相量不足，尤其碱度提高到 1.95 以上时黏结相强度和转鼓强度升高趋势明显，因此低碳高碱度可以满足低 FeO 烧结条件。

配碳量和烧结矿 SiO_2、MgO 含量基本相同的情况下，随着碱度的提高，烧结料中熔剂量增加，增强混合料制粒效果，改善烧结料层透气性，提高料层氧位；$CaCO_3$ 和 $MgCO_3$ 烧结过程中吸热分解，烧结温度降低并向气相中析出 CO_2，稀释烧

结料层中的还原性气氛，减慢铁氧化物的还原速度，促进铁酸钙的生成，抑制磁铁矿和铁橄榄石（$2FeO \cdot SiO_2$）的发展，同时高碱度烧结矿易产生低熔点化合物，降低固体燃耗，降低 FeO 含量，为厚料层烧结奠定基础。

（2）烧结矿 SiO_2 含量影响 FeO 含量。

烧结矿碱度不变情况下，FeO 含量随 SiO_2 升高而升高。900 ℃ 以上高温下 Fe_3O_4 被还原，特别是 SiO_2 存在时加快 Fe_3O_4 还原，生成低熔点化合物铁橄榄石（$2FeO \cdot SiO_2$），同时由于 CaO 的存在，形成钙铁橄榄石（$CaO \cdot FeO \cdot SiO_2$），当配碳量较高时这两种液相对熔剂性烧结矿的固结有较大的作用。

（3）烧结矿 MgO 含量影响 FeO 含量。

烧结矿其他化学成分不变情况下，FeO 含量随 MgO 的提高而提高。因为 FeO-MgO 是一个连续固熔体，可以相互固熔而没有任何限制。MgO 可抑制 Fe_3O_4 在冷却过程中再氧化成 Fe_2O_3，有稳定 Fe_3O_4 的作用。烧结矿中 MgO 含量高，生成高熔点化合物，烧结温度提高，使烧结矿 FeO 含量升高。

烧结生产中 MgO 高熔点化合物和 FeO 的生成，均依赖于固体燃料用量增多，影响烧结生产率降低，转鼓强度和还原性差，所以烧结（尤其低硅烧结）适宜的工艺条件是高碱度、低 MgO、低 FeO 烧结。

6.13.1.4　烧结料层厚度影响 FeO 含量

提高料层厚度，有利于降低 FeO 含量。强化制粒厚料层烧结，料层自动蓄热作用增强，可以适当降低配碳量，增强氧化性气氛，促进铁酸钙的发育和黏结相的发展，抑制 Fe_3O_4 的生成，降低 FeO 含量。厚料层烧结是实现低碳、低 FeO、高强度、高还原性的基础。

6.13.2　FeO 含量对烧结产质量的影响

烧结矿 FeO 含量是关系到烧结矿消耗指标、物化性能、冶金性能和高炉炉况顺行的重要指标。降低烧结矿 FeO 含量，有利于改善还原性和高炉增铁节焦，但过低的 FeO 影响烧结矿转鼓强度降低，恶化低温还原粉化率，确定适宜的 FeO 含量对烧结生产和高炉冶炼具有重要意义。

6.13.2.1　FeO 含量对烧结产量的影响

烧结矿产量取决于垂直烧结速度和成品率。垂直烧结速度、成品率与 FeO 含量具有典型二次曲线特性，随着 FeO 含量升高，垂直烧结速度和成品率表现出上升到一定程度后下降的趋势。

生产实践表明，在高碱度烧结条件下，FeO 低于 6% 时，烧结过程液相量不足，铁矿石结晶程度差，主要黏结相是玻璃质，多孔洞，强度差，垂直烧结速度慢，成品率低。当 FeO 含量维持在 7.5% ~ 9.0% 时，垂直烧结速度和成品率均较好；当 FeO 含量达 9.5% 以上时，燃烧带温度过高，恶化烧结料层透气性，不利于生成铝硅铁酸钙（SFCA）黏结相，既浪费能源又恶化烧结状况，垂直烧结速度和成品率呈下降趋势。为保证较高烧结产能和较低的燃耗，控制烧结矿 FeO 含量在 7.5% ~ 9.0% 为宜。

6.13.2.2　FeO 含量对转鼓强度的影响

烧结矿碱度不同或碱度相同而 SiO_2 含量不同，FeO 含量与转鼓强度的关系也不同。FeO 含量低于 8.5% 时，与转鼓强度呈正相关关系，过低 FeO 会使转鼓强度变差，烧结成品率降低。但当 FeO 含量高于 9.5% 时，矿物表面出现微小裂纹，裂纹一直充满到矿物中心，导致转鼓强度急剧下降。

FeO 对转鼓强度的影响与 FeO 的赋存矿物有关（以硅酸盐形态还是磁铁矿形态存在）。当烧结矿 SiO_2 含量较高，FeO 主要以硅酸盐形态存在时，FeO 高，则玻璃相多，转鼓强度低，需控制较低的 FeO 含量为宜。当 FeO 以磁铁矿形态存在时（磁铁矿粉烧结），可适当放宽 FeO 含量。

并非 FeO 低转鼓强度就低，转鼓强度主要由黏结相强度（液相结构）和矿物自身强度决定，如铁酸一钙（CF）黏结相不含 FeO，但其强度稍高于磁铁矿（Fe_3O_4）强度。赤铁矿（Fe_2O_3）不含 FeO，但其强度与铁橄榄石（$2FeO \cdot SiO_2$）强度接近，比钙铁橄榄石（$CaO \cdot FeO \cdot SiO_2$）强度高。又如呈高温熔蚀状的铁酸钙黏结相并析出于玻璃相中，与玻璃相共同起黏结作用时，其强度远比针状铁酸钙强度低。

改变烧结原料结构，控制烧结工况（如提高碱度、低碳低温烧结、配加蛇纹石、控制适宜 Al_2O_3/SiO_2 比等），铁酸一钙成为烧结矿的主骨架且晶体多呈针状片状，充分发展 SFCA 黏结相，则烧结矿 FeO 含量低，具有良好的固结强度且还原性好。

6.13.2.3　FeO 含量对还原性的影响

烧结矿 FeO 含量是评价还原性能好坏的重要标志，FeO 含量高，则还原性差，主要因烧结矿结构致密难还原。FeO 含量低，则还原性好，有利于发展高炉上中部间接还原反应，降低冶炼焦比。

烧结矿还原性不仅取决于 FeO 含量，且与矿物组成结构有关。本身游离 FeO 是 Fe^{2+} 低价铁易还原，但烧结矿中 FeO 不以游离状态存在，由于高温燃烧带的作用，使很大一部分 FeO 与 SiO_2、CaO、Fe_3O_4 等结合生成铁橄榄石（$2FeO \cdot SiO_2$）、钙铁橄榄石（$CaO \cdot FeO \cdot SiO_2$）、少量的浮氏体（$FeO_x$）等，烧结矿熔融程度越高，这些难还原的物质含量越多，烧结矿 FeO 含量越高，还原性越差。

磁铁矿粉烧结，随着烧结矿 FeO 含量由小于 8.5% 升高到 9% 甚至 9.5% 以上，烧结料层局部还原性气氛增强，赤铁矿和铁酸钙易还原矿物减少，磁铁矿、钙铁橄榄石特别是铁橄榄石等难还原矿物增多，而且铁酸钙系的结晶形态由针状发展为黏结效果较差的板状粒状，烧结矿还原性明显变差。

富矿粉烧结且配碳量偏高时，C 和 CO 将 Fe_2O_3 还原成 Fe_3O_4 和 FeO，进而与 CaO、SiO_2 反应生成铁橄榄石（$2FeO \cdot SiO_2$）、钙铁橄榄石（$CaO \cdot FeO \cdot SiO_2$），不

仅降低还原性，而且燃烧带增厚阻力增大，烧结机产能降低。

对同一原料而言，尽力提高烧结矿的氧化度，降低结合态 FeO 生成，是提高烧结矿质量的重要途径。

对于烧结矿 FeO 含量而言，转鼓强度和还原性是烧结生产中需要处理好的一对矛盾，其他条件相同情况下，FeO 含量与转鼓强度呈一定正相关关系，而与还原性成反比关系。当生产要求改善烧结矿还原性和降低燃耗时，选定较低的 FeO 含量。当要求改善烧结矿粒度组成和提高转鼓强度，以及改善低温还原粉化性时，选定较高的 FeO 含量。企业根据各自原料条件和工艺状况，制定适宜而稳定的 FeO 含量是保证转鼓强度同时兼顾还原性的有效措施。

6.13.2.4 FeO 含量对低温还原粉化率 $RDI_{+3.15mm}$ 的影响

烧结矿 FeO 含量是影响 $RDI_{+3.15mm}$ 的主要因素之一，FeO 含量升高，则 Fe_2O_3 较少，减轻烧结矿还原初期裂纹扩展程度，同时烧结温度升高，增加了赤铁矿的溶解，生成更多的液相，烧结矿结构致密，改善转鼓强度和低温还原粉化 $RDI_{+3.15mm}$ 指标，但当 FeO 含量超过 9.5%后 $RDI_{+3.15mm}$ 上升幅度不明显。

6.13.3 降低 FeO 含量的主要措施

（1）在保证供给烧结过程所必需热量的条件下，尽量降低烧结料中的配碳量，是降低烧结矿中 FeO 含量的主要途径。

（2）严格控制熔剂粒度在-3 mm，生石灰充分消化提高活性度，石灰石和白云石充分分解和矿化。

（3）控制固体燃料粒度在 0.5~3 mm，固定碳含量不同的固体燃料分烧结机或分仓、分阶段使用，考虑烧结过程放热物料和辅料带入的碳，稳定烧结料固定碳含量。

（4）提高配料准确性，稳定烧结料水碳，加强上下工序间沟通联系，控制返矿平衡，关注机尾断面红层厚度和颜色，判断烧结料固定碳和固体燃料粒度是否适宜。

（5）强化制粒改善烧结料层透气性，推行厚料层、低碳、烧透筛尽操作方针，发挥厚料层自动蓄热的优势，创造低燃料配比、高氧化性气氛的操作条件，降低返矿率，提高成品率，有效降低固体燃耗和 FeO 含量。

（6）优化高炉炉料结构，生产高碱度、低 FeO 烧结矿，在保证转鼓强度的情况下，不追求过高的 FeO 含量。

（7）根据原料结构和烧结矿 SiO_2 含量，阶段性制定烧结矿 FeO 含量指标，当 SiO_2 含量较低（5%以下）时适当提高 FeO 含量，当 SiO_2 含量较高（6%以上）时适当降低 FeO 含量，加强基础管理工作，严格烧结矿 FeO 含量经济责任制考核。

降低烧结矿 FeO 含量不是最终目的，关键在于提高烧结矿质量，给高炉冶炼提供强度好、易还原的优质烧结矿。

6.13.4 检测分析判断 FeO 含量

6.13.4.1 在线检测烧结矿 FeO 含量

A 在线图像识别法

在线图像识别判断烧结矿 FeO 含量等级是提取烧结机尾断面图像上烧结气孔面积平均值和烧结气孔的平均亮度作为特征，根据烧结生产实际将 FeO 含量分为低、适中、高、过高 4 个等级，采集断面图像样本判断对应 FeO 含量，计算 FeO 含量等级的隶属度，用隶属度加权平均距离法判断 FeO 含量等级。

采用烧结机尾断面图像分析仪判断烧结矿 FeO 含量的不足：

（1）机尾断面红层过亮时看不清细节，摄像机经受高温需反吹风和水冷保护装置，需耐高温和耐磨行程开关控制摄像时刻。

（2）机尾灰尘烟雾带来噪声和摄像过程产生的随机噪声影响摄像效果，图像背景区、红层区、烧结气孔区之间边缘比较模糊，灰度变化平缓等影响检测结果。

（3）图像分析仪的在线识别率仅 70% 左右。

B 在线磁导率检测法

通过在线检测烧结矿中铁磁物质的磁导率，利用磁导率和 FeO 含量的相关关系计算烧结矿中 FeO 含量，具有测速快、准确度较高的特点。

如图 6-6 所示，在线磁导率 FeO 检测仪是根据烧结矿具有磁性（磁导率与 FeO 含量呈正相关关系）这一特点，通过装有 FeO 电感传感器的测量装置，计算烧结矿磁性指数（Magnotic Index，MI），配合烧结矿自动取样装置，在线实时检测 MI 和 FeO 含量值，具有检测精度较高（±0.5%）、响应迅速（0.5 s）的优点，有助于指导调整固体燃料配比，提高 FeO 含量稳定率。

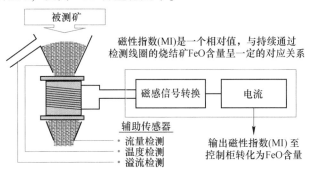

图 6-6 在线磁导率 FeO 检测仪原理图

6.13.4.2 化学分析法（重铬酸钾滴定法）测定烧结矿 FeO 含量

A 试样制备

将试样烧结矿磨碎到小于 100 μm 的粒度，置于（105±2）℃恒温干燥箱中烘干后冷却至室温并混匀，用非磁性勺称取 0.2000 g（精确到 0.0001 g）试样烧结矿置于 300 mL 锥形瓶中备用。

B　试样测定

装有 0.2000 g 试样烧结矿的 300 mL 锥形瓶中加少量水润湿，加入 0.2 g 氟化钠、1.0 g 碳酸氢钠、30 mL 盐酸（1.19 g/mL），盖上坩埚盖放在中温电炉上使试样完全溶解并加热至沸腾，并保持微沸使溶液体积蒸发至 10 mL 取下，立即用水冲洗坩埚盖，并稀释瓶中溶液至体积 100 mL，用瓷坩埚盖盖上瓶口，流水冷却至室温。加 15 mL 硫磷混酸（1.5+1.5+7），加 2~3 滴二苯胺磺酸钠指示剂溶液（1%），立即用重铬酸钾标准滴定溶液（$C(1/6K_2Cr_2O_7) = 0.004640$ mol/L）滴定至呈稳定的紫色，记录消耗的重铬酸钾标准滴定溶液的体积 V。

C　计算试样烧结矿 FeO 含量

$$w(\text{FeO}) = [TV/(1000G)] \times 100\% = [CVM_{\text{FeO}}/(1000G)] \times 100\% \qquad (6\text{-}16)$$

式中　$w(\text{FeO})$——试样烧结矿 FeO 含量，%；

　　　　T——1 mL 重铬酸钾标准滴定溶液相当于 FeO 的质量，g/mL；

　　　　V——消耗的重铬酸钾标准滴定溶液体积，mL；

　　　　C——重铬酸钾标准滴定溶液浓度，0.004640 mol/L；

　　　　M_{FeO}——FeO 的摩尔分子质量，72 g/mol；

　　　　G——试样质量，0.2000 g。

D　测定原理

试样烧结矿用盐酸溶解，Fe^{2+} 转入溶液中，为避免 Fe^{2+} 被空气氧化，溶解时加入少量碳酸氢钠 $NaHCO_3$，加入溶样盐酸后产生大量 CO_2，以排除锥形瓶中空气。

$$NaHCO_3 + HCl == NaCl + H_2O + CO_2$$

Fe^{2+} 在硫磷混酸存在下，以二苯胺磺酸钠为指示刘，用重铬酸钾标准滴定溶液滴定，测得溶液中的 FeO 含量。

$$6FeCl_2 + K_2Cr_2O_7 + 14HCl == 6FeCl_3 + 2KCl + 2CrCl_3 + 7H_2O$$

指示剂变色原理：二苯胺磺酸钠本身具有氧化还原性质，在氧化还原滴定反应至计量点时，指示剂被氧化或还原，指示滴定到达终点。用重铬酸钾标准滴定溶液滴定至稳定的紫色，即溶液中的 Fe^{2+} 被全部氧化成 Fe^{3+}。

E　注意事项

重铬酸钾滴定法分析烧结矿 FeO 含量较准确，分析过程操作要迅速，以免 Fe^{2+} 被空气氧化，使分析结果偏低。

试样中金属铁和硫化铁会干扰测定，因为金属铁与硫化铁被盐酸溶解后以 Fe^{2+} 形态转入溶液中，使分析结果偏高，特别是硫化铁被盐酸分解后，除生成 Fe^{2+} 外还产生硫化氢，将溶液中 Fe^{3+} 也还原成 Fe^{2+}。为消除硫化铁干扰，可用饱和二氟化汞溶液 5mL（1+1）、磷酸 30mL 和 0.5g 碳酸氢钠溶解试样，将产生的硫化氢在未与 Fe^{3+} 反应之前转化为硫化汞而消除。

6.13.4.3 目测判断烧结矿 FeO 含量

（1）从烧结矿熔化程度和气孔率判断。

正常微熔烧结矿像小气孔发达的海绵，则 FeO 含量低或适中；过熔烧结矿组织为熔化大气孔薄壁状，气孔率小，则 FeO 含量高；随着熔化程度的加深，FeO 含量升高。

（2）从烧结矿色泽判断。

烧结矿金属光泽部位较多，则 FeO 含量低；烧结矿瓦灰色部位较多，则 FeO 含量高。

（3）从烧结矿摔打情况判断。

摔打声音发脆、碎裂，则 FeO 含量高，转鼓强度差。

（4）从烧结机机尾红层断面厚薄和颜色判断。

烧结终点位置控制合适的情况下，机尾红层断面厚，则配碳量大，FeO 含量高；机尾红层断面薄，则配碳量适中，FeO 含量适宜；机尾红层颜色刺眼发亮且有火星，则固体燃料粒度偏大，FeO 含量高；机尾红层呈暗红色且没有火星，则配碳量和固体燃料粒度适中，FeO 含量适宜。

6.14 漏风率和减漏措施

6.14.1 烧结风量、有效风量、有害漏风量、漏风率的定义

（1）烧结风量指主抽风机吸入风量与烧结机有效抽风面积的比值，单位为 $m^3/(min \cdot m^2)$。

（2）有效风量指通过料层有效风量与烧结机有效抽风面积的比值，单位为 $m^3/(min \cdot m^2)$。

（3）有害漏风量指从垂直料层以外、台车两侧进入抽风系统的风量，单位为 m^3/min。

（4）漏风率指抽风系统有害漏风量占主抽风机吸入风量的百分数，单位为%。

$$V_{主抽} = 60\pi R^2 v \tag{6-17}$$

式中　$V_{主抽}$——主抽风机吸入风量（工况），m^3/min；

　　　R——主抽风机转子半径，m；

　　　v——主抽风机吸风口气体流速，m/s。

【例 6-10】某主抽风机吸风口气体流速 29.5 m/s，风机转子直径 2.4 m，计算主抽风机吸入风量。计算结果保留整数。

解：主抽风机吸入风量 = 60×3.14×（1.2×1.2）×29.5 = 8003（m^3/min）

6.14.2 漏风率测定方法和计算

烧结机漏风率测定方法有烟气分析法、料面风速法、密封法、量热法。

A 烟气分析法

a 测定原理

如果烧结抽风系统完全不漏风，那么台车炉条下部的烟气成分和抽风系统其他各段管道乃至主抽风机出口处烟气成分应该相同，但生产实际中台车炉条下（1点）烟气中 O_2 含量最低，CO_2 含量最高，因抽风系统漏风吸入外界空气，使其他部位（2点）烟气中 O_2 含量不同程度地升高，CO_2 含量相应降低，通过烟气分析仪测得烟气中 O_2 含量变化情况，根据 O_2 平衡可计算出从（1点）到（2点）的漏风率。

$$K = \left[\left(\varphi(O_{2-2}) - \varphi(O_{2-1}) \right) / \left(21 - \varphi(O_{2-1}) \right) \right] \times 100\% \tag{6-18}$$

式中　　K——从台车炉条下部（1点）到抽风系统某处（2点）之间的漏风率，%；

$\varphi(O_{2-1})$——台车炉条下部（1点）烟气中 O_2 含量（体积分数），%；

$\varphi(O_{2-2})$——抽风系统某处（2点）烟气中 O_2 含量（体积分数），%。

如果脱硫塔入口和主抽风机入口处在线检测烟气成分，只要检测出台车炉条下烟气中 O_2 含量，则可评价烧结机抽风系统的漏风率。

b 测定方法

选（1点）在台车炉条下部，（2点）在机头电除尘器前的烟道上。测定工作在烧结机台车运行过程中进行，为了准确评价漏风率，使用两台烟气分析仪同时测定（1点）和（2点）烟气中 O_2 含量。沿台车宽度方向从挡板到台车中心平均设定 2~3 个测点，当测点到达每个风箱时连续读取两次 O_2 含量取其平均值。沿烟道直径方向从烟道壁到中心点平均设定 2~3 个测点并在每个测点上连续读取两次 O_2 含量取其平均值。

在有标记的台车炉条下部（1点）开孔，在机头电除尘器前的烟道上（2点）开孔，待标记台车运行到出点火保温炉的第一个风箱时，同时从（1点）和（2点）开孔处分别插入烟气分析仪取气管，烟气分析仪随台车前行而向前移动，按设定测点的伸进深度读取并记录烟气中 O_2 含量，当（1点）接近机尾风箱且烟气中 O_2 含量接近空气中 O_2 含量（21%）时，表明烧结料层中碳燃烧完毕烧结过程结束，烟气分析仪测定工作结束，以测定次数加权计算炉条下部烟气中 O_2 含量，同样在（2点）将烟气分析仪取气管伸进设定测点位置读取并记录烟气中 O_2 含量，以测定次数加权计算烟道烟气中 O_2 含量。

c 计算漏风率

【例6-11】已知大气中 O_2 含量 21%，测定某烧结机烟气中 O_2 含量如表 6-12 所示，计算改造前后漏风率各是多少？计算结果保留小数点后两位小数。

表 6-12 某烧结机烟气中 O_2 含量

状 态	台车炉条下部烟气平均 O_2 含量/%	机头电除尘器前烟道烟气平均 O_2 含量/%
改造前	11.42	16.46
改造后	10.37	15.23

解：改造前漏风率 $K_1 = [(16.46-11.42) \div (21-11.42)] \times 100\% = 52.61\%$

改造后漏风率 $K_2 = [(15.23-10.37) \div (21-10.37)] \times 100\% = 45.72\%$

【例 6-12】 已知大气中 O_2 含量 21%，烧结机台车炉条下部烟气中平均 O_2 含量 9.67%，主抽风机入口烟气中 O_2 含量 15.13%，计算从台车炉条下到主抽风机入口处漏风率多少？计算结果保留小数点后两位小数。

解：漏风率 $K = [(15.13-9.67) \div (21-9.67)] \times 100\% = 48.19\%$

d 烟气分析简易法

（1）测定方法。

烟气分析仪取气管端部由水平段弧度过渡到竖直段，在抽风系统管道的取气部位开孔并安装带有法兰盘的套管，伸进时取气管的竖直段开口背向烟气流向，以防烟气中杂物堵塞取气管，开始测定时旋转取气管开口朝向烟气流向，在抽风管道径向不同的伸进深度连续读取并记录烟气中 O_2 含量，计算烟气中平均 O_2 含量 V_1，测定完毕用盲板封好烟道孔。

（2）计算相对漏风率。

以烟气分析法为背景，不考虑烧结抽风过剩空气带入的 O_2 含量，将烟气分析仪取气管从抽风系统管道（1点）径向方向伸入，测定烟气中平均 O_2 含量 V_1（体积百分比），计算相对漏风率。

$$K_1 = (V_1/V) \times 100\% \qquad (6-19)$$

式中 K_1——抽风系统管道（1点）的相对漏风率，%；

V_1——抽风系统管道（1点）烟气中平均 O_2 含量，%；

V——大气中 O_2 含量，%。

再选择抽风系统管道（2点）测定烟气中平均 O_2 含量 V_2，并计算相对漏风率。

$$K_2 = (V_2/V) \times 100\% \qquad (6-20)$$

式中 K_2——抽风系统管道（2点）的相对漏风率，%；

V_2——抽风系统管道（2点）烟气中平均 O_2 含量，%。

通过此方法可以比较（1点）、（2点）以及多点的相对漏风率大小，操作简单，有效节约测定成本和时间，能及时掌握烧结过程系统漏风情况。

B 料面风速法

a 测定原理和漏风率计算

主抽风机吸入风量 $V_{主抽}$ 由 3 部分组成：（1）通过料层的有效风量 $V_{有效}$；

（2）系统有害漏风量 $V_漏$；（3）烧结过程中物化过程增加的气体量 $V_增$，$V_增$ 主要由烧结湿料中液态水变为气态水蒸气的量 $V_{水蒸气}$ 与烧结过程中气体产生量与消耗量之差，消耗量主要是空气中 O_2 含量，产生量主要是 CO、CO_2 和少量 SO_2 等气体。

烧结过程主要发生如下气体反应：

$$C+O_2 \xlongequal{} CO_2 \quad 2C+O_2 \xlongequal{} 2CO \quad C+CO_2 \xlongequal{} 2CO \quad S+O_2 \xlongequal{} SO_2$$

可见生成 1 mol 的 CO_2 和 SO_2 各需要消耗 1 mol 的 O_2（气体产生量和消耗量相互抵消），生成 1 mol 的 CO 需要消耗 0.5 mol 的 O_2。由于在压力和温度相同的条件下，气体物质的量与体积成正比，所以：

$$V_增 = 0.5V_{CO} + V_{水蒸气} \tag{6-21}$$

式中　$V_增$——烧结过程中物化过程增加的气体量，m^3/min；

　　　V_{CO}——烧结烟气中 CO 的体积百分数，%；

　　$V_{水蒸气}$——烧结烟气中水蒸气量，m^3/min。

烧结烟气中 V_{CO}0.15%~0.35%，含量少可忽略不计，则有：

$$V_{主抽} = V_{有效} + V_漏 + V_{水蒸气} \tag{6-22}$$

采用热球式风速仪测定烧结料面不同部位风速，计算通过料层的有效风量 $V_{有效}$，采用数字式管道风速仪测定烟道内风速，计算主抽风机吸入风量 $V_{主抽}$，通过烧结料中水分含量计算 $V_{水蒸气}$。

因为主抽风机前各处工况不同，为了较准确评价漏风率，将工况下的气体量 $V_{主抽}$、$V_漏$、$V_{水蒸气}$ 换算成标准状况下的气体量 $V_{主抽标}$、$V_{漏标}$、$V_{水蒸气标}$，则可得出：

$$K = \left[V_{漏标} / (V_{主抽标} - V_{水蒸气标}) \right] \times 100\% \tag{6-23}$$

式中　K——标准状况下抽风系统漏风率，%；

　　$V_{漏标}$——标准状况下抽风系统有害漏风量，m^3/min；

　　$V_{主抽标}$——标准状况下主抽风机吸入风量，m^3/min；

$V_{水蒸气标}$——标准状况下烧结烟气中水蒸气量，m^3/min。

$pV=nRT$ 是理想气体状态方程，又称理想气体定律，是描述理想气体处于平衡状态时，压强 $p(Pa)$、体积 $V(m^3)$、物质的量 $n(mol)$、热力学温度 $T(K)$ 关系的状态方程，R 是气体常量，单位为 $J/(mol \cdot K)$，在摩尔表示的状态方程中，R 为比例常数，对任何理想气体而言 R 一定，约 (8.31441 ± 0.00026) $J/(mol \cdot K)$。

气体标准状况（标况）指气体处在 101325 Pa 和 0 ℃的状态。

根据 $pV=nRT$ 推导出：

$$\frac{p_{工况} \cdot V_{工况}}{p_{标态} \cdot V_{标态}} = \frac{T_{工况}}{T_{标态}} \tag{6-24}$$

对于通过料层有效风量，$p_{工况}$ 为大气的压力，$T_{工况}(K) = 273 + t_{常温}$（℃）。

对于主抽风机吸入风量，$p_{工况}$ 为烟道内压力，$T_{工况}(K) = 273 + t_{烟道内烟气温度}$（℃）。

b 料层有效风量 $V_{有效}$ 的测定和计算

用热球式风速仪测定台车料面风速,沿台车宽度方向上布置不少于 5 个测点并连续测定两次取平均值。

因 $V_{有效}$ 与料层透气性有关,从烧结机头到机尾料层阻力逐渐变大然后到烧结终点又下降,因此从点火保温炉以后的每个风箱开始测定料面风速,以测点次数加权得出料面平均风速 $v_{料面}$ (单位 m/s),通过公式 $V_{有效} = v_{料面} S_{烧结}$ ($S_{烧结}$ 为烧结机有效烧结面积,m^2) 计算得出通过料层有效风量 $V_{有效}$ (单位 m^3/s)。

c 主抽风机吸入风量 $V_{主抽}$ 的测定和计算

在烧结机头电除尘器前的烟道上开孔,将烟道截面划分成 3~4 个等面积的同心环,每个环带的水平和垂直中心点设定测点,从烟道开孔处插入数字式管道风速仪测定烟气风速,以测点次数加权计算烟道内风速 $v_{烟道}$ (单位 m/s),通过公式 $V_{主抽} = v_{烟道} S_{烟道}$ ($S_{烟道}$ 为烟道截面积,m^2) 计算主抽风机吸入风量 $V_{主抽}$ (单位 m^3/s)。

d 水蒸气量 $V_{水蒸气}$ 的测定和计算

通过测定烧结料堆密度和水分质量百分数,计算 $V_{水蒸气}$。

单位时间内烧结料中水的摩尔量:

$$N_水 = (\lambda M B H v_{机速}) \div 18 \tag{6-25}$$

式中　$N_水$——单位时间内烧结料中水的摩尔量,kmol/s;

λ——烧结料堆密度,kg/m^3;

M——烧结料水分质量百分数,%;

B——台车宽度,m;

H——料层厚度,m;

$v_{机速}$——烧结机机速,m/s。

因标准状况下,任何气体摩尔体积为 22.4 L/mol,所以:

$$V_{水蒸气标} = 22.4 N_水 \tag{6-26}$$

式中　$V_{水蒸气标}$——标准状况下烧结烟气中水蒸气量,m^3/s;

$N_水$——烧结料中水的摩尔量,kmol/s。

料面风速法可操作性强,测定方便,测定误差较小,气体分析量较少,能够测定系统漏风量,因该法将烧结过程产生的烟气也纳入漏风,故检测漏风率数据偏大。

另外用数字式管道风速仪、热球式风速仪、皮托管等仪器测定漏风点的风速,对测定局部漏风率有效,能定量检漏,对堵漏很有必要。

C 密封法

a 测定原理

烧结机空载静态下,主抽风机入口压力与负载生产时的负压相等时,则空载漏风量与负载正常生产时的漏风量相等,密封法基于这一原理测定烧结机系统漏风率。

烧结机抽风系统漏风主要包括烧结机本体漏风和机头电除尘器漏风两部分,烧结机本体漏风率采用空载静态密封与负载动态相结合的测定方法,机头电除尘器漏风率采用烧结机负载动态测定法。

b　测定步骤

（1）测定烧结机漏风量 $V_{漏}$。

将台车上的烧结矿全部排空，烧结机处于空载状态，留最后两个风箱的台车面不覆盖工程布，其他台车面用工程布或橡胶布覆盖严密，并将风箱隔板梁与台车下梁之间的间隙用型钢密封，阻止空气从炉条间隙处进入抽风系统。

在最后两个风箱支管的直段上和主抽风机出口的水平烟道上分别设置流量检测点，在主抽风机入口设置压力检测点。

开启主抽风机并调整主抽风量，使主抽风机入口压力接近实际生产负压，用烟气分析仪测定进入烧结机系统的总风量 V_1（V_1 = 最后两个风箱的风量之和）和烧结机系统出口总风量 V_2（V_2 = 两个烟道风量之和）及其温度、压力等气态参数，将工况下的 V_1 和 V_2 换算成标准状况下的 $V_{1标}$ 和 $V_{2标}$，则烧结机空载时的漏风量 $V_{空载漏标} = V_{2标} - V_{1标}$ = 实际负载生产时的漏风量 $V_{漏标}$。

（2）测定烟道风量 $V_{烟道}$ 和主抽风机吸入风量 $V_{主抽}$。

将台车上布满烧结料进行点火和烧结，烧结机处于负载正常生产状态时，用烟气分析仪测定机头电除尘器的输入风量 $V_{电除尘入}$（$V_{电除尘入}$ = 两个烟道风量之和 $V_{烟道}$）和输出风量 $V_{电除尘出}$（$V_{电除尘出}$ = 主抽风机吸入风量 $V_{主抽}$）及其温度、压力等气态参数，将工况下的风量 $V_{烟道}$ 和 $V_{主抽}$ 换算成标准状况下的 $V_{烟道标}$ 和 $V_{主抽标}$。

c　计算漏风率

$$K_{烧结机} = （V_{漏标} / V_{2标}） \times 100\% \tag{6-27}$$

$$K_{电除尘} = \left[（V_{主抽标} - V_{烟道标}）/V_{主抽标}\right] \times 100\% \tag{6-28}$$

$$K_{系统} = \left[（V_{漏标} + V_{主抽标} - V_{烟道标}）/V_{主抽标}\right] \times 100\% \tag{6-29}$$

式中　$K_{烧结机}$——烧结机本体漏风率，%；

$K_{电除尘}$——机头电除尘器漏风率，%；

$K_{系统}$——烧结机抽风系统漏风率，%；

$V_{漏标}$——标准状况下抽风系统有害漏风量，m^3/min；

$V_{2标}$——标准状况下烧结机系统出口总风量，m^3/min；

$V_{主抽标}$——标准状况下主抽风机吸入风量，m^3/min；

$V_{烟道标}$——标准状况下两个烟道风量之和，m^3/min。

D　量热法

烧结机系统烟气热收入量 $Q_{收}$ = 热支出量 $Q_{支}$ + 热损失 $\Delta Q_{损}$ + 热储备 $\Delta Q_{储}$。

正常稳定操作条件下，$\Delta Q_{损}$ 不变，$\Delta Q_{储}$ 为零，可建立热平衡式：

$$K = \frac{C_o\left[（1 - \lambda）t_o - t_m\right]}{C_o\left[（1 - \lambda）t_o - t_m\right] + C_a（t_m - t_a）} \times 100\% \tag{6-30}$$

式中　K——烧结机系统漏风率，%；

C_o——烟气比热容，通过烟气中 N_2、O_2、CO_2、CO、H_2O 主要组分热焓计算，$J/（m^3 \cdot ℃）$；

C_a——空气比热容，J/（m³·℃）；

λ——热损失率，%；

t_o——炉条下部烟气温度，℃；

t_m——风箱支管直段温度，℃；

t_a——漏入烟气中的空气温度，即常温，℃。

量热法可以长期采集数据，灵敏度高，与计算机连接可以实现在线检测漏风率，能较好了解各风箱的漏风率状况及其变化趋势，为检漏提供依据，针对性地采取高效减漏措施提高检修效率，降低烧结系统漏风率。

6.14.3　烧结机系统主要漏风部位和减漏措施

强制抽风烧结条件下，烧结工况一定时，抽风量越大，则漏风率越大。烧结机系统漏风对烧结生产能耗、物耗和环境影响很大，降低抽风系统的工作负压，则减少烧结机单位面积的有效风量，固体燃料燃烧速度慢，降低烧结机利用系数，烧结矿质量下降，同时主抽风机电耗升高且加剧设备磨损，另外大量空气漏入抽风系统，则增加除尘系统的负荷，恶化除尘设备的工作环境和除尘效果。

（1）烧结机首尾风箱密封板与台车底部间隙较大而漏风。

措施：首尾风箱密封板由分体式改进为组合整体结构，密封板与台车底部由刚性接触改进为柔性结构，改善密封效果。

（2）台车与滑道间隙大，台车与风箱结合面侧部漏风。

原因：因台车跑偏使台车和滑道磨损成为斜面或凹槽，台车与滑道结构不合理，滑道润滑不良造成磨损而漏风。

台车与滑道之间的漏风是烧结机漏风的主要部位，占烧结机总漏风率的 30% 以上，而且漏风率随着烧结机长宽比例的增大而增大。

台车与滑道之间不仅漏风大，而且难治理，国内台车底部摩擦板（台车游板）与固定滑道之间的密封大致经过了以下变迁：摩擦板滑道密封、双板簧密封、弹簧密封、石墨密封、柔性密封等，其密封技术不断创新领先，柔性密封结构如图 6-7 所示。

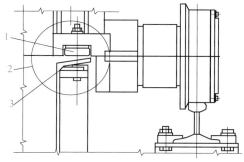

图 6-7　柔性密封结构图

1—台车不锈钢游板；2—柔性密封部位；3—高分子柔性密封条

柔性密封利用烧结固有的抽风负压使柔性密封条紧密吸合在台车不锈钢游板上，实现台车与风箱的无缝密封，具有密封效果稳定持久、维修简单易行且维护费用低、节能降耗效果显著等优点，其独特的结构设计巧妙地达到刚柔相济结合，克服传统机械密封要求的水平精度高、长期润滑维护、维修时间长、工作量大等缺点，较好解决机械密封润滑油消耗大、密封效果逐年下降的难题，是烧结机滑道密封的一次革命。

（3）台车端部密封板与挡板间隙大而漏风。

原因：台车端部密封板在翻转过程中受挤压而不均匀磨损，同时台车挡板螺丝松动和倾斜产生间隙而漏风；挡板因高温变形、翘起，台车本体与下挡板之间、上下挡板之间产生漏风；炉条销杆和销孔之间形成漏风；因掉挡板、掉炉条和销子，形成风洞而漏风；因台车边部布料拉沟缺料，挡板处阻力小，加重边部效应而漏风。

措施：如图6-8所示，将台车本体与下挡板做成一体，并下挡板通体端部密封板，彻底消除台车本体与下挡板之间的漏风，上挡板规格尺寸适宜，增加紧固螺丝不易松动和倾斜，台车挡板选用耐高温抗变形的材质，提高挡板加工精度，减小挡板间隙；因下挡板与台车成一体无法卸下，无法安装边部隔热垫，所以将台车边部隔热垫做成可拆卸式的便于安装；采用盲箅条（3~5根炉条宽）增加挡板处抽风阻力，减小边部效应；炉条销做成螺帽型，封堵炉条销处的漏风；台车横梁与隔热垫、隔热垫与炉条之间的嵌套结构、材质和装配尺寸合理，尤其把握炉条安装疏密程度，防止隔热垫和炉条的糊堵及掉落，并及时补齐掉落的挡板、炉条和销子；严格混合料料仓布料和料位操作，台车边部满布料不缺料。

图6-8　台车本体与下挡板一体，通体端部密封板，可拆隔热垫
(a) 台车本体与下挡板分体；(b) 台车本体与下挡板一体

（4）风箱和烟道漏风，集尘管放灰过程漏风。

原因：高负压高温气流和粉尘冲刷腐蚀作用下，风箱及其支管、膨胀节磨损严重出现漏洞且不易修补，烟道内壁磨损严重，双层卸灰阀密封不严，严重时因漏风形成负压导致烟道内粉尘放不下来而被迫停产；集尘管放灰制度不落实。

措施：风箱膨胀节下部到平台部分由钢结构保温型改进成浇注型，如图6-9所示，可以大大改善密封效果且使用寿命达6年以上；风箱膨胀节选用优质材质，耐磨损耐冲刷，提高密封性和使用周期；风箱膨胀节上部、烟道整体内壁进行耐材喷涂；定期检查抽风系统、集气管、除尘系统、灰斗等重点部位漏风点，发现漏风及时补焊堵漏；采用密封性好、易于排灰的自动双层卸灰阀装置，防止风管内部与大气短路，提高烟道和卸灰密封性；严格执行集尘管放灰制度，各灰仓、灰斗不放空，留有一定灰量。

 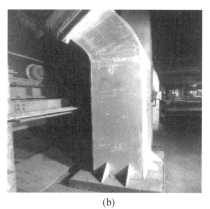

(a)　　　　　　　　　　　　(b)

图 6-9　风箱支管由钢结构保温型改为浇注型

（a）钢结构保温型；（b）浇注型

6.15　有效风量对烧结产质量和电耗的影响

烧结过程传热机理表明，尽管原料品种、原料配比、配碳量不同，但烧结机单位面积所需的风量相近，随着烧结机扩容和厚料层烧结，一般设计烧结机有效面积风量（工况条件下）为 $95 \sim 110 \ m^3/(m^2 \cdot min)$。

其他条件一定时，烧结有效风量与垂直烧结速度、总管负压、电耗的关系式为：

$$v_\perp = K_1 V^{0.9} \tag{6-31a}$$

$$\Delta p = K_2 V^{1.8} \tag{6-31b}$$

$$Q = K_3 V^{1.9} \tag{6-31c}$$

式中　　　$v_\perp$——垂直烧结速度，mm/min；

V——烧结有效风量，m^3/min；

Δp——总管负压，Pa；

Q——烧结电耗，$kW \cdot h/t$；

K_1，K_2，K_3——与原料性质和操作有关的系数。

风是烧结过程赖以进行的基本条件之一，也是加快烧结过程最活跃的因素，式（6-31a）表明，有效风量增加，则垂直烧结速度基本呈一次方关系增加，也即一定范围内有效风量与烧结矿产量成正比，但当垂直烧结速度增大到一定程度后，继续增加风量，则因垂直烧结速度过快，表层烧结矿冷却加剧，燃烧带固结成型条件差，烧结矿转鼓强度将有一定程度的降低，抵消了生产率增长的优势且烧结矿质量变差。

式（6-31b）和式（6-31c）表明，有效风量增加，则总管负压和电耗近似呈平方关系明显增加，增长幅度远远大于垂直烧结速度，料层阻力和电耗明显升高，烧结产能明显降低，同时大风量高负压下漏风率增大，烧结矿气孔率减小，还原性下降。大风量高负压操作不是理想的烧结方法，生产中要根据原料条件、料层厚度、烧结料水碳、产质量和能耗指标等综合因素，控制适宜有效风量，合理用风。

烧结生产不能单纯强调提高烧结风量，而应当强调提高烧结有效风量，因为只有通过料层的有效风量才能为烧结料中的碳燃烧提供 O_2 含量，所以在抽风能力一定的条件下，应当努力减少有害漏风量，提高有效风量，加速料层垂直烧结速度。

对于抽风系统而言，降低漏风率提高烧结有效风量，才能充分利用主抽风机能力。如果抽风系统漏风严重，尽管提高主抽风机能力，烧结有效风量也增加很少，会带来电耗明显升高的负面影响，因此积极减少有害漏风，提高有效风量很重要。

改善烧结料层透气性是增加有效风量极力提倡的措施，有利于实施厚料层、小风量、低负压烧结，提高转鼓强度，降低燃耗，降低 FeO 含量，降低返矿率提高成品率。

6.16 烧结负压及其影响

烧结风量和漏风率一定情况下，总管负压表示烧结过程料层阻力的大小，烧结料层阻力大，则总管负压高，反之亦然。

6.16.1 影响总管负压的因素

影响总管负压的因素见表 6-13。

表 6-13 影响总管负压的因素

影响因素	烧结料水分过大或过小	烧结料透气性差	固体燃料配比过高或过低	风箱堵塞炉条堵塞	点火质量差	点火温度过高或过低
负压变化	升高	升高	升高	升高	升高	升高
影响因素	布料厚薄或压料轻重或边部缺料	风机转子磨损严重	风机闸门开度小	系统漏风严重	烧结终点前移	除尘器堵塞
负压变化	升高或降低	降低	降低	降低	降低	降低

烧结料水分过大，则烧结过程冷凝水量增多，过湿带加厚，总管负压升高；烧结料水分过小，则制粒效果差，料层透气性差，总管负压升高；点火温度过高，则烧结料表层过熔，通过料层风量受阻，总管负压升高。

6.16.2　总管负压对烧结产质量和电耗的影响

总管负压由主抽风机强制抽风而形成，是调整烧结料层透气性的主要因素之一。当烧结料粒度组成、烧结料料温、料层厚度一定时，烧结利用系数 η [t/(m^2·h)] $= K \cdot \Delta p^{1/8}$，即烧结利用系数与总管负压的 1/8 次方成正比，但提高总管负压必然使主抽风机的电耗急剧增加，因电耗 Q [(kW·h)/t] $= K \cdot \Delta p$，即电耗与总管负压成正比，由此可见总管负压对电耗影响远远大于烧结利用系数，总管负压提高到一定水平后，烧结利用系数提高的正效益弥补不了电耗升高的负效益，所以不能单靠提高总管负压来提高烧结利用系数。提高总管负压最严重的问题是烧结有害漏风量增加，不仅浪费电耗，且影响烧结矿产质量，因此积极而有效的措施是降低烧结系统漏风率，减少有害漏风量，增加通过料层的有效风量，提高烧结利用系数及烧结质量。

一定条件下，要求适宜总管负压。总管负压过高，则料层透气性差，垂直烧结速度慢，烧结生产率低，烧结机尾有生料，返矿量大且返矿质量差。总管负压过低，则料层透气性过剩，垂直烧结速度快，高温保持时间短，烧结返矿量大成品率低，烧结矿质量变差，尤其对转鼓强度影响大。

6.17　铁矿粉烧结特性和合理配矿

6.17.1　矿物熔点和导热性

6.17.1.1　矿物熔点

熔点是纯物质结晶相与液相处于平衡状态下的温度，即晶体物质开始熔化温度。矿物熔点与晶体结构有关，晶体质点间结合力越大，则结构越稳定，熔点越高。

虽然 MgO、CaO、Al$_2$O$_3$、SiO$_2$、Fe$_3$O$_4$、Fe$_2$O$_3$ 的熔点高于烧结温度（见表6-14），但在烧结预热带和燃烧带下，它们之间能发生固相反应和液相反应而生成低熔点化合物，如铁酸一钙（CF）熔点 1216 ℃、铁酸二钙与二铁酸钙固熔体熔点 1195 ℃，形成既有未熔核矿粉又有低熔点黏结相固结周围矿粉的非均质烧结矿，这正是烧结配加少量固体燃料就能固结成为具有一定强度烧结矿的根本原因。

表 6-14　常见矿物熔点

序号	矿物名称	分子式	熔点/℃	序号	矿物名称	分子式	熔点/℃
1	石墨	C	3700	7	镁橄榄石	2MgO·SiO$_2$	1890
2	方镁石	MgO	2800	8	自然铂	Pt	1773
3	氧化钙	CaO	2370	9	石英	SiO$_2$	1713
4	硅酸二钙	2CaO·SiO$_2$	2130	10	红锌矿	ZnO	1670
5	硅酸三钙	3CaO·SiO$_2$	2070	11	硫锰矿	MnS	1610
6	三氧化二铝	Al$_2$O$_3$	2050	12	磁铁矿	Fe$_3$O$_4$	1597

序号	矿物名称	分子式	熔点/℃	序号	矿物名称	分子式	熔点/℃
13	铁酸镁	$MgO \cdot Fe_2O_3$	1580	24	铝硅铁酸钙	$CaO \cdot Fe_2O_3 \cdot SiO_2 \cdot Al_2O_3$	1360
14	赤铁矿	Fe_2O_3	1565	25	二铁酸钙	$CaO \cdot 2Fe_2O_3$	1226
15	偏硅酸镁	$MgO \cdot SiO_2$	1557	26	铁酸一钙	$CaO \cdot Fe_2O_3$(缩写 CF)	1216
16	硅酸一钙	$CaO \cdot SiO_2$	1544	27	钙铁橄榄石	$CaO \cdot FeO \cdot SiO_2$	1208
17	纯铁	Fe	1535	28	硅酸铁	$FeO \cdot SiO_2$	1205
18	硫化铁	FeS	1500	29	硅酸二钙与铁酸一钙	$2CaO \cdot SiO_2 \sim CaO \cdot Fe_2O_3$	1200
19	钙镁橄榄石	$CaO \cdot MgO \cdot SiO_2$	1490	30	铁酸二钙与二铁酸钙	$2CaO \cdot Fe_2O_3 \sim CaO \cdot 2Fe_2O_3$	1195
20	硅钙石	$3CaO \cdot 2SiO_2$	1478	31	黄铁矿	FeS_2	1171
21	镁黄长石	$2CaO \cdot MgO \cdot 2SiO_2$	1454	32	铁橄榄石与 Fe_3O_4	$2FeO \cdot SiO_2 \sim Fe_3O_4$	1142
22	铁酸二钙	$2CaO \cdot Fe_2O_3$	1449	33	黄铁矿与铁	$FeS_2 \sim Fe$	985
23	浮氏体	Fe_xO	1371～1423	34	铅	Pb	327

6.17.1.2　矿物导热性

导热性是矿物传导热量的能力，用热导率（又称导热系数）表示，单位为 $W/(m \cdot K)$，表示单位温度梯度下的热通量，热导率越大，则导热性越好。

6.17.1.3　影响矿物导热性的因素

不同种类的矿物其热导率不同；同一种类矿物热导率与其晶体结构、密度（孔隙率）、湿度、温度、化学组成、杂质含量等因素有关。

矿物的晶体结构复杂、密度小、孔隙率大、水分低、温度低、化学组分复杂、杂质含量多，则热导率小。

一般来说，金属热导率远远大于非金属，固体热导率比液体大（水银除外），液体热导率比气体大，这种差异很大程度上是由于状态分子间距不同所导致。

6.17.2　铁矿粉熔融特性和配矿原则

铁矿粉是多种矿物组成的混合物，没有固定熔点，有软熔区间。铁矿粉开始熔化温度远比其中任一组分纯净矿物熔点低。铁矿粉组分在一定温度下形成共熔体，熔化状态下有熔解铁矿粉中其他高熔点物质的性能，从而改变熔体成分及其熔化温度。

表 6-15 几种铁矿粉软化温度较高，大部分在 1470 ℃以上，适宜作为烧结用铁矿粉。软化温度较低的蒙古粉、杨迪粉、伊朗粉，在烧结配矿中配比不宜过高。

表 6-15 某院校检测几种铁矿粉熔融特性

矿粉名称	变形温度/℃	软化温度/℃	半球温度/℃	流动温度/℃
蒙古粉	1385	1430	1460	1495
PB 粉	1395	1475	1510	>1510
伊朗粉	1405	1440	1495	1510
杨迪粉	1410	1435	1485	1510
低巴粉	1440	1490	1510	>1510
纽曼粉	1460	1490	1505	>1510
麦克粉	1460	1490	1510	>1510
南非粉	1470	1490	1505	>1510
卡拉加斯粉	1475	1495	1510	>1510
火箭粉	1480	1510	>1510	>1510

铁矿粉的矿物性能对烧结过程的影响见表 6-16。

表 6-16 铁矿粉的矿物性能对烧结过程的影响

铁矿粉名称	矿物性能对烧结过程的影响					
磁铁矿 (Fe_3O_4)	氧化放热 燃耗降低	挥发物少 烧损小	软化温度低 易生成液相	黏结性差 湿容量小 抗压强度高	还原性 一般	还原 粉化小
赤铁矿 (Fe_2O_3)	分解吸热 燃耗升高	挥发物少 烧损较小	软化温度高	抗压强度较高 烧结矿强度好	还原性 好	还原 粉化大
褐铁矿 ($mFe_2O_3 \cdot nH_2O$)	分解吸热 燃耗不定	挥发物多 烧损大	液相发展 同化流动好	疏松孔隙大 表面粗糙 烧结矿强度差	分解后 还原性 很好	还原 粉化大

6.17.2.1 铁矿粉熔融特性的定义

熔融特性反映铁矿粉从初始生成液相到液相完全流动的过程特征,用以评价铁矿粉烧结液相的温控性。

定义收缩率为 30% 的温度为液相开始生成温度 T_{30},收缩率为 55% 的温度为液相生成终了温度 T_{55},T_R($T_R = T_{55} - T_{30}$)为生成液相的温度区间,通过 T_{30}、T_{55}、T_R 得到铁矿粉烧结熔融曲线,用以评价铁矿粉烧结熔融特性。

T_{30}、T_{55} 反映一定烧结温度条件下生成液相的难易程度和液相量的多少。T_{30}、T_{55} 数值高,则不易生成液相,液相量不足。

T_R 反映液相生成过程中的温度区间,体现烧结温度的可控程度。T_R 温度区间大,则烧结过程液相生成温度范围大,烧结温度的可控性强。

6.17.2.2 铁矿粉熔融特性配矿原则

铁矿粉的软化温度适当高一些为宜。铁矿粉烧结是在不完全熔化的条件下黏结成块的过程，随着烧结温度的提高，铁矿粉和熔剂组分首先发生固相反应生成低熔点化合物或共熔体，进而生成液相固结周围矿粉。烧结过程不仅需要液相固结提高烧结矿强度，更需要软化温度高的未熔核矿粉起骨架作用提高垂直烧结速度，提高烧结产能。

6.17.3 铁矿粉烧结基础特性

铁矿粉烧结基础特性是在烧结过程中表现出的高温物理化学性质，反映铁矿粉烧结行为和作用，是评价铁矿粉影响烧结过程和烧结矿质量的基本指标。

铁矿粉烧结基础特性包括同化性、液相流动性、铁酸钙生成特性、黏结相强度特性、连晶固结特性。

某院校以表 6-17 几种铁矿粉为例，评价其烧结基础特性。

表 6-17 测定几种铁矿粉化学成分

矿粉名称	TFe/%	FeO/%	SiO$_2$/%	Al$_2$O$_3$/%	CaO/%	MgO/%	S/%	P/%	Ig/%
国产磁铁精矿粉 1	64.72	27.80	9.30	0.22	0.48	0.31	0.025	0.011	0.53
国产磁铁精矿粉 2	68.52	29.00	3.97	0.11	0.38	0.27	0.022	0.010	0.30
杨迪粉	58.20	0.15	4.23	1.45	0.06	0.08	0.040	0.009	10.10
哈默斯利粉	63.71	0.42	3.25	2.01	0.05	0.11	0.011	0.066	3.27
罗布河粉	56.90	0.40	5.12	2.42	0.30	0.17	0.040	0.005	9.48
BHP 粉	64.00	0.77	3.60	1.88	0.07	0.12	0.058	0.009	2.87
巴西 CVRD 粉	67.51	0.70	1.04	0.72	0.04	0.06	0.026	0.026	3.50
巴西赤铁精矿粉	69.20	0.57	0.46	1.00	0.05	0.10	0.030	0.031	0.44
巴西 MBR 粉	66.57	0.82	1.71	0.75	0.07	0.89	0.019	0.051	1.80
巴西依塔贝拉粉	64.60	0.52	3.89	1.14	微量	微量	0.021	0.038	1.89
印度粉	62.50	0.27	3.50	1.84	0.03	0.20	0.005	0.046	4.39
南非粉	65.92	0.35	3.04	1.39	0.17	0.02	0.018	0.035	0.80

巴西粉和南非粉以赤铁矿为主，矿粉基本特点是品位高、SiO$_2$ 低、Al$_2$O$_3$ 低、南非粉 K$_2$O、Na$_2$O 碱金属高，巴西粉（赤铁精矿粉例外）和南非粉具有良好的烧结性能，多属于优质赤铁矿粉。

澳大利亚的杨迪粉、罗布河粉、罗伊山粉、PB 粉、麦克粉、安吉拉斯粉等是水化程度不同的褐铁矿粉，基本特点是品位低、SiO$_2$ 高、Al$_2$O$_3$ 高、组织结构疏松、密度小、烧结性能有差异，烧结生产中与其他国家赤铁矿粉、磁铁精矿粉互补搭配使用。

6.17.3.1 同化性

A 同化性的含义

同化性指铁矿粉与熔剂反应生成液相（黏结相）的能力，表征铁矿粉生成液相的难易程度，是反映铁矿粉与熔剂在一定温度下发生反应时，接触面反应面积与反应面黏结强度的指标。

烧结过程实质是铁矿粉与CaO、SiO_2、MgO、Al_2O_3等组分同化的过程，铁矿粉同化性是低熔点矿物生成液相的基础，一般铁矿粉同化性好，生成液相的能力强。并非铁矿粉同化性越高越好，由铁矿粉组成的混匀矿综合同化性水平适宜为好。

B 同化性测定方法

将铁矿粉制成边长5 mm的正方体，生石灰制成边长10 mm的正方体，铁矿粉放在生石灰上方正中，试样放入加热炉中以20 ℃/s速度加热到指定温度后保持一定时间，以铁矿粉小饼熔化在生石灰小饼上的面积百分数（同化率）反映同化性。几种铁矿粉的同化性见表6-18。

表6-18 测定几种铁矿粉的同化性

矿粉名称	1250 ℃ 3min	1280 ℃ 3min	1300 ℃ 3min	1320 ℃ 3min	1340 ℃ 3min
杨迪粉	20%	31.4%	99%	—	—
罗布河粉	10%	14%	98%	—	—
哈默斯利粉	未同化	40%	42%	—	—
BHP粉	未同化	未同化	97.6%	—	—
巴西MBR粉	未同化	50%	79%	—	—
巴西CVRD粉	未同化	8%	66.4%	—	—
巴西依塔贝拉粉	未同化	5%	40%	—	—
巴西赤铁精矿粉	未同化	未同化	54.2%	—	—
印度粉	未同化	40%	81%	—	—
南非粉	未同化	未同化	92.8%	—	—
国产磁铁精矿粉1	未同化	未同化	未同化	9min 98%	4min 34%
国产磁铁精矿粉2	未同化	未同化	未同化	未同化	100%

同化率：

$$A = (1 - S/S_0) \times 100\% \tag{6-32}$$

式中 A——同化率，%；

S_0——同化试验前铁矿粉的断面面积，mm^2；

S——同化试验后未同化铁矿粉的断面面积，mm^2。

表6-18 几种铁矿粉同化性对比分类：

（1）杨迪粉和罗布河粉的同化性好。

（2）巴西MBR、印度、哈默斯利、巴西CVRD和依塔贝拉粉的同化性较好。

（3）BHP、南非、巴西赤铁精矿粉的同化性较差。

（4）国产磁铁精矿粉1和2的同化性差。

C　影响同化性的主要因素

铁矿粉烧结过程中，烧结料经过混匀制粒形成准颗粒结构的混合料，其中准颗粒的外层为细粒铁矿粉和熔剂组成的黏附层，内层为粗粒核矿石。随着烧结温度的升高，黏附层内的铁矿粉与熔剂同化而首先形成液相，然后液相逐渐增多黏结周围矿粉，经冷凝结晶最终形成非均相结构的烧结矿。

同化性是铁矿粉重要特性之一，影响铁矿粉同化性的主要因素包括铁矿物类型、结构、孔隙率、化学成分和赋存状态等。

a　铁矿物类型、结构、孔隙率

褐铁矿、半褐铁矿、部分赤铁矿粉的结构疏松，矿物晶粒小，孔隙率和烧损率大（孔隙率与烧损率有较强的正相关关系），尤其褐铁矿结晶水挥发后产生更多气孔和裂纹，Fe_2O_3 与 CaO 反应界面大，动力学条件良好，同化反应速率大，则同化性好。

部分赤铁矿（多见于巴西矿粉）和国内磁铁精矿粉的铁矿物晶粒粗大且呈块状，结构致密，反应活性差，不利于与熔剂同化，尤其磁铁矿粉 Fe_3O_4 需氧化成 Fe_2O_3 后才能与 CaO 反应，同化性差。

b　铁矿粉化学成分和赋存形态

（1）铁矿粉 SiO_2 含量与最低同化温度没有明显相关关系，原因为：虽然 CaO 与 SiO_2 的反应能力较强，但烧结料中 Fe_2O_3 量远比 SiO_2 多，故 Fe_2O_3 与 CaO 的反应起主导作用；铁矿粉 SiO_2 含量与矿粉类型没有直接的相关关系。

（2）铁矿粉 Al_2O_3 含量与最低同化温度虽呈负相关关系，但相关性不强，最低同化温度变化范围很宽泛。

（3）铁矿粉中 SiO_2、Al_2O_3 赋存形态不同，同化性不同。SiO_2 和 Al_2O_3 以黏土形态存在（多见于澳大利亚矿粉）时，与 CaO、Fe_2O_3 更易生成低熔点液相体系，反应活性高，同化性好；SiO_2 以游离石英形态存在，Al_2O_3 以三水铝石（$Al_2O_3 \cdot 3H_2O$）形态存在（多见于巴西矿粉和国内磁铁精矿粉）时，不利于生成低熔点液相，对同化性有一定的抑制作用，同化性差。

（4）铁矿粉 TFe、CaO、MgO 含量与最低同化温度呈正相关关系，铁矿粉烧损与最低同化温度呈负相关关系。

D　同化性配矿原则

（1）同化性好和同化性差的铁矿粉合理搭配使用。铁矿粉同化性好，有利于增加液相黏结相，提高烧结矿转鼓强度。铁矿粉同化性差，有利于改善烧结料层透气性，提高烧结矿产量。采取同化性好和同化性差的铁矿粉合理搭配使用，既确保低硅烧结过程产生必要的液相量，又保证烧结料不过熔，可兼顾烧结矿转鼓强度和产量。

（2）若烧结过程中未熔矿粉较多，黏结相不足，转鼓强度低，需适当增加同化性好或较好的铁矿粉。同化性和液相流动性好的铁矿粉配比过大时，形成大孔薄壁结构的烧结矿，影响转鼓强度降低。若同化温度高、同化性和液相流动性差的铁矿粉配比过大时，由于生成黏结相少，同样影响转鼓强度降低。

（3）若烧结过程中铁矿粉过熔，引起大量液相快速生成，导致起骨架作用的铁矿粉减少，料层透气性变差，烧结矿产量降低，需增加同化性差的铁矿粉。

（4）低硅烧结下，可增加褐铁矿配比，或褐铁矿与同化性差的铁矿粉搭配使用。

（5）烧结不追求铁矿粉同化性过好，适中为宜。烧结矿的固结主要依靠黏结相固结周围未熔核矿粉形成非均质矿物而完成。烧结生产中一方面要求铁矿粉同化性良好，能够黏结周围未熔核矿粉，保证烧结矿具有一定的固结强度；另一方面要求粗粒矿粉不宜过分熔化（一般残留未熔铁矿粉具有较高的熔点）而起固结骨架作用，保证良好料层透气性，具备一定的烧结产能，因此铁矿粉的同化性适中为宜。

6.17.3.2　液相流动性

A　液相流动性的含义和意义

铁矿粉同化性虽然表征生成低熔点液相的能力，但并不能完全反映生成液相的流动特性，如玻璃相流动性很差，不可能有效黏结周围矿粉，所以对烧结矿固结有实际意义的还应该包括铁矿粉的液相流动性。

烧结矿结构强度不仅取决于残留原矿和黏结相强度，还取决于二者之间接触程度。合适烧结液相流动性可确保固液接触面积，有利于获得足够固结强度。

液相流动性指铁矿粉与 CaO、SiO_2、MgO、Al_2O_3 等组分反应生成液相的流动能力，表征黏结相有效黏结周围物料的范围。不同种类铁矿粉自身特性不同，生成液相流动特性也各不相同，掌握铁矿粉液相流动性对提高烧结矿产质量具有重要意义。

B　液相流动性指数测定方法

液相流动性指数是测定铁矿粉试样与熔剂接触发生化学反应生成液相流动而呈现出的面积增长率，其数值越大，则流动性越强。

将烘干后的铁矿粉和生石灰磨成 $-0.147 mm$（-100 目）的粉状，按一定的碱度配成烧结黏附粉，压制成小饼试样，放入焙烧装置焙烧一定时间，取出冷却后测定小饼流动的面积，用液相流动性指数反映黏附粉的液相流动性。

液相流动性指数=（试样流动后面积-试样原始面积）/试样原始面积

流动性指数越大则铁矿粉液相流动性越强，若小饼未熔化流动，则其流动性指数为零。一般在低温烧结条件下测定相同碱度的铁矿粉液相流动性，同时根据铁矿粉的液相流动特征选择温度变化区间，考察温度对铁矿粉液相流动性的影响。

随着烧结温度的提高，铁矿粉液相流动性指数增大，但不同铁矿粉液相流动性指数随温度的变化敏感性有差异，说明铁矿粉化学成分、矿物组成等自身性质对其液相生成特性具有重要影响。

表 6-19 测定了几种铁矿粉的液相流动性指数。

（1）国产磁铁精矿粉 1、2 和杨迪粉的液相流动性好。

（2）罗布河、BHP、巴西 MBR 的液相流动性中等。

（3）南非、巴西依塔贝拉、哈默斯利、印度、巴西 CVRD、巴西赤铁精矿粉的液相流动性差。

表 6-19   测定几种铁矿粉的液相流动性指数

矿粉名称	1250 ℃	1280 ℃	1300 ℃	1320 ℃	1340 ℃
杨迪粉	—	1.37	1.42	1.62	2.80
罗布河粉	—	—	—	0.69	4.11
哈默斯利粉	—	—	—	—	0.090
BHP 粉	—	—	—	0.83	0.94
巴西 MBR 粉	—	—	—	0.070	0.45
巴西 CVRD 粉	—	—	—	—	—
巴西依塔贝拉粉	—	—	—	0.006	0.040
巴西赤铁精矿粉	—	—	—	—	—
印度粉	—	—	—	—	0.050
南非粉	—	—	—	0.008	0.020
国产磁铁精矿粉 1	0.17	7.09	8.00	—	—
国产磁铁精矿粉 2	—	0.10	0.28	1.10	1.72

C   影响液相流动性的主要因素

烧结过程黏结相的产生主要取决于铁矿粉与熔剂经历高温加热、固相反应、生成液相、冷凝结晶过程发生的一系列物理化学变化。

液相流动性包括两方面的含义，即低熔点液相的生成能力和液相的流动能力。

影响铁矿粉液相流动性主要因素有烧结温度、烧结矿碱度和铁矿粉自身特性。

a   烧结温度

烧结温度的作用：（1）确保铁矿粉与熔剂黏附粉进行物理化学反应的首要条件，同时加快低熔点化合物生成速度；（2）提高液相过热度，降低液相黏度。因此，一般情况下，铁矿粉液相流动性与烧结温度呈明显的正相关关系。

b   烧结矿碱度

同一烧结温度下，烧结矿碱度的提高促进生成低熔点化合物，同时液相的过热度增大、黏度降低，因此铁矿粉液相流动性与烧结矿碱度呈明显的正相关关系。

c   铁矿粉自身特性

（1）铁矿粉 SiO_2 含量。

铁矿粉 SiO_2 对液相流动性有正负两方面的影响，正面影响是 SiO_2 是生成液相的基础，SiO_2 含量高有利于生成液相，增强液相流动性；负面影响是 SiO_2 是硅酸盐网络的形成物，SiO_2 含量高有可能伴随液相黏度升高，降低液相流动性。对于低硅铁矿粉，SiO_2 含量高，则液相流动性好。

（2）铁矿粉 Al_2O_3 含量。

Al_2O_3 属于高熔点物质，且促进形成硅酸盐网络，使液相黏度增大。一般铁矿粉 Al_2O_3 含量高，则液相流动性差。

（3）铁矿粉 MgO 和 FeO 含量。

MgO 和 FeO 能生成 Mg^{2+} 和 Fe^{2+}，Mg^{2+} 和 Fe^{2+} 是碱性物质，是硅酸盐网络的抑制物，能够降低液相黏度，增强液相流动性，所以铁矿粉 MgO 和 FeO 含量高，则液相流动性好。

（4）铁矿粉同化性

生成低熔点液相是液相流动的基础，铁矿粉的同化性好，意味着与其他组分的反应能力强，为生成低熔点液相创造条件，确保液相数量。烧结温度一定情况下，随着液相熔化温度的降低，液相过热度增大，可以降低液相黏度。因此一般铁矿粉的同化性好，其液相流动性也好。

D　液相流动性对烧结过程的影响

一般铁矿粉液相流动性好，其黏结周围物料的能力强，黏结范围大，能够有效黏结更多的未熔散料，烧结矿中气孔率减小，提高成品率和固结强度。

铁矿粉液相流动性不宜过大，一是影响烧结过程透气性变差，降低烧结生产率；二是液相黏度小，对周围物料的黏结层厚度变薄，易形成大孔薄壁结构的烧结矿，使烧结矿整体变脆，固结强度低，还原性差。

适宜的液相流动性是确保烧结矿有效固结的基础。

E　液相流动性配矿原则

（1）低硅烧结时，如果因液相量不足而影响转鼓强度降低，需适当增加液相流动性较强或中等的铁矿粉，增大液相黏结范围，提高转鼓强度。

（2）褐铁矿粉配比高时，如果因烧结过程液相量过多而影响转鼓强度和生产率降低，需适当增加液相流动性较差的铁矿粉。

（3）烧结配矿选择液相流动性适中或高低合理搭配的铁矿粉为宜，并非液相流动性越高越好，过多配加液相流动性好的铁矿粉，液相过度流动，烧结矿呈多孔薄壁结构，转鼓强度差。

（4）一般情况下，液相流动性较弱的几种铁矿粉不应同时使用，如果一定要同时使用，合计配比不宜过高。

6.17.3.3　铁酸钙生成特性

铁酸钙生成特性表征铁矿粉生成铁酸钙系黏结相的能力，工艺参数和铁矿粉同化性、液相流动性、黏结相强度满足烧结情况下，选择铁酸钙生成特性优良的铁矿粉混匀矿，有助于提高烧结矿综合质量。

A   测定铁酸钙生成量

将各种矿粉制成小饼，采用微型烧结法在一定的烧结制度下（1280 ℃）焙烧，将焙烧后的小饼试样磨样，在显微镜下目估铁酸钙生成量。

随着烧结矿碱度的升高，铁矿粉的铁酸钙生成量呈增加的趋势，不同的铁矿粉增加的幅度不同，其铁酸钙生成量见表6-20。

表 6-20   测定几种铁矿粉的铁酸钙生成量   （%）

矿粉名称	烧结矿碱度		
	$R=1.8$	$R=2.0$	$R=2.2$
杨迪粉	50~55	70~75	90~92
罗布河粉	50~55	60~65	85~90
哈默斯利粉	20~25	35~40	55~60
BHP 粉	30~35	45~50	60~65
巴西 MBR 粉	10~15	25~30	35~40
巴西 CVRD 粉	10~15	20~25	30~35
巴西依塔贝拉粉	13~18	21~26	33~38
巴西赤铁精矿粉	0	0	0
印度粉	40~45	60~65	75~80
南非粉	25~30	40~45	55~60
国产磁铁精矿粉 1	0	5~10	20~25
国产磁铁精矿粉 2	0	5~10	15~20

表6-20中几种铁矿粉的铁酸钙生成能力排序为：杨迪粉>罗布河粉>印度粉>BHP 粉>南非粉>哈默斯利粉>巴西 MBR 粉>巴西依塔贝拉粉>巴西 CVRD 粉>国产磁铁精矿粉 1>国产磁铁精矿粉 2>巴西赤铁精矿粉。

B   铁酸钙生成能力配矿原则

（1）铁矿粉烧结理论和实践研究表明，以铝硅铁酸钙 SFCA 为主的黏结相性能最优，尤其大多以针状结构存在时，大大改善烧结矿转鼓强度和还原性，所以在其他性能允许的情况下，烧结配矿选择铁矿粉的铁酸钙生成能力越高越好。

（2）低硅烧结下黏结相量相对不足，发展以铁酸钙为主的黏结相是提高低硅烧结矿品质的主要途径。

6.17.3.4   黏结相强度特性

A   研究黏结相强度特性的目的和意义

同化性和液相流动性很大程度上反映铁矿粉对黏结相数量的贡献程度，在保证黏结相数量的前提下，黏结相质量成为烧结矿固结优劣的主要影响因素。足够的黏结相数量是烧结矿固结的基础，对于提高烧结矿转鼓强度，黏结相数量只是前提条件，更重要的是确保黏结相强度要高。黏结相强度特性表征铁矿粉生成的液相对其周围未熔核矿粉的固结能力。未熔核矿粉自身强度及其与液相的结合强度均比黏结相强度高，不会构成烧结矿固结强度的限制因素。黏结相强度比未熔核矿粉自身强度低，烧结矿中裂纹最先从黏结相产生并扩展，黏结相强度是制约和影响烧结矿固结强度的重要因素。

不同种类的铁矿粉自身特性不同，生成黏结相强度必然存在差异。在烧结工艺参数和铁矿粉同化性、液相流动性等一定的条件下，尽可能以提高黏结相强度为目标进行配矿，有助于提高烧结矿固结强度。

B　黏结相强度特性试验

将铁矿粉和 CaO 混匀制成碱度 2.0 的小饼试样，采用管式炉烧结法在 1280 ℃下焙烧，进行压溃强度测定评价铁矿粉的黏结相强度。测定铁矿粉连晶固结强度不用 CaO，单纯用铁矿粉试验，结果见表 6-21。

表 6-21　测定几种铁矿粉黏结相强度和连晶固结强度　　　（N/cm²）

矿粉名称	黏结相强度	连晶固结强度
杨迪粉	1470.0	459.6
罗布河粉	402.8	682.1
哈默斯利粉	1794.4	3246.7
BHP 粉	1582.7	1185.8
巴西 MBR 粉	5293.9	2860.6
巴西 CVRD 粉	3152.7	1122.1
巴西依塔贝拉粉	1773.8	1156.4
巴西赤铁精矿粉	950.6	872.2
印度粉	1739.5	1526.8
南非粉	1841.4	3895.5
国产磁铁精矿粉 1	1421.0	2348.1
国产磁铁精矿粉 2	1430.8	4523.7

表 6-21 中几种铁矿粉的黏结相强度排序为：巴西 MBR 粉>巴西 CVRD 粉>南非粉>哈默斯利粉>巴西依塔贝拉粉>印度粉>BHP 粉>杨迪粉>国产磁铁精矿粉 2>国产磁铁精矿粉 1>巴西赤铁精矿粉>罗布河粉。

表 6-21 中几种铁矿粉的连晶固结强度排序为：国产磁铁精矿粉 2>南非粉>哈默斯利粉>巴西 MBR 粉>国产磁铁精矿粉 1>印度粉>BHP 粉>巴西依塔贝拉粉>巴西 CVRD 粉>巴西赤铁精矿粉>罗布河粉>杨迪粉。

C　黏结相强度配矿原则

（1）选择铁矿粉的黏结相强度和连晶固结强度越高越好。

（2）黏结相强度和连晶固结强度较高的铁矿粉配比不受限制，如巴西 MBR 粉和 CVRD 粉、南非粉、哈默斯利粉等。

（3）黏结相强度和连晶固结强度中等的铁矿粉可较大比例配加。

（4）黏结相强度和连晶固结强度低的铁矿粉配比不宜过高，如罗布河粉、巴西赤铁精矿粉等。

（5）低硅高碱度烧结下黏结相量少，烧结矿固结大部分靠赤铁矿和磁铁矿自身连晶固结，宜选择连晶固结强度高或中等的铁矿粉。

D 影响黏结相强度的主要因素

a 外因

外因有烧结温度、烧结气氛、烧结矿碱度等。

在一定的烧结工艺条件下，烧结温度和烧结气氛基本恒定，变化幅度很小。

烧结矿碱度根据高炉炉料结构而定，在一定范围内调整。提高烧结矿碱度，增加铁氧化物和熔剂的接触面积，改善生成低熔点液相的反应热力学和动力学条件，CaO 的介入削弱硅氧复合阴离子组成的网状结构，降低液相黏度，改善黏结相结构，增加黏结相中铝硅铁酸钙（SFCA），对提高黏结相强度均有积极作用。但是碱度升高后若出现过度熔化或液相黏度过低，形成大孔薄壁脆弱结构的烧结矿，影响黏结相强度。另外碱性熔剂配加量过大，容易生成硅酸二钙（C_2S），不仅降低黏结相强度，而且出现晶型转变体积膨胀严重粉化现象。碱度对铁矿粉黏结相强度的影响很复杂，与铁矿粉的自身特性发生综合作用，应根据具体情况综合考虑。

b 内因

内因有铁矿粉的自身特性，如熔融特性、矿物学特性等。

烧结矿碱度、SiO_2 含量一定条件下，铁矿粉熔融特性决定黏结相数量，矿物学特性决定黏结相的矿物组成、结构等黏结相质量。

（1）铁矿粉矿物组成。

铁矿粉 TFe、MgO 含量与黏结相强度呈正相关关系，SiO_2 含量、烧损与黏结相强度呈负相关关系。

铁矿粉矿物组成决定黏结相矿物组成，500~670 ℃下赤铁矿（Fe_2O_3）与 CaO 固相反应生成铁酸一钙（CF）进而生成铁酸盐黏结相，黏结强度高且还原性好。磁铁矿（Fe_3O_4）本身与 CaO 不发生反应，只有在氧化性气氛下 Fe_3O_4 被氧化成 Fe_2O_3 后才能生成铁酸钙系黏结相，磁铁矿粉烧结较难生成铁酸盐黏结相。950 ℃下磁铁矿（Fe_3O_4）和 SiO_2 固相反应生成铁橄榄石（$2FeO \cdot SiO_2$）进而生成硅酸盐黏结相，黏结强度低。

（2）铁矿粉液相生成能力。

烧结过程黏结相主要由黏附粉熔化后生成，所以能够获得低熔点液相且液相黏度适宜的铁矿粉有助于提高黏结相强度。铁矿粉同化性好易生成低熔点液相；液相流动性好，则液相黏度小。一般同化性和液相流动性适宜的铁矿粉其黏结相强度高。

（3）铁矿粉铝硅铁酸钙相生成能力。

烧结黏结相中的主要矿物组成有两大类型铁酸盐相和硅酸盐相，其中铁酸盐相中的铝硅铁酸钙（SFCA）的抗断裂韧性好，且比硅酸盐相的黏结强度高，所以SFCA相生成能力强的铁矿粉黏结相强度高。

（4）铁矿粉水化程度。

铁矿粉水化程度指结晶水含量及热分解特征，一般结晶水含量高的铁矿粉（如褐铁矿）以及热分解偏向较高温度区域的铁矿粉（如三水铝矿粉、致密结构的铁矿粉）容易使黏结相内部残留气孔和形成裂纹，脆弱的黏结相结构必然导致强度低。

6.17.3.5　连晶固结特性

通常认为铁矿粉烧结主要靠液相黏结，扩散黏结起次要作用，但实际烧结过程中物料化学成分和热源的偏析不可避免。在某些区域 CaO 含量很少，不足以产生铁酸钙系液相，同时低硅低温烧结条件下，烧结矿中 SiO_2 含量和烧结温度较低，在某些区域有可能产生不了硅酸盐系液相，即使碱度 2.0 烧结矿中液相量也很少，相当一部分固结靠磁铁矿和赤铁矿自身固结，铁矿粉之间通过发展连晶来获得固结强度，铁矿粉自身产生连晶的能力成为影响烧结矿固结强度的因素之一。

连晶固结特性指铁矿粉通过矿物晶体再结晶长大而形成固相固结的能力，表征烧结过程高温状态下铁矿粉以连晶方式固结成矿的能力，用纯铁矿粉试样高温焙烧后抗压强度（连晶强度）指标评价。

6.17.4　烧结合理配矿原则

（1）控制入炉有害杂质。

因烧结和高炉冶炼过程均不脱磷，且炉料中的磷主要来源于烧结矿，所以烧结配矿要严格控制入炉料磷含量不超标。

因碱金属和锌含量在烧结和高炉循环富集，且影响高炉炉况顺行，所以烧结配矿要严格控制（K_2O+Na_2O）碱负荷和 Zn 负荷符合入炉料界限。

（2）按照混匀矿烧结基础特性、SiO_2 和 Al_2O_3 含量、粒度组成合理配矿。

由铁矿粉所组成的混匀矿同化性和液相流动性优劣互补，具有较高黏结相强度和连晶固结强度，具有良好固相反应能力和铁酸钙生成能力，熔融特性适中，控制烧结性能差的铁矿粉配比。

由高硅和低硅铁矿粉所构成的混匀矿 SiO_2 含量合理配矿，满足烧结矿 SiO_2 要求而不配加酸性熔剂，减少同时使用酸性和碱性熔剂对调整碱度的影响因素。

由高铝和低铝铁矿粉所构成的混匀矿 Al_2O_3 含量合理配矿，满足烧结矿 Al_2O_3/SiO_2 在 0.1~0.35 适宜值要求，促进生成铝硅铁酸钙（SFCA），提高黏结相强度。

由不同粒级铁矿粉配合成的混匀矿粒度组成合理配矿，减少 -0.25 mm 黏附颗粒，增加 1~3 mm 核颗粒，0.25~1 mm 难粒化颗粒越少越好，改善烧结料制粒效果和成球性。

（3）按照铁矿粉产地互补合理配矿。

铁矿粉产地不同常温物化特性和烧结基础特性不同，应考虑多产地矿、国外矿和国内矿搭配互补，使用两个以上国家铁矿粉，赤铁矿和褐铁矿及磁铁矿同时配加为宜。

（4）按照铁前整体效益最大化合理配矿。

铁矿粉资源和保供量稳定，满足节能减排的要求，兼顾烧结矿产量、物化性能和冶金性能、能耗指标，科学合理降低原料成本，满足高炉冶炼要求。

低成本烧结不是大量使用低价劣质矿和垃圾矿，而是通过优劣互补最大限度使用低价矿粉，既提高烧结矿产量确保烧结入炉比，又使烧结矿质量不降低。例如，以烧结基础特性中等的两种褐铁矿粉（如 FMG 混合粉、超特粉）作为主要铁矿粉，配加部分烧结基础特性良好的赤铁矿（如巴西粉、南非粉）和国产磁铁精矿粉，稳定主矿体系，建立合理配矿结构，是烧结炼铁低成本、低燃料比、效益最大化的重要原料基础。

6.17.5　铁矿粉物化特性对配矿的作用和影响

烧结矿技术经济指标更大程度上依赖于铁矿粉高温状态下的烧结基础特性，同时一定程度上也与铁矿粉常温物化特性有关。

6.17.5.1　铁矿粉物理特性

铁矿粉物理特性主要有粒度组成、颗粒形貌、孔隙率等。

（1）如果富矿粉中-0.25 mm 黏附粉少，1~3 mm 核颗粒多，可以适量加大精矿粉配比，保证适宜总管负压和烧结矿产质量指标。严格控制富矿粉中+8 mm 大粒级含量，因为大粒级不利于制粒，与熔剂矿化不充分，不易软熔且降低烧结温度，影响烧结矿固结强度。

（2）铁矿粉颗粒形貌主要影响混匀制粒性能和烧结过程成矿性，表面粗糙且结构疏松的铁矿粉制粒性能和成矿性好。

（3）铁矿粉孔隙率高和大气孔，有利于烧结生产。褐铁矿结晶水含量高，孔隙率明显高于赤铁矿和磁铁矿，结晶水分解产生更多的气孔和裂纹，改善同化性和液相流动性，改善料层透气性，提高烧结过程氧位。

6.17.5.2　铁矿粉化学特性

铁矿粉化学成分不同，熔化温度不同，影响液相生成量和液相流动性，影响烧结矿产量和质量指标。

A　SiO_2 含量的作用和影响

烧结矿中 SiO_2 含量主要由铁矿粉中脉石带入，固体燃料中灰分带入少部分。烧结矿中 SiO_2 含量是生成液相的主要组分，碱度一定情况下，SiO_2 含量高，则生成液相量多。SiO_2 熔点为 1713 ℃，但 SiO_2 与 CaO、Fe_3O_4 在低温下可以进行固相反应进而生成硅酸盐和硅酸钙黏结相。由于 SiO_2 晶格为网络结构，SiO_2 含量高时可能使液相黏度升高，降低液相流动性。

烧结过程中合理的黏结相及其强度离不开 SiO_2 与 FeO 的结合，为保证转鼓强度，当高碱度烧结矿 SiO_2 含量较低时，适当提高 FeO 含量，同样当 SiO_2 含量较高时，可适当降低 FeO 含量。当烧结矿碱度 R 为 1.9~2.2、SiO_2 含量为 5.2%~5.5%、FeO 含量为 7.5%~9.0% 时，烧结矿产质量指标最佳。

配碳量决定烧结温度，烧结温度对 SiO_2 在铝硅铁酸钙黏结相中分布有重要影响。表 6-22 列举了不同烧结温度下 SiO_2 含量在铝硅铁酸钙（SFCA）中的分布含量。

表 6-22　不同烧结温度下 SiO_2 含量在铝硅铁酸钙（SFCA）中的分布含量

烧结温度/℃	1220	1260	1285	1315	1340	1360
SiO_2 含量/%	4.7	5.4	5.7	5.9	6.1	6.3

随着烧结温度的提高，SFCA 黏结相中 SiO_2 含量升高，同时烧结料层透气性不同，燃料燃烧状态不同，形成燃烧带的温度和气氛不同，影响 SiO_2 在 SFCA 黏结相中分布不同，说明提高烧结矿质量不仅要通过配矿合理控制烧结矿 SiO_2 含量，而且要通过配碳和混匀制粒等工艺技术，控制 SiO_2 在黏结相中的分布。

B　Al_2O_3 含量的作用和影响

铁矿粉 Al_2O_3 含量小于 1% 为低铝矿，1%~2% 为中铝矿，大于 2% 为高铝矿。

自然界高铝矿有 A 和 SA 两类，A 类高铝矿以水铝矿（$Al(OH)_3$）形态存在，印度矿属于 A 类高铝赤铁矿。SA 类高铝矿以硅酸盐形态存在，如高岭石（$Al_2O_3 \cdot 2SiO_2 \cdot 2H_2O$）。烧结过程中 A 类高铝矿生成铝硅铁酸钙（SFCA），SA 类高铝矿生成钙铝黄长石（$2CaO \cdot Al_2O_3 \cdot SiO_2$）。

烧结矿中 Al_2O_3 含量主要由铁矿粉中脉石带入，固体燃料中灰分带入少部分。

a　Al_2O_3 对烧结矿产量的影响

Al_2O_3 属高熔点物质，熔点为 2050 ℃，烧结温度下不熔化且 Al_2O_3 低反应性和形成初生液相黏度较高，所以随着烧结矿 Al_2O_3 含量的提高，固体燃耗升高，烧结生产率降低。

b　Al_2O_3 对烧结矿质量的影响

同化过程中烧结料中 Al_2O_3 需消耗大量热量，延迟烧结过程。高炉炉料中 Al_2O_3 含量高，需消耗较多热量，以改善炉渣流动性。Al_2O_3 无论对烧结还是高炉冶炼都是有害的。

高铝矿（如塞拉利昂矿粉、澳大利亚矿粉、印度矿粉）的液相生成温度高、液相生成能力差、液相黏度大流动性差、低反应性的特性，易形成多孔结构，烧结矿易碎裂，转鼓强度差。

烧结矿 Al_2O_3 含量小于 1.8%，利于生成针状铁酸钙；Al_2O_3 含量大于 2.0%，质量指标明显恶化。

c　铁矿粉 Al_2O_3 配矿

Al_2O_3 是烧结矿黏结相中不可缺少的组分，烧结料中不含 Al_2O_3 时，无法生成铝硅铁酸钙（SFCA），只有烧结料中含有 Al_2O_3 时，SiO_2 和 Al_2O_3 才能一起固熔于铁酸钙相中，生成 SFCA 黏结相，提高烧结矿冶金性能，但当 Al_2O_3 含量过高时，多余的 Al_2O_3 在玻璃相析出，降低烧结矿转鼓强度和 $RDI_{+3.15\,mm}$ 指标。因此，应当对高铝和低铝铁矿粉合理配矿，如水化程度高、Al_2O_3 含量高的褐铁矿粉与同化温度高、Al_2O_3 含量低的赤铁矿和磁铁矿粉合理搭配使用，控制适宜 Al_2O_3 含量才能提高黏结相强度，提高烧结矿质量和产量。

d　提高高铝高镁烧结矿质量的措施

（1）增加磁铁矿，增加 CaO、MgO 可改善 Al_2O_3 对低温还原粉化的不利影响。

（2）配加高反应性矿物，增加液相量，缓解 Al_2O_3 的不利因素。

（3）提高料层厚度，降低烧结料水分，提高表面点火质量，抑制边部效应，优化烧结工艺参数，稳定生产过程。

（4）高碱度低碳烧结，控制 Al_2O_3/SiO_2 在 $0.1 \sim 0.35$，烧结矿成品率高且转鼓强度高；Al_2O_3/SiO_2 大于 0.4 时，烧结矿成品率显著下降且转鼓强度降低。

烧结矿中 Al_2O_3 含量过高时，最显著的负面影响是降低烧结矿 $RDI_{+3.15\,mm}$，高炉料柱透气性变差，炉渣黏度增加，放渣困难。为改善炉渣流动性，控制高炉炉渣中 Al_2O_3 含量为 $13\% \sim 16\%$，烧结矿中 Al_2O_3 含量小于 1.8%。

（5）如需生产高铝低硅烧结矿，烧结原料中少加白云石粉，最大限度降低烧结矿 MgO 含量，生产高碱度、低 SiO_2、低 MgO 烧结矿。高炉使用镁质球团矿或炉料中配加菱镁石块，既满足高炉炉渣 MgO/Al_2O_3 的需求，同时可以维持烧结矿 MgO 含量小于 1.8%，取得提高烧结矿品位、改善物化性能和冶金性能、降低烧结能耗、提高烧结生产率的效果。

C　铁矿粉水化程度的作用和影响

铁矿粉水化程度高低反映结晶水含量的高低，褐铁矿粉水化程度高，烧损大，同化温度较低。

由于升温过程中褐铁矿结晶水分解，在液相中可能残留一部分气孔，阻碍液相流动，影响黏结相生成温度升高，是褐铁矿粉熔融温度升高的原因。

D　烧结矿碱度的作用和影响

碱度是烧结矿质量的基础，碱度高改善碱性熔剂与铁矿粉的接触和同化反应条件，易于生成低熔点化合物，是生成黏结相的基础。

碱度对烧结矿的矿物组成具有决定性的作用，科学合理配矿必须综合考虑铁矿粉种类、烧结矿 SiO_2 含量和碱度。试验研究和生产实践表明，烧结矿适宜碱度为 $1.9 \sim 2.2$，如果片面提高烧结入炉比，将烧结矿碱度降低到 1.8 以下，不仅降低烧结矿质量，而且降低铁前整体效益。

6.18 褐铁矿粉的特性及烧结工艺技术

6.18.1 褐铁矿粉物化特性（以杨迪粉为例）

褐铁矿粉的化学成分和粒度组成见表6-23和表6-24。

表 6-23 褐铁矿粉与其他铁矿粉化学成分比较 （%）

矿粉种类	TFe	FeO	SiO$_2$	Al$_2$O$_3$	CaO	MgO	TiO$_2$	P	S	Lg
磁铁精矿粉 1	64.82	26.62	8.40	0.31	0.32	0.26	0.097	0.023	0.03	0.30
磁铁精矿粉 2	68.33	27.54	3.96	0.49	0.18	0.26	0.014	0.007	0.02	0.10
赤铁矿粉 1	66.48	0.53	1.26	0.79	0.06	0.06	0.057	0.038	0.01	1.80
赤铁矿粉 2	62.05	0.46	3.98	2.53	0.05	0.10	0.100	0.056	0.02	3.91
赤铁矿粉 3	61.51	0.38	5.40	3.71	0.09	0.08	0.074	0.043	0.02	2.52
杨迪粉	57.13	0.51	5.09	2.17	0.07	0.08	0.054	0.037	0.01	10.38

与磁铁精矿粉和赤铁矿粉比较，褐铁矿粉的品位较低（57%～59%），但含有结晶水，烧损较大，烧结过程中脱除结晶水后铁富集，有助于提高烧结矿品位。

表 6-24 褐铁矿粉与其他铁矿粉粒度组成比较

矿粉种类	粒度组成/%					
	+5 mm	5～3 mm	3～1 mm	1～0.5 mm	0.5～0.25 mm	−0.25 mm
磁铁精矿粉 1				2.12	3.19	94.69
磁铁精矿粉 2				0.15	1.14	98.71
赤铁矿粉 1	22.57	19.07	16.04	13.73	14.84	13.76
赤铁矿粉 2	17.41	19.50	11.99	9.38	10.33	31.38
赤铁矿粉 3	24.55	17.69	11.06	8.88	7.96	29.85
杨迪粉	48.51	19.36	15.84	10.69	5.57	0.030

褐铁矿粉原始粒度较大，料层透气性好；赤铁矿粉粒度居中，利于改善料层透气性；磁铁精矿粉粒度很细，配比较高时须采取强化制粒措施，改善制粒效果。

褐铁矿粉的成球性见表6-25。

表 6-25 褐铁矿粉与其他铁矿粉成球性比较

矿粉种类	分子水 /%	物理水 /%	毛细水 /%	毛细水迁移 速度/mm·min^{-1}	成球性指数
磁铁精矿粉 1	4.32	9.0	13.08	5.64	0.49
磁铁精矿粉 2	5.75	6.7	13.51	3.79	0.74
赤铁矿粉 1	4.30	4.9	13.03	18.02	0.49

续表 6-25

矿粉种类	分子水 /%	物理水 /%	毛细水 /%	毛细水迁移 速度/mm·min⁻¹	成球性指数
赤铁矿粉 2	6.40	4.7	15.09	10.37	0.74
赤铁矿粉 3	6.15	4.1	13.59	12.22	0.83
杨迪粉	7.04	6.3	17.39	14.12	0.68

褐铁矿粉的静态成球性指数为中等以上水平。

杨迪粉比表面积和孔径见表 6-26。

表 6-26　杨迪粉不同粒级比表面积和孔隙直径

粒级/mm	5~3	3~0.5	-0.5	平均
比表面积/m²·g⁻¹	40.66	73.51	93.43	77.11
外表面积/m²·g⁻¹	29.62	34.35	37.72	34.99
微孔内表面积/m²·g⁻¹	11.03	39.16	55.71	42.12
总孔隙体积×10⁻²/mL·g⁻¹	9.98	4.91	5.92	5.35
平均孔隙尺寸/μm	98.23	26.72	25.32	29.10

杨迪粉比表面积较大，-0.25 mm 黏附粉制粒性能较好，易黏附到成核粒子上。

杨迪粉亲水性见表 6-27。

表 6-27　杨迪粉亲水性

矿粉	不同粒级的润湿热/J·g⁻¹				接触角/(°)
	5~3 mm	3~0.5 mm	-0.5 mm	平均	
杨迪粉	1.78	1.96	1.60	1.78	28.70

润湿热指 1 cm² 矿物表面浸润至湿时放出的热量，润湿热大说明固体和液体之间亲和力强。对于铁矿粉润湿热大，表明亲水性强，能吸附大量水分，制粒性能好。

6.18.2　褐铁矿粉烧结基础特性（以杨迪粉、罗布河粉为例）

褐铁矿粉的结构疏松，孔隙率高，矿物晶粒小，反应比表面积大，Fe_2O_3 与 CaO 的反应动力学条件良好，同化性、液相流动性和铁酸钙生成能力好。因结晶水分解容易使黏结相形成裂纹和内部残留气孔，影响黏结相强度和连晶固结强度差。软化温度较低，熔融特性较差，烧结液相温控性较差。

褐铁矿粉综合烧结基础特性属中等，见表 6-28。

表 6-28　几种铁矿粉烧结基础特性评价

矿粉名称	烧结基础特性				
	同化性	液相流动性	黏结相强度	连晶固结强度	铁酸钙生成能力
杨迪粉	好	好	较差	差	好
罗布河粉	好	中等	差	差	好
哈默斯利粉	中等	差	中等	中等	中等
BHP 粉	较差	中等	较差	较差	中等
巴西 MBR 粉	中等	中等	好	中等	较差
巴西 CVRD 粉	中等	差	好	较差	较差
巴西依塔贝拉粉	中等	差	中等	较差	较差
巴西赤铁精矿粉	较差	差	差	差	差
印度粉	中等	差	中等	较差	好
南非粉	较差	差	中等	好	中等
国产磁铁精矿粉	差	好	较差	中等	较差

6.18.3　褐铁矿粉烧结技术

（1）提高烧结料水分。

利用褐铁矿组织结构疏松、孔隙率大、亲水性强的特性，在配料之前充分加水润湿，同时相应提高烧结料水分，且减小一混与二混加水量的比值，因褐铁矿的脉石成分主要是泥质矿物，含铁矿物主要是针铁矿类型的胶状环带颗粒结构，要求制粒适宜水分较高，成球性指数处于中等以上水平。制粒过程中疏松多孔结构吸收足够物理水，褐铁矿中的泥质矿物将起到类似于黏结剂的作用，改善烧结料制粒效果。

（2）提高保温炉热量投入。

赤铁矿和磁铁矿粉烧结或褐铁矿配比低于 15% 时，点火炉采用点火强度控制方式，点火温度控制稍高水平，料层表面有轻度过熔现象为宜，保温炉的主要作用是投入较少的热量，提供热空气环境，防止表层烧结矿急剧冷却形成玻璃质。

褐铁矿粉大于 25% 高配比烧结生产时，采取"保持烧结过程投入总热量不变，降低点火温度，提高保温炉投入热量"的控制方式，即点火炉投入热量随褐铁矿配比的升高而减少，点火温度控制原则以表面点着火即可，不必追求过高的表面点火强度。因褐铁矿具有高结晶水、低熔点、结构疏松的特点，当骤然承受高温时，其内部大量结晶水快速分解，引起体积急剧膨胀而使料层内制粒小球爆裂粉碎，恶化烧结过程料层透气性，降低点火温度可缓解褐铁矿爆裂影响。另外过高的点火强度使低熔点的褐铁矿快速融化，疏松结构和料层表面过快冷却必然引起表层烧结矿转鼓强度和成品率降低。加大保温炉的热量投入，一是补充由于点火温度下降引起的热量损失；二是提高热废气温度，利用保温炉较长的特点，使褐铁矿结晶水尽早而缓慢地分解，维持烧结过程良好的料层透气性。

（3）固体燃料配比适宜。

褐铁矿高配比烧结条件下，与 CaO 反应生成低熔点液相的优势明显体现，可降低固体燃料配比，但由于褐铁矿高配比会降低烧结成品率，为保持烧结矿产量不降低，又需适当增加燃耗。实践表明褐铁矿在烧结过程中很容易生成流动性好的低熔点液相，料层内液相量过多将使燃烧带变厚，恶化料层热态透气性，严重时甚至产生燃烧前沿熄火现象。因此褐铁矿高配比条件下，根据原料条件和烧结热态状况确定适宜固体燃料配比，以避免燃烧带增厚。

赤铁矿粉烧结或褐铁矿低配比烧结时，固体燃料配比主要依据烧结矿中 FeO 含量确定，而与混匀矿的矿种组分关系不大，烧结矿 FeO 含量偏高时，适当降低固体燃料配比，反之亦然。

基于褐铁矿的良好同化性，固体燃料配比由反馈控制改为前馈控制，即按照褐铁矿配比来决定固体燃料配比。一般褐铁矿配比越高，固体燃料配比相应越低。生产中掌控固体燃料配比的原则首先要满足料层总热量的需要，并达到良好热态透气性，减薄机尾红层断面厚度，其次保证烧结矿转鼓强度。

褐铁矿高配比烧结生产，固体燃料配比需要根据具体原料条件和固体燃料质量，通过经验观察判断烧结机尾断面而确定。

（4）"慢烧"过程控制。

褐铁矿高配比烧结条件下，要采取慢烧适当延长烧结时间、过程重点控制参数由废气温度转变到总管负压的操作方法，因褐铁矿属易熔易过湿矿粉，烧结料层中易形成中部过熔而下部过湿现象，厚料层快机速下尤为明显。

褐铁矿粉烧结过程中，以露点消失迅速升温为标志的过湿带前沿迁移速度明显慢于以 1000 ℃ 出现为标志的燃烧带前沿迁移速度，褐铁矿配比越高，二者迁移速度差距越大，很容易出现燃烧带碰撞过湿带粘连现象，靠近台车底部的过湿带上部则是完全过熔的烧结矿，即燃烧带下移到料层中下部时，过湿带尚未消失，二者叠加在一起导致燃烧前沿遇到过湿带而熄火，烧结过程中止，这种现象是褐铁矿烧结技术的难点，也是褐铁矿高配比影响烧结矿产质量指标的关键所在。在整个烧结过程中将过湿带与燃烧带隔离开，始终保持固有的烧结"五带"，是褐铁矿高配比烧结的核心技术。

赤铁矿或褐铁矿低配比烧结时，实施微负压点火技术，保温炉内保持较低的热空气流量，整个烧结过程基本上是微负压点火和表层烧结矿保温固结，从点火保温炉后才进行真正意义上的抽风烧结，过程控制的关键参数是废气温度曲线，维持烧结终点 BTP 在倒数第二个风箱位置处。

褐铁矿高配比烧结技术采取"慢烧"方法延长烧结过程，使过湿带提前 1~2 个风箱消失，能有效将过湿带与燃烧带隔离开，明显改善料层中部过熔而下部过湿现象。具体做法是：适当打开并调整保温炉下风箱负压，风箱开度视褐铁矿配比高低决定，褐铁矿配比越高，保温炉下风箱开度越大，同时提高保温炉内热空气流量，保持点火炉内微负压水平。"慢烧"过程控制关键参数为总管负压，总管负压越高，保温炉下风箱开度越大。

（5）优化配矿发挥褐铁矿烧结特性。

优化配矿充分利用褐铁矿粉易同化、熔点低、黏度低、流动性好、黏结好等高温烧结特性，实施厚料层、低温、高碱度烧结，提高烧结料层氧位，遵循铁酸钙固结理论，生产以铁酸钙黏结相为主、黏结部分残留未矿化矿石（起核心和骨架作用）组成的非均质烧结矿结构，有效改善烧结矿还原性和转鼓强度。

烧结条件下，褐铁矿粉中 $80\% \sim 90\%$ 结晶水可在预热带脱除，$20\% \sim 10\%$ 结晶水在燃烧带脱除。结晶水开始分解温度反映结晶水析出难易程度，开始分解温度低，则容易析出结晶水。结晶水分解终了温度反映失去结晶水难易程度，分解终了温度高，则析出结晶水吸热多。结晶水开始分解温度和分解终了温度的温度区间反映脱除结晶水所需能耗大小，温度区间大，则能耗大，不利于烧结。结晶水含量高低与结晶水开始分解温度、终了温度以及二者温差区间没有任何关系。从结晶水分解吸热负面影响考虑，褐铁矿烧结需适当增加固体燃耗，但褐铁矿同化性和液相流动性良好的正面影响有助于降低固体燃耗。生产实践表明褐铁矿对烧结过程能量需求的正面影响往往大于负面影响，是否需增减固体燃耗要根据具体配矿和生产实践决定，不能盲目调整。

强化制粒，使用粒度较粗的褐铁矿粉，在混合制粒过程中粗颗粒褐铁矿粉成为核心，使其中 Fe_2O_3 尽可能以原生状态保留下来，改善褐铁矿粉烧结性能。

❓ 课后思考题

1. 烧结过程"五带"的主要特征和"两速度"的影响因素。
2. 烧结成矿机理，固相反应的作用和影响因素，液相生成和黏结特性，矿物结晶冷凝过程，影响燃烧带的因素，燃烧带的重要性。
3. 主要液相体系及生成条件，常见矿物组成的抗压强度排序和还原性排序，破坏性矿物的生成主因和破坏性表现。
4. 烧结矿碱度分类，高碱度烧结矿的特点，铁酸钙固结理论的必要条件。
5. 烧结过程可脱除的有害杂质及影响因素。
6. 烧结操作方针，主抽风机操作要点，烧结风水碳操作要点，烧结终点操作要点，降低烧结固体燃耗的主要措施。
7. 烧结矿 FeO 含量的定位，影响 FeO 含量的因素，FeO 对烧结产质量的影响，降低 FeO 含量的主要措施。
8. 常用测定漏风率的方法及计算，烧结机系统主要漏风部位和减漏措施。
9. 有效风量与垂烧速度、总管负压、电耗的关系式，有效风量对烧结产质量和电耗的影响，总管负压对烧结产质量和电耗的影响。

10. 铁矿粉的五项烧结基础特性及配矿原则，常见铁矿粉的烧结基础特性大致排序。

11. 褐铁矿粉烧结采取的工艺技术，以此来更好地发挥其特性。

课程思政

数字资源

习题自测

7 烧结成品矿处理

本章知识重点

（1）烧结成品矿处理工艺。

（2）影响烧结矿冷却效果的因素。

高炉精料方针要求入炉烧结矿粒度均匀（5~50 mm）且粉率少（-5 mm 粒级小于 5%），而烧结机尾形成的烧结饼中大块粒级达 150 mm 以上，夹带着未烧透和未烧结的-5 mm 粉末量占 10% 以上，而且烧结饼温度高达 700 ℃以上，皮带机难以输送，料仓无法储存，因此必须对烧结矿进行破碎、冷却、筛分整粒处理后才能用于高炉。

随着烧结机大型化和生产规模扩大化，热矿振动筛的故障率高，严重影响烧结生产正常进行，而且热烧结矿的潜热可以通过余热回收技术加以利用，因此现代低硅高碱度烧结下，将传统工艺"单齿辊热破碎—热矿筛分（产生热返矿）—环冷机冷却—冷破碎（破碎+50 mm 粒级）—筛分整粒—成品烧结矿输出高炉"优化为"单齿辊热破碎—环冷机冷却—筛分整粒—成品烧结矿输出高炉"，取消了热矿筛分和冷破碎流程（高碱度、厚料层烧结下，烧结饼经单齿辊热破碎后+50 mm 粒级很少，无须冷破碎），烧结矿处理流程简化为破碎—冷却—筛分整粒。

7.1 烧结矿破碎

烧结矿破碎设备为剪切式单齿辊破碎机，如图 7-1 所示，齿辊交错排列，一般设计辊间隙 150 mm（有的厂为了提高烧结矿上限粒度，选取辊间隙 180 mm 或更大），将烧结机尾翻卸下的烧结饼破碎到 150 mm 以下，为冷却和筛分整粒提供粒度适宜的烧结矿。

图 7-1　剪切式单齿辊破碎机

剪切式单齿辊破碎机的特点是箅板放在底部，齿辊插入箅板内，烧结矿在齿辊与箅板之间受剪切，结构简单可靠，使用维修方便，破碎能耗低，烧结矿粉化程度小，破碎粒度均匀，破碎成品率高。

烧结饼温度高达 700 ℃ 以上，单齿辊长期处于高温、多尘环境下工作，所以单齿辊必须由耐高温、抗磨损的材质制成，否则无法正常工作。为了延长单齿辊使用寿命，除选用优质材质或表面堆焊耐热、耐磨的硬化层外，还采用通水冷却结构，其型式有齿辊轴、齿冠、箅板全部水冷却；齿辊轴、齿冠水冷却；仅齿辊轴水冷却。

7.2　烧结矿冷却

7.2.1　烧结矿冷却方式

7.2.1.1　按冷却部位分类

A　机外冷却

机外冷却指在烧结机以外用专用冷却设备对烧结矿进行冷却。

B　机上冷却

机上冷却指在烧结机上烧结到达终点位置以后，以烧结机后部某段作为冷却段，通过抽风或鼓风对烧结矿进行冷却。

机上冷却缺点是不能准确控制烧结段和冷却段，互相之间干扰较大，烧结产能低且冷却不均匀。连续带式抽风烧结机已淘汰机上冷却，全部采用机外冷却。

7.2.1.2　按冷却机型式分类

A　带式冷却机

鼓风带冷机由台车、链条、托辊、头部链轮、尾部链轮、风箱、鼓风系统、传动装置等组成，台车联接在链条上，链条由安装在骨架上的托辊支承，台车由头部链轮驱动，头部链轮由传动装置带动。台车在尾部链轮处接收热烧结矿，从风箱上面通过时被冷却风强制冷却到排矿温度，绕过头部链轮时借助台车的倾斜和烧结矿重力作用卸矿进入筛分工序，卸矿后的台车经过头部链轮进入倾斜回车托辊轨道，由头部链轮带动台车运行到尾部链轮处继续接收热烧结矿、冷却，周而复始完成冷却过程。

B　环式冷却机（简称环冷机）

摩擦传动鼓风环冷机的工作原理是：烧结机机尾翻卸下的烧结饼经单齿辊破碎后进入环冷机给矿漏斗，通过给矿溜槽将热烧结矿布到环冷机回转台车上，回转台车由摩擦轮驱动运行，同时鼓风机将冷空气送入回转台车下的风箱内，冷空气进入热烧结矿层进行热交换，热烧结矿逐渐被冷却。台车回转到排矿区后，台车轮沿着曲轨下行，将冷却后的烧结矿卸到排矿漏斗内，并由排矿溜槽下面的板式给矿机输送到成品皮带机上，回转台车排矿后沿着曲轨上升复位到水平轨道，再进行下一个接受热矿—冷却—排矿的循环运行。

环冷机以其漏风率低、余热回收利用率高、投资成本低、占地面积小、整体利用率高、环保效果好而被广泛采用，但由于环冷机台车为圆周运动且回转半径大，所以其运动规律较带式冷却机台车的直线运动复杂，运行过程中易发生台车跑偏、台车轮缘啃咬钢轨等现象。

7.2.1.3　按冷却风机通风方式分类

A　抽风式环冷机

抽风式环冷机利用冷却风机的强制抽风作用，在台车料层上方产生负压将冷空气吸入烧结矿层，通过冷空气与热烧结矿层的热交换达到冷却的目的。由于高温段热废气潜热低，不利于余热回收利用，形成的热废气通过排气烟囱排入大气，所以抽风式环冷机被淘汰。

B　鼓风式环冷机（简称鼓风环冷机）

鼓风环冷机利用冷却风机的强制鼓风作用，通过风箱从台车底部将冷空气鼓入烧结矿层，通过冷空气与热烧结矿层的热交换达到冷却目的。烧结生产中鼓风环冷机热废气潜热约占全部热输出的 1/3，是余热回收的重点。高温段热废气温度高，可回收用于余热发电和余热产蒸汽；中温热废气回收用于烧结热风点火和保温段保温以及烘干预筛分焦粉无烟煤、烘干高炉块矿和湿熄焦炭；低温热废气通过排气烟囱排入大气。

鼓风环冷机优点是鼓风机在冷态下运行，风机吸入空气含尘量小，风机叶轮磨损小，耗电量少，易维修。采用厚料层低转速，冷却时间长，冷却面积相对小，占地面积小，冷却效果好。鼓风环冷机缺点是鼓风机所需风压高，必须选用密封性能好的密封装置。一般设置 5~6 台鼓风机，有内置式（鼓风机在环冷机内圈布置）和外置式（鼓风机在环冷机外圈布置）两种布置形式，鼓风机的风门开度从高温段到低温段逐步梯度控制，保证烧结矿缓慢梯度冷却。

7.2.1.4　按传动方式分类

A　摩擦传动

摩擦传动的驱动装置由两套互成 162° 的传动系统组成，每个系统都由电机、减速机、主动摩擦轮、被动摩擦轮组成，其特点是两套系统完全相同，以提供相同的动力和运动。两套系统都是悬挂在固定的门形框架上，整个传动系统可以绕门形框架上的轴产生少量转动以吸收回转框架运行过程中的振动。用螺钉连接在回转框架上的摩擦板在摩擦轮的带动下可绕内外水平轨道做圆周运动。环冷机的台车体用铰链连接在回转框架上，台车体接受从给矿漏斗卸下的热烧结矿后，随回转框架沿着水平圆形轨道做圆周运动，到达排矿区域后台车体底板随曲轨轨迹倾斜下行，将冷却后的烧结矿从排矿漏斗卸下，完成一个循环。

B 销齿传动

销齿传动是一种新型全能传动结构，包括固定安装在环冷机回转框架外围的链条支架、驱动齿轮、驱动主轴、销轴和旋转驱动装置。驱动主轴一端与旋转驱动装置输出端连接，另一端与驱动齿轮套装连接，链条支架上安装有多个销轴，整圈销轴及链条支架一起构成销轮，驱动齿轮与销轮啮合传动，台车体和三角梁分别安装在回转框架底部，回转框架与旋转驱动装置连接，三角梁侧面下部设置有一个圆弧面结构的内凹槽，台车轴设置在台车体靠近内凹槽的一端，实现烧结矿的平稳传动和卸矿，降低台车受损率，延长使用寿命，销齿传动的环冷机整体运行更加平稳，拆修方便，经济实用，易于改装，适合各种规模的环冷机传动。

7.2.2 烧结矿冷却目的和意义

7.2.2.1 烧结矿冷却目的

烧结矿从烧结机尾翻卸下后温度 700 ℃ 以上，高温烧结矿如果不进行冷却，筛分整粒输送和储存都很困难，必须将烧结矿冷却到 120 ℃ 以下，保护皮带机不被烧损烧坏，才能输送到高炉工序。

7.2.2.2 烧结矿冷却意义

（1）烧结矿冷却后便于筛分整粒，为高炉冶炼提供粒度组成均匀的烧结矿。

（2）冷烧结矿可用皮带机输送和高炉上料机上料，使总体运输更加合理，适应高炉大型化的要求。

（3）高炉使用冷烧结矿，可以提高炉顶压力，延长高炉矿仓和炉顶装料设备的使用寿命，减少高炉上料系统的维修量。

7.2.3 影响烧结矿冷却效果的主要因素

7.2.3.1 烧结冷烧比

鼓风环冷机有效冷却面积与烧结机有效烧结面积之比称为冷烧比，单位 m^2/m^2。

冷烧比是一个设计参数，在建设烧结机时根据环冷机的冷却能力已经确定，一般选择 $1.05 \sim 1.25\ m^2/m^2$，北方气候冷选下限，南方气候热选上限，考虑到烧结机扩容提产，确定鼓风环冷机有效冷却面积适当大些。

7.2.3.2 影响烧结矿冷却效果的主要因素

影响烧结矿冷却效果的主要因素有烧结矿温度、冷却风量、冷却速度等。烧结矿温度低、适宜的冷却风量和冷却风速，则冷却效果好。冷却风量过大，不仅电耗升高，而且因冷却速度过快而影响烧结矿减粒，-10 mm 粒级产生量增加。所以只要将烧结矿温度冷却到规定值不烧损皮带机即可，不需要过大的冷却风量。

烧结矿温度主要取决于固体燃料用量和烧结终点控制，二者控制适宜则烧结温度适宜。如果固体燃料用量大或粒度粗，烧结终点滞后，则烧结矿残碳高，未燃尽的固体碳在环冷机内二次燃烧继续烧结，烧结矿温度升高，影响冷却效果，这时要密切关注二次燃烧的严重程度，首先采取减小风量减慢冷却速度的措施，若用消防水不能熄灭残碳继续燃烧，必要时必须停止环冷鼓风机向烧结矿层鼓风，将烧结矿冷却到规定温度才能排矿，否则鼓风机继续送风加剧烧结矿层中残碳继续燃烧，形成高温大块烧结矿黏结环冷机台车，造成堵料嘴烧皮带机生产事故。

保持环冷机料层厚度相对稳定，保证料层铺平铺匀和风量分布均匀，以充分利用冷风，提高环冷机余热发电量。

环冷机台车箅板或冷却风道堵塞，则通风差，影响烧结矿冷却效果。

环冷机未及时放灰，卸灰仓满或冷却风机运转异常，则冷却风量小影响冷却效果。

7.2.3.3　环冷机操作要点

（1）必须先启动鼓风冷却机后启动环冷机，鼓风冷却机停转后再停止环冷机。

（2）环冷机后面的设备发生故障时，立即停转环冷机，鼓风冷却机继续运行，直至环冷机内的热烧结矿温度降低到规定值为止。环冷机前面的设备发生故障时，环冷机和鼓风冷却机需继续运转，直到环冷机内的热烧结矿全部运转完为止。

（3）优化烧结矿冷却制度。高温段环冷鼓风机的风门开度梯度控制，低温段环冷鼓风机变频控制，根据环境温度和烧结矿冷却效果调整鼓风机转速，既保证排矿温度不烧损皮带机，又实现烧结矿梯度冷却，防止因急冷破坏晶体结构。

7.3　烧结矿筛分整粒

7.3.1　筛分整粒的目的

烧结矿经单齿辊破碎和环冷机冷却后，通过筛分整粒将烧结矿分级为成品烧结矿、铺底料和返矿，成品烧结矿输出到高炉入炉冶炼，铺底料输送到烧结机头铺底料仓用于铺底（筛分整粒是实现铺底料工艺的首要条件），返矿返回配料室参与配料（见图2-1）。

7.3.2　筛分整粒的意义

多级筛分烧结矿，按需要控制成品烧结矿上下限粒度，以达到改善烧结矿粒度组成的目的。

经筛分整粒的成品烧结矿粒度均匀，减少粉末量，提高转鼓强度。提前筛除成品烧结矿中-5 mm粒级，提高高炉槽下筛的筛分效率，改善高炉料柱透气性，为强化高炉冶炼创造良好的原料基础，减少高炉炉尘量，保护炉顶设备，同时减少崩料次数，利于高炉顺行增铁节焦。

7.3.3　减少入炉烧结矿粉率的措施

（1）首先烧好烧结矿，提高转鼓强度，是减少入炉烧结矿粉率的根本措施。

（2）加大高炉槽下烧结矿仓，烧结工序不设中间缓冲矿仓，烧结矿经中间缓冲矿仓既增加转运次数，又在储存期间产生粉碎增加−5 mm 粉率。

（3）生产组织中，控制高炉槽下烧结矿仓料位在40%以上，降低卸矿落差。

（4）烧结到高炉的转运站改为阶梯柔性缓冲溜槽，阶梯柔性溜槽内镶耐磨衬板，使阶梯溜槽内始终集聚烧结矿而形成矿衬，减轻烧结矿在转运过程中的碎裂减粒程度。

7.3.4 烧结矿筛分设备

7.3.4.1 棒条筛及其筛分粒级

常用烧结矿筛分设备为棒条筛，如图 7-2 所示，有筛体、激振器（振动电机）、减振弹簧、前后支架等部件。棒条筛由多排棒条组成，每排棒条高低搭接而成筛面，筛面与水平呈一定角度，棒条之间的间隙即为筛子孔径，烧结矿筛分粒级一般分 5 mm、10 mm、20 mm 3 种。

7.3.4.2 筛分设备布置形式

如图 7-3 所示，筛分设备有串级布置和整体布置两种形式。

筛子串级布置时，一次筛（筛孔 10 mm）的筛上物进入二次筛（筛孔 20 mm），筛下物进入三次筛（筛孔 5 mm），二次筛的筛下物为铺底料（10~20 mm），三次筛的筛下物为返矿（−5 mm），二次筛和三次筛的筛上物以及溢流铺底料为成品烧结矿。

图 7-2 棒条筛

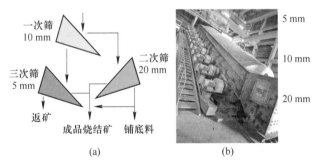

图 7-3 烧结矿筛分设备布置形式
（a）筛子串级布置；（b）筛子整体布置

筛子整体布置即将一次筛、二次筛和三次筛合为一个筛体，筛体为单层筛面，从进口到出口筛孔依次为 5 mm、10 mm、20 mm，5 mm 筛面的筛下物为返矿，20 mm 筛面的筛下物为铺底料，整个筛面的筛上物和 20 mm 筛面的筛下溢流物汇集为成品烧结矿，如图 7-4 所示。

7.3.4.3 棒条筛工作原理

由激振器产生的激振力通过筛箱传递给筛箱内的筛面，因激振器产生激振动力为纵向力，迫使筛箱带动筛面做纵向前后位移。在一定条件下，筛面上的烧结矿因

图 7-4　成品烧结矿

受激振力作用而被向前抛起，落下时小于筛孔的烧结矿则透过筛面而落到下层，烧结矿在筛面上的运动轨迹为抛物运动，烧结矿周而复始地被抛起被落下反复做抛物运动，完成筛分作业。

❓ 课后思考题

1. 连续带式抽风烧结普遍采用哪些冷却方式？其优缺点分别是什么？
2. 漏风率低、节能新型环冷机的传动方式。

课程思政

数字资源

习题自测

8 烧结新工艺新技术

本章知识重点

(1) 厚料层烧结技术问题和工艺技术措施。

(2) 低温烧结的实质和生产措施。

(3) 低硅烧结优缺点和工艺条件。

8.1 厚料层烧结

强化制粒、厚料层、富氧、低水低碳烧结是一整套技术，呈递进、完善、发展的关系，只有强化制粒才能实施厚料层烧结，厚料层烧结带来的上层热量不足问题通过富氧烧结来解决和完善，实施低水低碳是强化制粒厚料层烧结的发展和结果。

8.1.1 强化制粒技术及其效果

强化制粒的含义是通过提高混烧比和优化改进混合机工艺参数，采用强力混合机加强混合料的混匀度，生石灰加热水充分消化提高活性度并增强凝聚强化制粒作用，改进加水点和加水方式等措施，减少烧结料中细粉末，增加 3~5 mm 粒级，达到改善烧结料层透气性的目的。

实施强化制粒技术，改善烧结料粒度组成且提高料球强度，料球孔隙率大，摩擦力小，提高单位时间内通过料层的有效风量，改善水分蒸发条件，减薄干燥带厚度，减少料层下部冷凝水量，减轻过湿带的影响，降低过湿带和预热干燥带的阻力，合理分布气流和温度，有利于实施厚料层烧结，提高烧结矿冶金性能，提高烧结矿产质量。

8.1.2 厚料层烧结工艺技术措施

8.1.2.1 料层厚度的选择

烧结生产率随料层厚度有极值特性，料层厚度增加到一定值后，烧结生产率平缓变化，提高烧结矿产量和质量空间很小，再继续增加料层厚度，会因垂直烧结速度变慢而降低生产率。因此一定总管负压下，有一个适宜料层厚度，并非料层厚度越高越好。

目前 180~360 m² 中型烧结机的料层厚度普遍在 750 mm 以上，为厚料层烧结，企业需根据原料结构、总管负压、终点温度等具体情况确定 750~950 mm 适宜值，在强化制粒、低水低碳、机尾烧透无生料、适宜内返量的前提下，实施厚料层烧结。

8.1.2.2 烧结料层自动蓄热作用

抽入烧结料层的空气经过热烧结矿带被预热到较高的温度后，进入燃烧带参与碳的燃烧反应，燃烧后的废气携带更高的热量，又将下部预热带废气进一步预热，因而料层越往下热量积蓄越多，烧结料层这种积蓄热量的过程称为自动蓄热作用。

烧结料层的自动蓄热作用随着料层高度的增加而增强，厚料层烧结充分利用烧结过程的自动蓄热，可以降低固体燃耗，实施低碳烧结。

8.1.2.3 厚料层烧结技术问题

料层增厚一方面料层阻力增大，尤其是台车中部料层透气性变差；另一方面料层自动蓄热作用增强。厚料层烧结生产实践表明，厚料层自动蓄热所提供的热量占烧结总热量的 35%以上，使烧结料层下部温度远高于上部温度而过熔。烧结工艺的本质是烧结料中部分物料熔融产生液相并黏结其他未熔矿物而生成非均质烧结矿，但宏观上希望烧结矿化学成分和性能均质。厚料层烧结的技术问题是料层透气性和热量分布不均匀，上层热量不足，下层热量过剩，料层高度方向上均质效果变差。

烧结矿随料层高度的不均质性表现如下：

（1）烧结矿中 CaO 含量、MgO 含量、碱度随料层高度变化的规律性较强，上层>中层>下层，因熔剂粒度相对铁矿粉粒度较细，堆密度较小，且部分未能成为黏附粒子与铁矿粉成球，易分布在上层，而粒度相对较大、堆密度较大的铁矿粉分布到料层下部，使下层熔剂含量相对偏少。

（2）以赤铁矿粉和褐铁矿粉为主料的烧结矿中 FeO 含量呈下层>中层>上层的明显分布变化，以磁铁矿粉为主料的烧结矿中 FeO 含量呈下层>上层>中层的明显分布变化，因下层温度最高，大颗粒固体燃料偏析分布到下层，还原性气氛增强，Fe_2O_3 与 CO 发生吸热还原反应生成 Fe_3O_4，同时促进 Fe_2O_3 的分解反应生成 Fe_3O_4 和 O_2。而上层烧结矿由于冷却速度比中层快，Fe_3O_4 再氧化反应时间比中层短，使上层 FeO 含量比中层高。

（3）烧结矿平均粒度和转鼓强度呈中下层>下层>上层的分布变化，因上层烧结矿热量不足且抽风作用下冷却速度快，产生玻璃质较多，转鼓强度和粒度组成差。而中下层自动蓄热能力增强，烧结矿冷却速度慢，液相结晶更完全，转鼓强度和粒度组成优于上层。下层烧结矿由于热量充足甚至存在过熔，转鼓强度与中层相比并没有太大提高。

（4）铁酸钙黏结相数量和还原性呈中层>下层>上层的分布变化，由于上层热量不足，液相量少，矿物组成中赤铁矿含量较中、下层高，且上层烧结矿由于冷却速度较快，玻璃质含量较高。厚料层蓄热作用下，中层和下层热量高，铁酸钙数量相对上层要多。由于下层碱度较低，同时过高的温度使部分铁酸钙发生分解，下层铁酸钙数量比中层略低。

（5）烧结矿还原性中层>下层>上层。上层铁酸钙数量较少，且玻璃质较多，而下层出现部分板状铁酸钙与磁铁矿的熔融结构，同时下层 FeO 含量高。

（6）烧结矿低温还原粉化率 $RDI_{+3.15\,mm}$ 上层最差，且与中、下层烧结矿差距较大，这主要是因为上层烧结矿赤铁矿含量较多，赤铁矿在还原成磁铁矿时体积膨胀产生内应力，造成低温还原粉化。

8.1.2.4　厚料层烧结工艺技术措施

（1）适当增加熔剂中+3 mm 粒级但不超 5 mm（保证充分矿化），使大粒级熔剂偏析分布到料层下部，一方面提高下层烧结矿的碱度；另一方面通过熔剂分解吸热消耗下层热量，减小上下料层热量的差异。

（2）解决厚料层总管负压升高、料层阻力增大、烧结机产能相对降低的问题，重点采取强化混匀制粒、在料层的中下部安装松料器装置等措施，改善料层热态透气性，提高垂直烧结速度。

（3）低水低碳操作。

厚料层烧结下，烧结矿带在高温区停留时间延长，改善烧结矿形成条件，液相同化和熔体结晶较充分，且上部烧结矿比例相对减少，同时自动蓄热能力增强，因此厚料层烧结可在较低燃耗条件下提高转鼓强度。但随着料层增厚，料层阻力增大，水分冷凝现象加剧，因此为减少过湿带的影响，应提高烧结料温度到露点以上，同时采取低水低碳操作。

（4）补充料层上部热量。

1）增设保温炉。点火炉后增设保温炉，且保温炉内设置适量烧嘴或引入单齿辊、环冷机热废气，使保温炉内温度达 800 ℃以上，上部烧结矿缓慢冷却，促进结晶完全，避免因急剧冷却产生裂缝而影响转鼓强度变差。

2）助燃空气过剩、热风点火、富氧点火。

详见第 5.8.5.3 节提高点火烟气中 O_2 含量的主要措施部分。

（5）富氧烧结。

介绍几种富氧烧结的模式。

1）直接在烧结机料面铺设富氧管道进行富氧，如图 8-1 所示。

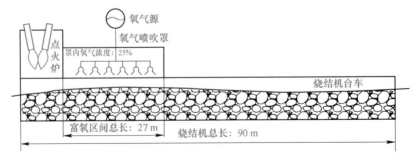

图 8-1　富氧烧结

2) 热风烧结配合富氧烧结。循环热风烧结，降低烧结过程的有效风量，导致烧结过程整体缺风，因此实施热风烧结配合富氧烧结，以弥补参与烧结反应空气量的不足。

①环冷机三段热废气循环到烧结机料面，同时对料面进行富氧，氧气支管均设置流量调节阀及氧含量检测仪表，通过控制流量调节阀的开度以混入适量的氧气，实现区域梯级可调烧结料面富氧（主要在 1/3 前部烧结料面上集中富氧）。

②环冷机三段热废气管道中通入富氧，然后引到烧结机料面进行富氧烧结，这种模式烧结机整体料面上均富氧，不能分区域调整富氧量。

富氧烧结有助于加快碳的燃烧反应，提高烧结矿产量，提高转鼓强度，降低烧结固体燃耗，降低烧结矿 FeO 含量，改善还原性和低温还原粉化性能，同时减少料面需要空气总量，进而降低烧结主抽电耗。

8.1.3 厚料层烧结的好处

烧结料层薄，则通过料层的气流速度加快，料层蓄热作用减弱，烧结矿层冷却速度加快，液相中玻璃质数量增加，转鼓强度变差，返矿率升高成品率降低。厚料层烧结则充分利用自动蓄热作用，降低燃耗和点火单耗，延长高温保持时间，增加液相生成量，矿物结晶完善，发育良好，提高转鼓强度，减少返矿量提高成品率，烧结矿粒度组成趋于均匀。

厚料层烧结增强氧化性气氛，降低烧结温度，利于低价铁氧化物的氧化，减少高价铁氧化物的分解热耗，生成低熔点黏结相，降低 FeO 含量，改善烧结矿还原性。

8.2 低温烧结

8.2.1 低温烧结的实质

一般认为烧结温度高于 1300 ℃为熔融型烧结，低于 1300 ℃为低温烧结。低温烧结具有节能和改善烧结矿性能两大优点。低温烧结理论基础是"铁酸钙固结理论"，烧结矿质量主要与其矿物组成和结构有关。铁酸钙固结理论研究表明，赤铁矿粉烧结的主要矿物组成和结构是未反应残留赤铁矿和以铝硅铁酸钙（SFCA）针状结晶为主要黏结相的非均相结构，这种结构烧结矿具有还原性好、低温还原粉化率 $RDI_{+3.15\,mm}$ 良好、转鼓强度高的综合优质质量，针状铁酸钙是在较低烧结温度下形成的，温度较高将熔融分解转变为其他形态，这一理论是基于铝硅铁酸钙固结理论的低温烧结。

低温烧结的实质是在 1230~1280 ℃较低烧结温度下，使烧结料中部分矿粉发生反应，产生一种强度高、还原性好的理想矿物——针状铁酸钙为主要黏结相，并以此来黏结包裹残存未熔矿石，使其生成铝硅铁酸钙（SFCA）。为此在工艺操作上，低温烧结要求控制理想的加热曲线，烧结温度不能超过1280 ℃，以减少磁铁矿的生成，同时要求在1250 ℃的持续时间要长，以稳定针状铁酸钙和残存赤铁矿的形成条件，使烧结料中作为黏附剂的一部分矿粉起反应，CaO和Al_2O_3在熔体中部分熔解并与Fe_2O_3反应生成铝硅铁酸钙（SFCA）。

8.2.2 低温烧结工艺基本要求

8.2.2.1 理想的"准颗粒"

烧结反应均匀而充分地进行，烧结前混合料均匀和质量稳定至关重要。在混合料制粒过程中，细小粉末颗粒黏附在核粒子周围或相互聚集形成"准颗粒"才能使烧结料具有良好透气性，同时细粒粉末相互接触，可加速烧结反应速度，良好制粒可减少料球的破损，料球在干燥带仍保持成球状态。只有制成"准颗粒"才能使黏附粉层CaO浓度较高、碱度较高而形成理想的CaO浓度分布。

理想"准颗粒"结构以多孔赤铁矿、褐铁矿或高碱度返矿作为成核颗粒，以含SiO_2脉石的密实矿石和能形成高CaO/SiO_2比例熔体的成分适宜作黏附层，烧结料中+3 mm粒级含量大于70%，则料层孔隙率提高，具有良好料层透气性。

8.2.2.2 理想的烧结矿结构

大量研究表明，原生细粒赤铁矿比再生赤铁矿还原性好，针状铁酸钙比柱状铁酸钙还原性好，所以低温烧结工艺目标是生产具有残余赤铁矿比例高同时形成强度和还原性好的针状铁酸钙黏结相。理想烧结矿的矿相结构是由两种矿相组成的非均质结构，一是针状铝硅铁酸钙SFCA黏结相，二是被这一黏结相所黏结的残留矿石颗粒。

8.2.2.3 理想的烧结过程热制度

理想烧结矿显微结构是在理想热制度条件下发生一系列烧结反应后形成的，当烧结料中固体碳被点燃后，随烧结温度的升高，烧结反应过程概括如下：

（1）700~800 ℃随着温度升高，开始固相反应生成少量铁酸一钙CF。

（2）接近1200 ℃生成二元或三元系低熔点铁酸一钙（CF，1216 ℃）、硅酸铁（$FeO \cdot SiO_2$，1205 ℃）、钙铁橄榄石（$CaO \cdot FeO \cdot SiO_2$，1208 ℃），1200 ℃左右熔化，在熔液中CaO和Al_2O_3很快溶于熔体中并与氧化铁反应，生成针状固熔了铝硅酸盐的铁酸钙（SFCA）。

（3）控制烧结温度低于1300 ℃，避免形成的针状铁酸钙分解成赤铁矿或磁铁矿。

（4）低温烧结在低于1300 ℃下进行，作为核粒子的粗粒矿石没有进行充分反应而作为原矿残留下来，因此要求这些粗粒原矿应是还原性良好的铁矿石。

（5）低温烧结下难以形成高熔点硅酸钙系矿物，有利于提高烧结矿质量。

8.2.3 低温烧结生产措施

（1）原料整粒和熔剂细碎。

对于来料粒度偏大的富矿粉，在原料场破碎筛分后再用于烧结，控制富矿粉中 +8 mm 粒级小于 10%。

要求石灰石、白云石、菱镁石粉中 -3 mm 粒级大于 80%，并控制 +5 mm 粒级小于 5%，在烧结过程中分解完全，矿化充分，消除烧结矿中的"白点"。

物料充分混匀，稳定化学成分和粒度组成。

（2）强化烧结料制粒效果。

要求制粒小球中还原性好的赤铁矿、褐铁矿或高碱度返矿作核粒子，并配加足够的生石灰，增强黏附层的强度，提高混合料成球率，改善烧结料层透气性。

国外低温烧结使用全富矿粉烧结，我国为了充分利用国产磁铁精矿粉和降低原料成本，减少了还原性好且作为准颗粒的赤铁矿粉配比，开发并掌握了全磁铁精矿粉或搭配部分富矿粉的低温烧结工艺及其特性。

（3）生产高碱度烧结矿。

烧结矿碱度以 1.9~2.2 为宜，促进生成铝硅铁酸钙（SFCA）黏结相。

（4）适宜铝硅比。

使用高品低硅铁矿粉，尽可能降低烧结矿中 FeO 含量，烧结矿 Al_2O_3/SiO_2 比在 0.1~0.35 不超 0.4 为宜。

（5）厚料层低水低碳低温烧结。

厚料层低水低碳低温烧结技术，得益于对铁酸钙固结理论、烧结料层自动蓄热原理、低温烧结理论的深刻理解。厚料层自动蓄热作用增强，有利于降低固体燃耗，减少 CO_2 的排放，符合节能减排的发展趋势。厚料层低水低碳低温烧结，延长高温氧化区保持时间，烧结热量由"点分布"向"面扩散"的变化作用，可抑制烧结过程"过烧"和"轻烧"等不均匀现象，烧结矿物结晶充分，改善烧结矿结构。

研究表明当烧结温度为 1230~1280 ℃时，有利于生成铁酸一钙（CF）且呈交织结构，强度高且还原性好；当烧结温度升高到 1280~1300 ℃甚至更高时，铁酸一钙生成量减少且由针状变为板状，虽强度升高但还原性下降，所以适宜的烧结温度是低温烧结的重要环节，烧结温度曲线要由熔融型转变为低温型，烧结最高温度控制在 1250~1280 ℃，并保持 1230 ℃以上时间在 5 min 以上，促进优质铁酸钙黏结相生成，同时改善转鼓强度和还原性指标，有利于高炉优质、高产、低耗、节能减排。

厚料层低水低碳低温烧结技术，有利于褐铁矿粉结晶水分解后产生的裂纹和空隙的弥合致密，提高褐铁矿粉配比，降低原料成本。

8.3 低硅烧结

低硅烧结的主要途径是配加高品位低 SiO_2 含量的铁矿粉，尤其选矿采用细磨深选提高精矿粉品位，控制烧结矿 SiO_2 含量低于 6%。

低硅烧结是高炉精料技术发展的方向和目标，高炉炼铁通过不断提高入炉品位，改善低渣量冶炼条件，提高冶炼技术经济指标。

8.3.1 低硅烧结优缺点

烧结矿品位高，SiO_2 含量低，有助于提高入炉品位，提高高炉利用系数，减少冶炼渣量，对高喷煤比操作有重要意义。

低硅烧结矿还原性好，软熔性能好，软熔温度升高且温度区间变窄，1200 ℃高温还原性好，高炉软熔带位置下移，软熔带厚度减薄，改善滴落带透气性，有利于高炉发展间接还原，改善料柱透气性和透液性，提高生铁产量，降低焦比，降低吨铁成本，提高铁前效益。

SiO_2 是烧结过程必需的造渣物质，过低 SiO_2 会带来黏结相量少、转鼓强度差、成品率低、低温还原粉化加剧等质量问题，所以低硅烧结要适宜的 SiO_2 含量。

8.3.2 低硅烧结工艺条件

低硅烧结最佳工艺条件是低配碳、高碱度、低 MgO 含量，且对黏结相强度影响程度排序为：低配碳（烧结温度）>高碱度>低 MgO>低 SiO_2。

8.3.2.1 厚料层低碳烧结

厚料层低碳烧结是改善烧结生产指标的基础，也是低硅烧结的基础条件，厚料层下烧结料的堆密度提高，成品率升高，返矿量下降。

8.3.2.2 高碱度烧结

不同碱度烧结矿的矿物组成见表 8-1。

表 8-1　某厂不同碱度烧结矿的矿物组成

碱度 R_2	成分（质量分数）/%					
	Fe_3O_4	Fe_2O_3	SFCA	玻璃相	$2CaO \cdot SiO_2$	未矿化熔剂
1.31	50~55	7~10	10~15	20	3~5	1~2
1.78	30~35	10~15	35~40	3~5	10	2~3
1.96	25~30	15	40	2~3	10	1~2
2.15	30	7~10	45	1~2	15	3~5

碱度是决定烧结矿的矿物组成及其质量的基本因素，高碱度烧结能提高赤铁矿粉配比，是增加低熔点铁酸钙生成量的先决条件，是低硅烧结生成较多黏结相的必

要条件，是提高低硅烧结矿转鼓强度的关键。

日本住友公司生产烧结矿 SiO_2 含量 4.8%～5.2%，将碱度提高到 2.2 以上，之后将烧结矿 SiO_2 含量提高到 5.5%，碱度降低到 1.95，相应烧结矿物化性能和冶金性能更加改善。中国莱钢和太钢曾很短时期内生产 SiO_2 含量 3.80%～4.5% 的烧结矿，造成转鼓强度和低温还原粉化率 $RDI_{+3.15\,mm}$ 显著降低。总结我国烧结生产实践，适宜烧结矿 SiO_2 的含量为 5.2%～5.5%，碱度为 1.9～2.2，可获得物化性能、冶金性能、产量等指标优良的烧结矿。

低硅烧结重要的是提高 SiO_2 含量的稳定性，稳定 SiO_2 含量是稳定碱度的关键，而混匀矿是 SiO_2 含量的主要来源，所以稳定铁矿粉化学成分、铁矿粉准确配料、加强混匀矿的混匀造堆是稳定烧结矿质量的基础性工作，必须引起高度重视。

8.3.2.3 低 MgO 烧结

理论研究和生产实践表明，无论高硅还是低硅烧结条件下，MgO 的存在具有促进生成镁磁铁矿（$MgO \cdot Fe_3O_4$）、抑制铁酸钙液相生成的不良作用，低硅烧结需实施低 MgO 烧结，烧结矿 MgO 含量应小于 1.8%，最高不超 2.2%。

MgO 含量对烧结矿指标、生成液相的影响见表 8-2 和表 8-3。

表 8-2 实验室研究 MgO 含量对烧结矿指标的影响

碱度 R_2	MgO 含量 /%	利用系数 /t·(m²·h)⁻¹	成品率 /%	燃耗 /kg·t⁻¹	转鼓强度 /%	SFCA 含量 /%	RI/%
	2.0	1.448	71.34	70.98	63.33	26.24	77.12
1.8	1.5	1.555	73.90	69.00	66.67	27.16	80.10
	1.0	1.473	72.69	68.79	68.67	28.29	80.75
	2.0	1.474	74.02	68.13	65.20	30.08	79.12
1.9	1.5	1.585	72.78	68.70	67.33	31.15	81.56
	1.0	1.608	75.71	66.04	68.40	32.94	85.51

碱度 R_2	MgO 含量 /%	RI /%	$RDI_{+3.15\,mm}$ /%	软熔性能/℃			
				T_{10}	$\Delta T_{软化}$	T_s	$\Delta T_{融滴}$
1.82	2.03	81.9	57.4	1126	216	1342	168
1.88	2.10	78.1	59.6	1108	202	1310	170
1.88	2.30	74.1	61.8	1130	200	1330	175

表 8-3 MgO 含量对生成液相的影响

烧结矿 MgO 含量/%	0	0.5	1.0	1.5	2.0	3.0
有效液相形成温度/℃	1250	1255	1259	1262	1268	1271
液相流动性指数（1280 ℃）	0.52	0.45	0.42	0.40	0.38	0.30
黏结相抗压强度/N·cm⁻²	281	292	280	276	242	

A MgO 含量对生成液相的影响

烧结过程中，低熔点物质在高温作用下熔化成液相，在冷却过程中液相凝固而成为尚未熔化和熔入液相颗粒的坚固连接桥，从而使得散状物料固结成多孔状的烧结矿，可见生成液相是烧结成矿的基础，液相数量和性质是影响烧结矿固结强度和冶金性能的重要因素。

因 MgO 属于高熔点物质，烧结温度一定时，随着 MgO 含量的增加，有效液相形成温度升高，液相黏度增大，液相流动性变差，MgO 的这一烧结行为是影响烧结矿产质量指标尤其转鼓强度的本质原因。

B MgO 含量对黏结相强度的影响

烧结矿由黏结相黏结未熔的含铁矿物固结而成，在低温烧结条件下形成的非均质结构。其未熔的含铁矿物自身强度高于黏结相强度，黏结相强度成为烧结矿固结强度的限制性环节。

在二元碱度 2.0、试验温度 1280 ℃ 的条件下，随着 MgO 含量由 0 增加到 2.0%，黏结相强度呈先高后低的变化趋势。分析认为 MgO 对高碱度烧结黏结相固结强度的影响有双重性，负面是影响液相的生成，正面是阻止硅酸二钙 C_2S 的相变，当液相不足是主要矛盾时，MgO 的负面影响起主要作用；当 C_2S 相变是固结强度的限制性环节时，MgO 则可以发挥其正面作用。高碱度低硅烧结下，应适当降低 MgO 含量，以减小液相量不足而带来的黏结相固结强度的降低。

8.3.2.4 低硅烧结

适宜 SiO_2 含量为 5.2%~5.5%，是保证烧结矿转鼓强度、改善粒度组成的基础。因低硅烧结的黏结相量少，所以侧重多配加同化性和液相流动性较好的铁矿粉，增加有效液相量，并发展铁酸钙黏结相是提高低硅烧结矿品质的主要途径。

适当提高烧结料中细粉粒的比例，细粒粉料能促进固相反应快速进行，易生成烧结液相。

? 课后思考题

1. 追求料层厚度越高越好吗，为什么？思考厚料层烧结的技术问题，厚料层烧结工艺的技术措施，以及厚料层烧结的目的。
2. 低温烧结的实质和生产措施，低温烧结的目的。
3. 低硅烧结的优缺点和工艺条件。

课程思政

数字资源

习题自测

烧结主要技术经济指标

📖 **本章知识重点**

（1）烧结产能指标的定义和计算。

（2）烧结矿物化指标的检测和计算。

（3）影响烧结矿转鼓强度的因素。

（4）烧结矿冶金性能的检测、影响因素和改善措施。

（5）烧结消耗指标及计算。

（6）烧结生产成本指标的含义。

烧结矿技术指标的标准见表 9-1。

表 9-1　YB/T 421—2014《铁烧结矿》技术指标

分　　类		化学成分（质量分数)/%			碱度/倍	物理性能		冶金性能	
		TFe	FeO	S	R_2	筛分指数 −5 mm/%	转鼓强度 +6.3 mm/%	还原度 RI/%	低温还原粉化 $RDI_{+3.15\,mm}$/%
优质烧结矿		≥56	≤9	≤0.03		≤6.0	≥78	≥70	≥68
		±0.4	±0.5		±0.05				
普通 烧结矿	一级	±0.5	≤10	≤0.06	±0.08	≤6.5	≥74	≥68	≥65
	二级	±1.0	≤11	≤0.08	±0.12	≤8.5	≥71	≥65	≥60

9.1　烧结产能指标

9.1.1　烧结作业率及其计算

衡量烧结机运转率的指标有日历作业率和扣外作业率。

9.1.1.1　烧结机日历作业率

日历作业率指烧结机运转时间占日历时间的百分数，单位%。

日历作业率=(烧结机运转时间÷日历时间) ×100%

　　　　　　=［（日历时间−计划停机时间−外因停机时间）÷日历时间］×100%

9.1.1.2　烧结机扣外作业率

扣外作业率指扣除外部因素影响停机时间后的作业率，能够更真实反映和衡量烧结机的实际运转状况。

扣外作业率＝［烧结机运转时间÷（日历时间−外因停机时间）］×100%

＝［（日历时间−计划停机时间−外因停机时间）÷（日历时间−外因
停机时间）］×100%

影响停机的外部因素包括突发停电、停水、停煤气、自然灾害等故障停机和上级指令性停机等，统称为非计划停机。

定修定检停机是计划内停机，扣外作业率不扣除此部分。

内部事故包括机械、电气、生产操作及其他事故，扣外作业率不扣除此部分。

9.1.1.3　计算烧结机作业率

日历时间是个常数，与某年某月的天数有关。

公元年能被4整除为闰年。世纪年（整百年）能被400整除，为闰年。

公元年不能被4整除，为平年。世纪年（整百年）不能被400整除，为平年。

例如，公历2000年、2400年是4的倍数，也是400的倍数，是闰年；公历2100年、2200年是4的倍数，但不是400的倍数，是平年。

闰年的2月有29天，全年共366天。平年的2月有28天，全年共365天。

每年1月、3月、5月、7月、8月、10月、12月是大月，有31天；4月、6月、9月、11月是小月，有30天。

【例9-1】 某烧结机4月计划检修8 h，内因停机4 h，无外因停机，计算4月烧结机系统日历作业率和扣外作业率。计算结果保留小数点后两位小数。

解：日历作业率＝扣外作业率

$$＝［（30×24−8−4）÷（30×24）］×100\%$$

$$＝98.33\%$$

【例9-2】 某厂1台495 m² 烧结机，1998年累计停机700 h，计算该厂烧结机系统年日历作业率。计算结果保留小数点后两位小数。

解：1998年是平年，全年365天，日历时间＝365天×24 h/天＝8760 h

年日历作业率＝［（8760−700）÷8760］×100%

$$＝92.01\%$$

【例9-3】 某月日历天数31天，某烧结机限产停机4 h，停电停机0.4 h，停煤气停机0.6 h，计划检修5 h，机械故障0.35 h，电气故障0.25 h，生产故障0.4 h，计算烧结机系统当月日历作业率和扣外作业率。计算结果保留小数点后两位小数。

解：日历作业率＝［（31×24−4−0.4−0.6−5−0.35−0.25−0.4）÷（31×24）］×100%

$$＝［733÷744］×100\%$$

$$＝98.52\%$$

扣外作业率＝［（31×24−4−0.4−0.6−5−0.35−0.25−0.4）÷（31×24−4−0.4−0.6）］×100%

$$=[733 \div 739] \times 100\%$$
$$=99.19\%$$

【例9-4】 某厂2台400 m² 烧结机，2013 年 5 月突发停电停机 0.65 h，上级指令性停机 2.3 h，定修定检停机 4.6 h，机械电气故障 1.3 h，计算该月烧结机系统日历作业率和扣外作业率。计算结果保留小数点后两位小数。

解：日历作业率 = $[(31 \times 24 - 0.65 - 2.3 - 4.6 - 1.3) \div (31 \times 24)] \times 100\%$
$$=98.81\%$$

扣外作业率 = $[(31 \times 24 - 0.65 - 2.3 - 4.6 - 1.3) \div (31 \times 24 - 0.65 - 2.3)] \times 100\%$
$$=99.20\%$$

【例9-5】 某厂6台烧结机，某班5台烧结机生产，1台烧结机计划检修，计算该厂某班烧结系统日历作业率。计算结果保留小数点后两位小数。

解：设某班日历作业时间为 A （h）

日历作业率 = $[(5A) \div (6A)] \times 100\%$
$$=83.33\%$$

【例9-6】 某厂4台360 m² 烧结机，5月计划检修1号、2号烧结机各 8 h，3号、4号烧结机各 16 h，4台烧结机因事故各停机 5 h，外因各停机 10 h，计算5月该厂烧结机系统日历作业率和扣外作业率。计算结果保留小数点后两位小数。

解：日历作业率 = $[(30 \times 24 \times 4 - 8 \times 2 - 16 \times 2 - 5 \times 4 - 10 \times 4) \div (30 \times 24 \times 4)] \times 100\%$
$$=96.25\%$$

扣外作业率 = $[(30 \times 24 \times 4 - 8 \times 2 - 16 \times 2 - 5 \times 4 - 10 \times 4) \div (30 \times 24 \times 4 - 10 \times 4)] \times 100\%$
$$=97.61\%$$

9.1.2　烧结利用系数及其计算

传统烧结机风箱宽度与台车宽度相等，即台车未扩宽，烧结机未扩容。

现代烧结机普遍采取扩宽台车10%提产，即台车宽度是风箱宽度的 1.1 倍。如烧结机有效长度 90 m，风箱有效宽度 5 m，台车下沿内宽由 5m 扩宽到 5.5 m，则有效抽风面积（即有效烧结面积）为 90 m×5 m＝450 m²，台车面积（即烧结面积）为 90 m×5.5 m＝495 m²，计算烧结机利用系数时，可以取 450 m² 有效烧结面积，也可以取 495 m² 烧结面积。

9.1.2.1　烧结机利用系数

利用系数指一台烧结机每平方米有效烧结面积（或烧结面积）每小时的成品烧结矿产量，单位为 t/（m²·h）。

有效烧结面积＝有效抽风面积＝风箱（烧结机）有效长度×风箱有效宽度

烧结面积＝风箱（烧结机）有效长度×台车下沿内宽

利用系数=成品烧结矿产量÷（有效烧结面积或烧结面积×台时）

利用系数=（台时产量×台数）÷有效烧结面积或烧结面积

全厂利用系数=全厂总成品烧结矿产量÷（总有效烧结面积或总烧结面积×平均台时）

利用系数是衡量烧结机生产效率的指标，与有效烧结面积（或烧结面积）无关。

9.1.2.2　计算烧结机利用系数

【例9-7】烧结机台车长1.5 m，台车下沿内宽5 m，烧结面积450 m²，计算烧结机有效长度。

解：烧结机有效长度=烧结面积÷台车下沿内宽

$$=450÷5=90（m）$$

【例9-8】烧结机机头和机尾中心距40 m，风箱有效长度30 m，风箱有效宽度3 m，共有台车96个，每个台车长1 m，台车下沿内宽3.5 m，台车挡板高0.6 m，计算烧结面积。

解：烧结面积=风箱有效长度×台车下沿内宽

$$=30×3.5=105（m²）$$

【例9-9】两台265 m²烧结机1月生产成品烧结矿447372 t，日历作业率87%，计算1月烧结机利用系数。计算结果保留小数点后三位小数。

解：利用系数=447372÷（2×265×31×24×87%）

$$=1.304（t/（m²·h））$$

【例9-10】烧结机面积450 m²，日产成品烧结矿14612 t，当日突发停机35 min，计算烧结机利用系数。计算结果保留小数点后三位小数。

解：利用系数=14612÷[450×（24-35÷60）]

$$=1.387（t/（m²·h））$$

【例9-11】两台450 m²烧结机2013年5月生产成品烧结矿92.12万吨，突发停电0.65 h，上级指令性停机2.3 h，定修定检停机4.6 h，机械电气故障停机1.3 h，计算该月烧结机利用系数。计算结果保留小数点后三位小数。

解：烧结机运转时间=31×24-0.65-2.3-4.6-1.3

$$=735.15（h）$$

利用系数=921200÷[（2×450）×735.15]

$$=1.392（t/（m²·h））$$

【例9-12】400 m²烧结机4月设备故障率12%，电器故障率5%，操作故障率3%，外部影响故障率7%，全月生产成品烧结矿23.27万吨，计算烧结机利用系数。计算结果保留小数点后三位小数。

解：烧结机运转时间=30×24×（100%-12%-5%-3%-7%）

$$=525.6（h）$$

利用系数=232700÷（400×525.6）

$$=1.107（t/（m²·h））$$

【例 9-13】 两台 400m² 烧结机 8 h 生产成品烧结矿 6700 t，因设备故障双机共停 2 h，计算烧结机利用系数。计算结果保留小数点后三位小数。

解：利用系数 = 6700 ÷ [2×400× (8-2)]

= 1.396 （t/(m²·h)）

【例 9-14】 某厂烧结机 1 月生产情况如表 9-2 所示，计算 1 月 1 台 450 m² 烧结机、2 台 100 m² 烧结机、全厂烧结机的利用系数各是多少。计算结果保留小数点后三位小数。

表 9-2　某厂烧结机 1 月生产情况

烧结机	1 月成品烧结矿产量/t	1 月日历作业率/%
1 台 450 m²	465132	95
2 台 100 m²	194768	96

解：1 台 450 m² 利用系数 = 465132 ÷ （1×450×31×24×95%）

= 1.462 （t/(m²·h)）

2 台 100 m² 利用系数 = 194768 ÷ （2×100×31×24×96%）

= 1.363 （t/(m²·h)）

全厂烧结机平均运转时间 = 31×24× [（95%+96%） ÷2]

= 710.52 （h）

全厂利用系数 = （465132+194768） ÷ [（450+2×100） ×710.52]

= 1.429 （t/(m²·h)）

9.1.3　烧结台时产量及其计算

9.1.3.1　烧结机台时产量

台时产量指一台烧结机每小时生产成品烧结矿产量，单位 $t/(台·h)$。

台时产量是衡量烧结机生产能力的指标，与有效烧结面积（或烧结面积）有关。

9.1.3.2　计算烧结机台时产量

$$Q = 60BHv\rho CP(1 - w(H_2O)) = 60Sv_{\perp}\rho CP(1 - w(H_2O)) \tag{9-1}$$

式中　Q——烧结机台时产量，$t/(台·h)$；

B——台车下沿内宽，m；

H——料层厚度，m；

S——烧结面积，m²；

v——烧结机机速，m/min；

$v_{\perp}$——垂直烧结速度，$v_{\perp}$ = 料层厚度 H÷烧结时间 t，m/min；

ρ——烧结料堆密度，t/m^3；

C——烧结料出矿率，$C=$（机尾烧结饼量/干基烧结料量）$\times100\%$，%；

P——烧结成品率，$P=$（成品烧结矿量/机尾烧结饼量）$\times100\%$，%；

$w(H_2O)$——烧结料水分（质量分数），%。

生产中用以下方法计算台时产量：

（1）台时产量=成品烧结矿产量÷台时

（2）台时产量=（利用系数×有效烧结面积或烧结面积）÷台数

（3）全厂烧结机台时产量=全厂总成品烧结矿产量÷（台数×平均台时）

【例9-15】某烧结机有效长度1 m，台车下沿内宽3 m，料层厚度650 mm，烧结机机速1.53 m/min，烧结料堆密度1.66 t/m^3，烧结料水分7%，出矿率86.34%，成品率81.57%，计算烧结机台时产量。计算结果保留小数点后两位小数。

解：台时产量=1×3×650÷1000×1.53×60×1.66×（1-7%）×86.34%×81.57%

=194.63（t/（台·h））

【例9-16】某厂烧结机1月生产情况如表9-3所示，计算该厂1月烧结机台时产量。计算结果保留小数点后两位小数。

表9-3　某厂烧结机1月生产情况

烧结机	1月成品烧结矿产量/t	1月日历作业率/%
2台100 m^2	195000	96
2台265 m^2	304250	65
1台450 m^2	385000	85

解：总成品烧结矿产量=195000+304250+385000

=884250（t）

平均台时=31×24×（96%+85%+65%）÷3

=610.08（h）

厂台时产量=884250÷（5×610.08）

=289.88（t/（台·h））

9.2　烧结矿质量指标

烧结矿质量指标包括物理性能、化学性能、质量稳定率、冶金性能。

9.2.1　烧结矿物理性能的检测和计算

烧结矿物理性能包括落下强度、转鼓强度、抗磨强度、筛分指数、粒度组成、堆密度、孔隙率等。

9.2.1.1　烧结矿落下强度

落下强度是检验烧结矿抗压、抗摔打、耐磨、抗冲击能力的一种方法，即烧结矿耐转运的能力，是评价烧结矿冷强度的一项指标。

A　中国标准 (GB) 检测烧结矿落下强度

取 10~40 mm 成品烧结矿 (20±0.2) kg，装入可上下移动的装料箱内，将箱体自动提到离地面 2 m 的高度，打开箱体底门，烧结矿自由落到厚度大于 20 mm 的地面钢板上，下降落下装置将钢板上全部烧结矿收集装入装料箱内，重复 4 次落下试验，用筛孔 10 mm 的筛子筛尽落下烧结矿，以 4 次+10 mm 粒级总质量百分数表示烧结矿落下强度，用 F 表示。

$$F = (M_1/M_0) \times 100\% \tag{9-2}$$

式中　F——落下强度，%；

　　　M_0——落下烧结矿试样质量，kg；

　　　M_1——落下后筛分+10 mm 粒级总质量，kg。

B　日本标准 (JIS 8711—77) 检测烧结矿落下强度

与中国标准 (GB) 比较，不同之处是取+10 mm 成品烧结矿，其他均相同。

9.2.1.2　烧结矿转鼓强度

转鼓强度是衡量烧结矿在常态下抗压、抗冲击能力的重要指标。

抗磨强度是衡量烧结矿在常态下耐磨、抗摔打能力的重要指标。

A　ISO 标准检测转鼓强度

转鼓机 $\phi_内$ 1000 mm，内宽 500 mm，钢板厚度大于 5 mm，如果转鼓的任何局部位置的厚度已磨损至 3 mm，应更换新的鼓体。转鼓机内侧焊有两块对称的 50 mm×50 mm×5 mm、长 500 mm 的等边角钢提升板，其中一块焊在卸料口盖板内侧，另一块焊在对面鼓壁内侧，二者成 180° 布置，角钢长度方向与转鼓轴平行，如果角钢高度已磨损至 47 mm 应更换。卸料口盖板内侧与转鼓内侧光滑平整，盖板密封良好，以免试样损失。电动机功率不小于 1.5 kW，以保证转速均匀，为 (25±1) r/min，且在电动机停转后转鼓必须在一圈内停止，转鼓配备自动控制装置和计数器。

取当期生产的干基成品烧结矿 60 kg 以上，如果烧结矿经打水或露天存放已久，应在 (105±5) ℃恒温烘干箱中烘干。

成品烧结矿经套筛筛分后取 10~16 mm、16~25 mm、25~40 mm 3 个粒级，按比例配鼓 (15±0.15) kg 装入转鼓机内，关闭装料口，自动启动转鼓机以 25 r/min 的转速旋转 8 min 后停止，在密封状态下静置 2 min，让粉尘沉淀下来后打开盖板，点动转鼓机将烧结矿倒入筛孔 6.3 mm×6.3 mm、0.5 mm×0.5 mm 的机械摇筛内，自动启动机械摇筛以 20 次/min 的速度往复筛分 1.5 min 后停止，继续启动机械摇筛直至筛尽为止，以+6.3 mm 粒级质量百分数表示转鼓强度，以−0.5 mm 粒级质量百分数表示抗磨强度。

$$TI = (M_1/M_0) \times 100\% \qquad (9-3)$$

$$AI = [1 - (M_1 + M_2)/M_0] \times 100\% \qquad (9-4)$$

式中 TI——转鼓强度，%；

  AI——抗磨强度，%；

  M_0——入鼓试样质量，kg；

  M_1——鼓后筛分+6.3 mm 粒级质量，kg；

  M_2——鼓后筛分 0.5~6.3 mm 粒级质量，kg。

B 日本 JIS 标准检测转鼓强度

ISO 标准与 JIS 标准转鼓强度检测方法比较见表 9-4。

表 9-4 ISO 标准与 JIS 标准转鼓强度检测方法比较

检 测 方 法	ISO 标准	JIS 标准
成品烧结矿粒级/mm	10~16、16~25、25~40	10~16、16~25、25~50
配鼓量/kg	15±0.15	23±0.23
转鼓机转速和时间	25 r/min 8 min	25 r/min 8 min
机械摇筛筛分规格	6.3 mm×6.3 mm	10 mm×10 mm
筛分速度和时间	20 次/min 1.5 min	20 次/min 1.5 min
转鼓强度计算公式	(+6.3 mm 粒级 kg÷15 kg) ×100%	(+10 mm 粒级 kg÷23 kg) ×100%

ISO 标准与 JIS 标准转鼓强度经验换算

$$TI（JIS） = 1.2 \times TI（ISO） - 22.81$$

C 计算烧结矿转鼓强度

【例 9-17】检测某烧结矿转鼓强度，鼓后筛分+6.3 mm 粒级 11.40 kg，+10 mm 粒级 12.30 kg，计算 ISO 标准转鼓强度。

  解：ISO 标准转鼓强度 = (11.40÷15) ×100%

            = 76%

【例 9-18】已知表 9-5 中成品烧结矿粒度组成和鼓后筛分 +6.3 mm 粒级 11.60 kg，计算 15 kg 各粒级配鼓量和转鼓强度。计算结果保留小数点后两位小数。

表 9-5 成品烧结矿粒度组成

项 目	成品烧结矿粒度组成						总和
	+40 mm	40~25 mm	25~16 mm	16~10 mm	10~5 mm	-5 mm	
粒级量/kg	9.72	13.08	13.44	12.18	9.90	1.68	60
粒度组成/%	16.20	21.80	22.40	20.30	16.50	2.80	100

  解：参与配鼓粒级总量 = 13.08+13.44+12.18

            = 38.70（kg）

  参与配鼓各粒级含量：

40~25 mm 粒级＝（13.08÷38.70）×100%＝33.80%

25~16 mm 粒级＝（13.44÷38.70）×100%＝34.73%

16~10 mm 粒级＝（12.18÷38.70）×100%＝31.47%

15 kg 各粒级配鼓量：

40~25 mm 粒级＝15×33.80%＝5.07（kg）

25~16 mm 粒级＝15×34.73%＝5.21（kg）

16~10 mm 粒级＝15×31.47%＝4.72（kg）

将计算结果列入表 9-6 中。

表 9-6　计算结果

项　目	成品烧结矿粒度组成						总和
	+40 mm	40~25 mm	25~16 mm	16~10 mm	10~5 mm	−5 mm	
粒级量/kg	9.72	13.08	13.44	12.18	9.90	1.68	60
粒度组成/%	16.20	21.80	22.40	20.30	16.50	2.8	100
配鼓粒级量/kg		13.08	13.44	12.18			38.70
配鼓粒级含量/%		33.80	34.73	31.47			100
配鼓量/kg		5.07	5.21	4.72			15

转鼓强度＝（11.60÷15）×100%＝77.33%

D　影响烧结矿转鼓强度的因素

烧结矿转鼓强度受多种因素的影响，主要有烧结矿碱度和矿物组成、液相体系、液相量、破坏性矿物、FeO 和 MgO 以及 Al_2O_3 含量、熔剂燃料质量、烧结工艺参数等。

（1）烧结矿碱度和矿物组成是转鼓强度的基本因素。

1）烧结矿碱度。碱度是影响烧结矿质量的基本因素，碱度不同烧结矿的矿物组成不同，转鼓强度等质量指标也不同。

酸性烧结矿转鼓强度较高但还原性差，在高炉内铁的直接还原度提高，增加炉内热量消耗，不利于提高炉温和降低高炉焦比。

自熔性烧结矿的还原性较好但转鼓强度差易粉化，有碍高炉强化冶炼。某厂生产实践表明碱度 1.5 烧结矿的自然粉化率是碱度 1.85 烧结矿粉化率的 2~2.5 倍。

烧结矿最佳碱度范围为 1.9~2.2，为保证烧结矿具有足够的转鼓强度，生产高碱度烧结矿是必须坚持的一个原则。烧结过程中，虽 $CaO\text{-}SiO_2$ 亲和力大于 $CaO\text{-}Fe_2O_3$ 亲和力，但 Fe_2O_3 含量远大于 SiO_2 含量，随着碱度的提高，CaO 与铁氧化物的接触面积增大，在 Fe_2O_3 中的渗透点增多，形成铁酸钙类低熔点的黏结相增加，扩大液相黏结范围，提高黏结相固结强度，既有良好的转鼓强度和还原性，又有较好的低温还原粉化率 $RDI_{+3.15\,mm}$ 指标。

2）烧结矿的矿物组成和结构。详见第 6 章烧结理论与操作中第 6.10 节烧结矿矿物组成、结构及其影响部分。

表 9-7 可见，铁酸一钙（$CaO \cdot Fe_2O_3$）不含 FeO，强度指数高；铁橄榄石（$2FeO \cdot SiO_2$）中 FeO 含量高，强度指数低。进一步说明"通过提高 FeO 来提高转鼓强度"的做法是错误的。

表 9-7　不同矿物组成的强度指数

矿物组成	$CaO \cdot Fe_2O_3$	Fe_3O_4	Fe_2O_3	$CaO \cdot FeO \cdot SiO_2$	$2FeO \cdot SiO_2$
强度指数	37	36.9	26.7	23.3	20.26

（2）液相体系是转鼓强度的根本因素。

烧结过程有铁酸盐系和硅酸盐系两大液相体系，这两类液相体系的性能差别很大，研究表明硅酸盐相不黏结其他矿物，含 FeO 高的硅酸盐相的强度低，玻璃质的还原性很差。铁酸盐相黏度低，黏结力远大于硅酸盐，结晶能力很强，即使低温或急冷也不会形成玻璃质，还原性很好，升温和还原时性质稳定。

碱度和 SiO_2 含量决定液相体系，铁酸盐系液相主要由 Fe_2O_3 与 CaO 反应而得，硅酸盐系主要由原生 Fe_3O_4 或 FeO 与 SiO_2 反应生成。碱度大于 1.9、SiO_2 含量小于 5.5% 时，以铁酸盐液相为主；碱度小于 1.8、SiO_2 含量大于 6.0% 时，以硅酸盐液相为主。这两类差别较大的液相冷却时来不及很好同化，致使组成和结构复杂影响质量，所以避开碱度 1.8 生产碱度 1.9~2.2 烧结矿，提高转鼓强度及冶金性能。

黏结相固结强度是影响转鼓强度的重要因素。通过铁矿粉烧结基础特性优劣互补优化配矿，做到在同化温度和液相流动性指数高低合理搭配的情况下，争取多用黏结相固结强度高、铁酸钙生成能力强、固相反应能力强的矿种，宏观结构上控制液相数量及其流动性，使烧结矿冷凝固结成厚壁海绵状结构，微观结构上尽可能形成针状交织熔蚀结构，烧结矿转鼓强度能取得较高水平。

（3）液相量是转鼓强度的核心因素。

1）烧结矿碱度、SiO_2 含量。碱度和 SiO_2 含量是液相生成量和液相类型的主要因素，是液相生成的基础，对烧结矿固结成型具有重要作用，适宜碱度 1.9~2.2 则液相量多，转鼓强度高，冶金性能好。适宜 SiO_2 含量 5.2%~5.5% 则发展针状 SFCA，转鼓强度高，改善烧结矿还原性和高温冶金性能，可降低高炉渣量和能耗。SiO_2 含量过低则烧结过程液相量不足，固结强度差。SiO_2 含量过高则因液相生成温度高而减少液相量且生成硅酸盐，转鼓强度和冶金性能变差。

2）烧结温度。SiO_2 含量一定，烧结温度高则液相量多，但高于 1280 ℃ 时 SFCA 分解为柱状，厚料低碳低温 1230~1280 ℃ 发展针状 SFCA 黏结相，提高转鼓强度改善还原性。

MgO 含量影响有效液相形成温度、液相流动性指数和液相量，MgO 含量小于 1.8% 最高不超 2.2% 适宜。

3）铁矿粉同化性和液相流动性。铁矿粉同化性过低则不易生成低熔点液相，不利于液相黏结，固结强度下降，SFCA 生成能力过低，还原性变差。同化性过高，则快速形成液相，骨架核矿粉减少，恶化透气性，影响烧结产量降低。铁矿粉液相流动性好则液相黏度小，液相生成能力强，固结强度好。某实验室做铁矿粉同化性和液相流动性结果表明，以铁矿粉种类排序同化性为：褐铁矿>赤铁矿>磁铁矿；以矿种排序同化性为：杨迪粉>FMG 混合粉>PB 粉>金布巴粉>麦克粉>超特粉>罗伊山粉>纽曼粉>巴西卡拉加斯粉>高硅巴西粗粉/巴西混合粉。液相流动性排序为：高硅巴西粗粉/巴西混合粉>杨迪粉>罗伊山粉>超特粉>纽曼粉>FMG 混合粉>麦克粉>PB 粉>巴西卡拉加斯粉>金布巴粉。烧结配矿时，要把握由铁矿粉组成的混匀矿同化性和液相流动性适中为宜，既要关注烧结矿转鼓强度，又要兼顾烧结矿产量。

4）破坏性矿物是转鼓强度的破坏因素。

详见第 6.10.2.2 节烧结矿微观结构中 C 矿物的破坏力部分。

5）FeO、MgO、Al_2O_3 含量对转鼓强度的多重影响。

①FeO 含量。根据烧结矿 SiO_2 含量合理掌控烧结矿 FeO 水平，保持一定黏结相量获得高强度烧结矿。烧结矿的固结机理是渣相连接，烧结过程中 SiO_2、FeO 在低于 1200 ℃温度条件下生成液相，包裹未熔化的矿物，将散料变为块状烧结矿。试验研究和生产实践表明，烧结矿 SiO_2 和 FeO 含量对转鼓强度有较大影响。当烧结矿中 SiO_2 含量小于 5% 时，烧结矿因渣相不足成品率和转鼓强度显著下降，生产中应适当增加配碳量，提高烧结矿 FeO 含量，保证有足够的转鼓强度。当烧结矿中 SiO_2 含量大于 5% 时，由于硅酸盐渣量增多，转鼓强度有所改善，但冶金性能变差，应相应降低配碳量，降低烧结矿 FeO 含量，兼顾转鼓强度和还原性指标。

烧结矿 FeO 含量小于 8.5% 时，与转鼓强度正相关，当 FeO 过低时转鼓强度变差。

烧结矿 FeO 含量大于 9.5% 时，矿物表面出现裂纹向中心扩展，转鼓强度急剧下降。

烧结矿 SiO_2 含量高 FeO 含量高，即"双高"，则 FeO 主要以硅酸盐形态存在，转鼓强度低。

烧结矿 SiO_2 含量低 FeO 含量低或磁精粉烧结，则 FeO 以 Fe_3O_4 形态存在，可适当放宽 FeO 含量。

兼顾转鼓强度、冶金性能和能耗指标，适宜 FeO 含量不超 9%。

②MgO 含量。MgO 对转鼓强度有正负双重影响，总体负面影响大于正面影响。

MgO 的存在加大 MgO 与 CaO、SiO_2、FeO 结合的机会，MgO 固溶于 β-2CaO·SiO_2 中，对 β-2CaO·SiO_2→γ-2CaO·SiO_2 相变起稳定作用，抑制 γ-2CaO·SiO_2 的形成，减轻烧结矿冷却过程中粉化，适量 MgO 减少玻璃质，增加液相张力，对提高转鼓强度有一定作用。

MgO 形成高熔点化合物，增大液相黏度不易扩散是降低转鼓强度的本质原因。

MgO 与 Fe_2O_3 在 800 ℃开始形成铁酸镁（MgO·Fe_2O_3），减少铁酸钙生成量，且铁酸镁（MgO·Fe_2O_3）熔点高（1580 ℃），烧结温度下不熔化，降低烧结矿转鼓强度。

MgO 易与 Fe_3O_4 生成镁磁铁矿（$MgO \cdot Fe_3O_4$），阻碍 Fe_3O_4 氧化为 Fe_2O_3，抑制铁酸钙液相的生成，降低转鼓强度和还原性。

烧结料中 MgO 含量过高时，因 MgO 熔点高不易熔化，使得初熔相的液相线温度升高，熔体的过热度降低，黏度增大，导致铁酸钙聚集长大速度变慢，抑制铁酸钙的形成，烧结温度低时烧结矿中有生料，降低烧结矿转鼓强度。

综上所述，高 MgO 烧结矿必然导致燃耗高、转鼓强度低、还原性差，烧结矿 MgO 含量控制在 1.8 以下不超 2.2% 为宜。

③Al_2O_3 含量。Al_2O_3 含量是影响转鼓强度的重要因素，Al_2O_3/SiO_2 为 0.1~0.35 是生成铝硅铁酸钙的必要条件。烧结矿化学成分和碱度基本相同情况下，随着烧结矿 Al_2O_3 含量提高到 1.8% 以上，转鼓强度呈明显下降趋势，适宜 Al_2O_3 含量低于 1.8%。高碱度烧结矿下，铝硅铁酸钙的分子式为 $5CaO \cdot 2SiO_2 \cdot 9(Al \cdot Fe)_2O_3$，$Al_2O_3$ 含量 1.0%~1.8% 适宜，与 SiO_2 一起固溶于铝硅铁酸钙中，Al_2O_3 含量超过 2% 在烧结过程中不熔化，只能在玻璃相中析出，降低渣相的破裂韧性，严重影响转鼓强度和 $RDI_{+3.15\,mm}$ 降低，因此 Al_2O_3 含量既是形成铝硅铁酸钙的必要条件，又是影响烧结矿转鼓强度的重要因素。

坚持低 FeO、低 MgO、低 Al_2O_3 烧结，既能提高烧结矿质量提高产量，也有利于高炉低成本、低燃料比冶炼。

6）熔剂、固体燃料质量影响转鼓强度。

①熔剂。熔剂质量主要指熔剂的种类和熔剂粒度，对烧结过程和烧结矿转鼓强度的影响详见第 2 章烧结原料第 2.2 节烧结熔剂部分。

固相反应在铁矿粉与熔剂接触面上生成低熔点化合物或共熔体，铁矿粉、熔剂、固体燃料粒度对固相反应影响大，决定固相反应完全与否，固相反应和液相生成是烧结矿固结强度的基本要素。

②固体燃料。固体燃料质量主要指固定碳含量和粒度组成，固定碳含量高，则燃烧放出热量高，有利于提高烧结温度，促进固相反应和液相生成，提高烧结矿固结强度。固体燃料中 0.5~3 mm 粒级含量多，在烧结料中分布均匀，促进烧结过程均匀烧结；-0.5 mm 粒级的固体燃料燃烧放出热量少，烧结过程高温保持时间短，固结周围矿粉的能力差，且燃烧利用率低，不仅烧结矿转鼓强度低，而且固体燃耗高；+3 mm 粒级的固体燃料影响烧结过程局部还原性气氛强，不利于生成铁酸钙相，降低烧结矿转鼓强度和还原性。

7）烧结主要工艺操作参数。

①料层厚度、水分、配碳量。随着提高入炉品位、低硅高碱度烧结的发展，烧结过程液相量明显降低，必须坚持厚料层、低水、低碳操作，增强氧化性气氛，促进生成铁酸钙矿相。料层增高，总管负压升高，应放慢机速，在产量基本不变的情况下，提高烧结矿转鼓强度。

烧结料水分直接影响配碳量和 FeO 含量，进而影响烧结矿粒度组成和转鼓强度。生产实践表明，烧结料水分随料层厚度的增加而降低，厚料层低水低碳操作才能实现高强度、低 FeO、还原性好的烧结矿。

烧结过程中垂直烧结速度和传热速度能否匹配，对烧结矿成品率和转鼓强度至关重要，主要取决于料层透气性、烧结料水分和料温 3 个方面。烧结料水分高，有利于导热，但水分过大会增加过湿，恶化料层透气性。提高料温可减少过湿，改善料层透气性，可加快机速。保持良好的料层透气性，才能使垂直烧结速度和传热速度匹配。

适宜配碳量是提高烧结矿质量及产量的保证，高配碳必然带来高 FeO 含量，高温型烧结并不能得到高质量的烧结矿。对于高碱度烧结矿，FeO 在铁酸钙矿相中并不单独存在，提高 FeO 含量与转鼓强度没有直接关系。配碳量一定范围内，FeO 含量与转鼓强度成正比，随着配碳量的增加，烧结温度超过 1300 ℃时，进入高温型烧结，烧结矿质量开始下降，因此应根据原料和工艺条件确定适宜的 FeO 含量和转鼓强度指标，而不能盲目增加配碳量和追求过高的 FeO 含量，对提高烧结矿还原性、发展高炉间接还原节焦降耗也很不利。

②布料和点火。台车宽度方向上布料密度均匀和料面平整，高度方向上物料粒度偏析合理，边部不缺料，则烧结过程风量分布和温度分布均匀，有利于均质均匀烧结，提高转鼓强度，否则料层透气性不均匀，垂直烧结速度不一致，影响转鼓强度变差。

点火"三要素"是点火温度、点火负压和点火强度，点火温度与铁矿粉种类相关，褐铁矿粉烧结（因热爆裂）点火温度比赤铁矿/磁铁矿粉低，高铝矿粉烧结点火温度比赤铁矿/磁铁矿粉高。点火温度过低，烧结料面表层热量不足，影响表层烧结矿成品率和转鼓强度降低。点火温度过高，表层烧结矿过熔不透气，阻止空气进入料层，减弱烧结过程氧化性气氛，垂直烧结速度变慢，固结强度变差。

实施微负压点火，增加表层点火热量，保持原始料层透气性，提高有效风量和垂烧速度，抑制边部效应，改善烧结过程均匀性，提高转鼓强度。

③烧结矿冷却速度。冷却速度影响转鼓强度表现在 3 个方面，一是冷却速度过快，液相冷凝过程不能将其内部能量完全释放出来而生成玻璃质，转运过程中极易粉碎强度差，而缓慢冷却可以使隐藏在玻璃质内的能量释放出来而转变为晶体，提高转鼓强度；二是冷却速度过快，烧结矿外表面和中心温差过大而产生热应力，降低转鼓强度；三是冷却速度过快，因晶间应力在烧结矿内形成微细裂纹，从裂纹处烧结矿粉碎而降低强度。

9.2.1.3 烧结矿筛分指数

筛分指数反映烧结矿在转运和储存过程中的粉碎程度。筛分指数分为成品烧结矿（烧结工序成品筛分）和入炉烧结矿（高炉工序槽下筛分）筛分指数。

A 测定烧结矿筛分指数

采用内长 800 mm，内宽 500 mm，筛板高 100 mm，筛孔为 40 mm、25 mm、16 mm、

10 mm、5 mm 的方孔套筛，取（100±1）kg 烧结矿等分为 5 等份，每份（20±0.2）kg，倒入套筛中筛分筛尽各粒级烧结矿，以-5 mm 粒级总质量百分数表示烧结矿筛分指数，用 C 表示。

$$C = (M_1/M_0) \times 100\% \tag{9-5}$$

式中　C——筛分指数，%；

　　　M_1——筛分后-5 mm 粒级总质量，kg；

　　　M_0——取样总质量，kg。

B　成品烧结矿筛分指数

烧结矿经环冷机冷却后进入冷筛系统进行成品筛分整粒，经筛分后形成烧结内返、铺底料、成品烧结矿，成品烧结矿中大多为+5 mm 粒级料，但因成品筛给料量大小和给料粒度组成波动的影响，成品烧结矿中会有少部分-5 mm 小粒级料筛不出去，这少部分-5 mm 粒级质量占成品烧结矿总质量的百分数，称为成品烧结矿筛分指数。同样烧结内返中大多为-5 mm 粒级料，但因冷筛筛板孔径磨大或磨损漏料、焊缝开焊等原因，烧结内返中会有少部分+5 mm 粒级料，于是得出评价冷筛筛分效率指标计算方法：

冷筛 5 mm 筛分效率=［内返量÷（内返量+成品烧结矿量×筛分指数）］×100%

C　入炉烧结矿筛分指数

为改善高炉料柱透气性，入炉料（包括烧结矿、球团矿、富块矿）在入炉之前需进行筛分，形成+5 mm 入炉烧结矿进入高炉冶炼，-5 mm 高炉返矿重新返回烧结参与配料，入炉烧结矿中-5 mm 粒级质量占入炉烧结矿总质量的百分数称为入炉烧结矿筛分指数。

9.2.1.4　烧结矿粒度组成

将成品烧结矿用标准套筛进行筛分后，测得其不同粒级质量百分数，为烧结矿粒度组成。

中国标准选用40 mm、25 mm、16 mm、10 mm、5 mm 方孔套筛，日本标准选用50 mm、25 mm、16 mm、10 mm、5 mm 方孔套筛检测烧结矿粒度组成。烧结矿平均粒径计算见表9-8。

表 9-8　烧结矿平均粒径计算

项　目	烧结矿粒度组成					
	+40 mm	40~25 mm	25~16 mm	16~10 mm	10~5 mm	-5 mm
粒级含量/%	12.89	19.45	19.44	12.52	27.58	8.12
各粒级平均颗粒直径/mm	48.28	32.50	20.50	13.00	7.50	4.27
烧结矿平均粒径 D/mm	6.22	6.32	3.99	1.63	2.07	0.35
	20.58					

+40 mm 粒级平均颗粒直径 =（40+40×1.414）÷2=48.28（mm）

−5 mm 粒级平均颗粒直径 =（5+5÷1.414）÷2=4.27（mm）

9.2.2 烧结矿化学性能及其计算

烧结矿化学性能指包括有害元素在内的化学成分，主要有 TFe、FeO、CaO、SiO_2、MgO、Al_2O_3、S、P、F、K_2O、Na_2O、Pb、Zn、As、TiO_2 等。

物料化学成分指某元素或某化合物占该干基物料质量的百分数，单位%。

9.2.2.1 烧结矿品位

（1）烧结矿表观品位。

即烧结矿全铁含量 TFe，包括 Fe_2O_3、FeO 中的 Fe 和少部分金属 Fe。

（2）扣除 CaO 含量的烧结矿品位。

$$w(TFe_{扣CaO}) = \left[w(TFe)/(100-w(CaO)) \right] \times 100\% \qquad (9-6)$$

式中　$w(TFe_{扣CaO})$——扣除 CaO 含量的烧结矿品位（质量分数），%；

$w(TFe)$，$w(CaO)$——烧结矿 TFe、CaO 含量（质量分数），%。

（3）扣除碱性氧化物含量的烧结矿品位。

$$w(TFe_{扣碱}) = \left[w(TFe)/(100-w(CaO)-w(MgO)) \right] \times 100\% \qquad (9-7)$$

式中　　　　　　　$w(TFe_{扣碱})$——扣除碱性氧化物含量的烧结矿品位（质量分数），%；

$w(TFe)$，$w(CaO)$，$w(MgO)$——烧结矿 TFe、CaO、MgO 含量（质量分数），%。

（4）扣除有效 CaO 含量的烧结矿品位。

$$w(TFe_{扣有效CaO}) = \left[w(TFe)/(100-w(CaO_{有效})) \right] \times 100\% \qquad (9-8)$$

$$w(CaO_{有效}) = w(CaO_{烧}) - R_{2高炉渣} \times w(SiO_{2烧})$$

式中　　　　　　　　　　$w(TFe_{扣有效CaO})$——扣除有效 CaO 含量的烧结矿品位（质量分数），%；

$w(TFe)$，$w(CaO_{有效})$，$w(CaO_{烧})$，$w(SiO_{2烧})$——烧结矿 TFe、有效 CaO、CaO、SiO_2 含量（质量分数），%；

$R_{2高炉渣}$——高炉炉渣二元碱度，$R_{2高炉渣} = w(CaO_{高炉渣})/w(SiO_{2高炉渣})$。

高炉生产实践表明"扣除有效 CaO 含量的烧结矿品位"更接近实际冶炼价值。

9.2.2.2 烧结矿碱度

详见第 3.4.4 节配料有关概念及其计算中（3）烧结矿碱度部分。

9.2.2.3 烧结矿 SiO_2 含量分类

根据 SiO_2 含量的高低将烧结矿划分为：低硅烧结矿 SiO_2 含量小于6%，中硅烧结矿 SiO_2 含量在 6%~8%，高硅烧结矿 SiO_2 含量大于8%。

9.2.3 烧结矿质量稳定率

质量稳定率包括 TFe 稳定率、碱度 R 稳定率、FeO 稳定率、一级品率、合格率等。

目前烧结行业无统一的烧结矿质量稳定率统计方法，各企业依据《铁烧结矿技术指标》（YB/T 421—2014）并结合各自原料和高炉需求评价烧结矿质量稳定率。大多企业执行以下统计范围：

（1）烧结矿 TFe 稳定率。

指 TFe±0.4 或±0.5 分析试样数占总分析试样数的百分数，单位%。

（2）烧结矿碱度 R 稳定率。

指 R±0.05 或±0.08 或±0.10 分析试样数占总分析试样数的百分数，单位%。

（3）烧结矿 FeO 稳定率。

指 FeO±0.5 或±1.0 分析试样数占总分析试样数的百分数，单位%。

（4）烧结矿一级品率。

指 TFe 稳定率、碱度 R 稳定率、FeO 稳定率、硫含量不大于 0.03%、转鼓强度不小于规定值（企业自行定），以上条件同时满足的分析试样数占总分析试样数的百分数，单位%。

（5）烧结矿合格率。

指 TFe±1.0、R±0.12、FeO±2.0、硫含量不大于 0.03%、转鼓强度不小于规定值（企业自行定），以上条件同时满足的分析试样数占总分析试样数的百分数，单位%。

（6）烧结矿废品。

烧结矿 TFe 稳定率、R 稳定率、FeO 稳定率、硫含量、转鼓强度任何一项指标不合格，判定为废品。

9.2.4 烧结矿冶金性能的检测及影响因素

烧结矿冶金性能指在高温热态和还原反应条件下的物化性能，包括还原性、低温还原粉化性、荷重还原软化性、熔融滴落性能。其中还原性是基本冶金性能；低温还原粉化性能和荷重还原软化性能反映高温还原强度，是重要冶金性能指标；荷重还原软化性和熔融滴落性能反映高炉料柱透气性和软熔带位置高低及温度区间大小，是关键冶金性能指标。

9.2.4.1 烧结矿还原性能

A 烧结矿还原性的含义

还原性指用还原气体从烧结矿中夺取与铁结合氧的难易程度的一种量度。

（1）还原度 R_t（the degree of reduction）。以三价铁状态为基准（假定烧结矿中的铁全部以 Fe_2O_3 形态存在，并把这些 Fe_2O_3 中的氧算作 100%），用还原气体还原一定时间后，从烧结矿中夺取与铁结合氧的难易程度，以质量百分数表示（%）。

（2）还原度指数 RI（the Reduction Index）。取粒度 10.0~12.5 mm 的成品烧结

矿试样 （500±0.5）g 放入双壁 $\phi_内$ 75 mm 的还原反应管内铺平并置于还原炉内，通入流量 15 L/min、N_2：CO＝70：30 的还原气体，在 （900±5）℃ 下，以三价铁状态为基准，3 h 后的还原度，以质量百分数表示 （%）。

（3）还原速率 （reduction velocity）。以 1 min 为时间单位，以三价铁状态为基准，烧结矿在还原过程中单位时间内还原度的变化值，以质量百分数表示 （%）。

（4）还原速率指数 RVI （Reduction Velocity Index）。以三价铁状态为基准，当原子比 O/Fe 为 0.9 时的还原速率，以质量百分数每分钟表示。

大多企业将烧结矿还原度指数 RI 作为常规生产检验指标，以预测指导高炉冶炼操作和改进烧结矿质量。

B　试验条件

（1）还原气体条件。所用的气体体积和流量采用标准状态下 （0 ℃ 和一个大气压） 的体积和流量。

（2）还原气体成分 （体积分数）。CO 为 （30±0.5）%，N_2 为 （70±0.5）%。

（3）还原气体的纯度 （体积分数）。CO≥99.9%，N_2≥99.99%。

（4）还原气体的流量。整个试验期间还原气体的标态流量保持 （15±0.5） L/min。

（5）试验温度。试样在 （900±5）℃ 下等温还原，整个试验期间气体温度、料层温度保持在 （900±5）℃。

C　试样准备

（1）采样、制样。试验试样按照标准 （GB/T 10132.1） 的规定进行取样和制样。试验试样在 （105±5）℃ 恒温烘干箱中烘干，烘干时间不小于 2 h，然后冷却至室温，并保存在干燥器中。

（2）还原性试验用的试样。筛出大于 12.5 mm 的试样，并小心破碎大于 12.5 mm 的部分，筛出 10.0~12.5 mm 的试样不少于 2.5 kg。

（3）试料缩分。试样用二分器缩分成 4 份，每份取出 150 g 混成一份试样约 600 g，作为测定 TFe 和 FeO 的试样，其余的分开密封保存，作为还原性试验试样。

D　铁矿石 （包括天然铁矿石、烧结矿、球团矿） 还原性的测定方法 （GB/T 13241—2017）

取粒度 10.0~12.5 mm 的成品烧结矿试样 （500±0.5） g 放入双壁 $\phi_内$ 75 mm 的还原反应管内铺平，插入热电偶后将密封盖密封，当还原炉温度不大于 200 ℃ 时将还原管放入还原炉内，试样处于还原炉恒温区中心部位。还原炉开始升温，升温速度不大于 10 ℃/min，200~900 ℃ 时通入 5 L/min 的 N_2 保护。900 ℃ 时 N_2 流量增至 15 L/min，恒温 30 min，用热重天平称量试样和还原管总质量精确至 0.1 g，然后以 （15±0.5） L/min 的还原气体取代保护气体 N_2，还原 180 min，用热重天平连续记录还原过程中试样和还原管总质量精确至 0.1 g。还原过程中保证进入的气体温度、试样料层温度在 （900±5）℃ 之内。还原结束后切断还原气体，通入 15 L/min 的保护气体 N_2，排除试验设备管路和反应管内的还原气体，5 min 后关闭 N_2，还原管出炉，试验结束。

注：由于 CO 和含有 CO 的还原气体有毒危险，试验应在良好通风环境或在抽风罩下进行，为了保证操作人员的安全，应根据国家有关安全规则采取防护措施，试验现场 CO 浓度不大于 $50×10^{-4}$%，现场试验人员必须携带 CO 报警仪，且不要长期处于试验环境中。

E   还原指数 RI 计算

$$RI = \{[(M_0 - M_1)/(0.43M_0W_2)] + [0.111W_1/(0.430W_2)]\} \times 100\% \quad (9-9)$$

式中   RI——还原度指数，%；

M_0——试样质量，g；

M_1——试样还原 3 h 后质量，g；

W_1——试验前试样中 FeO 含量，%；

W_2——试验前试样中 TFe 含量，%；

$0.43M_0W_2$——试样还原前以 Fe^{3+} 存在时的总氧量，g；

0.111——FeO 氧化为 Fe_2O_3 时需氧量换算系数，$4FeO+O_2 = 2Fe_2O_3$，1 个 $O_2 ÷ 4$ 个 $FeO ≈ 0.111$；

0.430——TFe 全部氧化为 Fe_2O_3 时需氧量换算系数，$4Fe+3O_2 = 2Fe_2O_3$，3 个 $O_2 ÷ 4$ 个 $Fe ≈ 0.430$。

F   允许误差和结果表示

烧结矿还原度指数 RI 的允许误差不超 5%，如果两个试验结果误差在 5% 范围内，则试验可以结束。如果超误差范围，则需要重新试验，直到试验结果在允许误差范围内。还原度指数 RI 试验结果精确到小数点后一位数字，按标准（GB/T 8170）进行规则修约。

G   影响烧结矿还原性的因素

烧结矿还原性与其矿物组成、结构致密程度、脉石成分、粒度、气孔率、软化性能等有关。烧结矿还原性差，或因配碳量高，FeO 含量高；或因配矿原因使烧结矿气孔结构差；或因 FeO 含量较高，以低熔点硅酸盐黏结矿物形态出现，如铁橄榄石（$2FeO·SiO_2$）和钙铁橄榄石（$CaO·FeO·SiO_2$）。

厚料层、高强度、低碳低 FeO、还原性好是烧结生产追求的目标。

a   烧结矿矿物组成和气孔结构

影响烧结矿还原性的自身因素有矿物组成、矿物微观结构和宏观结构。烧结矿的矿物组成不同，其还原性差异大，见表 9-9。

表 9-9   不同矿物组成的还原性

矿物组成	铁橄榄石（$2FeO·SiO_2$）	钙铁橄榄石（$CaO·FeO·SiO_2$）	铁酸二钙（$2CaO·Fe_2O_3$）	磁铁矿（Fe_3O_4）	铁酸一钙（$CaO·Fe_2O_3$）	赤铁矿（Fe_2O_3）	二铁酸钙（$CaO·2Fe_2O_3$）
还原性/%	1.32	6.6	25.2	26.7	49.2	49.4	58.4

从矿物特性来说，Fe_2O_3 易还原，Fe_3O_4 难还原，铁橄榄石（$2FeO \cdot SiO_2$）更难还原。

铁酸钙生成能力与铁矿粉种类和结构致密程度有关，褐/赤铁矿烧结，促进铁酸钙生成，改善烧结矿还原性。磁铁矿烧结，结构致密，铁酸钙生成能力差，烧结矿还原性差。

两大类液相体系其还原性差别大，硅酸盐相不黏结其他矿物，含 FeO 高的硅酸盐相的强度低，还原性差，玻璃质还原性更差，而且软熔性能差，影响高炉软熔带透气性差。铁酸钙相黏度低，黏结力远大于硅酸盐，结晶能力很强，即使低温或急冷也不会形成玻璃质，还原性好，升温和还原时性质稳定。

酸性烧结矿是黏结相固结结构，难还原的低熔点黏结相紧密包围铁矿物，大大阻碍了它的还原反应，还原性差。酸性和自熔性烧结矿的黏结相矿物以铁橄榄石和钙铁橄榄石为主，还原性差。高碱度烧结矿主要含有铁酸钙矿物，还原性好。烧结矿碱度升高，黏结相矿物以铁酸钙系为主，利于形成低熔点液相，配碳量低，烧结温度低，还原性气氛弱，FeO 含量低，还原性好。

烧结配碳量高，烧结温度升高，利于 Fe_3O_4 还原，FeO 含量升高，或配矿原因气孔结构差，影响烧结矿还原性差。配碳低，则烧结矿微孔海绵状结构，气孔分布均匀，还原性好。

当有 CaO 存在时，影响铁橄榄石（$2FeO \cdot SiO_2$）的生成，所以提高烧结矿碱度，FeO 含量降低，改善烧结矿还原性。加入 MgO，因生成的钙镁橄榄石（$CaO \cdot MgO \cdot SiO_2$）阻碍难还原的铁橄榄石（$2FeO \cdot SiO_2$）和钙铁橄榄石（$CaO \cdot FeO \cdot SiO_2$）的生成，一定程度上改善烧结矿还原性。

总之低硅、高碱度、低温、强氧化性气氛、铁酸钙理论生产烧结矿，可以提高转鼓强度的同时改善还原性。

b 铁矿石中脉石成分

铁矿石中的脉石成分不仅影响还原性，而且影响软化和熔化性能，铁矿石过早地软化和熔化，使其中的气孔堵塞或黏结，还原性变差。

铁矿石中含有碱金属脉石，在中温 900 ℃ 还原时有加速铁矿物还原的作用，但软化温度和熔点低，高温 1100 ℃ 还原性差。

烧结原料中脉石成分 SiO_2 在烧结过程中生成低熔点硅酸盐液相，降低烧结矿的中温和高温还原性。

在有 SiO_2 存在的条件下，可进行 $2Fe_3O_4+3SiO_2+2CO = 3(2FeO \cdot SiO_2) +2CO_2$ 反应，有利于 Fe_3O_4 的还原。

烧结料中配加白云石、蛇纹石、橄榄石带入 MgO 含量，形成难熔物相，烧结温度提高，FeO 含量升高，中温 900 ℃ 还原性降低。

H 改善烧结矿还原性的措施

（1）高 R、低燃耗、低温、低 MgO 烧结，促进 Fe_2O_3 和铁酸一钙（CaO ·

Fe_2O_3）的生成，抑制钙铁橄榄石（$CaO \cdot FeO \cdot SiO_2$）、玻璃质和铁橄榄石（$2FeO \cdot SiO_2$）液相。

（2）高 R、磁铁精矿粉烧结，铁酸钙生成能力差，还原性差，需增加褐/赤铁矿促进铁酸钙生成。

（3）生产高硅非熔剂性烧结矿时，转鼓强度满足高炉需求情况下，不过分发展硅酸铁系液相。

（4）不生产酸性和自熔性烧结矿，减少铁橄榄石和钙铁橄榄石黏结相矿物。

（5）料层透气性变差时，增加粗粒褐铁矿粉配比，提高铁矿石的品位和孔隙率，提高生石灰配比，改善烧结矿孔隙率，发展易还原矿物组成及结构，减少硅酸盐矿物，增加有益脉石成分。

9.2.4.2　烧结矿低温还原粉化性能

A　烧结矿低温还原粉化的含义

低温还原粉化性是反映烧结矿进入高炉炉身上部 400~600 ℃ 低温区时，因烧结矿（特别是以富矿粉为主料和 TiO_2 含量高的烧结矿）受热冲击和 Fe_2O_3（尤其是骸晶状 Fe_2O_3）还原为 Fe_3O_4 或 FeO 发生晶格变化体积膨胀，同时存在 CO 的析碳反应 $2CO=CO_2+C$，在双重作用下烧结矿产生裂缝而粉化程度的一种度量，即烧结矿在高炉低温区还原过程中发生碎裂粉化的特性，反映烧结矿的热还原强度，是衡量烧结矿在热态下抗冲击和耐磨性的能力，这种性能强弱用低温还原粉化指数 $RDI_{+3.15\,mm}$ 或 $RDI_{-3.15\,mm}$ 表示，$RDI_{+3.15\,mm}$ 值越小或 $RDI_{-3.15\,mm}$ 值越大，表示低温还原粉化越严重，热还原强度越差。

RDI 是衡量烧结矿在高炉低温还原过程中出现粉化，恶化料柱透气性的技术指标。

B　烧结矿低温还原粉化的根本原因

高炉低温还原区下，一方面烧结矿中 Fe_2O_3 极易被还原成 Fe_3O_4，还原过程中体积膨胀，产生极大内应力，释放应力加剧裂纹扩展而引起粉化；另一方面烧结矿中再生骸晶状赤铁矿由 α-Fe_2O_3 转变为 γ-Fe_2O_3 晶格转变造成结构扭曲，产生极大内应力，烧结矿强度遭到破坏，抵御还原粉化的能力差，在挤压碰撞作用下烧结矿碎裂粉化。

高炉冶炼过程中，烧结矿逐级还原体积变化如下：

$$Fe_2O_3——Fe_3O_4——FeO——Fe$$
体积　　100　　　125　　　132　　127

C　影响烧结矿低温还原粉化的因素

影响烧结矿低温还原粉化率 $RDI_{+3.15\,mm}$ 指标的因素诸多，有铁矿石种类、Fe_2O_3 结晶形态、原料带入碱金属和脉石成分、烧结矿碱度化学成分、配碳量、熔剂燃料粒度、烧结机操作参数等，其中很大程度上取决于烧结矿中 Fe_2O_3 的形态和含量。

（1）铁矿石种类和 Fe_2O_3 结晶形态。

烧结矿碱度、脉石含量和转鼓强度相同条件下，烧结矿中 Fe_2O_3 含量（包括原生和再生）与 $RDI_{+3.15\,mm}$ 关系密切，Fe_2O_3 含量越高，则 $RDI_{+3.15\,mm}$ 越低。

赤铁矿粉烧结，游离 Fe_2O_3 含量较高，则 $RDI_{+3.15\,mm}$ 较低。

磁铁矿粉烧结，烧结矿 Fe_2O_3 含量较低，则 $RDI_{+3.15\,mm}$ 较高。

不同种类的铁矿粉，单烧生产的烧结矿 $RDI_{+3.15\,mm}$ 不同，如巴西赤铁精矿粉、巴西卡粉生产的烧结矿 $RDI_{+3.15\,mm}$ 很差；中特 SC 粉、安吉拉斯粉、杨迪粉生产的烧结矿 $RDI_{+3.15\,mm}$ 较差；哈默斯利粉、麦克粉生产的烧结矿 $RDI_{+3.15\,mm}$ 较好。

烧结矿中再生骸晶状 Fe_2O_3 数量增多，高炉内还原时体积膨胀，$RDI_{+3.15\,mm}$ 明显降低。

（2）烧结工艺条件。

厚料层低碳低 FeO（小于 8.5%）烧结时，烧结矿 $RDI_{+3.15\,mm}$ 降低。

熔剂和固体燃料粒度细，则烧结矿 $RDI_{+3.15\,mm}$ 升高。

烧结机速适当快、加大表面点火强度、烧好前提下终点后移，减少烧结矿带中再生 Fe_2O_3 的生成，则 $RDI_{+3.15\,mm}$ 升高。

（3）烧结矿碱度。

烧结矿 $RDI_{+3.15\,mm}$ 随碱度的提高而升高，由于 Fe_2O_3 与 CaO 结合，降低游离 Fe_2O_3 含量。

烧结矿碱度在 1.5~1.6 时出现强度衰弱区，导致 $RDI_{+3.15\,mm}$ 出现低谷。

（4）烧结矿中脉石成分。

由 Fe_2O_3 转变为 Fe_3O_4 的相变温度对于再生 Fe_2O_3 的形成起重要作用，凡能提高 Fe_2O_3 转变为 Fe_3O_4 相变温度的成分，有助于再生 Fe_2O_3 的生成，凡能降低 Fe_2O_3 转变为 Fe_3O_4 相变温度的成分，不利于再生 Fe_2O_3 的生成。

影响烧结矿低温还原粉化率的因素见表 9-10。

表 9-10　影响烧结矿低温还原粉化率 $RDI_{+3.15\,mm}$ 的因素

影 响 因 素	变动量	影响 $RDI_{+3.15\,mm}$
烧结矿 FeO 含量	±1%	±1.3~1.7
烧结矿 Al_2O_3 含量	±1%	-/+ 13
烧结矿 TiO_2 含量	±1%	-/+ 38
烧结矿碱度 R	±1	±61

注：烧结矿 $RDI_{+3.15\,mm}$ 与 FeO、Al_2O_3、TiO_2、碱度 R 相关性较显著，与 MgO、SiO_2、CaO 线性相关性不强。

烧结矿中 CaO、MgO 含量高，有利于降低 Fe_2O_3 转变为 Fe_3O_4 的相变温度，减少再生 Fe_2O_3 的生成，$RDI_{+3.15\,mm}$ 升高。

烧结矿中 MgO 含量对低温还原粉化性能的影响具有双重作用。烧结矿中 MgO 与 Fe_2O_3 结合，降低游离 Fe_2O_3，减轻低温还原粉化；较高焙烧温度下 Mg^{2+} 很易进入磁铁矿晶格中占据 Fe^{2+} 空位生成镁磁铁矿（$MgO \cdot Fe_3O_4$，因 Mg^{2+} 半径和磁铁矿中 Fe^{2+} 半径相近，Mg^{2+} 和 Fe^{2+} 可互相取代形成连续的完全类质同相物质），同时 MgO 稳定了磁铁矿晶格，使 Fe_3O_4 氧化为 Fe_2O_3 反应受阻，减少再生 Fe_2O_3 的生成，有效抑制烧结矿低温还原粉化。烧结矿还原过程中裂纹的形成与矿物组成及结构有关，适当的孔隙有利于减少裂纹的形成，这是适量 MgO 可以改善烧结矿低温还原粉化性能的原因。但当烧结矿 MgO 含量过高时，过多的 MgO 稳定了 Fe_3O_4 难以向 Fe_2O_3 转变，限制铁酸钙系的发展，烧结矿的矿物组成复杂化，由于各种矿物的结晶能力不同，冷凝后必然存在应力，使 $RDI_{+3.15\,mm}$ 变差。

SiO_2 是烧结过程形成黏结相的主要因素，SiO_2 含量有利于形成液相，改善 $RDI_{+3.15\,mm}$ 指标。但 SiO_2 含量过高，一方面影响液相流动性，降低烧结产量；另一方面生成大量硅酸二钙（C_2S），由于 C_2S 在冷却过程中发生相变而体积膨胀，造成烧结矿自然粉化，转鼓强度降低。烧结矿 SiO_2 含量低于 4.6% 时，$RDI_{+3.15\,mm}$ 指标变差，主要因黏结相量明显不足，铁酸钙数量减少，显著恶化显微结构的均匀性，$RDI_{+3.15\,mm}$ 明显变差，较适宜的烧结矿 SiO_2 含量为 5.2%~5.5%。

碱金属 K_2O、Na_2O 在 900 ℃ 加速还原，但软化温度和熔点低，高温 1100 ℃ 还原性差，K_2O、Na_2O 含量高，则降低 $RDI_{+3.15\,mm}$ 指标。

烧结矿中 Al_2O_3 含量高，则在玻璃相中析出，液相黏度增加，烧结生产率低，转鼓强度低，还原性差，未还原和残余 Fe_2O_3 含量增加，$RDI_{+3.15\,mm}$ 明显降低。

烧结矿中 TiO_2 含量高，提高 Fe_2O_3 转变为 Fe_3O_4 的相变温度，助长再生 Fe_2O_3，骸晶 Fe_2O_3 增多，TiO_2 成倍进入玻璃相，是明显恶化 $RDI_{+3.15\,mm}$ 的主要原因。

澳大利亚铁矿粉普遍 Al_2O_3 含量高；烧结机头后部电场的电除尘灰和高炉布袋除尘灰 K_2O、Na_2O 含量高；部分铁矿粉 TiO_2 含量高。如果烧结料中过多地配加以上物料，使烧结矿中 Al_2O_3、K_2O、Na_2O、TiO_2 含量升高，明显降低 $RDI_{+3.15\,mm}$ 指标。

FeO 含量对低温还原粉化率 $RDI_{+3.15\,mm}$、还原性 RI、熔滴性能的影响存在矛盾关系，提高 FeO 含量到 8.5% 以上，烧结温度高，有利于降低残余 Fe_2O_3 含量，提高 $RDI_{+3.15\,mm}$，但还原性降低和熔滴性能变差，以及低硅烧结矿转鼓强度变差，所以不提倡通过提高 FeO 含量来改善 $RDI_{+3.15\,mm}$ 指标。

D 改善烧结矿低温还原粉化率 $RDI_{+3.15\,mm}$ 的主要措施

（1）严格控制烧结原料带入的 Al_2O_3、TiO_2、K_2O、Na_2O 含量。

（2）在保证烧结矿产量质量基础上，增加磁铁精矿粉用量。

（3）实施低温烧结工艺，降低骸晶状 Fe_2O_3 生成量。

（4）不过分追求厚料层烧结，控制适当的 FeO 和 SiO_2 含量。

（5）低水、低碳、小风量、低负压烧结，终点后移，减少再生 Fe_2O_3 的生成。

（6）通过高碱度、低 TiO_2、低 Al_2O_3 改善 $RDI_{+3.15\,mm}$，不通过高 MgO、高 FeO 改善 $RDI_{+3.15\,mm}$。

（7）生产实践表明，在烧结矿表面喷洒 $CaCl_2$ 稀释液或在混合料中配加微量 $CaCl_2$ 添加剂，对改善烧结矿 $RDI_{+3.15\,mm}$ 和高炉料柱透气性效果不明显，且炉料中的 K、Na 置换 $CaCl_2$ 中的 Ca 生成 KCl 和 NaCl，在高炉内循环富集，破坏铁矿石和焦炭热强度，同时腐蚀高炉煤气管道和阀门，侵蚀高炉内衬耐火材料，所以不采取喷洒 $CaCl_2$ 提高 $RDI_{+3.15\,mm}$ 的措施。

　　E　铁矿石（包括天然铁矿石、烧结矿、球团矿）低温粉化试验静态还原后使用冷转鼓的方法（GB/T 13242—2017）

（1）检测烧结矿低温还原粉化指数 RDI（the Reduction Disintegration Index）的基本原理。取成品烧结矿试样放入还原反应管内，在 500 ℃下用 N_2、CO_2、CO 组成的还原气体进行静态还原，还原 1 h 后将试样冷却到 100 ℃以下，用低温粉化转鼓机转动 300 r，用 6.30 mm、3.15 mm、0.50 mm 的方孔筛进行筛分，用还原粉化指数 $RDI_{+6.3\,mm}$、$RDI_{+3.15\,mm}$、$RDI_{-0.5\,mm}$ 表示烧结矿的低温还原粉化程度。

（2）试验条件。

1）还原气体条件。所用的气体体积和流量采用标准状态下（0 ℃和一个大气压）的体积和流量。

2）还原气体成分（体积分数）。N_2 为（60±0.5）%，CO_2 为（20±0.5）%，CO 为（20±0.5）%。

3）还原气体纯度（体积分数）。N_2 为 99.99%，CO_2 为 99.7%，脱水，脱氧，CO 为 99.9%。

4）还原气体流量。整个试验期间还原气体标态流量为（15±0.5）L/min。

5）试验温度。整个试验期间保持（500±5）℃的还原条件。

（3）试样准备。试样按照标准（GB/T 10132.1）的规定取样和制样，试样在（105±5）℃恒温烘干箱下烘干，时间不小于 2 h，然后冷却至室温，并保存在干燥器中。低温还原粉化试样总量不少于 2.5 kg（干料），筛出大于 12.5 mm 的试样，并小心破碎大于 12.5 mm 的部分，筛分得到 10.0~12.5 mm 的试样混匀，并按随机的方法缩分，制备出 4~5 份作为还原粉化试验用的试样。

（4）试验步骤。

1）测定次数。一次检验至少要进行两次试验。

2）低温还原程序。取 10.0~12.5 mm 的成品烧结矿试样（500±0.5）g 放入双壁 $\phi_{内}$75 mm 的还原反应管内铺平，插入热电偶后将密封盖密封，将 5 L/min 的保护气体 N_2 通入还原管并放入还原炉中。放入还原管时的炉内温度不得大于 200 ℃，放入还原管后还原炉开始加热，升温速度不得大于 10 ℃/min，当试样温度为 500 ℃

时通入（15±0.5）L/min 的保护气体 N_2，在（500±5）℃下恒温 30 min，通入（15±0.5）L/min 的还原气体（N_2：CO_2：CO = 60：20：20）代替保护气体 N_2，连续还原 1 h 后停止还原气体通入 5 L/min 的 N_2，将还原管提出炉外自然冷却到 100 ℃以下，试验结束。

3）转鼓试验。从还原管中小心倒出试样称量质量后放入转鼓机中，固定密封盖，以（30±1）r/min 的转速转动 300 r，从转鼓机中倒出所有试样用机械振筛筛分 60 s，称量并计算 +6.30 mm、+3.15 mm、-0.50 mm 粒级质量占入鼓总质量的百分数。

注：由于 CO 和含有 CO 的还原气体有毒危险，试验应在良好通风环境或在抽风罩下进行，为了保证操作人员的安全，应根据国家有关安全规则采取防护措施，试验现场 CO 浓度不大于 $50×10^{-6}$，现场试验人员必须携带 CO 报警仪，且不要长期处于试验环境中。

（5）低温还原粉化指数 RDI 的计算。分别用转鼓试验后筛分得到的 +6.30 mm、+3.15 mm、-0.50 mm 粒级质量占入鼓总质量的百分数表示烧结矿静态低温还原粉化指数 $RDI_{+6.3\ mm}$、$RDI_{+3.15\ mm}$、$RDI_{-0.5\ mm}$。

9.2.4.3 烧结矿荷重还原软熔滴落性能

A 烧结矿荷重还原软化性的意义

荷重还原软化性反映烧结矿在高炉炼铁过程中，随着炉料的荷重和炉温上升还原条件下，在炉身下部和炉腰部位软化带的透气性，表现出烧结矿体积收缩（即开始软化温度 T_{10} 和软化终了温度 T_{40}）的特性。

由于烧结矿不是纯物质晶体，不能在一个固定温度上软化和熔化，而是在一定温度范围内完成由固体到软化再到熔化的过程，这样烧结矿荷重还原软化性能需用两个指标来表述：一是开始软化变形的温度，二是从开始软化到软化终了的软化温度区间。

烧结矿收缩率达 10% 时的温度，称为开始软化温度，表示为 T_{10}；收缩率达 40% 时的温度，称为软化终了温度，表示为 T_{40}；软化终了温度与开始软化温度差，称为软化区间，表示为 $\Delta T_1 = T_{40} - T_{10}$。

烧结矿开始软化温度越高，软化区间越窄，则荷重还原软化性越好。

B 烧结矿熔融滴落性的意义

高炉炼铁过程中，烧结矿被还原生成大量 FeO，FeO 易与矿石中 SiO_2、CaO、Al_2O_3 等脉石矿物生成低熔点液相。随着温度升高，液相数量增加。升高到一定温度后，烧结矿在荷重条件下开始变形、收缩、软化、熔化，转为熔渣和金属铁，达到自由流动并积聚成液滴，渣铁分离，重力作用下形成渣或铁的液滴滴落。

烧结矿熔融滴落性能是反映高炉下部熔滴带的性能状态，因这一带压力降约占高炉总压降 60% 以上，熔滴带厚薄不仅影响高炉下部透气性，且直接影响炼铁脱硫和渗碳反应，影响高炉产质量，因此熔滴性能是烧结矿最关键的冶金性能。

压差陡升拐点温度称为开始熔化温度，表示为 T_S；第一滴铁液滴落温度称为滴落温度，表示为 T_d；滴落温度与开始软化温度差称为软熔区间，表示为 $\Delta T_2 = T_d - T_{10}$；滴落温度与开始熔化温度差称为融滴区间，表示为 $\Delta T_3 = T_d - T_S$。

高炉冶炼希望烧结矿开始软化温度 T_{10} 和开始熔化温度 T_S 高，软熔区间 ΔT_2 和融滴区间 ΔT_3 小，则滴落带最大压差 ΔP_{max} 小，软熔带位置下移，软熔带变薄，扩大块状带，改善料柱透气性，提高生铁产量。

C　烧结矿荷重还原软熔滴落性能测定方法

烧结矿荷重还原软熔滴落性能测定方法见表 9-11。

表 9-11　烧结矿荷重还原软熔滴落性能测定方法（GB/T 34211—2017）

项目	工艺参数	
试验筛	方孔筛 16.0 mm、12.5 mm、10.0 mm	
立管式电阻炉	加热材料：U 形硅钼棒（加热区大于 600 mm）	
	炉膛容积：$\phi 100 \times 650$ mm　　　使用温度：(1600±3) ℃	
石墨坩埚	内径 $\phi 75$ mm×深度 175 mm	
荷重压力	(2±0.02) kg/cm^2	
还原气体	状态：标准状况（0 ℃ 和 1 个大气压）	
	组成（体积分数）：CO (30±0.5)%、N$_2$ (70±1)%	
	气体纯度：CO≥99.9%　　N$_2$≥99.99%	
	气体流量：(5±0.1) L/min	
试样（干）	烧结矿试样：10.0~12.5 mm　　3000 g	
	焦炭试样：10.0~12.5 mm　　600 g	
结果表示	T_{10}：开始软化温度（收缩 10%）　　　T_S：开始熔化温度	
	T_{40}：软化终了温度（收缩 40%）　　　T_d：第一滴铁液滴落温度	
	ΔT_1：软化区间（软化终了温度与开始软化温度差）　　ΔT_2：软熔区间（滴落温度与开始软化温度差）	
		ΔT_3：融滴区间（滴落温度与开始熔化温度差）

a　测定原理

将规定粒度和质量的烧结矿试样上下各铺规定粒度和质量的焦炭，置于固定床中，加荷重并通入由 CO 和 N$_2$ 组成的还原气体，按一定升温制度升温到 1600 ℃，记录开始软化温度 T_{10}、软化终了温度 T_{40}、开始熔化温度 T_S、滴落温度 T_d（没有滴落时记录滴落温度大于 1580 ℃），计算软化区间 ΔT_1、软熔区间 ΔT_2、融滴区间 ΔT_3。

b　试样制备

将烧结矿筛出大于 12.5 mm 的粒级，破碎后筛分出 10.0~12.5 mm 粒级试样，混匀、缩分后得到试样量不少于 3000 g。

焦炭通过破碎、筛分得到 10.0~12.5 mm 粒级试样，试样量不少于 600 g。

将 3000 g 烧结矿和 600 g 焦炭试样置于（105±5）℃数显鼓风干燥箱中干燥，时间不小于 2 h，冷却至室温放置在干燥器中备用。

c　测定步骤

（1）装样。称取（500±1）g 烧结矿试样，（160±2）g 焦炭试样。石墨坩埚底部平整摆放焦炭 80 g，将坩埚置入试样压平测厚器上，启动荷重施压（2±0.02）kg/cm^2。底层焦炭上摆放烧结矿样（500±2）g，再次启动压平测厚器对试样施压（2±0.02）kg/cm^2。烧结矿样上面再摆放焦炭 40 g，启动压平测厚器将整体试样压平。

（2）系统气密性检查。将石墨坩埚放入立管式电阻炉内并密封上口。向立管式电阻炉通入（5±0.1）L/min 的 N$_2$ 并观察压差显示值。当压差显示值不小于 20 kPa 时为合格，方可开始正式试验。若压差显示值小于 20 kPa，必须检查试验系统全部气路与相关部位，直到试样系统密封效果达到要求时方能进行试验。系统气密性检查完除去石墨坩埚上口密封方可进行升温试验。

（3）升温程序控制。将石墨坩埚放入立管式电阻炉内，开始程序升温：室温～900 ℃，升温速率 10 ℃/min；900～1100 ℃，升温速率 2 ℃/min；1100～1600 ℃，升温速率 5 ℃/min；当试样温度达到 1580 ℃后 30 min 试验结束。实际温度与应达到的炉温温度差不应超过 5 ℃。

（4）炉内气体控制。当炉温低于 500 ℃时，通入 5 L/min 的 N$_2$；当炉温达到 500 ℃时，切换为 5 L/min 的还原气体；试验结束后，通入 2 L/min 的 N$_2$；料层温度低于 200 ℃后，停止通入 N$_2$。

（5）试验次数。同一烧结矿试样至少测定两次，如果两次 T_{10}、T_{40}、T_S 极差不大于 10 ℃，T_d 极差不大于 20 ℃，则取两次平均值作为测定结果；如果两次极差超过规定值，则需进行第 3 次、第 4 次试验。

D　影响烧结矿软熔滴落性能的因素

烧结矿软化性能取决于矿物组成和气孔结构强度，开始软化温度的变化往往是气孔结构强度起主导作用的结果，软化终了温度往往是矿物组成起主导作用。

烧结矿品位高、SiO$_2$ 含量低，则开始软化温度高，熔滴温度也随之上升。烧结矿 FeO 含量高、K$_2$O 和 Na$_2$O 含量高，则开始软化温度低。

熔滴性能是最关键的冶金性能，是近年来高炉从上部操作为主转变为下部操作为主，形成新的高炉操作理念的原因所在。

开始熔化温度 T_S 也即压差开始陡升温度取决于高炉炉渣的熔点，而渣相中的 FeO 取决于炉料被还原的程度。FeO 含量高，则压差开始陡升早。

开始滴落温度 T_d 取决于炉渣熔点和金属渗碳反应。烧结矿碱度高、FeO 低，则还原性好，形成渣熔点高，滴落温度也高。

熔滴带最大压差 ΔP_{max} 取决于渣量和渣黏度。一般品位低、SiO$_2$ 高、渣铁比高、Al$_2$O$_3$ 高、TiO$_2$ 高的烧结矿 ΔP_{max} 值也高。

烧结液相体系中，Ca-Si 系（SiO_2 高）、Ca-Mg-Si 和 Mg-Fe 系（MgO 高）、Ca-Fe-Si-Al 系（Al_2O_3 高）均为高熔点化合物，则软熔温度高。FeO-Si 和 Ca-FeO-Si 系（FeO 高）为低熔点化合物，则软熔温度低。K_2O 和 Na_2O 含量高，则软熔温度低。

MgO 属高熔点（2800 ℃）物质，烧结温度下不可能被熔化，但当配加磁铁矿粉时，MgO 与 Fe_3O_4 无限固熔生成镁浮氏体，且随 MgO 在浮氏体内固熔量的增加，固熔体开始软化温度和开始熔化温度升高，软熔温度区间较窄，所以 MgO 在特定条件下能改善烧结矿的软熔性能。

矿物结晶规律为高熔点矿物先结晶析出，低熔点化合物和共晶混合物依次结晶析出，质点从液态无序排列过渡到固态有序排列，体系自由能降低到趋于稳定状态。

冷却制度很关键，缓慢梯度冷却有利于矿相结晶充分减少玻璃相析出。

烧结矿冶金性能主要由矿物组成和化学成分决定（见表 9-12）。

表 9-12　不同矿物组成和化学成分对应冶金性能

矿物	赤铁矿 Fe_2O_3 /%	磁铁矿 /MF 相 (Fe_3O_4 /MF) /%	铝硅铁酸钙 (SFCA) /%	玻璃相（包括 C_2S）/%	铁橄榄石 ($2FeO \cdot SiO_2$) /%	化学成分					冶金性能					
						R_2	FeO /%	SiO_2 /%	MgO /%	Al_2O_3 /%	RI /%	$RDI_{+3.15}$ /%	T_{10} /℃	T_d /℃	$T_d - T_{10}$ /℃	ΔP_{max} /Pa
烧结矿 1	15.6	43.1	19.7	6.3	11.4	1.82	9.2	6.11	2.83	2.19	65	70.3	1121	1468	347	20876
烧结矿 2	17.3	40.2	27.3	4.0	8.0	2.02	8.5	6.02	2.07	1.88	72	72.6	1135	1419	283	14776
烧结矿 3	18.0	39.0	28.5	6.2	4.6	2.11	8.1	5.22	1.78	1.63	74	71.8	1156	1440	284	11670

　　E　改善烧结矿软熔滴落性能的主要措施

（1）结构致密赤铁矿粉烧结，则烧结矿熔化滴落温度高。

（2）烧结矿 FeO 含量高，不仅难还原，也使高炉熔融带位置高，增大透气阻力。

（3）采取提高烧结矿品位，适当提高 MgO 含量，低 SiO_2 和低 FeO，控制 Al_2O_3 和 TiO_2 含量降低渣相黏度等措施，改善烧结矿熔滴性能。

9.3　烧结消耗指标

9.3.1　铁料单耗及计算

铁料单耗指生产 1 t 成品烧结矿所消耗的干基铁料量，单位为 kg/t 或 t/t。

例如，生产 1 t 成品烧结矿消耗水分 4% 的巴西粉 160 kg，则巴西粉单耗为 153.6 kg/t 或 0.1536 t/t。

9.3.2   熔剂单耗及计算

熔剂单耗指生产 1 t 成品烧结矿所消耗的干基熔剂量，单位为 kg/t 或 t/t。

【例 9-19】 某烧结生产 1.2 万吨成品烧结矿消耗熔剂如下：生石灰 489.6 t，水分 3% 的白云石粉 715.2 t，水分 4% 的石灰石粉 842.4 t，计算熔剂单耗。计算结果保留小数点后两位小数。

解：熔剂干基量 = 489.6+715.2× （1-3%） +842.4× （1-4%）

   = 1992.05 （t）

熔剂单耗 = 1992.05÷ （1.2×10000） = 0.16600 （t/t）

   = 166.00 kg/t

9.3.3   固体燃耗及计算

固体燃耗指生产 1 t 成品烧结矿所消耗的干基固体燃料量，单位为 kg/t 或 t/t。

【例 9-20】 某烧结主要原料配比为：铁料配比 78.6% 水分 8.5%，生石灰配比 5%，固体燃料配比 5.2% 水分 9.6%。某日生产成品烧结矿 7320 t，内返量 910 t （视为返矿平衡），出矿率 85%，计算铁料单耗、生石灰单耗、固体燃耗。计算结果保留小数点后两位小数。

解：机尾烧结饼量 = 7320+910

   = 8230 （t）

根据"出矿率 = （机尾烧结饼量÷湿基烧结料量） ×100%"有：

85% = （8230÷湿基烧结料量） ×100%

得：湿基烧结料量 = 8230÷85%

   = 9682.35 （t）

铁料干基消耗量 = 9682.35×78.6%× （1-8.5%）

   = 6963.45 （t）

生石灰消耗量 = 9682.35×5%

   = 484.12 （t）

固体燃料干基消耗量 = 9682.35×5.2%× （1-9.6%）

   = 455.15 （t）

铁料单耗 = 6963.45 t÷7320 t

   = 0.95129 t/t

   = 951.29 kg/t

生石灰单耗 = 484.12 t÷7320 t

   = 0.06614 t/t

   = 66.14 kg/t

固体燃耗 = 455. 15 t÷7320 t

    = 0. 06218 t／t

    = 62. 18 kg／t

9.3.4 电耗及计算

电耗指生产 1 t 成品烧结矿所消耗的电量，单位为 kW·h／t。

烧结生产中，主抽风机是电耗大户。

【例 9-21】 某烧结某月生产成品烧结矿 25 万吨，用电 862.5 万千瓦·时，计算当月电耗。计算结果保留小数点后一位小数。

  解：电耗 = （862.5×10^4）÷（25×10^4）

     = 34. 5（kW·h／t）

9.3.5 工序能耗及计算

9.3.5.1 工序能耗的含义

烧结工序能耗指生产 1 t 成品烧结矿所消耗的各种能源折标准煤质量的总和，单位：kg／t。

工序能耗包括固体燃耗、电耗、点火煤气单耗、水耗、压缩空气、氧气、氮气等气体单耗、蒸汽单耗等所有能源消耗，其中固体燃耗所占的比例最大，占 75% ~ 85%；其次是电耗，点火煤气单耗占 5% ~ 10%。

9.3.5.2 标准煤和折标煤系数

规定低位发热值为 29. 31 MJ／kg（7000 kcal／kg）的煤为标准煤，它是标准能源的一种表示方法。由于煤炭、石油、天然气、电力及其他能源的发热量不同，为了使它们能够进行比较，以便计算、考察国民经济各部门的能源消耗量及其利用效果，通常采用标准煤这一标准折算单位。

某能源折标煤系数 = 某能源热值／标准煤热值

能源分为一次能源和二次能源，煤和天然气为一次能源，焦炭、焦炉煤气、高炉煤气、蒸汽、电为二次能源，一次能源经过加工或转换得到二次能源。

9.3.5.3 计算工序能耗

【例 9-22】 一台 90 m^2 烧结机点火用焦炉煤气，发热值 16. 73 MJ／m^3，焦炉煤气平均流量 510 m^3／h，烧结机利用系数 1. 55 t／（m^2·h），计算焦炉煤气单耗。计算结果保留小数点后三位小数。

  解：焦炉煤气消耗量 = 16. 73×510 = 8532. 30（MJ／h）= 8. 5323（GJ／h）

    台时产量 = 1. 55×90 = 139. 51（t／h）

    焦炉煤气单耗 = 8. 5323÷139. 51 = 0. 061（GJ／t）

【例 9-23】 某厂 2023 年生产成品烧结矿 300 万吨，消耗干基焦粉 15. 4 万吨，消耗点火煤气 627285 GJ／t，电量消耗 5700 万千瓦·时，工业水 220 万立方米，其他能耗忽略不计，折标煤系数分别为标煤/焦粉为 0.9714 kg/kg，标煤/煤气为 34.2 kg/GJ，标煤/电为 0.42 kg/(kW·h)，标煤/水为 0.18 kg/m³，计算 2023 年烧结工序能耗。计算结果保留小数点后两位小数。

解：焦粉折标煤单耗（标煤）= 15.4×1000÷300×0.9714 = 49.87（kg/t）

点火煤气折标煤单耗（标煤）= 627285÷3000000×34.2 = 7.15（kg/t）

电耗折标煤单耗（标煤）= 5700÷300×0.42 = 7.98（kg/t）

工业水折标煤单耗（标煤）= 220÷300×0.18 = 0.13（kg/t）

工序能耗（标煤）= 49.87+7.15+7.98+0.13 = 65.13（kg/t）

9.3.5.4 降低工序能耗的主要途径

（1）降低固体燃耗是降低烧结工序能耗的重要部分。

详见第 6 章烧结理论与操作中第 6.12.4.4 节降低烧结固体燃耗的主要措施部分。

（2）降低动力消耗。动力消耗主要是电、水两方面，重点是电耗。

1）主抽风机采用变频控制，环冷机后部的鼓风机风门开度采用变频调控。

2）烧结机系统漏风治理，采用先进的烧结机密封技术，改进烧结机台车及其挡板、首尾密封、风箱隔板、滑道结构等，减少抽风系统漏风率，增加料层有效风量，降低总管负压，是节电的主攻方向。

3）采用环冷机密封新技术，降低环冷机系统漏风率。

4）提高设备运转率，减少主抽风机等耗电大的设备空转时间。

（3）树立正确的烧结点火理念，实施微负压点火，降低点火能耗。我国各企业烧结点火能耗差距大的原因一是受漏风严重和产能低的影响；二是对点火目的要求认知和点火操作理念不同，点火过熔不仅能耗高，而且不一定能够提高烧结成品率，因为点火炉内表层生成的液相被冷空气快速冷却，来不及释放全部能量而析晶，极易成为玻璃质，经破碎后形成小粒级返矿。再者过熔的点火表层阻碍风量进入料层，降低烧结过程氧位。正确的点火理念应当是用较少的能耗将表层固体碳点着即可，保证点火深度 20~30 mm，能顺利进入烧结过程。点火制度应当是点火介质完全燃烧，点火温度分布均匀，实施微负压点火，点火料面颜色通体呈青色并间杂星棋黄色斑点为宜。

（4）建立能源管理机构和管理制度，加强能源计量管理，控制并减少能源跑冒滴漏，监督检查促进落实。

9.4 烧结生产成本指标

9.4.1 烧结生产成本

烧结生产成本指生产 1 t 成品烧结矿所消耗的原辅料单位成本、固体燃料单位成本、能源介质单位成本、人工工资和制造费用，单位为元/t。

9.4.2 原辅料单位成本

原辅料单位成本指生产 1 t 成品烧结矿所消耗的铁矿粉、熔剂、循环辅料（冶金工业和化工副产品）的成本，单位为元/t。

原辅料单位成本约占烧结生产成本的 90%，其中铁矿粉单位成本为主要部分，约占烧结生产成本的 85.5%，熔剂单位成本约占烧结生产成本的 3.7%。

9.4.3　固体燃料单位成本

固体燃料单位成本指生产 1 t 成品烧结矿所消耗的焦粉（外购焦粉和高炉返焦）、无烟煤、兰炭粉等固体燃料的成本，单位为元/t。

固体燃料单位成本约占烧结生产成本的 5.5%。

9.4.4　能源介质单位成本

能源介质单位成本指生产 1 t 成品烧结矿所消耗的电、水、气、汽的成本，单位为元/t，能源介质单位成本约占烧结生产成本的 3%。

9.4.5　制造费用

制造费用指生产 1 t 成品烧结矿所消耗的固定费用和机物料费用之和，单位为元/t。

固定费用包括折旧、环保设施运行费用、年修费用、生产外协人工费用、劳务外协、劳动保护费用、安全费用、办公通信差旅招待费用等。

机物料费用包括日常修理及物料消耗、日常维修外协费用、零星修缮费用、实验检验费等。

9.4.6　全员劳动生产率

全员劳动生产率指每人每年生产成品烧结矿的量，单位为 t/（人·年），反映企业管理水平和生产技术水平。

？ 课后思考题

1. 烧结产能指标的含义及计算方法。
2. ISO 标准检测烧结矿转鼓强度，简易转鼓强度检测方法，影响烧结矿转鼓强度的因素。
3. 烧结矿冶金性能的影响因素和改善措施。
4. 烧结工序能耗包含项及计算，降低工序能耗的主要途径。

课程思政

数字资源

习题自测

10 烧结矿质量对高炉冶炼的影响

📖 **本章知识重点**

（1）高炉炼铁精料方针和对烧结矿的质量要求。

（2）烧结矿物理性能对高炉冶炼的影响。

（3）烧结矿化学性能对高炉冶炼的影响。

（4）烧结矿冶金性能对高炉冶炼的影响。

高炉炼铁以精料为基础，精料方针概括为六个字：高、稳、熟、均、少、好。

"高"指入炉料铁品位高，机械强度高，烧结矿的碱度高和还原性好。入炉料铁品位高是精料的核心，高品位铁料冶炼有利于减少渣量，提高喷煤比，实施低硅冶炼，降低高炉焦比，提高生铁产量。

"稳"指入炉料的供应量稳定，质量稳定（包括物化性能、冶金性能）。控制入炉料 $TFe\pm0.5\%$，碱度 $R\pm0.05$ 或 ±0.08，$FeO\pm1.0\%$。

"熟"指入炉熟料（烧结矿和球团矿）率高。

"均"指入炉料的粒度均匀，提高粒度下限，降低粒度上限，缩小粒度范围。

"少"指入炉料粉末少，有害杂质含量少，渣量少。

"好"指入炉料具有良好的冶金性能，具有较好的炉料结构，充分发挥以针状铁酸钙为黏结相的高碱度烧结矿的优越性，配加性能优良的酸性料。

10.1 高炉炼铁对烧结矿的质量要求

表 10-1 列举了《高炉炼铁工程设计规范》（GB 50427—2015）对烧结矿的质量要求。

表 10-1　《高炉炼铁工程设计规范》（GB 50427—2015）对烧结矿的质量要求

炉容级别/m³	1000	2000	3000	4000	5000
TFe 波动/%			≤±0.5		
碱度 CaO/SiO₂		1.8~2.2　≤±0.08			
一级品率/%	≥80	≥85	≥90	≥95	≥98
FeO 含量/%	≤9.0	≤8.8	≤8.5	≤8.0	≤8.0
FeO 含量波动/%			≤±1.0		

| 转鼓强度+6.3 mm/% | ≥71 | ≥74 | ≥77 | ≥78 | ≥78 |
| 还原度 RI/% | ≥70 | ≥72 | ≥73 | ≥75 | ≥75 |

高炉冶炼要求烧结矿品位高，转鼓强度高，碱度适宜，化学成分稳定，适宜 MgO 和 FeO 含量，粒度组成均匀，-5 mm 粉末少，有害杂质少，具有自熔性造渣性能和良好的冶金性能，为高炉低燃料比冶炼创造良好的原料基础。

优化炉料结构和提高烧结矿质量是降低高炉燃料比和渣铁比的主要措施。烧结和高炉炼铁低燃料比，既降低原料成本，又节能减排，保护环境。

10.2　烧结矿物理性能对高炉冶炼的影响

表 10-2 列举了《高炉炼铁工程设计规范》（GB 50427—2015）对入炉料的粒度要求。

表 10-2　《高炉炼铁工程设计规范》（**GB 50427—2015**）对入炉料的粒度要求

烧结矿		球 团 矿		块 矿		焦 炭	
粒度范围	5~50 mm	粒度范围	6~18 mm	粒度范围	5~30 mm	粒度范围	25~75 mm
+50 mm	≤8%	9~18 mm	≥85%	+30 mm	≤10%	+75 mm	≤10%
-5 mm	≤5%	-6 mm	≤5%	-5 mm	≤5%	-25 mm	≤8%

从有利于高炉顺行而言，烧结矿转鼓强度和粒度组成是主要物理性能指标，转鼓强度和还原度不应成为矛盾体，应在保证还原度的基础上，合理选择转鼓强度范围。转鼓强度高，高炉冶炼指标不一定好，焦炭强度比烧结矿转鼓强度更重要。烧结矿粒度组成均匀，-5 mm 和 5~10 mm 粒级少，是保证高炉合理布料和获得良好料柱透气性的重要条件，利于炉况顺行和煤气流合理分布，利于降低焦比，提高生铁产量。烧结矿转鼓强度低，尤其是高温强度低，在高炉上部料柱的压力下产生大量粉末，一方面增加炉尘吹损量，增加炼铁原料消耗量；另一方面严重影响料柱透气性，高炉操作困难。

烧结矿转鼓强度与 SiO_2 和 FeO 的赋存矿物有关，SiO_2 含量高、FeO 以硅酸盐（如铁橄榄石（$2FeO \cdot SiO_2$）、钙铁橄榄石（$CaO \cdot FeO \cdot SiO_2$））形式存在时，FeO 含量高，则玻璃相多，强度低，需要控制 FeO 含量，使用低价料时尤为注意；SiO_2 含量高、FeO 以磁铁矿（使用磁铁精矿粉烧结）形式存在时，可适当放宽 FeO 含量。

烧结矿粒度组成主要影响高炉中上部料柱透气性，是间接还原的重要指标。高炉冶炼要求铁矿石具有小而均匀的粒度组成，控制铁矿石粒度上限并筛分出低于下限粉末粒级，因为小而均匀的铁矿石有利于加快还原速度和提高煤气利用率，大块铁矿石还原动力学条件差，内应力集中易碎裂，影响料柱透气性。

铁矿石品位、强度、粒度要求只是宏观性能，从高炉内铁矿石的行为出发，进一步需要铁矿石的透气性、冶金性能等满足高炉稳定顺行、强化冶炼的要求，以降低冶炼消耗和成本，获得最大效益。

降低烧结矿 -5 mm 和 $5 \sim 10$ mm 粒级含量，改善烧结矿低温还原粉化率 $RDI_{+3.15 \, mm}$ 和熔滴性能，有助于提高烧结矿在高炉冶炼过程中的空隙度，改善高炉料柱透气性（料柱单位高度上的压差与炉料空隙度的立方成反比），促进炉况稳定顺行。

10.3 烧结矿化学性能对高炉冶炼的影响

10.3.1 品位和 SiO_2 含量对高炉冶炼的影响

稳定入炉铁矿石品位是稳定高炉炉温的基础，稳定炉温是高炉顺行、获得良好冶炼效果的前提，否则高炉热制度频繁波动，调节不及时将导致炉况失常，生铁 S 含量不合格。

一般烧结入炉比在 70% 以上，所以影响入炉品位最主要的是烧结矿品位，影响高炉冶炼渣量最主要的是烧结矿 SiO_2 含量。

高炉入炉品位低，品位每升高 1% 所降低的焦比幅度小，增加的生铁产量幅度也小，低品位铁矿石冶炼对炼铁生产经营带来较大的负面影响，影响企业整体经济效益，同时增加燃料消耗，CO_2 和污染物的排放量增加（高炉是排放 CO_2 的大户，占钢铁企业 CO_2 总排放量的 70% 左右；污染物排放主要是因燃煤所致，钢铁企业生产过程大气中 CO_2、SO_2、NO_x 等污染物的产生量，约 80% 是因燃煤引起，消减污染物的产生量主要靠消减燃煤量），违背国家节能减排保护环境的方针。所以钢铁企业为了降低原料成本而使用低品位铁矿石要有度，要用技术经济、系统工程的方法进行科学分析，不能一味强调降低原料成本而无限制地购进和使用劣质铁矿石，当前我国高炉生产的主要矛盾是炉料成分不稳定和燃料比偏高。

SiO_2 是烧结矿黏结相的主要成分之一，SiO_2 含量过低，会带来转鼓强度低和粉率大等一系列质量问题，SiO_2 含量在 5.2% ~ 5.5% 适宜。

大高炉越来越追求高产、低耗、低渣量冶炼，SiO_2 是高炉炉渣的源头，降低烧结矿 SiO_2 含量，不仅减少高炉渣量，增加喷煤比降低燃耗，同时改善烧结矿高温冶金性能，有利于稳定炉况，实现低硅冶炼。高炉获得高效、优质、低耗的目的，必须坚持高品位、低 SiO_2、低渣量的原则。表 10-3 列举了各种因素影响高炉焦比、产量的经验值。

表 10-3 各种因素影响高炉焦比、产量的经验值

因 素	变动量	影响焦比	影响产量
烧结矿转鼓强度	±1%	-/+0.3%~0.4%	±0.5%
烧结矿-5 mm 粒级	±1%	±0.5%	-/+0.5%~1.0%
烧结矿 FeO 含量	±1%	±1.0%~1.5%	-/+1.0%~1.5%
烧结矿碱度 R	±0.1	-/+3%~3.5%	±3%~3.5%
烧结矿 $RDI_{+3.15\ mm}$	±5%	-/+0.5%	±1.5%~2%
烧结矿 RI	±10%	-/+1.5%~1.8%	
入炉 TFe 含量	±1%	-/+1.0%~1.5%	±2%~2.5%
入炉 SiO_2 含量	±1%	高炉渣量±30~35 kg/t	
高炉渣量	±100 kg/t	±3%~3.5%	

10.3.2 碱度对高炉冶炼的影响

确定烧结矿碱度，以获得较高强度和良好还原性的烧结矿并保证高炉不加或少加熔剂为原则。

确定合理的高炉炉料结构，是确保入炉铁矿石脉石成分适合造渣，确保炉渣成分合理的重要保证，以利于改善炉渣流动性和热稳定性，提高炉渣脱硫率，对保护炉衬和生铁成分合格具有积极作用。

优化高炉炉料结构应适当提高烧结矿碱度，增加高品位球团矿和块矿的入炉比，而不是降低烧结矿碱度和增加烧结入炉比。

烧结矿碱度是影响高炉操作最基本的因素，烧结矿碱度对高炉操作指标的影响主要是其矿物组成、转鼓强度和冶金性能。烧结矿碱度低于 1.8 时，高炉燃料比大幅度上升，高碱度烧结矿利于改善高炉还原和造渣过程，大幅降低焦比，提高高炉利用系数，烧结矿碱度 1.9~2.2 为宜。

稳定烧结矿碱度是稳定高炉造渣制度的重要条件，只有造渣制度稳定，才有助于稳定热制度和炉况顺行，并使炉渣具有良好的脱硫能力，提高生铁质量。烧结矿碱度波动，不仅影响高炉炉渣成分波动，且影响炉内烧结矿软熔位置变化而引起炉况不顺。

10.3.3 FeO 含量对高炉冶炼的影响

烧结矿 FeO 含量对高炉冶炼指标影响很大，入炉烧结矿 FeO 含量高，则在高炉中上部中温区的间接还原比例低，高炉焦比升高，造渣过程变差，生铁产量降低。烧结矿 FeO 含量高，不仅难还原，也使高炉内熔融带位置高，增大透气阻力，所以在保证烧结矿转鼓强度的情况下，降低烧结矿 FeO 含量在 9% 以下。

10.3.4 MgO 含量对高炉冶炼的影响

传统高炉炼铁理论侧重 MgO 的正面作用，而随着低硅高碱度烧结和高炉精料技术的发展，烧结矿自然粉化和软熔性能差的问题得到明显改善，随之 MgO 的负面影响加大，烧结矿中合理 MgO 含量成为研究的焦点。表 10-4 列举了 MgO 含量 2.8% 与 2.0% 转鼓强度、冶金性能对比。

表 10-4 MgO 含量 2.8% 与 2.0% 转鼓强度、冶金性能对比

MgO 含量 /%	R	Al_2O_3 含量/%	转鼓 /%	RI /%	$RDI_{+3.15mm}$ /%	T_{10} /℃	T_{40} /℃	软化区间 /℃	T_s /℃	T_d /℃	软熔区间 /℃	Δp_{max} /kPa
2.8	2.1	2.3	72.1	70.3	69.26	1156	1253	97	1308	1380	224	11.28
2.0	2.1	2.1	75.5	73.4	72.18	1127	1234	107	1286	1370	243	11.76

MgO 含量 /%	SFCA /%	Fe_2O_3 /%	Fe_3O_4、MF /%	玻璃相（C_2S） /%	脉石、熔剂、残余相/%
2.8	25.3	14.6	49.3	7.1	3.7
2.0	29.3	16.2	41.2	6.4	3.7

（1）提高 MgO 含量，则降低烧结矿转鼓强度。

MgO 不仅固熔于磁铁矿中，稳定磁铁矿，生成难还原的钙镁橄榄石等矿物，而且扩散进入 SFCA 黏结相中发生固溶反应形成 MF 固溶体，降低铁酸钙黏结相的强度，这是 MgO 降低转鼓强度的根本原因，也是 MgO 恶化还原性的原因。

（2）提高 MgO 含量，则降低烧结矿还原性 RI。

提高 MgO 含量，生成难还原的钙镁橄榄石（$CaO \cdot MgO \cdot SiO_2$）矿物，抑制磁铁矿（$Fe_3O_4$）氧化为赤铁矿（$Fe_2O_3$），降低易还原的赤铁矿（$Fe_2O_3$）和铁酸钙黏结相，烧结矿还原性变差。

（3）一定的 MgO 含量改善烧结矿 $RDI_{+3.15mm}$。

MgO 具有改善烧结矿 $RDI_{+3.15mm}$ 的优良作用，减少高炉上部低温还原产生的粉末量，改善高炉料柱透气性，有助于冶炼顺行。1）MgO 与 Fe_2O_3 结合生成铁酸镁（$MgO \cdot Fe_2O_3$），减少游离 Fe_2O_3 的存在；2）MgO 固熔于磁铁矿中生成镁磁铁矿（$MgO \cdot Fe_3O_4$），稳定磁铁矿晶格，减少 Fe_3O_4 再氧化成骸晶状赤铁矿的可能性。

但 MgO 过高又导致 $RDI_{+3.15mm}$ 变差，因为过多的 MgO 稳定了 Fe_3O_4 难以向 Fe_2O_3 转变，限制铁酸钙系发展，使烧结矿组成复杂化，由于各种矿物的结晶能力不同，冷凝后必然存在应力，导致 $RDI_{+3.15mm}$ 变差。

低 MgO 烧结，将 MgO 从烧结矿转移到镁质球团矿和高炉配加菱镁石，改善烧

结矿冶金性能。

（4）一定的 MgO 含量改善炉渣流动性和软熔性能。

MgO 含量是高炉炉渣的重要组成成分，不同高炉、不同炉料结构，炉渣 MgO 含量有一适宜范围，并非 MgO 含量越高越好或越低越好。随着 MgO 含量的提高，降低炉渣黏度改善炉渣流动性，提高炉渣脱硫能力，渣铁分离良好，铁损降低，炉前操作和出铁出渣顺利，利于炉缸稳定和活跃，明显降低焦比。

随着烧结矿 MgO 含量的提高，出现镁磁铁矿（$MgO \cdot Fe_3O_4$）、钙镁橄榄石（$CaO \cdot MgO \cdot SiO_2$）等高熔点矿物，烧结矿软化和熔化温度上升，炉渣滴落顺畅，缩短滴落时间间隔，改善炉渣软熔性能，但过高的 MgO 又使软熔区间增大，最大压差升高，影响高炉料柱透气性变差。

总之 MgO 对转鼓强度、还原性 RI、低温还原粉化性 $RDI_{+3.15\,mm}$、软熔性能的影响存在矛盾关系，在满足 $RDI_{+3.15\,mm}$ 入炉要求的前提下，控制适当 MgO 含量，兼顾烧结矿转鼓强度、粒度组成、燃耗、还原性和软熔性能综合指标优良，控制烧结矿 MgO 含量在 2.2% 以下。

10.3.5 Al_2O_3 含量对高炉冶炼的影响

烧结矿和高炉炉渣中不能没有 Al_2O_3 含量，但也不能过高，Al_2O_3/SiO_2 为 0.1~0.35 是烧结生产获得较高铁酸钙矿物组成的基本和必要条件。Al_2O_3 含量过高，则烧结生产率低，转鼓强度和还原性差，低温还原粉化率 $RDI_{+3.15\,mm}$ 明显降低，所以烧结配矿应注意高铝和低铝铁矿粉的合理搭配，控制烧结矿 Al_2O_3 和 MgO 含量不超 2.2%。

Al_2O_3 是高熔点中性脉石，是硅酸盐网络形成的促进物，炉渣中 Al_2O_3 含量适宜时利于炉渣稳定性，但过高 Al_2O_3 使炉渣熔点升高，黏度增加，流动性差，渣铁难分离。

高炉低 Al_2O_3、低 MgO、少渣量、低燃料比冶炼是节能减排的发展方向。

10.3.6 TiO_2 含量对高炉冶炼的影响

普通烧结矿 TiO_2 含量小于 0.35%，低钛烧结矿 TiO_2 含量小于 3%，中钛烧结矿 TiO_2 含量 3%~5%，高钛烧结矿 TiO_2 含量大于 5%。

10.3.6.1 钒钛磁铁矿储量

钒钛磁铁矿全球总储量 400 亿吨，主要分布于中国、俄罗斯、南非等国家。中国总储量 180 亿吨，主要分布于四川攀西、河北承德、安徽马鞍山等地。四川攀西总储量 100 亿吨，占全球 35%，占中国 90% 以上，位居世界第一；河北承德钒钛磁铁矿储量 3.57 亿吨，超贫钒钛磁铁矿 78.25 亿吨；安徽马鞍山含钒磁铁矿储量 53.3 亿吨。

钒钛磁铁矿分类：TiO_2 含量小于2%为低钛磁铁矿，TiO_2 含量 2%~7% 为中钛磁铁矿，TiO_2 含量大于7%为高钛磁铁矿。

钒钛磁铁矿是磁铁矿（Fe_3O_4）+ 钛铁矿（$2FeO \cdot TiO_2 + FeO \cdot TiO_2$）+ 镁铝晶石（$MgO \cdot Al_2O_3$）构成的复合体。

钒钛磁铁矿主流工艺为烧结造块—高炉炼铁—转炉提钒，该工艺生产效率高，规模大，技术成熟，可以有效提取铁、钒，在钒钛磁铁矿利用领域占主导地位。

10.3.6.2　钒钛磁铁矿中 CaO、TiO_2 的反应

因 $CaO\text{-}SiO_2$ 亲和力大于 $CaO\text{-}TiO_2$ 亲和力大于 $CaO\text{-}Fe_2O_3$ 亲和力，所以有以下反应：

$CaO + SiO_2 — CaO \cdot SiO_2$、$2CaO \cdot SiO_2$	SiO_2 含量高时，易生成硅酸盐液相
$CaO + TiO_2 — CaO \cdot TiO_2$	TiO_2 含量高时，易生成钙钛矿 $CaO \cdot TiO_2$
$CaO + Fe_2O_3 — CaO \cdot Fe_2O_3$、$2CaO \cdot Fe_2O_3$	高碱度赤铁矿粉烧结，生成铁酸盐液相
$CaO \cdot Fe_2O_3 + SiO_2 — CaO \cdot SiO_2 + Fe_2O_3$	SiO_2 置换 Fe_2O_3，$RDI_{+3.15\,mm}$ 变差
$CaO \cdot Fe_2O_3 + TiO_2 — CaO \cdot TiO_2 + Fe_2O_3$	TiO_2 置换 Fe_2O_3，$RDI_{+3.15\,mm}$ 变差

（1）$CaO \cdot TiO_2$ 熔点高，为1970 ℃。

（2）1250~1350 ℃下，$CaO \cdot TiO_2$ 生成速度最快，以固态弥散在烧结矿中。

10.3.6.3　钛烧结矿的转鼓强度低

（1）烧结实质是铁矿粉与 CaO、SiO_2、MgO、Al_2O_3 等组分同化的过程，同化性是低熔点矿物生成液相的基础，同化性好则生成液相能力强，固结强度和铁酸钙生成能力强，钒钛磁铁矿液相同化扩散差，TiO_2 极易与 CaO 生成高熔点 $CaO \cdot TiO_2$（熔点1970 ℃），减少液相生成量，抑制铁酸钙黏结相。

（2）钒钛磁铁矿烧结成矿过程更复杂，结晶析出应力大。

（3）生成钙钛矿分布于各种矿物之间，不仅没黏结性且减弱硅酸盐黏结作用和磁铁矿连晶作用，钙钛矿脆而硬，抗压强度差。

（4）高熔点钙钛矿 $CaO \cdot TiO_2$ 使混合料熔化温度上升，混合料烧结性能差，液相量减少，液相流动性变差，烧结利用系数和转鼓强度下降。

10.3.6.4　钛烧结矿的还原度差

随着 TiO_2 含量升高，还原度呈降低趋势，TiO_2 含量超9%时还原度降幅减缓。

还原度主要取决于矿物组成和显微结构，随着 TiO_2 含量提高，钛磁铁矿增加，同时高熔点脉石类矿物（如钙钛矿 $CaO \cdot TiO_2$）也增加，易还原的钛赤铁矿和铁酸盐减少。

10.3.6.5　钛烧结矿的低温还原粉化率 $RDI_{+3.15\,mm}$ 差

（1）随着 TiO_2 含量增加，$RDI_{+3.15\,mm}$ 呈降低趋势，TiO_2 含量超9%时 $RDI_{+3.15\,mm}$ 降幅减缓。

（2）钛烧结矿低温还原时，先在钙钛矿附近产生裂纹而粉化，而且削弱钛烧结矿的转鼓强度。

（3）钛磁、钛赤铁矿固溶多种矿物，还原时晶型转变体积膨胀，应力大小及方向不同，导致烧结矿内部裂纹生成和发展，碎裂粉化。

（4）TiO_2 含量对烧结矿低温还原粉化率 $RDI_{+3.15\,mm}$ 有决定性的影响，因为 $CaO\text{-}TiO_2$ 的亲和力大于 $CaO\text{-}Fe_2O_3$ 的亲和力，所以 TiO_2 置换 $CaO\cdot Fe_2O_3$ 中的 Fe_2O_3，TiO_2 助长再生 Fe_2O_3，骸晶下 Fe_2O_3 增多，TiO_2 成倍进入硅酸盐（玻璃相），破坏其断裂性，TiO_2 含量越高，这种破坏就越强，$RDI_{+3.15\,mm}$ 越差。

10.3.6.6　钛烧结矿软熔性能差

TiO_2 含量升高，则钙钛矿（$CaO\cdot TiO_2$）、硅酸一钙（$CaO\cdot SiO_2$）等高熔点矿物增加，软化温度升高，软化区间变宽，还原性变差（开始软化温度与还原性明显负相关），烧结矿和滴落渣中 TiO_2 含量升高，促进钛的还原和 TiC、TiN 的生成，烧结矿滴落性能差。

10.3.6.7　五元渣系特性差

高炉炉渣成分来源于炉料带入的脉石成分，冶炼普通烧结矿时形成的是四元渣系 $(CaO+MgO)/(SiO_2+Al_2O_3)$，而冶炼钛烧结矿时则形成 $(CaO+MgO)/(SiO_2+Al_2O_3+TiO_2)$ 五元渣系，五元渣系最大特点是炉渣熔化温度升高，高熔点钙钛矿 $CaO\cdot TiO_2$ 恶化初渣流动性，恶化高炉下部透气性，炉内煤气流分布不均匀，增加鼓风阻力，出铁前后的风压剧烈波动，易形成泡沫渣，易出现压差大、炉渣黏度大、渣铁难分离、烧结矿滴落困难等问题（与 Al_2O_3 的影响一致），炉渣脱硫能力低，对高炉冶炼的影响比普通烧结矿明显。

10.4　烧结矿冶金性能对高炉冶炼的影响

高炉炼铁不仅要重视和提高烧结矿球团矿的物化性能，更重要的是必须重视和改善烧结矿球团矿的冶金性能，烧结矿冶金性能是高炉炼铁高产、低耗、高效的关键。

10.4.1　还原性对高炉冶炼的影响

因环保和气候变暖的压力，世界各国走低碳经济发展之路，钢铁工业排放的 CO_2 占人类总排放量的 5%，而在我国占 11% 以上。高炉冶炼是钢铁生产中 CO_2 的主要排放工序，超过钢铁总排放量的 90%，降低吨铁碳消耗成为高炉冶炼的首要任务。

铁矿石作为高炉炼铁的主要原料，其还原性好坏直接影响炼铁技术经济指标。

还原性好的铁矿石，大部分在高炉中上部被高炉煤气（CO 气体）所还原，发展间接还原，降低焦比，改善造渣过程，提高生铁产量。还原性差的铁矿石，相当多的铁矿石要到高炉下部依靠焦炭直接还原来完成，焦炭消耗量高。为了降低高炉焦比，应尽可能以间接还原的方式夺取含铁原料中的氧，因此要求入炉铁矿石有良好的还原性。为了保持高炉稳定顺行，也要求铁矿石的还原性能稳定。

900 ℃还原性是烧结矿的基本冶金性能，不仅直接影响高炉煤气利用率和燃料比，同时由于还原程度的不同，影响低温还原粉化性能和软熔性能。

10.4.2 低温还原粉化性对高炉冶炼的影响

低温还原粉化性能反映烧结矿在高炉上部块状带的还原强度，是高炉上部透气性的限制性环节，高炉冶炼过程中，上部块状带的透气阻力损失约占总阻力损失的 15%。

烧结矿低温还原粉化性对高炉生产危害较大，表现在炉身上部料柱透气性恶化，增加炉身结瘤危险性；高炉煤气利用率变差，破坏煤气正常分布，冶炼强度差，焦比高产能低；高炉炉尘吹出量增加；煤气净化困难，煤气管道破损加剧等。

10.4.3 荷重还原软化性对高炉冶炼的影响

荷重还原软化性反映烧结矿在高炉炉身下部和炉腰部分软化带的透气性，这部分透气阻力约占高炉总阻力损失的 25%，是重要冶金性能指标，影响高炉炉腹煤气量指数和高炉下部顺行。

高炉希望烧结矿荷重还原软化性能优良，开始软化温度 T_{10} 高，软化温度区间 ΔT_1 窄，开始熔化温度高，保持较多气—固相间的稳定操作和较窄的软熔带，高炉料柱透气性良好，有利于煤气流运动，强化高炉冶炼，降低焦比，提高生铁产量。当烧结矿开始软化温度 T_{10} 低于 950 ℃，软化温度区间 ΔT_1 大于 250 ℃时，严重影响高炉悬料。

10.4.4 熔融滴落性对高炉冶炼的影响

熔融滴落性能是烧结矿最关键的冶金性能，高炉熔滴带透气性最差，此带阻损约占总阻损的 60%，是高炉下部透气性的限制性环节，是保持高炉长期稳定顺行的关键，影响高炉内熔滴带的位置和厚度，影响 Si、Mn 等元素直接还原，影响生铁成分和高炉技术经济指标。

在高炉炼铁过程中，从开始软化到发生熔滴，即在炉内形成了软熔带。软熔带中的透气性差，还原和传热过程受到限制。因此要求熔滴带薄而位置低。

一般高碱度烧结矿软熔性能指标为开始软化温度 $T_{10}>1100$ ℃，软化温度区间 $\Delta T_1<100$ ℃，开始熔化温度 $T_s>1280$ ℃，熔滴温度区间 $\Delta T_2<200$ ℃。

❓ 课后思考题

1. 兼顾高炉产量、综合焦比等技术经济指标，以及烧结矿物理性能、冶金性能等指标，适宜的烧结矿碱度、SiO_2、FeO、MgO、Al_2O_3 含量为多少。

2. 烧结矿冶金性能中，对高炉冶炼影响最大、最关键的指标是哪个？

课程思政

数字资源

习题自测

11 烧结烟气污染物

📖 **本章知识重点**

（1）烧结过程生成 NO_x 的影响因素。

（2）烧结烟气污染物治理工艺技术。

钢铁企业是大气污染的重点行业，钢铁生产各个环节均产生颗粒物、SO_x、NO_x 等废气污染物。颗粒物排放主要集中在原料场、烧结、炼铁、炼钢、炼焦等工序，SO_x 主要集中在烧结、球团等工序，NO_x 主要集中在烧结、炼焦、热轧等工序。此外氟化物和氯化氢主要集中在烧结和冷轧工序，二噁英主要集中在烧结工序和电炉炼钢工序。

烧结工序的颗粒物、SO_x、NO_x 排放量占整个钢铁行业排放总量的 30%、60% 和 50% 左右，非常规污染物二噁英占整个钢铁行业 90% 以上，是钢铁行业大气污染物排放量最大工序。

随着钢铁企业绿色发展的要求，钢铁行业全流程超低排放成为发展趋势，钢铁行业大气污染治理实现从"单工序"向"全流程"过渡，控制技术实现从"单一污染物控制"向"多污染物协同控制"和"全过程耦合"的技术升级。

2018 年 5 月中华人民共和国生态环境部颁布《钢铁企业超低排放改造工作方案》，要求 2025 年底前力争实现超低排放标准，见表 11-1。

表 11-1　钢铁企业污染物排放标准

项　　目	颗粒物质量浓度（标准状况）/mg·m⁻³	SO_2 质量浓度（标准状况）/mg·m⁻³	NO_x 质量浓度（标准状况）/mg·m⁻³	二噁英毒性当量质量浓度（标准状况）/ng·m⁻³
超低排放标准	≤10	≤35	≤50	≤0.1

11.1　烧结烟气的特点

（1）烧结烟气排放量大且含尘浓度高。

铁矿粉烧结粉料多且漏风率大，吨矿烟气量（工况）高达 4000 m^3，烟气含尘浓度（标准状况）1.5~15 g/m^3，烟尘主要以铁及其化合物为主，还含有 Si、Ca 等氧化物。

（2）烧结烟气中 SO_2 浓度相对低。

一般电站锅炉烟气中 SO_2 浓度（标准状况）约 5000 mg/m^3，烧结烟气中 SO_2 浓度（标准状况）一般在 800～2500 mg/m^3。

（3）烧结烟气中 SO_2 浓度随原料带入量和烧结工况不同而变化大。

烧结机的机头和机尾烟气中 SO_2 浓度低，中部烟气中 SO_2 浓度高。

烧结料中铁氧化物起催化剂的作用，将部分 SO_2 催化氧化为 SO_3。

硫化物的铁矿粉易分解出元素 S 并易被氧化为 SO_2 而进入烟气。

焦粉 S 含量较无烟煤低，焦粉和无烟煤中部分有机硫被氧化为硫的氧化物。

（4）烧结烟气中 O_2 浓度相对较高。

一般电站锅炉烟气中 O_2 浓度约 8%，烧结烟气中 O_2 浓度为 14%～16%。

（5）烧结烟气成分复杂，脱硫副产物难以利用，易造成二次污染。

由于烧结使用多种原燃料，烟气成分复杂，污染物种类多，多种有害成分并存，主要有 HCl、HF、汞、多环芳烃、SO_x、NO_x、重金属、二噁英等，NO_x 质量浓度（标准状况）相对稳定 200～500 mg/m^3，脱硫副产物石膏、脱硫渣等品质较差，资源化利用难度较大。

（6）烧结烟气湿度大、温度低且波动大。

烟气湿度大，体积比水分含量 7%～13%。受烧结机开停和生产工况的影响，烧结烟气温度较低且随工艺操作状况变化而波动较大（100～160 ℃），烟气处理难度大。

由于烧结烟气存在上述特点，烟气污染物治理不能完全参照电站锅炉烟气治理技术，必须研究适合烧结烟气自身特点的治理工艺。

11.2 烧结过程生成 NO_x

11.2.1 NO_x 生成类型

NO 和 NO_2 统称为氮氧化物 NO_x，有 3 种方式生成氮氧化物 NO_x。

（1）燃料型 NO_x。

燃料型 NO_x 是固体燃料中的氮化合物经分解后进一步氧化生成的 NO_x。固体燃料中的有机氮化合物首先被分解成氰 HCN、氨 NH_3 等中间产物，与挥发分一起析出，称为挥发分氮。析出挥发分氮以后，仍残留在焦炭中的氮化合物为焦炭氮。挥发分氮和焦炭氮经氧化生成氮氧化物 NO_x。煤燃烧时由挥发分氮生成的 NO_x 占燃料型 NO_x 的 60%～80%，由焦炭氮生成的 NO_x 占燃料型 NO_x 的 20%～40%。

煤燃烧时 75%～90% 的 NO_x 是燃料型 NO_x，燃料型 NO_x 的生成不仅与煤种特性、煤结构、燃料中 N 含量和 N 的存在形态（受热分解后在挥发分和焦炭中的比例）、固体燃料粒度有关，而且大量的反应过程与燃烧条件（温度、空气中 O_2 含量、烧结料中物质成分）等密切相关。

（2）热力型 NO_x。

热力型 NO_x 是空气中 N_2 在高温下氧化而生成的 NO_x，影响热力型 NO_x 生成量的主要因素是温度、O_2 浓度和在高温区的停留时间，只有当燃烧温度高于 1500 ℃ 时，热力型 NO_x 才明显生成。

（3）快速温度型 NO_x。

低温火焰下由于含碳自由基的存在生成的 NO_x。在碳氢化合物燃料燃烧过程中，当燃料过浓（富燃）、碳氢化合物基团较多、O_2 浓度相对较低时，碳氢化合物与空气中的 N_2 反应生成 HCN、CN 后再被氧化成 NO_x，生成速度快，在燃料燃烧火焰面上形成（火焰中存在大量 O^{2-}、OH^- 基团，与 HCN 化合物反应生成 NO），只要有足够的供氧量，就可以降低快速温度型 NO_x。火焰中燃料氮转化为 NO 的比例取决于火焰区 NO/O_2 比例。

烧结固体燃料中的 N 主要为有机氮，烧结点火温度和燃烧带温度均达不到热力型 NO_x 的生成温度，烧结烟气中几乎没有热力型 NO_x 产生量。烧结过程中，快速温度型 NO_x 生成的可能性较小。烧结温度下，固体燃料燃烧产生的 NO_x 中主要以 NO 为主，只有微量 NO_2 存在，如果存在还原性气氛和催化剂作用，NO_x 可能被还原成 N_2 或低价 NO_x。

11.2.2 烧结过程 NO_x 来源和排放规律

钢铁企业 NO_x 主要来源于烧结过程产生的烟气。烧结烟气中 NO_x 的产生主要有两个途径，一是固体燃料的燃烧和高温反应过程，二是烧结点火过程，其中前者是主要来源。

烧结过程中，固体燃料中的氮化合物经分解后与空气中的 O_2 在高温下反应生成 NO_x，其生成浓度受燃料类型、燃料粒度、燃烧温度、气氛等因素的影响。与此同时如果烧结料层存在还原性物质（如 C、CO 等）和适当催化剂（如低价铁氧化物、铁酸钙等）作用时，部分生成的 NO_x 可被还原成 N_2，降低烧结烟气中 NO_x 的排放。

烧结点火燃料焦炉煤气、转炉煤气、高炉煤气中含有 N_2，尤其高炉煤气中 N_2 含量 49% ~ 60%，转炉煤气中 N_2 含量 20% ~ 40%，点火过程中 N_2 与助燃空气中的 O_2 反应生成 NO_x。NO_x 浓度在点火之后开始迅速上升，烧结过程中始终处于较高水平，波动较小无明显峰值，直到烧结终点后 NO_x 浓度开始迅速下降。

NO_x 排放浓度与烟气中 CO_2、CO、O_2 相对应，当 O_2 浓度开始下降，CO_2 和 CO 开始上升时，表明 C 开始燃烧，NO_x 浓度随之升高。当 C 剧烈燃烧，CO_2 和 CO 含量升高到较高水平时，NO_x 浓度同时也上升到较高水平且与 CO_2 和 CO 相对应，烧结接近终点时，O_2 含量上升，CO_2 和 CO 开始下降，NO_x 随之下降。

11.2.3 烧结过程生成 NO_x 的影响因素

11.2.3.1 固体燃料特性对 NO_x 生成影响

烧结高温反应过程中产生的 NO_x 与固体燃料化学特性及其燃烧特性密切相关。

（1）固体燃料 N 含量。

固体燃料的固定碳、挥发分、反应性接近时，随着 N 含量的升高，燃料燃烧产生的 NO_x 浓度升高。

（2）固体燃料固定碳。

固体燃料的挥发分、反应性、N 含量接近时，NO_x 的释放时间接近，N 的转化率接近，但 NO_x 排放浓度随固定碳的升高而升高。

（3）固体燃料挥发分。

固体燃料的固定碳、反应性、N 含量接近时，随着挥发分的升高，NO_x 排放浓度和 N 的转化率均升高。

烧结固体燃料为焦粉和无烟煤，在固体燃料配比保持不变的情况下，提高焦粉配比降低无烟煤配比，有利于降低烟气中 NO_x 浓度。

从控制燃料 NO_x 生成角度考虑，烧结固体燃料应优先选用焦粉，如果使用无烟煤，则应选择 N 含量、H 含量和挥发分均较低的无烟煤。

（4）固体燃料反应性。

固体燃料的固定碳、挥发分、N 含量接近时，随着反应性增大，NO_x 排放浓度和 N 的转化率均降低。

（5）固体燃料粒度。

固体燃料燃烧过程中 NO_x 的释放速率随粒度增大而减小，N 的转化率随粒度增大呈先降低后升高的趋势。

固体燃料粒度影响 NO_x 排放浓度的机理较复杂，NO_x 排放浓度受 N 的氧化和 NO_x 的还原二者双重影响。随着燃料粒度的减小，单位质量固体燃料参与化学反应的比表面积相应增大，燃料反应性作用提高，有利于碳燃烧，促进燃料中 N 向 NO_x 转化，但与此同时挥发分 N 含量增加，导致着火提前，耗 O_2 速度加快，碳表面极易形成还原气氛且 NO_x 与碳接触面积增大，促进 NO_x 向 N_2 的还原反应。

固体燃料表面为二次反应提供平台，靠近固体燃料颗粒中心处产生的热分解产物在向外迁移和逸出过程中，可能发生裂解和凝聚，发生碳的沉积，当固体燃料过粗时沉积量加大，C 与 O_2 反应受限，但同时还原性气氛增强。有关文献表明，存在一个燃料粒度临界值对应 NO_x 达到最低值，小于或超过粒度临界值 NO_x 排放浓度均升高，且这个临界值随燃料种类不同而改变，产生这种现象的原因可能与 N 在不同煤种中存在形态不同有关。烧结所用的焦粉和无烟煤中，粒度在 $1 \sim 3$ mm 时，NO_x 排放浓度和 N 的转化率均较低。

11.2.3.2   固体燃料配比和燃烧条件对 NO_x 生成影响

A   固体燃料配比的影响

随着固体燃料配比的增加，N 转化率呈先上升后下降的趋势。同一原料配料下，固体燃料增加，空气量足够下，随着碳燃烧反应进行，N 与 O_2 结合也相应增加，燃料中 N 的转化率上升，但燃料用量继续上升，需要更多的 O_2 进行燃烧反应，在空气流量一定情况下，烧结过程中空气过剩量减少，燃料不完全燃烧程度增大，产生大量 CO 气体，还原性气氛增强，抑制 N 向 NO_x 的转化。

B   烧结温度的影响

随着烧结温度的升高，固体燃料燃烧过程中 NO_x 释放速率加快，利于 NO_x 的排放，且固体燃料中 N 的转化率随温度的升高呈上升趋势。

C   气氛的影响

烧结温度和气氛对 NO_x 排放浓度的影响见表 11-2。

表 11-2   烧结温度和气氛对 NO_x 排放浓度的影响

影响因素	NO_x 排放特性	燃料中 N 转化率
烧结温度	随烧结温度升高，释放速率加快，排放浓度升高	随烧结温度升高而降低
O_2 含量	随 O_2 含量升高，释放速率加快，排放浓度升高	随 O_2 含量升高而升高
CO_2 含量	随 CO_2 含量升高，释放速率减慢，排放浓度降低	随 CO_2 含量升高而大幅降低

（1）O_2 含量。

烧结条件下，空气中 O_2 含量越高，固体燃料燃烧时 NO_x 的排放浓度越高，固体燃料中 N 的转化率越高。固体燃料中 N 与 O_2 初级生成 NH_3 和 HCN，气体成分中还有 NO 和 N_2，当 O_2 充足时，NH_3 和 HCN 与 NO 相遇，通过不同反应步骤转化为 NO_x，但当固体燃料量充足时，NH_3 和 HCN 与 NO 结合生成 N_2。

（2）CO_2 含量。

O_2 含量一定，随着烟气中 CO_2 升高，固体燃料中 N 的转化率小幅度降低，NO_x 排放浓度小。O_2 含量不足时，还原性气氛增强，加之金属氧化物催化作用，利于 CO 与 NO_x 的还原反应，抑制固体燃料中 N 向 NO_x 的转化。随着 CO_2 升高，固体燃料中 N 的转化率降低，NO_x 释放速率减慢，有助于减少 NO_x 的排放量。

（3）固体燃料分布的影响。

固体燃料在制粒小球中的分布状态对燃烧状态有重要影响，而燃烧状态直接影响 NO_x 排放浓度。O_2 含量充足可促进固体燃料中 N 向 NO_x 转化，利于生成 NO_x，而烧结料层中的还原气氛可降解已经生成的 NO_x，抑制 NO_x 的生成。

固体燃料黏附分布在小球外层或以单独形态存在于料层中时，与空气充分接触而完全燃烧，N 被充分氧化生成 NO_x，提高 NO_x 的排放浓度。

固体燃料分布在制粒小球内部时，受空气扩散控制的影响，小球内部燃料的燃烧处于 O$_2$ 浓度相对较低的状态，抑制燃料中 N 被氧化成 NO$_x$，同时燃料不完全燃烧产生的 CO 在周边物料的催化作用下，将已经生成的 NO$_x$ 降解，利于减排 NO$_x$。

11.2.3.3 铁矿粉对 NO$_x$ 生成影响

铁矿粉对 NO$_x$ 排放有一定的促进作用，NO$_x$ 释放速率加快，延长排放时间且 NO$_x$ 浓度峰值明显增大。NO$_x$ 的生成特性与 C 的燃烧状态密切相关，Fe$_2$O$_3$ 和 Fe$_3$O$_4$ 均对 C 的燃烧反应起积极催化作用，尤其 Fe$_2$O$_3$ 助燃效果尤为明显，同时 Fe$_2$O$_3$ 和 Fe$_3$O$_4$ 可作为中间物质参与固体燃料中 N 的氧化过程，对 CO 还原 NO$_x$ 反应也有催化作用，且 Fe$_3$O$_4$ 对 CO 还原 NO$_x$ 反应催化作用强于 Fe$_2$O$_3$。NO$_x$ 最终排放量决定于固体燃料中 N 氧化反应和 CO 与 NO$_x$ 还原反应。

11.2.3.4 熔剂和烧结矿碱度对 NO$_x$ 生成影响

熔剂化学成分主要是 CaO，对燃烧过程中产生的 NO$_x$ 具有还原作用。

当烧结料水分和固体燃料配比一定时，提高烧结矿碱度，降低 NO$_x$ 排放浓度。因为料层中 CaO 含量增加，料层氧位提高，有利于生成铁酸钙系，铁酸钙（尤其是铁酸一钙）对 CO 还原 NO$_x$ 的反应具有较显著的催化作用，促进已生成的 NO$_x$ 降解，而且较早生成熔融物，抑制燃料中 N 的转化率，对于减排 NO$_x$ 有显著效果。

11.2.3.5 烧结操作参数对 NO$_x$ 生成影响

（1）烧结料水分和料层透气性。

适宜烧结料水分有助于改善原始料层透气性，降低 NO$_x$ 排放浓度。在烧结负压一定的条件下增加抽风量，虽然风量增加会提高料层中 O$_2$ 浓度，促进燃料燃烧产生 NO$_x$，但风量的增加起到稀释烟气中 NO$_x$ 浓度的作用，风量对 NO$_x$ 浓度后者的作用大于前者，所以改善料层冷态透气性有助于降低烧结烟气中 NO$_x$ 的排放。

烧结料水分过高，则过湿带阻力增大，不利于固体燃料燃烧，料层温度下降，燃料中 N 处于 O$_2$ 浓度相对贫乏的条件，燃料中 N 的转化率降低。

（2）料层厚度。

料层厚度提高，则料层透气性变差，燃料燃烧气氛中 O$_2$ 含量降低，燃料中 N 向 NO$_x$ 的转化受到抑制。

厚料层烧结发挥料层自动蓄热的作用，高温保持时间延长，降低固体燃料用量，生成更多的铁酸钙系催化 NO$_x$ 还原，是减少烧结过程 NO$_x$ 排放的有效实用方法。

（3）低 NO$_x$ 燃烧技术。

控制空燃比，低空气过剩系数运行，低 O$_2$ 燃烧。

降低助燃空气预热温度，生产实践表明如果燃烧空气由 270 ℃ 预热到 315 ℃，则 NO$_x$ 排放量增加 3 倍。

（4）终点位置。

终点位置适当提前，降低 NO$_x$ 排放浓度。烧结料出点火保温炉后，烟气中 NO$_x$

浓度迅速上升并达到最高水平，随着烧结过程的进行，废气温度逐步升高，到终点位置时烟气中 NO_x 浓度下降。因此调整风量、料层厚度、机速等操作参数，缩短点火保温炉到烧结终点之间的距离，将烧结终点位置提前，一定程度上降低 NO_x 排放浓度，但终点位置提前没有充分利用烧结面积，降低烧结机产能。

（5）添加物。

在烧结料中添加 Ca-Fe 氧化物对脱除 NO_x 起一定的作用，且随着反应温度的升高和 O_2 浓度的降低更加明显。

在烧结料中添加碳氢化合物可显著减少 NO_x 的生成。

11.3　烧结烟气污染物治理

烧结烟气污染物治理主要从源头减排、过程控制、末端治理三方面入手。

源头减排是通过控制烧结原料成分，减少烧结烟气中产生污染物的含量。烧结烟气中粉尘颗粒主要来自原料中粉末料和不完全燃烧物质等。SO_x、NO_x 主要来自烧结原料中的 S、N，重金属（铅、砷、镉、铬、汞等）主要来自铁矿粉。烧结烟气中的污染物大多来自烧结原料，同时烧结料水分、固体燃料配比、熔剂配比、料层厚度等工艺参数对烟气中 SO_x、NO_x 排放也有重要影响。因此源头减排主要是在保证烧结矿物化性能和冶金性能不受影响的前提下，控制烧结原料带入的污染物，调整优化烧结工艺参数，从源头上减少烧结烟气中多种污染物的排放浓度，降低末端治理净化压力。

过程控制是在烧结生产过程中控制和减少污染物的排放量，如高烟囱稀释排放、烟气循环技术等。

末端治理是采用专门的净化设备，脱除烧结烟气中的各种污染物，如电除尘器、布袋除尘器、脱硫脱硝设施等，各单元协同配套使用，是烧结烟气的最后处理工序也是最实用有效的手段。

11.3.1　烧结烟气循环技术

20 世纪 90 年代初期，荷兰艾默伊登、德国 HKM、奥钢联林茨、日本新日铁相继开发烧结烟气循环技术，减少废气的排放总量。2007 年中南大学和中冶长天、宝钢进行烟气循环试验研究，2013 年宁波钢铁 486 m^2 烧结机率先投运选择性烟气内循环技术，24.6% 的烟气再循环烧结下取得降低 NO_x 排放浓度和降低固体燃耗的效果，之后宝钢 600 m^2 烧结机、燕钢 300 m^2 和 360 m^2 烧结机、安钢 360 m^2 烧结机、新余 360 m^2 烧结机等应用烟气循环技术。

11.3.1.1　烧结烟气循环工艺

烧结烟气循环工艺分为选择性烟气内循环和烟气外循环两种，内循环取自风箱烟气，外循环取自主抽风机后烟道内的烟气，如图 11-1 所示。

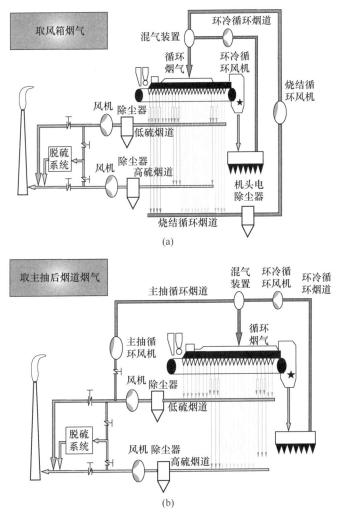

图 11-1 烧结烟气循环工艺流程图

(a) 内循环；(b) 外循环

烧结烟气循环工艺是将烟气通过循环烟道返回到烧结机料面顶部再次参与烧结，一方面减少烟气排放总量，利用烧结过程高温使大部分 NO_x、二噁英裂解，并使烟气中 SO_2 富集，粉尘和 SO_2 部分被烧结料层捕获，实现部分脱硫、脱 NO_x、脱二噁英同步进行，减少粉尘和 SO_2 排放量，降低脱硫烟气处理量和成本；另一方面可回收烟气显热和潜热（烧结烟气温度 100~160 ℃，且含有 0.5%~1% 的 CO），降低烧结能耗。

在脱硫能力足够的情况下，采用烟气外循环方式，通过增设较大风量的循环风机配套同步考虑烧结机的扩容提效改造，可取得较好的效果。

11.3.1.2 烧结烟气循环技术的意义

(1) 减少烟气排放量，降低废气净化装置和运行成本。

(2) 充分利用烟气显热和潜热，减少固体燃耗和污染物，节约成本。

(3) 改善烧结料层温度分布，减缓上部料层冷却速度，提高烧结产质量。

（4）富集 SO_2 提高脱硫效率，降解 NO_x，二噁英热解，粉尘吸附滞留在料层中。

（5）降低烧结烟气 O_2 含量和烧结过程 NO_x 生成总量。

（6）降低脱硫脱硝设施选型规格，减少污染物治理投资和运行费用。

11.3.1.3 烧结烟气循环技术注意事项

烧结烟气循环率与循环烟罩所覆盖的长度范围、烧结机漏风率、富氧气体 O_2 含量等有关，以空气和冷却废气为富氧气体时循环率一般为 20%～30%，以纯氧为富氧气体时循环率可提高到 40%～50%。

因循环烟气 O_2 含量低，有可能不同程度地削弱烧结矿产质量，要注意循环烟气和补充空气的比例及其有效混合，确保烧结过程所需的最低 O_2 含量不低于 18.5%，另外循环烟气温度低和水蒸气含量高对表层烧结料有破坏作用，对表层烧结矿转鼓强度和成品率有一定影响，选择性地使用 O_2 含量高、温度高、水蒸气含量低的烟气循环烧结是该技术的关键环节。

烟气流量随着烧结过程总管负压大小和烟气温度高低而变化。随着实时生产情况的变化，一旦出现烟气处理量超负荷的情况时，若强行将全部烟气输入脱硫塔将导致塔内烟气流速过快、SO_2 吸收率低、除雾效果差，继而造成脱硫后外排烟气夹带液滴，降低脱硫效率，不但污染腐蚀周边厂房环境，而且可能导致外排烟气颗粒物含量超标。

11.3.1.4 烧结烟气内/外循环技术比较

内循环工艺布置比较复杂，需新增一台变频风机，工程改动量大，工期长，投资规模较大，适应于新建项目和台车扩宽提产改造项目。

内循环工艺操作灵活，可避免循环气流短路、重复循环，在不改变原有机头烟气处理系统的基础上，将台车扩宽和台车速度加快，增加烧结面积，提升利用系数，达到增产目的，同时可降低原有电除尘器和主抽风机能力负荷。

外循环工艺从主抽风机后取部分烟气循环使用，只需外配小功率引风机，对原有烧结机构造改动较小，工期短，投资较低，经济效益明显，更适于节能减排改造项目。

11.3.2 湿法石膏脱硫+中高温 SCR 脱硝

随着环保要求越来越严，钢铁企业必须同时控制烧结烟气中 SO_2 和 NO_x 污染物排放，目前国内技术成熟且广泛使用的脱硫脱硝同时脱技术是湿法石膏脱硫串联中温 SCR 脱硝，能够达到超低排放的标准。介绍某企业采用"湿法石膏脱硫+水洗冷凝除尘+湿式电除尘器+GGH 换热器+中高温 SCR 脱硝+增压风机"联合脱硫脱硝工艺（见图 11-2），保证处理后的烟气满足超低排放标准。

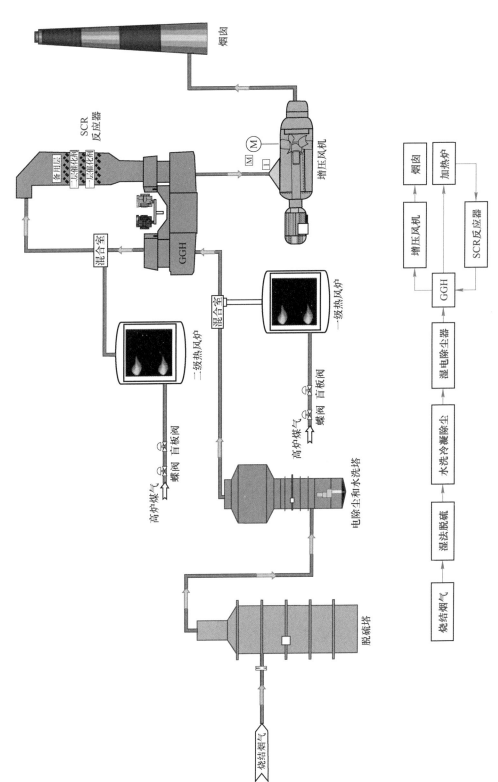

图11-2 湿法石膏脱硫+中高温SCR脱硝工艺流程图

11.3.2.1　"湿法石膏脱硫+中高温SCR脱硝"工艺流程描述

烧结烟气经静电除尘器除尘后，由主抽风机送入湿法脱硫塔进行脱硫，脱硫后的55~65℃的烟气经水洗冷凝除尘后降低3~5℃后进入湿式电除尘器，除尘后的烟气进一级热风炉加热装置（$\Delta T = 5 \sim 10$℃）加热后进入GGH换热器冷段，将烟气温度换热至245℃，再经二级加热炉升温（$\Delta T = 35 \sim 40$℃）至280℃以上，升温后烟气进入SCR脱硝反应器，烟气中的NO_x与来自喷氨格栅的氨充分混合接触，二者在反应器内的催化剂层发生反应，NO_x得到有效脱除，脱硝后烟气经由GGH热端（约95℃）出口，通过增压风机送入烟囱排放。

11.3.2.2　湿法石膏脱硫

A　湿法石膏脱硫原理

湿法石膏脱硫的脱硫剂为冶金石灰，CaO含量大于82%，粒度为-180网目。

主要化学反应方程式：

$$CaO + H_2O \Longrightarrow Ca(OH)_2$$
$$Ca(OH)_2 + H_2O + SO_2 \longrightarrow CaSO_3 \cdot 1/2H_2O + 1/2H_2O$$
$$CaSO_3 \cdot 1/2H_2O + O_2 \longrightarrow CaSO_4 \cdot 2H_2O$$

B　湿法石膏脱硫工艺流程

湿法石膏脱硫主要由脱硫剂供应和制备系统、烟气升压和热交换系统、石膏脱水及处理系统组成。

烧结烟气经增压风机增压送入烟气热交换装置降温，然后从下部进入脱硫塔，与石灰浆液充分接触，烟气中的SO_2、尘粒被洗涤吸收，洗涤后的净烟气经脱硫塔上部的除雾器除水除雾后进入烟气热交换装置，升温后进入脱硝系统。

烧结烟气中的SO_2与石灰浆液接触反应生成亚硫酸钙，并随浆液落入脱硫塔底部的循环浆液池，池内亚硫酸钙与氧化风机鼓入的空气进一步氧化反应生成硫酸钙，并在超饱和的溶液中形成石膏晶体浆液，石膏晶体浆液由泵打入水力旋流器脱水后生成含水约50%的石膏浆液，再送至真空带式脱水机脱水，最后生成石膏（$CaSO_4 \cdot 2H_2O$）。

浆液循环泵连续向塔内喷淋层提供喷淋浆液，通过喷嘴雾化形成雾滴环境与逆流而上的烟气充分接触吸收SO_2气体提高脱硫效果。

脱水过程中为了降低石膏中Cl^-含量，石膏层用工业水冲洗，石膏晶体浆液水力旋流器的溢流水进废水旋流器，溢流部分进废水处理系统，底流部分进滤液水池回用，真空过滤水进滤液水池回用。

C　湿法石膏脱硫主要特点

（1）湿法石膏脱硫是目前成熟、应用广泛的工艺，脱硫率90%以上，适用于烧结烟气脱硫，对烟气变化适应性强，脱硫剂来源丰富且易于运输，品质要求低，脱硫浆液循环使用，脱硫剂利用率高。

（2）浆液循环泵是湿法石膏脱硫工艺中流量最大、使用条件最为苛刻的泵，介质的强磨损性、强腐蚀性、汽蚀性容易造成故障，泵出口压力低会降低脱硫率，电耗仅次于增压风机，其运行经济性很重要。

（3）整个系统物料处于浆状，制浆、喷淋、除雾器易结垢堵塞，运行维护复杂，系统管理和维护费用较高。

亚硫酸钙、硫酸钙的溶解度较小，极易在脱硫塔内和管道内形成结垢堵塞现象。

（4）脱硫副产物石膏主要用于建材产品和水泥缓凝剂，但我国盛产石膏，石膏产量已经大幅度升高，而且烧结脱硫石膏品质较低，现阶段石膏的综合利用无优势。

脱硫产生大量废水，需配置废水处理系统且处理工艺复杂，二次污染严重。

（5）烟囱、烟道、脱硫塔等均须防腐处理。由于湿法烟气脱硫只能脱除 20% 左右的 SO_3，而低浓度酸液比高浓度酸液的腐蚀性更强，加之湿法脱硫烟气湿度增加，出口烟气温度仅 60 ℃左右，处于烟气露点温度水平，无论是否采用烟气再热器，对烟囱、烟道均存在很大的腐蚀，因此烟囱和烟道内壁必须进行防腐处理并选用高质量的防腐材料和高标准施工。

（6）湿法脱硫工艺对烟气中 SO_2 脱除效率较高，但对 SO_3 脱除效率并不高，仅 20% 左右，当脱硫湿烟气排入大气后，未被脱除的 SO_3 易与水蒸气结合形成硫酸气溶胶，它是强氧化剂且毒性比 SO_2 更大。

（7）湿法脱硫塔虽脱除部分粗粒粉尘，但对细微颗粒的捕捉效果很差（除雾器无法脱除细颗粒），PM2.5/PM10 细粒浓度反而有所提高（细颗粒由湿法脱硫烟气中的细小液滴在换热器中干燥后产生浆渣所形成），因此要求脱硫前必须配置高效除尘器，且在脱硫塔内安装湿式电除尘器，有助于脱除烟气中雾滴和细粒粉尘。

D 湿法石膏脱硫需注意问题

（1）液气比参数。

液气比是脱硫系统连续稳定运行的重要参数，液气比表示处理每立方米烟气所需吸收剂浆液量，液气比大，则浆液过饱和度低，减小系统结垢，提高系统运行可靠性。如果脱硫塔设计三层喷淋系统，但在实际运行中为了降低运行费用而采用二层喷淋，降低液气比，循环氧化槽和脱硫塔喷嘴会严重结垢，降低系统运行可靠性。

（2）循环浆液固体浓度。

循环浆液中含有大量的亚硫酸钙和硫酸钙，固体浓度高，结垢化合物可沉积在固体粒子表面促进石膏晶体增大，减小设备结垢，提高系统运行可靠性。

（3）注意设计参数与实际结合。

设计参数包括烟气特性、脱硫剂特性等，烟气特性包括烟气中 S 含量、Cl 含量、灰成分和含量等，是石膏法脱硫性能的关键参数。脱硫剂特性包括脱硫剂成分、反应活性、粒度和硬度，直接影响其在浆液中的溶解度、与烟气反应活性和时间。

需注意设计参数余量问题，注意实际值变化与设计参数明显不符时系统操作参数的调整,充分考虑脱硫效率和石膏浆液品质,确定合理钙硫比 Ca/S、液气比、浆液循环停留时间和排出时间、氧化风量等参数。

11.3.2.3 SCR 脱硝工艺流程和原理

A SCR 脱硝工艺流程

SCR 脱硝系统选用质量浓度为 20% 的氨水溶液为脱硝剂。运行过程中,氨水经输送泵送至氨水蒸发器内蒸发为氨气 NH_3,并经热风稀释后进入 SCR 反应器入口烟道,与烟气充分混合后进入 SCR 反应器,在反应器内的催化剂表面与烟气中的 NO_x 反应,将 NO_x 脱除。主要物料流程:

氨水:氨水卸料泵—氨水储罐—氨水输送泵—氨水蒸发器—喷氨格栅—烟道—SCR 反应器。

脱硝稀释风:SCR 出口热烟气—稀释风机—蒸发器—喷氨格栅—烟道。

B SCR 脱硝原理

SCR 脱硝是美国某公司的发明专利,在 20 世纪 70 年代日本率先实现了工业化,是国际上应用最多、技术最成熟的烧结烟气脱硝技术。

SCR 工艺主要分为氨法 SCR 和尿素法 SCR 两种,是利用还原剂氨 NH_3 和铜、铁等催化剂与烧结烟气中的 NO_x 发生选择性催化还原反应(NH_3 选择性地只与 NO_x 反应,而不与烟气中的其他氧化物反应,O_2 又促进 NH_3 与 NO_x 反应),生成氮气和水蒸气(放空无二次污染),同时二噁英经过催化剂裂解成 CO_2、H_2O 和 HCl。催化脱硝过程中反应温度越高,催化剂的脱硝性能越好,但高温对于脱除二噁英反应不利,当温度高于 300 ℃ 时,二噁英的分解反应受到抑制。

烧结烟气中的 NO_x 与氨 NH_3 在 SCR 催化剂的作用下发生反应,NO_x 最终以 N_2 的形式排放。

$$4NO+4NH_3+O_2 \longrightarrow 4N_2+6H_2O$$
$$NO+NO_2+2NH_3 \longrightarrow 3H_2O+2N_2$$
$$6NO+4NH_3 \longrightarrow 5N_2+6H_2O$$

其中 SCR 催化剂为成熟稳定的中高温催化剂,反应温度不低于 280 ℃。

11.3.2.4 烟气冷凝及除尘系统

冷凝除尘塔从下至上依次为:第一层水洗除尘装置,第二层水洗除尘装置和除雾器,每层水洗除尘装置从下至上依次配置有升气帽、孔板层、水洗层。

(1)一方面,烟气脱硫后经过升气帽进入水洗除尘塔,在与孔板层接触时,烟气流速变快,与孔板上的持液层接触后,烟气中的污染物被托盘筛孔流下来的液滴所捕获;另一方面,烟气通过小孔进入托盘上部的液膜层,烟气高速进入液膜层激起大量的液泡,形成的液膜能有效增大烟气与浆液的传质表面积,烟气不断受到液泡的扰动而改变方向,增加了粉尘与液体的接触机会,气体得到良好净化。烟气中的细微粉尘会部分被传递至水洗循环液中,以达到除尘效果。

（2）烟气经过孔板层后，与水洗层雾化出的水洗循环液接触，因为该循环液经过冷却塔冷却降温至 30 ℃左右，烟气经过该水洗层时温度降低 3~5 ℃，使烟气中的含水量由原来的饱和状态变为过饱和状态，有大量的饱和水析出，烟气中的部分粉尘随析出水一并进入液相，进而达到烟气除尘效果。

（3）水洗段上部设置两层精密除雾器，将烟气中过饱和水和细微粉尘进一步脱除。

（4）水洗循环液经过水洗循环泵加压后进入水洗层雾化，随后依次进入孔板层、升气帽积液层、水洗冷却塔、水洗循环池。水洗循环液部分进入浓缩过滤系统进行浓缩过滤，浓缩后的粉尘经压滤机压滤后存放外排，浓缩上清液返回水洗循环池回用。

11.3.2.5 GGH 换热原理

GGH 回转式热交换器通过转子中放置的换热元件，在净烟气侧从烟气中吸收热量，旋转至原烟气侧时再将热量传递给原烟气。由于转子缓慢旋转，传热元件交替通过净烟气侧和原烟气侧通道，当传热元件与烟气接触时吸收热量并积蓄起来，与原烟气接触时释放储存的热量来加热原烟气，如此周而复始完成烟气的换热。

11.3.2.6 催化剂设计

选用蜂窝式中高温催化剂，在成熟的钒钛基催化剂基础上增加抗硫性、抗水性、抗黏性，适用于烧结烟气特质。

催化剂采用模块化设计，以减少更换催化剂的时间，催化剂模块采用钢结构框架，并便于运输安装和起吊。

催化剂模块设计有效防止烟气短路的密封系统，密封装置的寿命不低于催化剂的寿命。催化剂各层模块规格统一，具有互换性。在加装新的催化剂之前，催化剂体积满足性能保证中关于脱硝效率和氨的逃逸浓度等要求。

11.3.2.7 增压风机的作用

增设脱硫脱硝装置后，需配套增压风机以克服整个系统的压降（含脱硫塔、水洗冷凝除尘系统、湿式电除尘器、脱硝）。

11.3.3 烧结烟气二噁英治理

钢铁冶炼过程是无意排放持久性有机污染物的来源之一，烧结过程中伴随有极微量无意排放的 POPs 类（二噁英、呋喃、多氯联苯、六氯苯、多氯萘等）副产物的产生、排放及污染问题。

二噁英类化合物是多氯代二苯并二噁英和多氯代二苯并呋喃的总称，是目前已知毒性最大的化合物之一，剂量低、难降解、易于生物富集，受到广泛关注，研究烧结烟气中产生的二噁英很有必要。

11.3.3.1 产生二噁英的机理

二噁英是在低温 250~450 ℃和氧化气氛条件下，大分子碳与飞灰基质中的有机或无机氯进行氯化反应，并经金属离子铜、铁等催化作用而生成的。

当碳燃烧不充分时，烟气中产生过多的未燃尽物质，在气体冷却阶段250～450℃并存在氯源的环境条件下，当遇到合适的触媒物质（主要为重金属，特别是铜、铁等），高温燃烧中已经分解的二噁英将会重新生成即"从头合成"反应生成。

烧结具备二噁英"从头合成"的大部分条件：250～450℃、氧化性气氛；碳来源于烧结原料中配加固体燃料等；氯来自铁矿粉中的有机氯、工业用水中的氯、回收的除尘灰、轧钢皮、钢污泥等；铜和铁金属离子作为催化剂。因此可以认为二噁英在烧结料层中主要是通过"从头合成"的路径生成的。

11.3.3.2 减少烧结烟气排放二噁英的措施

烟气中的氯被认为是生成二噁英的重要参数，降低烧结原料中氯的来源，是减少二噁英排放的有效途径。

铜、重金属对生成二噁英有催化作用，选择铜、重金属含量低的烧结原料，是减少二噁英排放的主要措施。

由于烧结烟气量大，二噁英浓度很低，采用烟气末端治理方法控制二噁英较困难，所以控制二噁英的产生成为研究的重点。

根据烧结过程中的二噁英的生成机理和排放特性，主要有以下几种途径阻止生成二噁英和控制排放。

（1）添加抑制剂。

烧结过程中二噁英主要是在料层中生成的，为减少二噁英的生成量，需要改进烧结料层的条件，添加适宜的抑制剂，可有效降低二噁英含量。

1）喷氨降低二噁英的生成量。

铜等重金属是生成二噁英的有效催化剂，而氨是铜等重金属最有效的催化毒化物，可使铜等重金属催化剂失去催化作用，所以喷氨可减少二噁英的生成量，但使用氨气可能有泄漏的危险，造成环境二次污染。

2）使用尿素降低二噁英的生成量。

作为一种氨源，尿素是一种稳定的固体颗粒，易操作，可以在加热状态下缓慢释放出氨气。

3）喷碱性吸收剂降低二噁英的生成量。

喷碱性吸收剂如 CaO 和 Ca(OH)$_2$ 等，可净化酸性气态污染物，能有效脱除 HCl、HBr、SO$_x$ 等酸性气体，减少氯源，降低二噁英的排放。

（2）烧结料面喷吹热蒸汽技术。

在烧结料面上喷吹热蒸汽，因蒸汽比热大于干燥空气比热，可提高料层上部热交换能力和料面风速，并利用蒸汽提高碳燃烧效率和燃尽程度、使烧结过程氯由分子态变为离子态、提高料面空气渗入速度等作用，降低烟气中 CO 和二噁英的产生量，降低烧结固体燃耗，降低吨矿烟气排放量。

（3）活性炭吸附结合布袋除尘器。

由于活性炭具有较大的比表面积，吸附能力很强，不但可吸附二噁英，还可吸附 NO_x、SO_x 和重金属及其化合物。也可以使用活性褐煤，活性褐煤用量是活性炭的 3 倍，但价格是其 1/3，使用活性炭和活性褐煤成本相近。

该工艺主要由吸收和解析两部分组成，烟气进入含有活性炭或活性褐煤的吸收塔吸附二噁英，最后通过布袋除尘器的滤布时被脱除，达到良好效果的最重要先决条件是除尘器具有充分的除尘能力。由于活性炭或活性褐煤的注入，在未经处理的烟气中增加了总的烟尘负荷，如果除尘器不能抓住这种额外的固体，一些吸附了二噁英的活性炭或活性褐煤就会残留在被清洁了的烟气中排出，而且其吸附有二噁英的活性炭难以再生和处理。

（4）选择性催化还原（SCR）。

利用催化技术处理二噁英是一种较新方法，让含二噁英的烟气在催化层上流动，使二噁英在低温下被氧气氧化，生成 CO_2、水和 HCl 等无机无害物。催化剂多为钨、钼等过渡金属催化剂，以及硅胶、活性炭等金、钯、铂等贵金属催化剂。

（5）急速降温。

生成二噁英的温度在 250~450 ℃，缩短烟气在这个温度段的停留时间，迅速降低到 200 ℃以下，可以降低二噁英的生成量。

❓ 课后思考题

1. 超低排放标准要求颗粒物、SO_2、NO_x 浓度（标准状况）各为多少？
2. 目前国内技术成熟且广泛使用什么脱硫脱硝工艺？

课程思政

数字资源

习题自测